実務に使える

実験計画法

松本哲夫　植田敦子　小野寺孝義
榊　秀之　西　敏明　平野智也
著

日科技連

まえがき

　R. A. Fisher が提唱した**実験計画法**（DE：Design of Experiments）は，農業作物の増収や品種改良，工業製品の品質や収量の向上と生産効率の改善などに成果をあげてきた．

　実験計画法は，実験をその目的に相応しく計画し，そして，得たデータを正しく解析して，その背後にある母集団の状態を推定したり，仮説検定により再現性のある法則を見つけ出したりする方法である．企業における開発活動や改善活動への実験計画法の適用には，次のようなことが例示される．
・経験的，あるいは，理論的に想定されるモデルの検証
・品質に影響する諸因子の中から有意な要因の抽出
・要因効果の検定とその大きさの推定
・製品の不良とその原因の間の因果関係の定量的把握
・製品の品質特性に大きく寄与する要因の定量化
・品質特性をさらに良くする条件（最適条件）の探索，決定
・将来得られるであろう品質特性値の予測

　産学官の研究開発部門において，研究開発の効率化とスピードアップのために実験計画法の活用が大切ということが叫ばれて久しい．継続的に改善を進めていく上でも極めて有用な方法であるにも関わらず，現場と手法とのインターフェースをとること，すなわち，現場の状況（固有技術）を知り実験計画法の手法を選択することが簡単でなく，また，複雑な計算をしなければ解析できないことが不便で面倒なこともあって，実験計画法を積極的に活用しようとする人が一部に限定されていた．

　実験計画法に関するこれまでのセミナーでは，まず，手法を頭で理解し，実際に手計算をして体験的に習得し，そして，適用現場では解析ソフトを用いて実務に役立てるという手順を推奨してきた．

本書ではそれをさらに発展させ，非直交計画を中心に幅広い場面で使用できる実務にすぐに役立つ解析ソフト，すなわち，Microsoft Excel（以下，単にExcelと呼ぶ）のマクロ機能を活用した専用ソフトを提供し，汎用的な1つの手順で分散分析や区間推定などを定型的に行えるようにした．このツールはWebサイトからダウンロードできるようになっており，その使い方と活用方法については，第12章において第8章の非直交計画への適用例を通して習得できるようになっている．

　この特長と同時に，伝統的な実験計画法としての筋を通すようにした．すなわち，第1章では実験計画法の活用場面を紹介し，現場と手法とのインターフェースをとれるよう配慮した．

　第2章では統計的な導入を行うとともに，第3章以降で展開する実験計画法の基礎となる考え方を示した．実験を計画し解析する方法としては，第3章で扱う統計的推測（検定と推定），第4章で扱う1元配置実験，2元配置実験などの要因配置実験から始め，その延長線上に第5章の直交表実験を理解するようになっている．ついで，実験の場の変動を管理する考え方，手法として，第6章では局所管理，第7章では分割法を取り上げ，第4章から第7章を通してR. A. Fisherが実験計画法の基本とした3原則を段階的に理解できるようにした．

　第7章までの実験では，取り上げた諸因子の効果および誤差の和で実験データを説明する加法モデルを前提としているが，第8章ではそうしたモデルを一般的に取り扱う線形モデルの理論を紹介し，第7章までに扱った統計的手法に対して数理的な根拠を与えるようにした．この線形モデルの理論を基礎として第9章では回帰分析に進み，原因系諸因子の効果を様々な関数で表わす手法と実際問題への適用法を説明した．

　第3章から第9章までは連続値をとる実験データを扱ったが，第10章では良品と不良品の個数といった計数値で結果が与えられる実験を取り上げて解説した．第11章では，要求される精度を確保するための実験の大きさ，すなわち必要とされる実験数を計画的に設定する方法を説明した．

　本書の各章には以上のような関連性を持たせて構成してある．実験計画法を十分に理解している一般読者は第7章までは一読していただけば十分であろ

う．そして，第12章は，各章で説明した代表的な手法をExcelのマクロ機能を活用した専用ソフトで解析する方法を紹介し，その利用法を例題を通して解説した．

なお，専用ソフトが適用できることを確認した動作環境は，Windows上のExcel 2003, 2007, 2010である．

本書は，一般財団法人 日本科学技術連盟が主催する「実験計画法セミナー 大阪コース」のテキストとして使用できるように執筆した．しかし，章によっては追加内容を含み，一般読者のご要望にも応えられるように配慮した．これらの方法を現実問題に応用することによって，実験計画法の考え方と手法の理解をさらに深めていただくことを期待している．

筆者らは，長年に亘り，一般財団法人 日本科学技術連盟にて「実験計画法セミナー 大阪コース」における企画や講義，演習などを担当してきた．そして，テキストとして，『最新実験計画法』（朝尾正，安藤貞一，楠正，中村恒夫著，日科技連出版社，1973），『実験計画法入門』（安藤貞一，田坂誠男著，日科技連出版社，1986），『応用実験計画法』（楠正，辻谷将明，松本哲夫，和田武夫著，日科技連出版社，1995），ならびに，同セミナーの専用テキストを使用してきた．

本書は前テキストを受け継ぐように企画されており，前記テキストを執筆された諸先生方に衷心よりお礼を申しあげる．とりわけ，日頃より筆者らを厳しく，かつ，暖かくご指導いただいていた元東京大学教授の故楠正先生に本書を捧げ，心よりご冥福をお祈りする．

本書の内容については，前記『応用実験計画法』ならびに専用テキストにルーツがあり，『実用実験計画法』（松本哲夫，辻谷將明，和田武夫著，共立出版，2005）でその内容を一部改訂したが，今回，最近のセミナーに適合する形で内容を改める必要から本書が刊行されることになった．

本書は講師6名の共著によるが，前記のように長年にわたる経験の蓄積が内容に結集されており，著者らを常にご指導ご鞭撻いただいた講師諸氏に深い感

謝を捧げたい．

　また，終始著者らの活動をご支援くださった一般財団法人 日本科学技術連盟　大阪事務所 DE・O（実験計画法・大阪）部会の諸氏，同事務所の山田ひとみ氏，岡田拓治氏，および，出版に当たって常に著者らを励ましてくださった㈱日科技連出版社の薗田俊江氏に深く感謝する．

2012 年 5 月

著者代表
松 本 哲 夫

解析ソフトの入手方法

　日科技連出版社のホームページ（以下の URL）からダウンロードできます．

　　http://www.juse-p.co.jp/dl_index.html

　なお，次の日科技連出版社のホームページの「ダウンロード」からも，このページに行くことができます．

　　http://www.juse-p.co.jp/

注意事項

- 本解析ソフトは，2012 年 1 月時点の Excel 2003, 2007, 2010 で動作確認をしています．ただし，確認時点以後に Excel の機能や操作方法，画面などが変更された場合，本書記載のとおり，操作できなくなる恐れがあります．そのときは，日科技連出版社のホームページなどでお知らせ致します．なお，すべてを網羅することはできませんので，完全解決をお約束することができないことをご了承ください．
- 著者および出版社のいずれも，本解析ソフトを利用した際に生じた損害についての責任，サポート義務を負うものではありません．また，これらが任意の環境で動作することを保証するものではありません．

本書で使用している主な記号の一覧

記号	説明	記号	説明
A_i	因子 A の第 i 水準(水準数は a)	$F\ (F_0)$	帰無仮説で F 分布に従う統計量(その実現値)
A_iB_j	因子 A の第 i 水準と因子 B の第 j 水準の組み合せ(水準数は ab)	$H_0,\ H_1$	帰無仮説,対立仮説
		lof	当てはまりの悪さ
$1-\alpha$	信頼率	lsd	最小有意差
α	第一種の過誤,危険率	n	測定数,データ数
α	有意水準	n_e	有効反復数
α_i	因子 A の第 i 水準の主効果(水準数は a)	N	全データ数
		$N(\mu,\ \sigma^2)$	母平均 μ,母分散 σ^2 の正規分布
$(\alpha\beta)_{ij},\ (ab)_{ij}$	因子 A の第 i 水準と因子 B の第 j 水準の交互作用効果	$N(0,\ 1^2)$	標準正規分布
		P	確率
$B(n,\ p)$	二項分布	$\theta(\hat{\theta})$	母数(母数の点推定値)
β	第二種の過誤	$\theta^U,\ \theta_L\ (\theta_L^U)$	θ の $(1-\alpha)\%$ の上側,下側信頼限界(信頼上下限)
$\beta_0\ (\beta_{00})$	母切片(母切片に仮定された値)		
		S	総平方和
$\beta_1\ (\beta_{10})$	母回帰係数(母回帰係数に仮定された値)	ss	平方和
		S_e	誤差平方和
$e_i\ (\varepsilon_i)$	第 i 番目のデータに付随する誤差(残差)	S_{res}	残差平方和
		S_A	因子 A の主効果の平方和,処理間平方和,A 間平方和
$e_{ij}\ (\varepsilon_{ij})$	第 i 水準の第 j 番目のデータに付随する誤差(残差)		
$E(Y)$	確率変数 Y の期待値	S_R	回帰による平方和
η	母回帰	$S_{xx},\ S_x$	変量 x の平方和
ϕ	自由度 (df),全自由度	S_{xy}	変量 x と変量 y の偏差積和
ϕ^*	等価自由度		
ϕ_A	因子 A の平方和の自由度	$\sigma^2\ (\sigma_0^2)$	母分散(母分散に仮定された値)
ϕ_e	誤差平方和の自由度		
$F(\phi_1,\ \phi_2)$	自由度対 $\phi_1,\ \phi_2$ の F 分布	$t\ (t_0)$	帰無仮説で t 分布に従う統計量(その実現値)
$F(\phi_1,\ \phi_2\ ;\alpha)$	自由度対 $\phi_1,\ \phi_2$ の F 分布の上側 $100\alpha\%$ 点		

記号	説明	記号	説明
$t(\phi, \alpha)$	自由度 ϕ の t 分布の両側 $100\alpha\%$ 点	$Var(Y)$, $V(Y)$	変量 Y の分散
T	データの総和	V_A	因子 A の平均平方
$T_{i\cdot}$, $T_{i\cdot\cdot}$	A_i 水準でのデータの和(2元配置, 3元配置)	V_e, $\hat{V}_e$	誤差分散, その推定値
$T_{(A)i}$	因子 A 第 i 水準でのデータの和	$\bar{y}$	y の総平均
u (u_0)	帰無仮説で標準正規分布に従う統計量(その実現値)	$\bar{y}$	標本平均
		$\tilde{y}$	中央値
		$y_{\max}$	最大値
		$y_{\min}$	最小値
$u(\alpha)$	標準正規分布の上側 $100\alpha\%$ 点	χ^2 (χ_0^2)	帰無仮説で χ^2 分布に従う統計量(その実現値)
$\mu(A_iB_j)$, $\hat{\mu}(A_iB_j)$	A_iB_j 水準での母平均, その点推定値	$\chi^2(\phi, \alpha)$	自由度 ϕ の χ^2 分布の上側 $100\alpha\%$ 点
		y_i	第 i 番目のデータ
μ (μ_0)	母平均(母平均に仮定された値)	y_{ij}	第 i 水準の j 番目のデータ
V	不偏分散, 平均平方(ms)	π	確率, 母不良率, 円周率

目　次

まえがき　　　　　　　　　　　　　　　　　　　　　　　　　　　　　iii
本書で使用している主な記号の一覧　　　　　　　　　　　　　　　　　vii

第1章　実験計画法の生い立ちとその活用場面　　　　　　　　　　1
　1.1　実験計画法（Design of Experiments）とは　1
　1.2　数理統計学との関連　4
　1.3　特性値に影響する要因　4
　1.4　実験の処理と実験の場との対応　6
　1.5　実際の活用場面　8

第2章　基礎となる考え方　　　　　　　　　　　　　　　　　　　17
　2.1　統計的な考え方と確率分布　17
　2.2　正規母集団に関する推測　26
　2.3　2つの母分散の比の分布　31
　2.4　補遺　32

第3章　正規分布に関する検定と推定　　　　　　　　　　　　　　35
　3.1　統計的推測とは　35
　3.2　1つの母集団に関する推測　36
　3.3　2つの母集団の比較に関する推測　45
　3.4　まとめ（正規母集団に関する推測）　57

第4章　要因配置実験　　　　　　　　　　　　　　　　　　　　　59
　4.1　1元配置実験　59
　4.2　2元配置実験　72
　4.3　多元配置実験　87

第5章　直交表による実験　　　89

- 5.1　直交表の導入と考え方　89
- 5.2　2^n 型要因配置実験　90
- 5.3　$L_4(2^3)$ 直交表　95
- 5.4　2水準系の直交表の性質と種類　97
- 5.5　2水準系の直交表の割り付け　98
- 5.6　多水準法と擬水準法　111
- 5.7　擬因子法とアソビ列法　120
- 5.8　3水準系直交表　129
- 5.9　補遺　134

第6章　ブロック因子と局所管理　　　141

- 6.1　乱塊法とは　141
- 6.2　乱塊法の1因子実験　143
- 6.3　乱塊法の2因子実験　147
- 6.4　補遺　152

第7章　分割法　　　155

- 7.1　単一分割法　155
- 7.2　多段分割法　171
- 7.3　2方分割法　178
- 7.4　直交表による分割実験　186

第8章　線形推定・検定論　　　189

- 8.1　線形推定・検定の有用性　189
- 8.2　線形モデルの一般的表現　189
- 8.3　線形推定論　192
- 8.4　線形検定論　200
- 8.5　応用例　204
- 8.6　補遺　211

目　次

第9章　回帰分析　213

9.1　実験計画法と回帰分析　214
9.2　回帰分析とは　215
9.3　繰り返しのある場合の単回帰分析　227
9.4　回帰分析の目的と分析結果の吟味　236
9.5　重回帰分析とは　240
9.6　重回帰モデルの当てはめ　240
9.7　平方和の分解と重相関係数　244
9.8　個々の回帰係数に関する検定と推定　247
9.9　理論回帰式に関する検定　250
9.10　重回帰による推測　251
9.11　多重共線性　252
9.12　数値の桁数　253
9.13　残差のプロット　253
9.14　定性的変数の回帰分析　255
9.15　共分散分析　256

第10章　計数値を応答とする実験　257

10.1　計数値データの解析　257
10.2　不良率に関する検定　260
10.3　適合度検定　261
10.4　クロス集計（分割表）　264
10.5　ロジスティック回帰分析　267
10.6　Kruskal-Wallis 検定　271
10.7　補遺　274

第11章　検出力と実験の大きさ　　277

　11.1　検出力と必要なサンプルサイズ　277
　11.2　2種類の過誤と検出力　278
　11.3　検出力と検出力曲線　281
　11.4　検出力の計算　283
　11.5　サンプルサイズ　287
　11.6　サンプルサイズの設計　288

第12章　Excel専用ソフトの活用　　295

　12.1　対比の考え方　296
　12.2　Excel使用のための準備　298
　12.3　平方和の考え方　299
　12.4　基本となる手順　302
　12.5　専用ソフトの利用法　303

付表　　313

　正規分布表(1)，(2)　314
　t 分布表　316
　χ^2 分布表　317
　F 分布表(5%，1%)　318
　$L_{32}(2^{31})$ 直交表　322
　直交表の標準線点図　323

参考文献　325
索引　327

第1章 実験計画法の生い立ちとその活用場面

　はじめに，実験計画法が開発された歴史的背景を述べ，ついで，「現場と手法のインターフェイス」をとるための活用場面を例示する．

1.1 実験計画法（Design of Experiments）とは

1.1.1 歴史的背景とFisher[1]の抱いた疑問

　実験計画法は，1925年ごろ，英国の農場試験場の技師であったR. A. Fisherが提唱したものである．彼は，薬剤散布によって農作物の収量に違いがあるか否かを調べる実験を行うに際し，土地には肥沃度，水はけ，日当たりなどに違いがあり，それを考慮しなくてはならないと考え，ある土地をブロックに小分けすることにした．このとき同時に次のような疑問を抱き，これが実験計画法提唱の起源になったといわれている．

① 処理（薬剤散布）を施した試験圃[2]と，処理を受けていない試験圃との間にどの程度の差があれば「差がある」と判断したらよいのだろうか．

② 実験の場[3]を厳密にコントロールし，かつ，実験の場を小さく絞ることは，それ自体，比較の精度を高めることにはつながる．しかし，実験の場に比べ実際に結果を適用する場[4]は広く，実験結果をそのまま実際の場に適用してよいのだろうか．

---

[1] R. A. Fisher は実験計画法の父と呼ばれている．
[2] 圃（ほ）とは畑のこと．
[3] この例では「試験圃」のことを指す．
[4] たとえば，国内各地にある実際に農作物を栽培する農場のこと．

1.1.2　誤差に対する仮定（連続的変数の場合）

実験は誤差を伴い，連続的な変数の誤差に，以下の4つの仮定を置く[5]．
① 独　立　性：ある実験は，その他の実験結果の影響を受けない．
② 不　偏　性：誤差は＋にも－にもなりうるが，期待する値は0である．
③ 等分散性：因子やその水準に依存せず，ばらつきの程度は一定である．
④ 正　規　性：誤差は正規分布に従う．

1.1.3　実験計画法の3つの基本原理

私たちが取り扱う実験の場で，前記した誤差の前提が自然に成り立っているとは限らない．Fisherは，実験計画法において次の3つの基本原理を唱えた．
① 局所管理（小分け）の原理
　　系統的な誤差を固有技術を用いてできるだけ取り除き，さらに，実験の場をブロック化して精度や検出力を高める．
② 無作為化（ランダマイズ）の原理
　　取り除けない誤差を偶発誤差として評価できるように，データの独立性を確保する．これにより，データの背後に確率分布を想定できる．
③ 繰り返し（反復）の原理
　　誤差の大きさを誤差分散として定量的に評価できるよう実験を繰り返し行い，普遍性，確からしさを高める．

1.1.4　実験計画の実際例

Fisherがその著書の中で引用した「貴婦人と紅茶」を例に考えてみよう．
英国では，ミルク紅茶を入れるとき，まず，カップにミルクを先に入れ，それから紅茶を注ぐのが習慣となっている．仏国では，日本同様，先に紅茶を入れ，それからミルクを足す．ある英国の貴婦人が「仏国式より英国式のほうが紅茶の味が良く，自分はその違いを判定できる」と自信を持っていた．本当かどうかを確かめるため，後から文句を付けられないような実験を計画したいとしよう．

---

[5] ①〜④の順に重要であるとされるが，とりわけ，独立性の仮定は大切である．

そこで，2個のカップを用意し，一方は英国式に，他方は仏国式にミルク紅茶を入れる（このことは婦人に告げておく）．紅茶を試飲するときの条件をできるだけ同一にしてその婦人に飲ませたところ，果たして，みごとにその両者を言い当てたとしよう．

しかし，この1回（2種の紅茶を試飲）の実験結果だけでは偶然当たっただけかもしれない．まったく識別能力がなくても，当たる確率は，場合の数から $1!1!/2! = 1/2 = 0.5$ となる．4個のカップを用意し，半数ずつ英国式，仏国式で入れ，婦人が全部言い当てたら偶然に当たる確率は $2!2!/4! = 1/6 ≒ 0.167$ となる．6個のカップを用意すれば $3!3!/6! = 1/20 = 0.05$，8個なら $4!4!/8! = 1/70 ≒ 0.014$ である．偶然に当たる確率を5％以下にしたいとすると，カップは6個以上必要となる．

このとき，2種の紅茶を飲む順序についても考えておかなければならない．官能検査（味見試験）では，試飲する順序も影響するといわれているので，偏りを除くためには試料をランダムに並べて順に飲んでもらうことが必要である．

さらに，日時や場所が変わると得られる結果は一般に異なる．飲む人（panel）に不必要な予断を与えないようにしなければならない．試飲数を増すのはよいが，同じ状態で続けて何杯も飲めるものでもない．このように，いくつもの問題がある．

説得力のある実験計画を立案するためには，前記した3つの基本原理を加味することが好ましい．この例に即して述べれば，「局所管理の原理」として，実験の条件（紅茶の温度，紅茶とミルクの配合比，使うカップなど）を同一にして，その他の要因が味の識別に影響しない工夫を行う．すなわち，系統的な誤差を固有技術によりできるだけ取り除き，精度や検出力を高める[6]．また，「無作為化の原理」として，カップの紅茶の試飲は，提出順序に偏りのないように無作為化することで，取り除けない誤差を偶発誤差として評価し，データの独立性を確保する．そして，「繰り返しの原理」として，紅茶を言い当てるカップの数を増して試飲を行い，確からしさを高める．

これらのことを考えて実験計画法を端的に定義するとすれば，「実験に際し，

---

[6] カップを8個用意する場合，8個全部を完全ランダマイズするよりは，英国式/仏国式の2カップをペアで比較し，これを4回反復するほうがより好ましい．

層別可能なものは層別し，どうしても誤差となってしまうものは無作為化し，繰り返し，反復を行うことによって誤差を定量的に評価するとともに実験の精度を高め，最小のコストで，必要とする最低限度の情報を客観的に得る方法の体系」であるといえる．

1.2　数理統計学との関連　⟶　第 2 章，第 11 章

　実験計画法の活用において大切なことは，統計的な考え方や統計的手法により実験の目的に相応しい計画を立て，得られたデータを正しく解析することである．同時に，実務面では，①固有技術をベースに実験を管理状態(安定状態)で実施すること，そして，②統計的な判定結果などに固有技術的な解釈を加えて結論づけることが重要である．
　統計的な考え方や統計的手法のベースには数理統計学(理論)があり，それを元に実験計画法(実施法)の手法が組み立てられている．ここで，「品質」というものを考えると，これは絶えず変化しているものであり，この品質特性値には「ばらつき」が存在する．
　統計的に管理されていれば，ばらつきには規則性が存在し，私たちはこの規則性をつかめばよい．しかし，つかもうとする全体，これを母集団(population)と呼ぶが，このすべての要素(大標本)を調べることは多くの場合不可能に近い．したがって，部分的な要素である得られたデータ(有限の観測されたサンプル：小標本)から推測することが実際的な手段となる．
　母集団の特性は，大抵の場合，2 つの基準，すなわち，平均値とばらつきで記述することができる．これらを母数(パラメータ：parameter)といい，前者を母平均，後者を母分散と呼ぶ．母集団に関する情報である母平均や母分散を知りたいとき，私たちは母集団からデータを必要数サンプリングし，得たデータの平均値や分散から母平均や母分散を推測する．

1.3　特性値に影響する要因

　収量などを目的とする特性値に影響する原因は無数にあり，すべてを含めて

要因と総称する．一般にはすべての要因を実験で取り上げることはできない．また，できるとしても，時間やコストの面から現実的でない．そのため，いくつかの主要な要因を取り上げ，その影響の有無や程度を知ろうとする．この取り上げた要因を**因子**，あるいは，**実験因子**という．また，因子の影響を知るために取り上げるいくつかの条件をその因子の**水準**という．

たとえば，反応温度などを200，210，220℃というように3水準に変えて検討したり，また，触媒の種類などを2水準(2種類)取り上げたりする．

この場合，温度などのように水準が連続量の上の何点かに設定されており，中間の水準を選ぶ可能性も考えられるような因子を**定量的因子**(計量的因子)といい，一方，触媒の種類のように水準が定性的な条件の違いで設定される因子を**定性的因子**(計数的因子)という．

本書では，因子Aの第i水準をA_i，因子Bの第j水準をB_j，…，因子A，B，…の水準数をa，b，…のように書いて実験条件を表わす．複数の因子を取り上げる場合の実験条件は，A_i，B_j，…といった各因子の水準の組み合せで定義する．因子や各因子の水準組み合せを**処理**(treatment)といい，たとえば，因子Aの処理効果をAの主効果という．また，比較すべき処理の数をt，その第i処理をT_iと書くことがある．

実験因子以外の要因はできるだけ一定条件に保つとしても，ほかに気がつかない要因も数多く存在する．これらの要因の影響を一括して，**誤差**(実験誤差)という．これには，①偶然誤差(確率的変動，ばらつき：精度の概念に対応)と，②系統誤差(偏り，バイアス：正確度の概念に対応)とがある．

偶然誤差は特性値に確率変数的性質を与える．特性値の分布を考えると誤差の大小は誤差分散の大小に関係し，実験精度を左右する．系統誤差は偏りのある治具，装置，あるいは，人など，また，時間的，空間的実験順序による温湿度など環境条件の変化によってもたらされ，分布の平均値(位置)をずらす作用を持つ．系統誤差については，固有技術的対応とともに，第6章(ブロック因子と局所管理)で述べるような工夫を要する．

1.3.1 諸要因の分類

要因の分類にはいくつかの観点がある．実験目的に直結する因子を実験因子

と呼んだが，次のようにして分類して認識すると有益であろう．
(1) **実験因子と環境要因**
　① **実験因子**
　制御因子：最適水準を設定することを目的とする因子(反応温度や触媒など)．多くの実験に必ず一つは含まれ，水準での平均値の大小を問題とする．
　標示因子：その因子の水準毎に制御因子の最適水準を設定したり，制御因子の効果の違いを把握することを目的とする因子(製造ラインの系列，製品使用条件など)．
　集団因子：平均ではなく，目的とする因子のばらつきを知るために取り上げる因子(原料ロットや個人を指定できない作業員など)．水準は多数の集団から無作為に選ぶ．
　② **環境要因**
　これは，実験の場を小分けするブロック因子と誤差に分類できる．
(2) **因子の性質**
　統計的に解析を進める上では，前記の分類とは別に，次の性質を区分する必要がある．
　母数因子：各水準の効果を未知母数(定数)と考える因子．各水準の母平均やその水準間での差を推定することに意味があり，水準平均値に再現性が要求される因子．制御因子や標示因子は通常，母数因子である．
　変量因子：各水準の効果を定数とは考えず，確率変数として扱うべき因子．したがって，水準での平均値に再現性はなく[7]，その偶発的ばらつきに関心を持つ因子．集団因子や環境要因がこれに属する．

1.4　実験の処理と実験の場との対応

　局所管理を用いるかどうか，用いるならいくつのブロック因子を使うか，そ

---

[7] 再現性がないので，実務上，水準を指定しても意味がない．

して，各ブロックに実験処理のすべてを含める完備型計画[8]とするか，一部しか含めない不完備型計画[9]とするかなどによって，実験計画におおよその分類を与えると表1.1 となる．

実験計画の立案に際して，以下のことが大切であるので留意されたい．
① 実験目的にふさわしい特性値，および，実験因子とその水準をどのように選定するか
② 因子水準からどのように処理を構成するか
③ どのように実験の場を構成するか
④ どのようにデータの構造[10]を設定するか
⑤ どのように処理を実験の場に割り付けるか
⑥ 少数因子多水準の実験は要因配置実験，多因子の場合は少数水準の直交表実験

表1.1 実験計画の分類（ゴシック部は本書に取り上げたもの）

ブロック化の方向	完備型計画 (要因とブロックが直交)	不完備型計画 (要因とブロックが直交しない)
なし (局所管理なし)	・完全無作為化実験 　要因配置実験(第4章) 　直交表実験(第5章)	―
1方向	・乱塊法(第6章)	・分割法(第7章)，直交表分割法(第7章) ・直交表不完備ブロック計画，釣り合い型不完備ブロック計画 BIB，部分釣り合い型不完備ブロック計画 PBIB，交絡法
2方向	・ラテン方格法	・2方分割法(第7章) ・2方交絡法や準ラテン方格法

---

[8] すべての実験条件を実験の場全体に対してランダムに配置する計画，および，実験の場を層別することによって得られる複数のブロックのそれぞれにおいて，すべての処理をランダムに配置する計画．
[9] 取り上げる実験因子のすべての組み合せ(処理)についてランダマイズすることをせず，いくつかに分けてランダマイズする計画．完備型の乱塊法はブロックの効果がすべての処理に均等に影響するが，不完備型の分割法の場合は処理の比較においてブロックの効果が残ってしまう．
[10] 特性値は，全体平均と処理効果と誤差の線形式で表わされるとする実験計画モデルのこと．第4章で述べる．

1.5 実際の活用場面

本節では，各章で解説する手法が実際にどのような場面で活用できるのかについて，問題提起という形で例示する．手法の効果的な習得のため，また，手法と現場とのインターフェイスをとるために，実務的な場面を頭に入れておくことが大切である．

1.5.1 実験の目的に対する統計的な考え方 ⟶ 第3章，第11章

ある処理をしたとき，その処理をしないときと比べて結果が変化したのか否かを知りたいような場合，通常，統計的仮説検定を行う．

たとえば，J社では，合成工程でA社の原料を使用しており，特性値の母平均が105（単位省略，望大特性），標準偏差3で安定している．特性値を向上（107が目標）させ，コストダウンもはかるため，A社より安価なB社の原料を採用したい．ただし，特性値が103を下回ると不具合の生じるおそれがある．

そこで，B社の原料を数ロット取り寄せ，A社の原料をコントロール（対照）として比較実験をすることにしたが，どのように考えるとよいであろうか．

① B社の原料での特性値が107以上であるといえれば採用する．
② B社の原料での特性値が105以上であるといえれば採用する．
③ B社の原料での特性値が103以上であるといえれば採用する．

①〜③のどれが適切だろうか．また，次の④〜⑥の考え方もあり得る．

④ B社の原料での特性値が107以下であるといえないなら採用する．
⑤ B社の原料での特性値が105以下であるといえないなら採用する．
⑥ B社の原料での特性値が103以下であるといえないなら採用する．

④〜⑥を採用するときは，サンプルサイズを考慮しなければならない．検出したい差を検出するのに十分なデータ数が必要だからである．また，逆に，データ数が多すぎると取るに足らない差まで検出してしまうことになる．

1.5.2 要因配置実験(factorial experiments)
⟶ 第4章, 第10章, 第11章

要因配置実験の中で, 取り上げる因子が1つの場合を1元配置実験, 取り上げる因子が2つの場合を2元配置実験などと呼ぶが, 要因配置実験の明確な見通しを得るためには, 2元配置が基本となる. 例をあげる.

(1) ある化学品収量に及ぼす原料 P と Q の組成比率と触媒の影響を検討するとしよう. 因子 A(P と Q の組成比 p/q)の3水準(A_1: p/q=33/67, A_2: p/q=50/50, A_3: p/q=60/40)と因子 B(触媒の種類: 4水準)を取り上げて実験したい場合, 実験計画という観点から大切なポイントをあげる.

① 水準をどう選ぶか. また, 何水準とするのが適切か.
② 水準間隔は等間隔にするのか. 非等間隔とするのか.
③ 等間隔としても「そのままの値」か, たとえば「対数変換した値」か.
④ 前記のように p/q で等間隔とするのか. 次に示すように, $p+q$ 全体に対する p の割合を等間隔にするのか(A_1: p/q=40/60, A_2: p/q=50/50, A_3: p/q=60/40).
⑤ 何回, 実験を繰り返すのが適切か.
⑥ 後述する単因子逐次実験として順次試験するのか.
⑦ 計量的因子については, 要因効果より回帰的情報が必要ではないか.
⑧ 無作為化(ランダマイゼーション)はどうするか.

(2) A と B の2つの要因がある場合の**単因子逐次実験**を考えてみる. これは, まず B なら B の水準をたとえば B_1 と決め, それを固定して, A の水準を順次変更して実験し, A の最適水準を決める. それが A_3 であったとする. 次に A の水準を A_3 に固定して B_1 以外の水準を順次実験する. B_2 が最適であったなら, 最適水準組み合せは A_3B_2 であるとするものである.

しかし, 実験の順序による偏りがあるかもしれない. 無作為化できればよいが, 逐次実験なので完全な無作為化はできない. さらに, **交互作用**[11]の問題がある. 単因子逐次実験はすべての水準の組み合せを実験しないため, 交互作用が存在すれば最適水準が正しく求められたという保証がない. 交互作用がない

---
[11] 交互作用とは, 一方の因子の水準によって他方の因子の効果が異なってくることをいう. 第4章で述べる.

なら結果は信頼でき，かつ，効率的と思えるが，第5章で述べる直交表と比較した場合，そうともいえない．

誤差の定量化にも不安がある．誤差である外乱要因を誤差分散 σ^2 として評価するためには繰り返しが必要となる．しかし，必要とする確からしさ，確信の度合いを満足する繰り返し数 n はどの程度なのだろうか．

(3) 風邪の新薬の効果を比較する場合を考えてみよう．同じ容態の患者に試験薬と偽薬(placebo)を投与し比較することが考えられる．しかし，まったく同じ容態の患者をセットで用意することは不可能である．また，仮に試験薬を投与した結果が良くても，偽薬に対して有意でないと，薬効か，薬を服用したという心理的作用かはわからない．1回だけでは偶然と考えることもできる．どのような計画が推奨されるであろうか．

1.5.3　直交表実験(orthogonal arrays) ⟶ 第5章

因子数が多くなるにつれて実験数は飛躍的に増大し，同時に高次の交互作用の技術的解釈も困難となる．多数の実験を実施できる場合でも，実験の場を均一に保つこと自体が困難で，結果として誤差が大きくなってしまったのでは実験した意味を失う．

また，実際の場面では，因子数を絞りたくない場合もあり，同時に多因子を取り上げて重要な因子を見い出だす実験が必要となる．

そこで，求める情報を主効果と特定の2因子交互作用に絞って，なるべく少数の実験で必要最低限度の情報を得るという実験計画が望まれる．このようなときに有効な手段を与えるのが直交表を用いた実験である．

たとえば，樹脂コンパウンド製品の製造において，樹脂と繊維強化材の密着度を高めるため，A，B，C，D，F，G，H，K(各2水準)の主効果と，$A \times C$，$A \times G$，$G \times H$ の交互作用を取り上げ実験したいとする．結論を言うと，直交表を用いれば16回の実験で必要な情報が得られる．一方，すべての因子が2水準で8個の因子を取り上げて繰り返しのない実験を行うとすると，その水準組み合せ数(実験総数)は $2^8 = 256$ 回である．全自由度[12]である255の内訳は，

---

[12] 自由度とは，変数のうち独立に選べるものの数，すなわち，全変数の数から，それら相互間に成り立つ関係式(制約条件)の数を引いたもの．第2章で述べる．

主効果が8，2因子間交互作用が28，残り(3因子間以上の交互作用)が219となる．検出する意味のうすい高次の交互作用効果を求めるために実験を重ねていることになっているのではないか．

1.5.4　乱塊法(randomized complete block design) ⟶ 第6章

　実験数が多くなると，実験の場に伴う誤差が過度に大きくならないように実験の場を管理することが困難となる場合がある．そこで，実験全体を小分け，層別することにより，実験単位(ブロックと呼ぶ)を管理可能な大きさに制限し，実験精度の維持，向上を図ることが考えられる．

　乱塊法とは，ブロック間に対し，ブロック内がより均一となるように層別を工夫する．そして，各ブロックに比較したい処理のひと揃えすべてを無作為に配置し，実験の場の誤差からブロック間変動を分離して処理効果の検出力[13]を高めようとするものである．例をあげる．

　(1)　工場排水の処理に用いる処理剤を比較したい．工場排水の性状は一定ではなく日間変動のあることがわかっている．これによって処理剤の効果も影響を受ける．比較の精度を上げるため，日をブロックとして，毎日を時間帯によって3分して，これに3種の処理剤を無作為に割り当てる．これを7日間反復して排水中の懸濁物質の沈降量を測定する．ブロックは$b=7$個で，これにT_1〜T_3の処理条件$t=3$通りを，ブロック毎にランダムに割り付けると，それぞれ均一と見なせるブロックの中で処理剤を比較できるのではないか．

　(2)　ブロイラーの4週齢から6週齢に用いる肥育用飼料の6組成について比較検討したいが，ブロイラーの初期体重が飼料の効果に影響する．そこで，ブロイラーを18羽用意し，初期体重のレベルにより3ブロックに分け，6組成の飼料をそれぞれのブロックにランダムに割り当てて2週間飼育すれば，初期体重による影響をある程度除いた飼料の比較ができるのではないか．

1.5.5　分割法(split plot design) ⟶ 第7章

　水準の変更が困難な因子を含む場合，すべての水準の組み合せを無作為化す

---

[13] 効果を正しく検出できる確率のこと．

るより，まず水準の変更が困難な因子の水準について無作為化し，その水準の中で他の因子，水準の組み合せを無作為化して実験するほうが効率的である．実験因子により実験の場をいくつかに分けて，無作為化する実験方法を分割法という．例をあげる．

(1) 合成繊維の改質実験で，まず，紡糸温度を3水準で紡糸し，ついで，延伸条件を3水準で延伸するという計9回の実験を行いたい．紡糸工程では，温度を上げる時間は比較的短時間ですむが，温度を下げて設定温度に安定した状態にするには数時間かかる．実験ごとに温度を変更して，安定状態になってから次の実験を行うとなれば，時間ロスが大きくなってしまう．ランダマイズを制限することはできないだろうか．

(2) 成形品の衝撃強度を向上させるために，因子A(3水準)の条件を変更して樹脂を重合し，ついで，因子B(4水準)の条件を変更して成形する完全無作為化実験を計画したとする．繰り返しのない2元配置実験では計12回の実験をランダムな順に行うことになる．もし，ポリマーは1回に最低100kg作ることが不可避で，成形には5kgしか必要でないとすれば，必要な資材の量が因子(工程)によって著しく異なるわけで，完全無作為化実験の場合では，成形では5kg×3×4＝60kgしかポリマーを使用しないのに，100kg×3×4＝1200kgのポリマーを重合する必要がありロスが多い．

(3) 因子Aの主効果は過去に知見があり，因子Bの主効果あるいは$A×B$の交互作用を知りたいとする．このような場合，実験を完全ランダマイズすると，改めて効果を知る必要はない因子Aに対する検出力と，効果を知る必要のある因子Bや$A×B$に対する検出力を同等に配慮したことになり，実験の意図[14]に沿わないのではないか．

1.5.6 　線形推定・検定論 ⟶ 第8章

通常の分散分析では，数理統計が導く結果をそのままではなく，それを知った上で，理解しやすい形(汎用の解析法)で与え，実務に適用している．しかし，これらは，定型的な直交表実験や繰り返し数が等しい多元要因配置実験な

---

[14] 効果のわかっている因子の検出力は犠牲になっても，効果の知りたい因子の検出力をあげたい．

どに限定される．

(1) 実験者が定型的な計画に合わせることに安易に迎合せず，むしろ，実験目的に忠実に適合する計画を工夫しようとすると，計画自体が複雑になったり，ひいては非直交計画となってしまったりすることがある．この場合，解析自体が可能なのか否かに不安が生じたり，解析方法がわからなかったりするのではないか．

(2) 実験の結果，やむなく欠測値が生じた場合や繰り返し数が異なる多元要因配置実験など，直交性が崩れた場合にも前記の汎用の解析法はそのまま適用できない．**欠測値の処理方法**としては，再試験により欠測値を埋めるか，あるいは，繰り返し数を同じにすればよいが，それができないときもある．欠測値や繰り返しの不足しているデータの代わりに，適当な平均を当てはめることもできるが，数理統計的に厳密性を欠く場合も多いのではないか．

こうした場合に適用できるのが，**線形推定・検定論**である．線形推定・検定論は，前記の場合だけでなく，第4章の要因配置実験や第5章の直交表実験などにおいて，定型的でない複雑な実験データの解析にも，ほぼオールマイティの力を発揮する．直交表における擬因子法，アソビ列法，組み合せ法，直和法，あるいは，第9章の単回帰分析，重回帰分析などの実験に対し，直交性という制約条件に捉われることなく推定・検定が可能となる．

1.5.7　回帰分析 (regression analysis) ⟶ 第9章

要因実験や直交表による実験では，因子の水準が定性的，離散的，計数的か，あるいは，定量的，連続的，計量的であるかに関係なく，要因効果をすべて離散的に捉え，分散分析などの方法を組み立てる．しかし，特性値に影響する因子として計量的因子を扱う実験では，水準間の中間での推定ができない．すなわち，計量的因子の効果を連続式，たとえば，①1因子の1次式，②因子数が2以上，および/または，関数形が2次関数などで捉えた解析手法が望まれる．これが回帰分析である．前記①を単回帰分析と呼び，前記②は重回帰分析と呼ぶ．例をあげる．

(1) 緑黄色野菜の摂取量が血液検査結果に及ぼす影響を調べることを考える．特性である血液検査の結果(たとえば，中性脂肪，mg/dl)に対して，1日

当たり緑黄色野菜の摂取量(g/日)を取り上げたとする．野菜の摂取量は，A_1水準：50(g/日)，A_2水準：100(g/日)，…というように水準を指定して実験するが，75(g/日)のような中間の水準にも意味があり，水準値は連続である[15]．

(2) 金属製部品の引張強度を制御する目的で，要因x(加熱温度：℃)と特性y(引張強度：MPa)の関係を調べる場合，加熱温度の水準値は離散的ではなく連続的である．このような場合，たとえば直線関係を前提として因子の影響を評価したいと思うのが自然である．

(3) 金属製部品の強度を高めるため，成形後の加熱工程における加熱温度，加熱時間，冷却時間の影響を検討することにした．設定温度とは別に作業日報に実際の値も記録していたので，過去30日間のデータを用いて解析したい．前記の(1)，(2)と異なり，取り上げる因子が複数存在しているがどうすればよいだろうか．また，反応収量に及ぼすpHの影響を調整剤毎に検討する2元配置実験で，pHと収量の関係をモデル式で表わしたい．

このようなときには，どうすればよいのだろうか．

1.5.8 計数値の取り扱い ⟶ 第10章

私たちが取り扱うデータは，温度や圧力のように計量値だけではない．不良率，不良品の個数，単位面積当たりの欠点数などの計数値(離散値)，製品品質の良悪といった計数分類値，優良可などの順序を持った計数分類値などがある．このような場合，正規分布を基本とする取り扱いだけでは不十分で，計数値特有の取り扱いが必要になる．例をあげる．

(1) あるサイコロを120回振って，出る目を調べたところ，表1.2のような結果を得た．このサイコロは公正でないといえるか．

サイコロが公正なら，いずれの目の出る確率も6分の1(期待するのは各20

表1.2 サイコロの出る目

サイコロの目	1	2	3	4	5	6	計
実現度数(回)	21	20	17	26	14	22	120

---

[15] 因子が緑黄色野菜の種類のようなものであれば，一般に，中間の水準には意味がない．

回)であるが，どう判断したらいいのだろうか．

(2) 従来の製品の不良率は5%であった．工程（製法）に改良を加えたので不良率の低減が見込める．製品を1,200個試作したが，不良品がいくつ以下であれば不良率は減少したといえるのであろうか．

1.5.9　Excelのマクロ機能を活用した専用ソフト ⟶ 第12章

　複雑な実験計画を採用した場合や，各実験条件組み合せでのデータ数に不揃いがあったり，結果として欠測値が生じてしまったりした場合などの非直交計画に対しても使うことができ，実務にすぐに役立つソフトがあれば便利である．というのは，1.5.6項で述べた線形推定・検定論においては，分散分析（検定）や推定の手計算は相当大変となるからである．

　本書では，Excelのマクロ機能を活用した専用ソフトを提供し，汎用的な1つの手順で検定・推定などの解析を定型的に行える手段を提供している．このツールはWebサイトからダウンロードできる．

　あわせて，第4章から第6章，そして，第9章で説明した各例題に対して，専用ソフトを用いて解析する方法の解説もダウンロードできる．

第2章　基礎となる考え方

データには，体重，化学品の収量，材料の引張強度などのように連続的な数値をとる**計量値**(連続型)と，不良品の個数や病気の患者数のように離散的な値をとる**計数値**(離散型)がある．ここでは第3章以降で必要な基礎となる統計的な考え方を述べる．

2.1 統計的な考え方と確率分布

2.1.1 母集団とサンプルの概念

データを図示したり，要約した統計量で示すことにより，データの全体像を把握することができる．少数のデータに対してはそのすべてを直接グラフ表示すればよいが，データが多数の場合は，**度数表**(frequency table)を作成し，その度数表をグラフ表現したヒストグラム(histogram)や，幹葉図，箱ひげ図などを用いるとよい．

n 個のデータ $y_1, y_2, \cdots, y_n$ が得られたとき，図2.1に示すようなヒストグラムを作成すれば，データ全体の概略を知ることができる．しかし，知りたいのは，あくまで，図2.2に示すような母集団そのものの姿である．

2.1.2 確率変数

実験や調査によって得た種々のデータは，対象となっている集団から抽出(サンプリング)された**標本**(sample)である．対象とした構成要素(人やもの)のすべての集まりを**母集団**(population)と呼ぶ．母集団の様子を探るためには，母集団全体から標本を**無作為**(random)に抽出しなければならない．そし

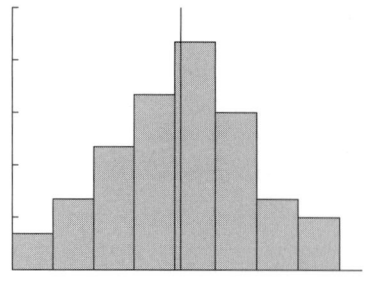
図 2.1 サンプルのヒストグラム
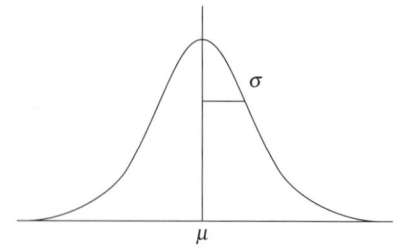
図 2.2 母集団の姿

て,得られたデータから,母集団の分布を一つのモデル(確率分布)として記述する.この確率分布は母数(パラメータ,一般には母平均 μ と母分散 σ^2)を含んだ理論式(確率密度関数)によって表現でき,母集団のモデルとして,後述する正規分布,二項分布,ポアソン分布などを想定することが多い.データから母集団のパラメータを探る方法を統計的推測(statistical inference)という.

母集団から無作為に抽出した標本(同一の確率分布に従う,互いに独立な確率変数)$Y_1, Y_2, \cdots, Y_n$ を大きさ n の無作為標本(random sample)と呼ぶ.n 個のデータ $y_1, y_2, \cdots, y_n$ は,ある確率分布に従う確率変数 Y の実現値(観測値,測定値ともいう)とみなせる.

本書では,不偏分散 V,平方和 S などの一部を除き,原則として確率変数を大文字,それに対応する実現値を小文字で表わすことにする.

この無作為標本から構成される関数 $T = g(y_1, y_2, \cdots, y_n)$,たとえば,算術平均(2.1.1)式などを統計量(statistic)という.

[中心位置を示す指標]

① 平均(mean):$\bar{y}$

$$\bar{y} = \frac{y_1 + y_2 + \cdots + y_n}{n} = \frac{1}{n}\sum_{i=1}^{n} y_i \tag{2.1.1}$$

② 中央値(median):$\tilde{y}$

n 個のデータを小さい順に並べたとき,

$$\tilde{y} = \begin{cases} 中央に位置する値:n が奇数のとき \\ 中央に位置する2つのデータの平均:n が偶数のとき \end{cases} \tag{2.1.2}$$

[ばらつきを示す指標]

① 平方和(sum of squares)：S

$$S = \sum_{i=1}^{n} (y_i - \bar{y})^2 \tag{2.1.3}$$

② 不偏分散(unbiased variance)：V

$$V = \frac{S}{n-1} = \frac{\sum_{i=1}^{n}(y_i - \bar{y})^2}{n-1} \tag{2.1.4}$$

③ 標準偏差(standard deviation)：$\sqrt{V}$

$$\sqrt{V} = \sqrt{\frac{S}{n-1}} \tag{2.1.5}$$

④ 範囲(range)：R

$$R = y_{\max} - y_{\min} \tag{2.1.6}$$

[例題 2.1]

表 2.1 のデータについて，平均 $\bar{y}$，中央値 $\tilde{y}$，不偏分散 V，および，範囲 R を求めよ．

表 2.1　データ

y_i	97	100	131	110	69	95	89	118	91
$y_i - \bar{y}$	-3	0	31	10	-31	-5	-11	18	-9

(解答)

$$\bar{y} = \frac{97 + 100 + \cdots + 118 + 91}{9} = \frac{900}{9} = 100$$

$\tilde{y} = 97$

$S = (-3)^2 + 0^2 + \cdots + 18^2 + (-9)^2 = 2582$

$$V = \frac{S}{n-1} = \frac{2582}{9-1} = \frac{2582}{8} = 322.75$$

$R = 131 - 69 = 62$

大きさ n の無作為標本 $Y_1, Y_2, \cdots, Y_n$ から計算した算術平均 $\bar{Y} = \frac{1}{n}\sum_{i=1}^{n} Y_i$ を標本平均, $\frac{1}{n}\sum_{i=1}^{n}(Y_i - \bar{Y})^2$ を標本分散と呼ぶ. 標本分散は(2.1.4)式の不偏分散(分母が $n-1$)とは少し異なっていることに注意する. 標本平均や標本分散はいずれも統計量である.

確率的な変動が伴う変数を**確率変数**(random variable)という. 前記の統計量も確率変数である. データに計量値(連続型)と計数値(離散型)があったように, それぞれに対応して, 確率変数にも**連続型**と**離散型**の確率変数がある.

[期待値と分散]

① 離散型確率変数 Y の実現値を $y_1, y_2, \cdots, y_n$ とすると, Y の期待値(expectation)である $\mu = E[Y]$ を(2.1.7)式と定義し, μ を母平均という. (2.1.8)式の $Pr\{Y=y_i\}$ は Y が y_i となる確率が p_i であることを示す.

$$\mu = E[Y] = \sum_{i=1}^{n} y_i p_i \tag{2.1.7}$$

$$p_i = Pr\{Y = y_i\} \tag{2.1.8}$$

② 確率密度関数 $f(Y)$ に従う連続型確率変数 Y の実現値を $y_1, y_2, \cdots, y_n$ とするとき, Y の期待値, すなわち, 母平均 $\mu = E[Y]$ は,

$$E[Y] = \int_{-\infty}^{\infty} y f(y) dy \tag{2.1.9}$$

で表わされる. また, Y の任意の関数 $g(Y)$ の期待値は次式となる.

$$E[g(Y)] = \int_{-\infty}^{\infty} g(y) f(y) dy \tag{2.1.10}$$

③ 期待値について, Y を確率変数, a, b を任意の定数とするとき,
$$E[a+bY] = a + bE[Y] \tag{2.1.11}$$

が成り立つ. 一方, 確率変数 Y の母分散 $Var[Y] = \sigma^2$ を,
$$Var[Y] = E[\{Y - E(Y)\}^2] = E[(Y-\mu)^2] \tag{2.1.12}$$

と定義する. $Var[Y]$ は単に $V[Y]$ と表わすこともある. (2.1.12)式は,
$$Var[Y] = E[Y^2 - 2\mu Y + \mu^2]$$
$$= E[Y^2] - 2\mu E[Y] + \mu^2 = E[Y^2] - \{E[Y]\}^2 \tag{2.1.13}$$

と書ける．また，母分散の平方根 $\sigma=\sqrt{Var[Y]}$ を母標準偏差という．Y を確率変数，a, b を任意の定数とすると，下式が成り立つ．

$$\begin{aligned}
Var[a+bY] &= E\bigl[\{(a+bY)-E(a+bY)\}^2\bigr] \\
&= E\bigl[\{a+bY-a-bE[Y]\}^2\bigr] \\
&= E\bigl[b^2\{Y-E[Y]\}^2\bigr] \\
&= b^2 E\bigl[\{Y-E[Y]\}^2\bigr] = b^2 Var[Y]
\end{aligned} \tag{2.1.14}$$

また，一般に，a_0, a_1, $\cdots$, a_n を定数とするとき，確率変数 Y_i が互いに独立なら，次式が成り立つ．

$$\left.\begin{aligned}
&E[a_0+a_1Y_1+a_2Y_2+\cdots+a_nY_n] \\
&\quad = a_0+a_1E[Y_1]+a_2E[Y_2]+\cdots+a_nE[Y_n] \\
&Var[a_0+a_1Y_1+a_2Y_2+\cdots+a_nY_n] \\
&\quad = a_1^2 Var[Y_1]+a_2^2 Var[Y_2]+\cdots+a_n^2 Var[Y_n]
\end{aligned}\right\} \tag{2.1.15}$$

2.1.3　確率分布

[離散型確率分布]

結果が0(成功)，1(失敗)のいずれかである実験，または，観測(これを試行という)を独立に n 回繰り返す．1の生じる確率を π，0の生じる確率を $1-\pi$ とする．このように，独立な試行で特定の事象の生じる確率が常に π である試行を，ベルヌーイ試行という．試行の結果が，0(成功)，1(失敗)のいずれかである例は極めて多い．抜取検査の結果の良品/不良品，コイン投げの表/裏などがある．

試行の結果は，0(成功)，1(失敗)のいずれかであって，独立に n 回繰り返したとき，n 回中1の生じる回数 Y(確率変数)が y である確率は，

$$Pr\{Y=y\} = \binom{n}{y} \pi^y (1-\pi)^{n-y} \qquad (y=0,\ 1,\ \cdots,\ n) \tag{2.1.16}$$

で与えられる．この離散型確率分布は，二項分布(binomial distribution)と呼ばれ，$B(n, \pi)$ と書く．すなわち，n 回の独立なベルヌーイ試行における成功の回数の分布が二項分布である．

確率変数 Y が二項分布 $B(n, \pi)$ に従うとき，その期待値と分散は次式となる．

$$E[Y] = n\pi \qquad Var[Y] = n\pi(1-\pi) \qquad (2.1.17)$$

n 回の試行で，ある事象の生じる回数 Y の分布は，離散型であるから，標本不良率 $P = Y/n$ もまた離散型になる．よって，不良率は計数値データとして取り扱う．この P の期待値と分散は，次式で与えられる．

$$E[P] = \pi \qquad Var[P] = \frac{\pi(1-\pi)}{n} \qquad (2.1.18)$$

二項分布の期待値 $n\pi = \lambda$ を一定にして $n \to \infty$ にすると，二項分布はポアソン分布

$$Pr\{Y = y\} = \frac{e^{-\lambda}\lambda^y}{y!} \qquad (y = 0, 1, 2, \cdots) \qquad (2.1.19)$$

となる．ポアソン分布では，λ がパラメータである．ポアソン分布は試行回数 n が大きく，1回の試行での生起確率が極めて小さい現象の生じる離散型確率分布と見なされる．ポアソン分布の期待値と分散は次式となる．

$$E[Y] = \lambda \qquad Var[Y] = \lambda \qquad (2.1.20)$$

ベルヌーイ試行では，1回の試行の結果が 0(成功)，1(失敗)の2種類しかなかったが，それが k 通りある場合を考える．その k 通りが起こる確率を $\pi_1, \pi_2, \cdots, \pi_k$(ただし，$\sum_{i=1}^{k}\pi_i = 1$)とすると，それぞれの結果が $y_1, y_2, \cdots, y_k$ 回起こる確率は，

$$\left.\begin{array}{l} Pr\{Y_1 = y_1, Y_2 = y_2, \cdots, Y_k = y_k\} = \dfrac{n!}{y_1!y_2!\cdots y_k!}\pi_1^{y_1}\pi_2^{y_2}\cdots\pi_k^{y_k} \\ \\ y_i \geq 0 (i = 1, 2, \cdots, k) \qquad \sum_{i=1}^{k} y_i = n \end{array}\right\} \qquad (2.1.21)$$

で与えられる．これを**多項分布**と呼ぶ．Y_i の期待値と分散は次式となる．

$$E[Y_i] = n\pi_i \qquad Var[Y_i] = n\pi_i(1-\pi_i) \qquad (2.1.22)$$

[連続型確率分布①：正規分布]

連続型確率変数でもっとも重要な分布は，正規分布(normal distribution)である．身の回りの現象は，ある種の偶然誤差のためにばらつく．偶然誤差は，正規分布に従う確率変数とみなして解析する．その確率密度関数は，

$$f(y) = \frac{1}{\sqrt{2\pi}\,\sigma} e^{-\frac{(y-\mu)^2}{2\sigma^2}} \tag{2.1.23}$$

で与えられる．正規分布は，図2.3に示すように，パラメータμとσでその曲線の形状が決まる．μは分布の中心位置を，σ^2はばらつきの尺度を意味し，μは母平均，σ^2は母分散である．

正規分布は左右対称，最大値は$\dfrac{1}{\sqrt{2\pi}\,\sigma}$で，変曲点は$\mu\pm\sigma$である．

確率変数Yが母平均μと母分散σ^2の正規分布に従うことを，$Y\sim N(\mu,\ \sigma^2)$と書く．正規分布$N(\mu,\ \sigma^2)$の期待値と分散は次式となる．

$$E[Y] = \mu \qquad Var[Y] = \sigma^2 \tag{2.1.24}$$

確率変数Yが正規分布$N(\mu,\ \sigma^2)$に従うとき，$U=\dfrac{Y-\mu}{\sigma}$とする変換を規準化，Uを標準正規偏差，$N(0,\ 1^2)$を標準正規分布（u分布）と呼び，Uが標準正規分布に従うことを，(2.1.25)式と書く．

$$U\sim N(0,\ 1^2) \tag{2.1.25}$$

付表Ⅰ-1は，標準正規分布において，横軸上の値にあたる$u(P)$と斜線部の面積にあたるPが図2.4の関係にあるとき，$u(P)(>0)$を与えたときに上側確率$P=Pr\{U>u(P)\}$を求める数値表である．たとえば，$u(P)=1.96$とすれば，$u(P)$の縦の1.9の行と，$u(P)$の横の6の列が交わった0.0250がPの値である．$u(P)<0$の場合は，正規分布の対称性を利用して，付表Ⅰ-1から求められる．

付表Ⅰ-2は，上側確率Pを与えたとき$Pr\{U>u(P)\}=P$となる$u(P)$を求め

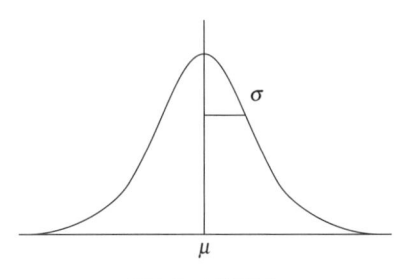

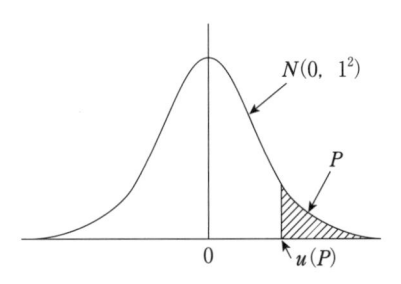

図2.3　正規分布　　　**図2.4　$u(P)$と上側確率Pとの関係**

るための数値表である．

確率変数 Y が $N(\mu, \sigma^2)$ に従うとき，Y の実現値 y から上側確率 P を求めよう．$U=(Y-\mu)/\sigma$ と規準化し，正規分布表（付表Ⅰ-1）から，$u(P)=U$ とおいて上側確率 P を計算すればよい．また，上側確率 P から，確率変数 Y の値 y を算出するには，付表Ⅰ-2 を用い，$u(P)=U$ を求める．そして，$y=\mu+U\sigma$ という変換によって，もとの正規分布の y を求めればよい．付表Ⅰ-1 を用いると，以下のことがわかる．

① $Pr\{U \geq 1.65\} = 0.0495$
② $Pr\{U \leq -1.9600\} = Pr\{U \leq -1.9600\} = Pr\{U \geq 1.9600\} = 0.0250$
③ $Pr\{-1.24 \leq U \leq 2.96\} = 1 - Pr\{U \geq 2.96\} - Pr\{U \geq 1.24\}$
　　$= 1 - 0.0015 - 0.1075 = 0.8910$

[連続型確率分布②：カイ2乗分布]

標準正規分布 $N(0, 1^2)$ に従う母集団から，大きさ n の無作為標本 $U_1, U_2, \cdots, U_n$ が得られたとき，(2.1.26)式の分布を**自由度**（df : degree of freedom）が n の**カイ2乗分布**（chi-square distribution）と呼ぶ．χ^2 は n 個の自由に動かしうる（値を取りうる）確率変数の和で，自由度（ϕ で表わす）はその個数を示す．

$$\chi^2 = U_1^2 + U_2^2 + \cdots + U_n^2 \tag{2.1.26}$$

自由度 $\phi=n$ のカイ2乗分布の確率密度関数 $f(\chi^2)$ は，

$$f(\chi^2) = \begin{cases} \dfrac{1}{2^{n/2}\Gamma(n/2)}(\chi^2)^{(n-2)/2}e^{-\chi^2/2} & (\chi^2 > 0) \\ 0 & (\chi^2 \leq 0) \end{cases} \tag{2.1.27}$$

で与えられる．ここに，$\Gamma(u) = \displaystyle\int_0^\infty y^{u-1}e^{-y}dy$ $(u>0)$ はガンマ関数で，$\Gamma(u+1) = u\Gamma(u)$，$\Gamma(1/2) = \sqrt{\pi}$ である．図 2.5 に χ^2 分布の例を示す．

付表Ⅲは，自由度 ϕ と上側確率 P の値から，$P = Pr\{\chi^2 \geq \chi^2(\phi, P)\}$ を満たす $\chi^2(\phi, P)$ を求めるための数値表である．この $\chi^2(\phi, P)$ を，自由度 ϕ のカイ2乗分布の上側 $100P$ %点という．付表Ⅲを用いると，① $\chi^2(4, 0.025) = 11.143$，② $\chi^2(4, 0.95) = 0.711$ などがわかる．

正規分布 $N(\mu, \sigma^2)$ に従う母集団から，大きさ n の無作為標本 $Y_1, Y_2, \cdots, Y_n$ が得られたとき，

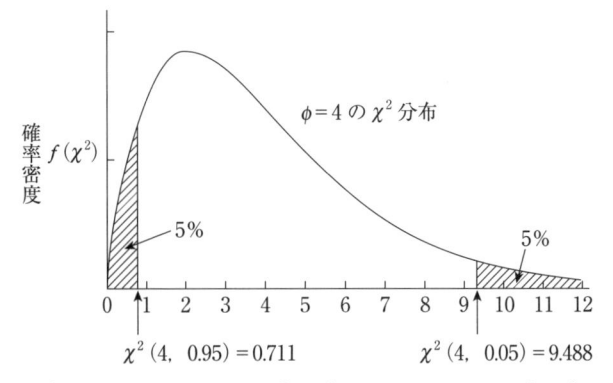

図2.5 χ^2分布の下側5%点($H_1: \sigma^2 < \sigma_0^2$)と上側5%点($H_1: \sigma^2 > \sigma_0^2$)の場合

$$\chi^2 = \frac{1}{\sigma^2}\{(Y_1-\mu)^2+(Y_2-\mu)^2+\cdots+(Y_n-\mu)^2\} \tag{2.1.28}$$

は自由度 n のカイ2乗分布に従う.

2つの確率変数 χ_1^2, χ_2^2 が, それぞれ互いに独立に自由度 n_1, n_2 のカイ2乗分布に従うとき, (2.1.29)式は, 自由度 n_1+n_2 のカイ2乗分布となる. これをカイ2乗分布の加法性という.

$$\chi^2 = \chi_1^2 + \chi_2^2 \tag{2.1.29}$$

正規分布 $N(\mu, \sigma^2)$ に従う母集団から, 大きさ n の無作為標本 $Y_1, Y_2, \cdots, Y_n$ が得られたとき,

$$\chi^2 = \frac{1}{\sigma^2}\{(Y_1-\overline{Y})^2+(Y_2-\overline{Y})^2+\cdots+(Y_n-\overline{Y})^2\} = \frac{S}{\sigma^2} \tag{2.1.30}$$

は自由度 $n-1$ のカイ2乗分布に従う. ただし, $S = \sum_{i=1}^{n}(Y_i-\overline{Y})^2$ である.

なお, (2.1.28)式の自由度が n であるのに対し, (2.1.30)式のそれは $n-1$ になっている. これは, (2.1.30)式では μ の代わりに $\overline{Y}$ を用いたため, 右辺の各項 $Y_1-\overline{Y}, Y_2-\overline{Y}, \cdots, Y_n-\overline{Y}$ の間に, $(Y_1-\overline{Y})+(Y_2-\overline{Y})+\cdots+(Y_n-\overline{Y})=0$ という制約条件が1個発生し, n 個の項のうち, 自由(独立)に動きうる(値を取りうる)ものは1個減って $n-1$ 個となることによる.

2.2 正規母集団に関する推測

母集団からの無作為標本として得られたデータを利用し，母集団のパラメータについて，統計的推測を行う．統計的推測には，推定(estimation)と検定(test)の2つがある．推定とは，母平均や母分散などの値を探ることである．検定とは，あるパラメータについて，帰無仮説，対立仮説を設定し，データにより，いずれが妥当かを判定する方法である．計量値データは，通常，正規分布を前提として解析される．ここでは，その準備となる事柄について説明する．具体的な手順は第3章以降で述べる．

2.2.1 統計的推測の準備
[点推定]

パラメータ θ を持つ母集団に対し，大きさ n の無作為標本 $Y_1, Y_2, \cdots, Y_n$ から構成した統計量 $\hat{\theta} = \hat{\theta}(Y_1, Y_2, \cdots, Y_n)$ を θ の点推定量(point estimator)と呼ぶ．そして，無作為標本 $Y_1, Y_2, \cdots, Y_n$ の実現値 $y_1, y_2, \cdots, y_n$ を代入した $\hat{\theta} = \hat{\theta}(y_1, y_2, \cdots, y_n)$ を θ の点推定値(point estimate)という．$\hat{\theta}$ は"シータハット"と読む．

ある確率分布に従う確率変数 Y から，無作為標本 $Y_1, Y_2, \cdots, Y_n$ が得られたとき，$\bar{Y} = \dfrac{1}{n}\sum_{i=1}^{n} Y_i$ を標本平均，確率変数 Y の期待値 $\mu = E[Y]$ を母平均と呼んだ．統計量 $\hat{\theta}$ の期待値が推定したい未知パラメータ θ に一致するとき，すなわち，

$$E[\hat{\theta}] = \theta \tag{2.2.1}$$

なら，$\hat{\theta}$ を θ の**不偏推定量**(unbiased estimator：偏りのない推定量)という．

母平均 μ，母分散 σ^2 の母集団から大きさ n の無作為標本 $Y_1, Y_2, \cdots, Y_n$ が得られたとき，$\bar{Y} = \dfrac{1}{n}\sum_{i=1}^{n} Y_i$ は，平均 μ の不偏推定量，$V = \dfrac{1}{n-1}\sum_{i=1}^{n}(Y_i - \bar{Y})^2$ は，分散 σ^2 の不偏推定量となる．すなわち，

① $E[\overline{Y}] = \dfrac{1}{n}\sum_{i=1}^{n}E[Y_i] = \dfrac{1}{n}\sum_{i=1}^{n}\mu = \mu$

② Y_1, Y_2, $\cdots$, Y_n は互いに独立であり，$E(\overline{Y}) = E(Y) = \mu$ であることを考慮し，$E[(Y_i - \overline{Y})^2] = Var[Y_i - \overline{Y}] = Var\left[\left(1 - \dfrac{1}{n}\right)Y_i - \dfrac{1}{n}\sum_{i' \neq i}Y_{i'}\right]$

$= \left[\left(1 - \dfrac{1}{n}\right)^2 + \left(\dfrac{1}{n}\right)^2 \times (n-1)\right]\sigma^2 = \dfrac{(n-1)^2 + (n-1)}{n^2}\sigma^2 = \dfrac{n-1}{n}\sigma^2$

$E[V] = E\left[\dfrac{1}{n-1}\sum_{i=1}^{n}(Y_i - \overline{Y})^2\right] = \dfrac{1}{n-1} \times n \times \dfrac{n-1}{n}\sigma^2 = \sigma^2$ となる．

ゆえに，$V = \dfrac{S}{n-1}$ は不偏分散と呼ばれ，下式を得る．前記した標本分散は，第8章で述べる最尤推定量であるが，不偏推定量ではない．

$$E[\overline{Y}] = \mu \qquad E[V] = \sigma^2 \tag{2.2.2}$$

母平均 μ，母分散 σ^2 の正規母集団から大きさ n の無作為標本 Y_1, Y_2, $\cdots$, Y_n が得られたとき，$\overline{Y}$ の分布は(2.2.3)式で与えられる．Y と $\overline{Y}$ の分布を図2.6 に示す．

$$\overline{Y} \sim N\left(\mu, \dfrac{\sigma^2}{n}\right) \tag{2.2.3}$$

[区間推定]

大きさ n の無作為標本 Y_1, Y_2, $\cdots$, Y_n から，$Pr\{\hat{\theta}_L(Y_1, Y_2, \cdots, Y_n) \leq \theta \leq \hat{\theta}_U(Y_1, Y_2, \cdots, Y_n)\} = 1 - \alpha$ を満たす2つの統計量 $\hat{\theta}_L(Y_1, Y_2, \cdots, Y_n)$，$\hat{\theta}_U(Y_1,$

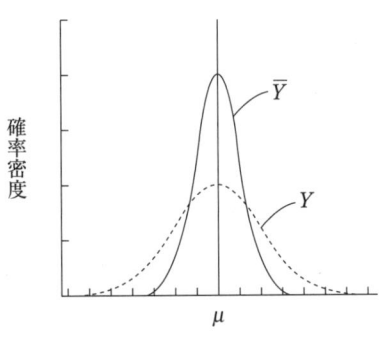

図2.6　Y と $\overline{Y}$ の分布

$Y_2, \cdots, Y_n$)を構成する．このとき，$\hat{\theta}_L(Y_1, Y_2, \cdots, Y_n)$，および $\hat{\theta}_U(Y_1, Y_2, \cdots, Y_n)$ を $100(1-\alpha)$％信頼限界と呼び，区間 $[\hat{\theta}_L(Y_1, Y_2, \cdots, Y_n), \hat{\theta}_U(Y_1, Y_2, \cdots, Y_n)]$ をパラメータ θ の $100(1-\alpha)$％信頼区間(confidence interval)という．

[母平均の区間推定(母分散が既知)]

正規分布 $N(\mu, \sigma^2)$ に従う母集団から，大きさ n の無作為標本 $Y_1, Y_2, \cdots, Y_n$ が得られたとする．(2.2.3)式より，σ^2 が既知なら，$\bar{Y} \sim N\left(\mu, \dfrac{\sigma^2}{n}\right)$ であることから，$\bar{Y}$ を規準化した(2.2.4)式の U は標準正規分布に従う．

$$U = \frac{\bar{Y} - \mu}{\dfrac{\sigma}{\sqrt{n}}} \sim N(0, 1^2) \tag{2.2.4}$$

よって，

$$Pr\left\{-u(\alpha/2) \leq \frac{\bar{Y} - \mu}{\dfrac{\sigma}{\sqrt{n}}} \leq u(\alpha/2)\right\} = 1 - \alpha \tag{2.2.5}$$

となる．これを μ について解くと，

$$Pr\left\{\bar{Y} - u(\alpha/2)\frac{\sigma}{\sqrt{n}} \leq \mu \leq \bar{Y} + u(\alpha/2)\frac{\sigma}{\sqrt{n}}\right\} = 1 - \alpha$$

となる．よって，次式の μ の $100(1-\alpha)$％信頼区間を得る．

$$\left[\bar{Y} - u(\alpha/2)\frac{\sigma}{\sqrt{n}}, \bar{Y} + u(\alpha/2)\frac{\sigma}{\sqrt{n}}\right] \tag{2.2.6}$$

[母平均の区間推定(母分散が未知)]

σ^2 が未知ならば，(2.2.5)式において，σ^2 の代わりにその推定量 $\hat{\sigma}^2$，すなわち，V を用いることにすると，$(\bar{Y} - \mu)/\sqrt{\dfrac{V}{n}}$ は自由度 ϕ の t 分布と呼ばれる分布に従う．t 分布は u 分布に似ているが，分布の両側の裾野が u 分布より広がっている．

自由度 $\phi = n - 1$ は，V を求めたときのデータ数(n)により決まる．n が大き

くなるにつれて，すなわち，自由度 ϕ が大きくなるにつれて，t 分布は u 分布に近づき，$\phi=\infty$ での t 分布は u 分布に一致する．付表Ⅱは，自由度 ϕ と両側確率 P を与えたとき，$t(\phi, P)$ を求めるための数値表である．式で書けば，

$$P = Pr\{T \geq |t(\phi, P)|\} = 1 - Pr\{-t(\phi, P) \leq T \leq t(\phi, P)\} \quad (2.2.7)$$

を満たす $t(\phi, P)$ を求める．この $t(\phi, P)$ を自由度 ϕ の t 分布の両側 $100P\%$ 点という．付表Ⅱを用いると，① $t(6, 0.05) = 2.447$，② $t(10, 0.10) = 1.812$ などがわかる．

正規分布 $N(\mu, \sigma^2)$ に従う母集団から，大きさ n の無作為標本 $Y_1, Y_2, \cdots, Y_n$ が得られたとき，(2.2.8)式の T は，自由度 $n-1$ の t 分布に従う．

$$T = \frac{\overline{Y} - \mu}{\sqrt{\dfrac{V}{n}}} \quad (2.2.8)$$

ここで，$\overline{Y} = \dfrac{1}{n}\sum_{i=1}^{n} Y_i \qquad S = \sum_{i=1}^{n}(Y_i - \overline{Y})^2 \qquad V = \dfrac{S}{n-1}$ である．

正規分布 $N(\mu, \sigma^2)$ に従う母集団から，大きさ n の無作為標本 $Y_1, Y_2, \cdots, Y_n$ が得られたとき，μ の $100(1-\alpha)\%$ 信頼区間を求めよう．

$$Pr\left\{-t(n-1, \alpha) \leq \frac{\overline{Y} - \mu}{\sqrt{\dfrac{V}{n}}} \leq t(n-1, \alpha)\right\} = 1 - \alpha \text{ を } \mu \text{ について解くと}$$

$$Pr\left\{\overline{Y} - t(n-1, \alpha)\sqrt{\dfrac{V}{n}} \leq \mu \leq \overline{Y} + t(n-1, \alpha)\sqrt{\dfrac{V}{n}}\right\} = 1 - \alpha$$

となる．よって，次式の μ の $100(1-\alpha)\%$ 信頼区間を得る．

$$\left[\overline{Y} - t(n-1, \alpha)\sqrt{\dfrac{V}{n}}, \ \overline{Y} + t(n-1, \alpha)\sqrt{\dfrac{V}{n}}\right] \quad (2.2.9)$$

[例題 2.2]

データが正規分布するとして，[例題 2.1]のデータを用いて母平均の 95％信頼区間を求めよ．

（解答）

平均値，平方和，不偏分散は［例題2.1］ですでに計算されているので，母分散 σ^2 の点推定値として，$\hat{\sigma}^2 = V = \dfrac{S}{n-1} = 322.75$ が求まる．

$V = 322.75$，$\bar{y} = 100$，$t = (8, 0.05) = 2.306$ を(2.2.9)式に代入し，

$$\left[100 - 2.306\sqrt{\dfrac{322.75}{9}},\ 100 + 2.306\sqrt{\dfrac{322.75}{9}}\right] = [86.2,\ 113.8] \quad \text{を得る．}$$

［母分散の区間推定］

正規分布 $N(\mu, \sigma^2)$ に従う母集団から大きさ n の無作為標本 $Y_1, Y_2, \cdots, Y_n$ が得られたとき，母分散 σ^2 の点推定量は不偏分散 V を用い，

$$\hat{\sigma}^2 = V = \dfrac{S}{n-1} = \dfrac{1}{n-1}\sum_{i=1}^{n}(Y_i - \bar{Y})^2 \tag{2.2.10}$$

とする．点推定量は(2.2.10)式であるが，σ^2 の信頼区間を求めるには，$\dfrac{S}{\sigma^2}$ の分布が必要になる．(2.1.30)式より $\dfrac{S}{\sigma^2}$ は自由度 $n-1$ のカイ2乗分布に従うことを利用すると，$Pr\left\{\chi^2\left(n-1,\ 1-\dfrac{\alpha}{2}\right) < \dfrac{S}{\sigma^2} < \chi^2\left(n-1,\ \dfrac{\alpha}{2}\right)\right\} = 1-\alpha$ を得る．これを σ^2 について解くと(2.2.11)式が得られる．

$$Pr\left\{\dfrac{S}{\chi^2\left(n-1,\ \dfrac{\alpha}{2}\right)} < \sigma^2 < \dfrac{S}{\chi^2\left(n-1,\ 1-\dfrac{\alpha}{2}\right)}\right\} = 1-\alpha \tag{2.2.11}$$

したがって，次式の σ^2 の $100(1-\alpha)\%$ 信頼区間を得る．

$$\left[\dfrac{S}{\chi^2\left(n-1,\ \dfrac{\alpha}{2}\right)},\ \dfrac{S}{\chi^2\left(n-1,\ 1-\dfrac{\alpha}{2}\right)}\right] \tag{2.2.12}$$

［例題2.3］

［例題2.1］のデータについて，母分散の95%信頼区間を求めよ．

(解答)

母分散 σ^2 の点推定値は $\hat{\sigma}^2 = V = 322.75$ である．平方和は $S = 2582$ であるから，σ^2 の95%信頼区間は，(2.2.12)式を用いて求めればよい．

$\chi^2(8, 0.975) = 2.180$，$\chi^2(8, 0.025) = 17.535$ を代入すると，$\left[\dfrac{2582}{17.535}, \dfrac{2582}{2.180}\right]$ $= [147.25, 1184.40]$ を得る．

2.3 2つの母分散の比の分布

互いに独立な確率変数 χ_1^2 と χ_2^2 について，χ_1^2 が自由度 ϕ_1 のカイ2乗分布，χ_2^2 が自由度 ϕ_2 のカイ2乗分布に従うとき，(2.3.1)式の分布を F 分布と定義する．

$$F = \frac{\chi_1^2/\phi_1}{\chi_2^2/\phi_2} \tag{2.3.1}$$

正規分布 $N(\mu_1, \sigma_1^2)$ に従う母集団(第1母集団)から抽出した大きさ n_1 の無作為標本を $Y_{11}, Y_{12}, \cdots, Y_{1n_1}$，正規分布 $N(\mu_2, \sigma_2^2)$ に従う母集団(第2母集団)から抽出した大きさ n_2 の無作為標本を $Y_{21}, Y_{22}, \cdots, Y_{2n_2}$ とする．

$\overline{Y}_1 = \dfrac{1}{n_1}\sum_{i=1}^{n_1} Y_{1i}$，$\overline{Y}_2 = \dfrac{1}{n_2}\sum_{i=1}^{n_2} Y_{2i}$，$S_1 = \sum_{i=1}^{n_1}(Y_{1i} - \overline{Y}_1)^2$，$S_2 = \sum_{i=1}^{n_2}(Y_{2i} - \overline{Y}_2)^2$，

$V_1 = \dfrac{S_1}{n_1 - 1}$，$V_2 = \dfrac{S_2}{n_2 - 1}$ とおき，(2.1.30)式より(2.3.2)式は，自由度(対)が $(n_1 - 1, n_2 - 1)$ の F 分布に従う．

$$F \frac{\left(\dfrac{S_1}{\sigma_1^2}\Big/(n_1 - 1)\right)}{\left(\dfrac{S_2}{\sigma_2^2}\Big/(n_2 - 1)\right)} = \frac{V_1}{V_2} \Big/ \frac{\sigma_1^2}{\sigma_2^2} \tag{2.3.2}$$

付表IVは，自由度 (ϕ_1, ϕ_2) と上側確率 P を与えたとき，$F(\phi_1, \phi_2; P)$ を求めるための数値表である．式で書けば，$P = Pr\{F \geq F(\phi_1, \phi_2; P)\}$ を満たす $F(\phi_1, \phi_2; P)$ を求めるということになる．この $F(\phi_1, \phi_2; P)$ を自由度 (ϕ_1, ϕ_2) の F 分布の上側 $100P$%点と呼ぶ．

```
1 : F(5, 10)
2 : F(10, 10)
```

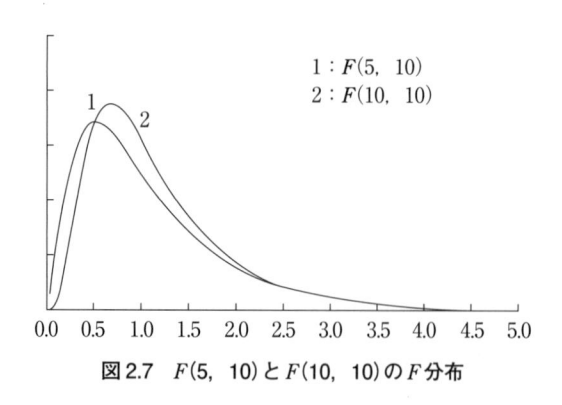

図 2.7 $F(5, 10)$ と $F(10, 10)$ の F 分布

F 分布表は上側確率で与えられており，下側確率が P となる F の値は $F(\phi_1, \phi_2 ; 1-P)$ となるが，下側確率の表は用意されていない．しかし，F の逆数をとると，$\dfrac{1}{F} = \dfrac{V_2/\sigma_2^2}{V_1/\sigma_1^2} \sim F(\phi_2, \phi_1)$ となり，自由度が入れ替わった F 分布になることを利用する．すなわち，自由度 (ϕ_1, ϕ_2) の F 分布の上側 $100P\%$ 点 $F(\phi_1, \phi_2 ; P)$ について (2.3.3) 式が成り立つ．よって，P の値が大きい場合，(2.3.3) 式の関係を用い，付表 IV から求めればよい．

$$F(\phi_1, \phi_2 ; 1-P) = \frac{1}{F(\phi_2, \phi_1 ; P)} \tag{2.3.3}$$

(2.3.3) 式は次のようにして導かれる．すなわち，$F(\phi_1, \phi_2 ; 1-P)$ よりも下側の確率は，

$$P = Pr\{F \leq F(\phi_1, \phi_2 ; 1-P)\} = Pr\left\{\frac{1}{F} \geq \frac{1}{F(\phi_1, \phi_2 ; 1-P)}\right\} \tag{2.3.4}$$

となり，一方，$1/F$ は (2.3.5) 式で，これと (2.3.4) 式から (2.3.3) 式が示される．

$$P = Pr\left\{\frac{1}{F} \geq F(\phi_2, \phi_1 ; P)\right\} \tag{2.3.5}$$

図 2.7 に F 分布の例を示す．

2.4 補遺

以下に述べる事柄を知っておくと役に立つ．参考にするとよい．

[中心極限定理]

平均値が μ，母分散が σ^2 である任意の確率分布から得られた n 個のデータの平均値の分布は n が大きくなるにつれて正規分布 $N(\mu, \sigma^2)$ に近づいていく．私たちは，1個1個のデータではなく平均値を議論することが多いので，任意の分布に対して正規分布で近似するという考え方は重宝である．

[大数の法則]

平均値が μ，母分散が σ^2 である任意の確率分布から得られた n 個のデータの平均値のばらつきは，n が大きくなるにつれて0に近づいていく．平均値を求めるのに用いたデータ数が多いほど，その平均値の分散は小さいという大切な法則である．

[正規分布の導出]

誤差が一定数 n の根元誤差からなるとし，根元誤差はすべて一定の絶対値 e を持ち，かつ，n が大きく e は十分小さいとする．n 個の根元誤差のうち，r 個は $+e$，$n-r$ 個は $-e$ の値とすれば，ne^2 を一定値 σ^2 に保ち，$n \to \infty$ とすれば正規分布が導ける．

[各分布間の関係]

正規分布をはじめ，各分布間の関係を図2.8に示しておく．

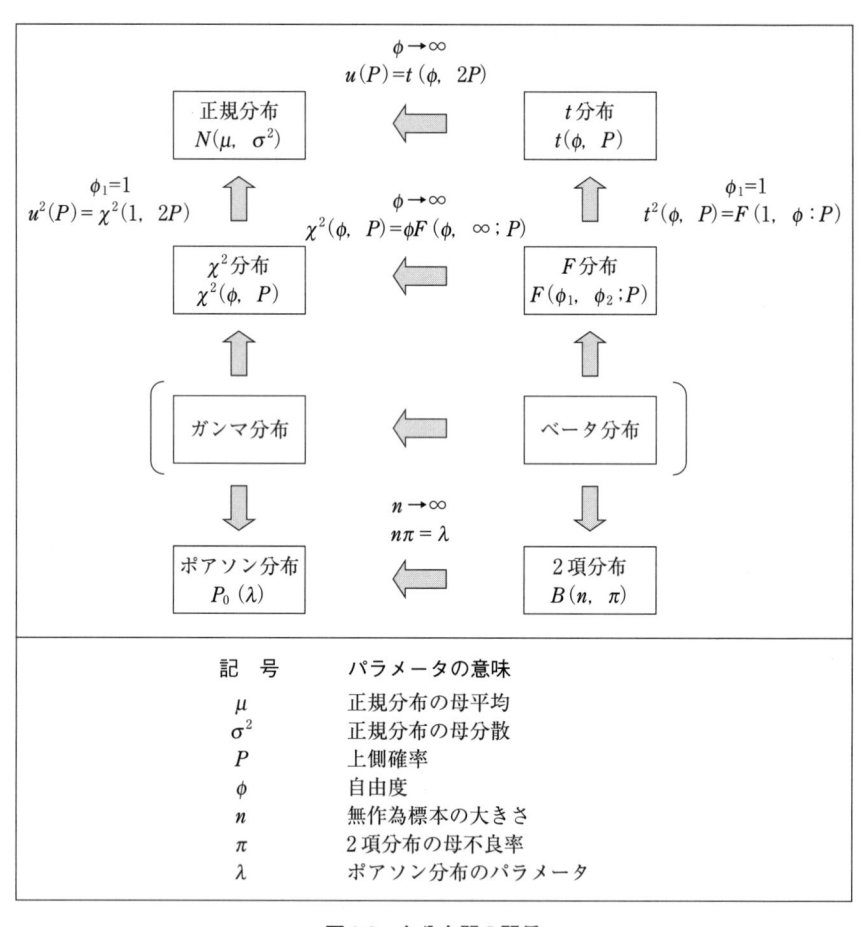

```
                          φ→∞
                      u(P)=t(φ, 2P)
      ┌─────────────┐  ⇐═══════  ┌─────────────┐
      │  正規分布    │            │   t 分布     │
      │  N(μ, σ²)   │            │   t(φ, P)   │
      └─────────────┘            └─────────────┘
   φ₁=1                φ→∞                      φ₁=1
u²(P)=χ²(1, 2P)   χ²(φ, P)=φF(φ, ∞; P)      t²(φ, P)=F(1, φ : P)
           ⇑                                     ⇑
      ┌─────────────┐            ┌─────────────┐
      │  χ² 分布    │  ⇐═══════  │   F 分布    │
      │  χ²(φ, P)   │            │ F(φ₁, φ₂;P)│
      └─────────────┘            └─────────────┘
           ⇑                          ⇑
      ┌─────────────┐            ┌─────────────┐
      │  ガンマ分布  │  ⇐═══════  │  ベータ分布  │
      └─────────────┘            └─────────────┘
           ⇓            n→∞            ⇓
                       nπ=λ
      ┌─────────────┐            ┌─────────────┐
      │ ポアソン分布 │  ⇐═══════  │  2 項分布   │
      │  P₀(λ)      │            │  B(n, π)    │
      └─────────────┘            └─────────────┘
```

記　号	パラメータの意味
μ	正規分布の母平均
σ^2	正規分布の母分散
P	上側確率
ϕ	自由度
n	無作為標本の大きさ
π	2 項分布の母不良率
λ	ポアソン分布のパラメータ

図 2.8　各分布間の関係

第3章 正規分布に関する検定と推定

3.1 統計的推測とは

「工程改善後に特性値のばらつきが小さくなったか」あるいは「合成工程で新しい添加剤を用いたときに,収率が以前よりも増えたか」を知りたいというような状況を考える.

このようなとき,実験の結果から得られた一つひとつのデータについて,基準となる値と比較して結論を出すわけではない.対象としている母集団が基準(目標)を満たしているかどうかを問題とする.このような状況に際して,客観的な結論を統計的に導き出すにはどうすればよいだろうか.

合成工程で A 社の原料を使用していたとし,特性値の母平均が 105(単位省略,望大特性)であったとする.特性値を向上させるために B 社の原料を検討した結果,表3.1 に示すデータが得られたとしよう.

この例で知りたいのは,B 社の原料を用いたときに,A 社の原料を用いたときと比べて分布が変化したか否かであり,この状況では,統計的推測のうち検定(test)を用いて結論を出す.一方,B 社の原料を使ったときの特性値が変化したことはわかったとして,どの程度変化したのかが大切なときも多い.このような状況では,推定(estimation)を用いて結論を出す.本章では検定および

表3.1 B 社の原料を用いたときの特性値(単位:省略)

y_i	110	108	104	105	111	109	105	107	109	106	112	110
$y_i - \bar{y}$	2	0	-4	-3	3	1	-3	-1	1	-2	4	2

推定の方法について説明する．

統計的な検定は仮説検定とも呼ばれるとおり，仮説を立てて検定を行う．このケースでは105を基準として仮説を立てることが考えられるが，1.5.1項で述べたように，「B社の原料を用いたときの特性値が105以上なら採用する」という立場や，「B社の原料を用いたときの特性値が105以下でなければ採用する」という立場で仮説を立てることもできる．

また，B社の原料は安価であるが103を下回るときには次工程で不具合が生じる場合はどのような仮説を立てるのがよいだろうか．

このように，検定を行う状況によって仮説の立て方はいくつか考えられる．

3.2　1つの母集団に関する推測

1つの正規母集団から得たサンプルに対する統計的推測について，検定と推定の具体的方法を解説する．

3.2.1　母平均の検定（母分散が既知）

[例題3.1]

検定の基本的な考え方について，表3.1のデータを用いて説明する．

個々の値は母平均 $\mu = 105$ の正規分布に従うものと仮定する．さらに，母分散は $\sigma^2 = (2.5)^2$ であることがわかっているとする．つまり，それぞれの値は $N(105, 2.5^2)$ の正規分布に従う確率変数の実現値（データ）と考える．12個のデータ（$n=12$）から求まる平均値 $\bar{y}$ は $N\left(105, \dfrac{2.5^2}{12}\right)$ に従い，$\bar{y}$ を規準化した

$$u = \frac{\bar{y} - \mu}{\dfrac{\sigma}{\sqrt{n}}}$$

は $N(0, 1^2)$ の標準正規分布に従う．$\bar{y} = 108.0$，$\mu = 105$，$\sigma^2 = (2.5)^2$，$n = 12$ を代入すると，$u = \dfrac{108.0 - 105}{\dfrac{2.5}{\sqrt{12}}} = 4.157$ となる．$N(0, 1^2)$ の正規分布では

u が -1.9600 以下か 1.9600 以上となる確率が 5％，すなわち，$Pr\{|u| \geq 1.9600\} = Pr\{u \leq -1.9600\} + Pr\{u \geq 1.9600\} = 0.05$ であり，4.157 は 0.05 以下の確率でしか起こらない．つまり，y が $N(105, 2.5^2)$ に従うと仮定したとき，12 個のデータを得て，その平均値が $\bar{y} = 108.0$ となるのは 5％以下の確率でしか起こらない稀なことである．ここで，稀なことが起きたと考えるのではなく，母平均が $\mu = 105$ とした仮定が正しくなかったと考え，工程変更後（B 社の原料）の母平均は $\mu = 105$ ではないと結論する．これが検定の考え方である．この一連の流れを，手順を追って説明する．

(1) **仮説の設定**

まず，「母平均 μ は 105 である」という仮説を立てる．この仮説のことを帰無仮説（null hypothesis）といい，記号 H_0 で表わす．「105」に対応する値を μ_0 で表わし，帰無仮説 $H_0 : \mu = \mu_0$ と書く．これに対して，実験の目的（実験で確認したいこと）に対応させて「母平均 μ は 105 ではない」という仮説を立てる．これを対立仮説（alternative hypothesis）といい，記号 H_1 で表わす．対立仮説は $H_1 : \mu \neq \mu_0$ となる（**両側検定**という）．対立仮説は確認したい事柄に応じて，「母平均 μ は 105 ではない」という仮説の他に，「母平均 μ は 105 以上である」と「母平均 μ は 105 以下である」に対応させた $H_1 : \mu > \mu_0$ と，$H_1 : \mu < \mu_0$ がある（いずれも**片側検定**という）．この 3 つのうち，原則としては両側検定を用い，片側検定を用いるのは，もう一方の側が理論的に起こらない場合や，もう一方の側のことを検出し損ねても損失のない場合に限られる．

(2) **有意水準と棄却域の設定**

どの程度の稀な現象が起きたときに帰無仮説ではない（対立仮説である）と判断するのか，その確率を予め定めておく必要がある．この確率のことを**有意水準**（level of significance）といい，記号 α で表わす．一般的には 5％（0.05）が用いられているが，1％（0.01）や，それ以外の値を設定することもある．$\alpha = 0.05$ としたときに，正規分布上に α 以下となる領域を示した模式図が図 3.1 である．この領域を**棄却域**（rejection region）と呼び，対立仮説 H_1 と有意水準が決まれば定まり，記号 R で表わす．有意水準 $\alpha = 0.05$ のときの棄却域を対立仮説ごとに整理すると表 3.2 となる．

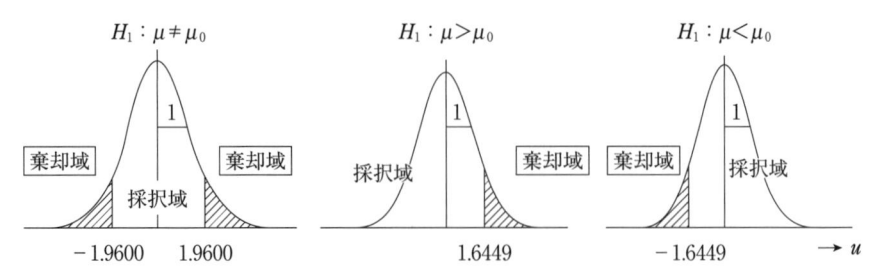

図3.1 棄却域と採択域（$\alpha=0.05$）

表3.2 検定統計量と棄却域（$\alpha=0.05$）

対立仮説 H_1	検定統計量	棄却域 R
$\mu \neq \mu_0$	$u_0 = \dfrac{\bar{y} - \mu_0}{\dfrac{\sigma}{\sqrt{n}}}$	$|u_0| \geq 1.9600$
$\mu > \mu_0$		$u_0 \geq 1.6449$
$\mu < \mu_0$		$u_0 \leq -1.6449$

(3) **検定統計量の計算**

検定統計量は次式で求め，帰無仮説 $H_0: \mu = \mu_0$ のもとで u を求めたので u_0 と表記する．

$$u_0 = \frac{\bar{y} - \mu_0}{\dfrac{\sigma}{\sqrt{n}}} \tag{3.2.1}$$

(4) **判定**

u_0 が棄却域にあれば H_0 を棄却し，「H_1 が正しい」と判定する．u_0 が採択域（acceptance region），すなわち，棄却域でない領域にあれば，H_0 は棄却できず，「H_1 が正しいとはいえない」と判定する[1]．

(5) **結論**

検定に対する結論を述べる．

---

[1] H_0 が正しいのに，これを棄却して H_1 が正しいとしてしまう第一種の過誤は，たとえば 5％という小さい値に抑えられている．これに対し，H_1 が正しいのに，H_0 を棄却せず，H_1 が正しいとしない第二種の過誤は，第11章の検出力のところで説明するように，必ずしも小さい値になっているわけではない．したがって，本文のような消極的な表現を用いる．表3.3を参照．

[検定における2種類の誤りと検出力]

検定の結果により採択する結論は常に正しいとは限らない．検定には2種類の過ちが存在する．その一つが，帰無仮説 $H_0 : \mu = \mu_0$ が正しいにもかかわらず，帰無仮説を棄却してしまう誤りで**第一種の過誤**(type I error)といい，その確率を記号 α で表わす[2]．一方，H_0 が正しくないにもかかわらず，これを棄却しない誤りのことを**第二種の過誤**(type II error)といい，その確率を記号 β で表わす．β は第一種の過誤のように大きさが定まっていない．11.2節で述べるが，μ と μ_0 の差の大きさ，ばらつきの大きさ，データ数によって定まり $0 \sim (1-\alpha)$ の範囲の値をとる．なお，$1-\beta$ は H_0 が正しくないときに H_0 を正しく棄却する確率であり，この確率を**検出力**(power of test)という．H_0 を棄却できないときは検出力のレベルに注意を払う必要がある．

表 3.3　検定における2種類の誤りと検出力

		真実(母集団の真の姿)	
		H_0	H_1
検定結果	H_0	検定結果が正しい $(1-\alpha)$	第二種の過誤 (β)
	H_1	第一種の過誤 (α)	検定結果が正しい $(1-\beta=$ 検出力$)$

---

[2] 有意水準も第一種の過誤と同様に記号 α で表わすが，前記のように，検定において棄却域を設定し，帰無仮説 H_0 を棄却するかどうかを判断する基準となる確率を示す．すなわち，α を小さい確率に抑えたうえで，H_0 の下では通常得られにくい結果が得られたと考えるより，むしろ，H_1 の下での当然の結果と考えるほうが自然であると考えるのである．一方，第一種の過誤とは，帰無仮説 H_0 が正しいのに棄却し，対立仮説 H_1 を採択する過ちで，このとき，H_0 を棄却する危険性が最大 $100\alpha\%$ あることになる．この危険性を危険率という．

さて，Microsoft Excel の関数を用いれば，検定統計量の値に対して p 値を出力することができる．このときの p 値は，検定統計量の値から危険率を求めている．p 値を計算して有意水準 α より小さい値となった場合，「有意水準 α で有意である」という表現をする．p 値は検定統計量から危険率を出したもので，この危険率は第一種の過誤の確率と同じ値である．

このように，「検定の際，設定した有意水準 α」は，「危険率」または「第一種の過誤」と意味合いが異なり，必ずしも同じ値とは限らない．

表 3.4　検定統計量と棄却域（$\alpha=0.05$）

対立仮説 H_1	検定統計量	棄却域 R
$\mu \neq \mu_0$	$t_0 = \dfrac{\bar{y} - \mu_0}{\sqrt{\dfrac{V}{n}}}$	$\lvert t_0 \rvert \geq t(\phi,\ 0.05)$
$\mu > \mu_0$		$t_0 \geq t(\phi,\ 0.10)$
$\mu < \mu_0$		$t_0 \leq -t(\phi,\ 0.10)$

3.2.2　母平均の検定（母分散が未知）

　母分散が既知の場合，検定統計量は(3.2.1)式で求めたが，母分散が未知の場合には σ^2 の推定量である不偏分散 V を用い，検定統計量を(3.2.2)式とする．

$$t_0 = \frac{\bar{y} - \mu_0}{\sqrt{\dfrac{V}{n}}} \tag{3.2.2}$$

　具体的には，$Y_1,\ Y_2,\ \cdots,\ Y_n$ が互いに独立に $N(\mu,\ \sigma^2)$ に従うとき $T = (\bar{Y} - \mu)/\sqrt{V/n}$ が自由度 $\phi = n-1$ の t 分布に従うことを利用して検定する．対立仮説，検定統計量と棄却域を表 3.4 にまとめた．手順は母分散が既知の場合と同様である．

［例題 3.2］
　　［例題 3.1］のデータを用いて，σ^2 が未知のとき $H_0 : \mu = \mu_0$ に対して
　　$H_1 : \mu > \mu_0$ を検定する．
（解答）
　必要な統計量を計算する．

　　$n = 12$　　　　$\sum y_i = 1296$　　　　$\bar{y} = 108.0$

　　$S = \sum (y_i - \bar{y})^2 = 2^2 + 0^2 + \cdots + 2^2 = 74$　　　　$V = \dfrac{S}{n-1} = 6.72727 = (2.594)^2$

(1)　仮説の設定
　　帰無仮説　$H_0 : \mu = \mu_0$　（$\mu_0 = 105$）
　　対立仮説　$H_1 : \mu > \mu_0$

(2) 有意水準と棄却域の設定

　　有意水準　$\alpha = 0.05$

　　棄却域　　$R : t_0 \geq t(\phi,\ 2\alpha) = t(11,\ 0.10) = 1.796$

(3) 検定統計量

$$t_0 = \frac{\bar{y} - \mu_0}{\sqrt{\dfrac{V}{n}}} = \frac{108.0 - 105}{\sqrt{\dfrac{6.72727}{12}}} = 4.007$$

(4) 判定

　　$t_0 = 4.007 > t(11,\ 0.10) = 1.796$

　　したがって，H_0 は有意水準5%で棄却される．

(5) 結論

　　母平均は105より大きくなったといえる．

3.2.3　母平均の推定（母分散が既知）

ここでは母平均がいくらなのかということを推定してみよう．

推定には，未知母数の値をある特定の数値で推定する**点推定**（point estimation）と幅をもって推定する**区間推定**（interval estimation）とがある．

点推定としては，不偏推定量を用いる．すなわち，統計量の期待値が，推定したい母数に一致するものを用いる．その中でもっともばらつきが小さいものを選ぶのが合理的であり，この不偏推定量のことを**最良不偏推定量**という．たとえば，サンプル個々の y の期待値もサンプルの平均 $\bar{y}$ の期待値もともに μ であり，いずれも不偏である．一方，分散は $Var(y) = \sigma^2$，$Var(\bar{y}) = \dfrac{\sigma^2}{n}$ であり，μ の点推定としては分散の小さい平均 $\bar{y}$ のほうを用いる．なお，推定値は母数と区別する意味で「^」（ハット）を付す．したがって，母平均の点推定は(3.2.3)式となる．

$$\hat{\mu} = \bar{y} \tag{3.2.3}$$

区間推定には，$u = \dfrac{\bar{y} - \mu}{\sigma / \sqrt{n}}$ が $N(0,\ 1^2)$ に従うことを利用する．u については，(3.2.4)式，すなわち，(3.2.5)式が成り立ち，この式を μ について解くと

(3.2.6)式となる.

$$Pr\{-1.9600 \leq u \leq 1.9600\} = 0.95 \tag{3.2.4}$$

$$Pr\left\{-1.9600 \leq \frac{\bar{y}-\mu}{\frac{\sigma}{\sqrt{n}}} \leq 1.9600\right\} = 0.95 \tag{3.2.5}$$

$$Pr\left\{\bar{y}-1.9600\frac{\sigma}{\sqrt{n}} \leq \mu \leq \bar{y}+1.9600\frac{\sigma}{\sqrt{n}}\right\} = 0.95 \tag{3.2.6}$$

(3.2.6)式は, $\bar{y}-1.9600\sigma/\sqrt{n} \sim \bar{y}+1.9600\sigma/\sqrt{n}$ の区間が μ を含んでいる確率は 0.95 であることを示している.

第2章で記したように，この区間のことを信頼区間(confidence interval)といい，その境界値(上側/下側)のことをそれぞれ信頼上限，信頼下限，両方合わせて，信頼限界(confidence limit)という．また，確率 0.95 のことを信頼率といい，$1-\alpha$ で表わす．したがって，母分散が既知の場合，母平均 μ の信頼率 95% の区間推定は(3.2.7)式となる．

$$\left[\bar{y}-1.9600\frac{\sigma}{\sqrt{n}},\ \bar{y}+1.9600\frac{\sigma}{\sqrt{n}}\right] \tag{3.2.7}$$

3.2.4　母平均の推定(母分散が未知)

母分散が未知の場合も, μ の点推定は母分散既知の場合と同じく, $\hat{\mu}=\bar{y}$ を用いる. 区間推定は, u 分布の代わりに t 分布を用いて,

$$Pr\left\{-t(\phi,\ \alpha) \leq \frac{\bar{y}-\mu}{\sqrt{\frac{V}{n}}} \leq t(\phi,\ \alpha)\right\} = 1-\alpha \tag{3.2.8}$$

から(3.2.9)式が導かれ，(3.2.10)式の信頼率 $1-\alpha$ の信頼区間が得られる.

$$Pr\left\{\bar{y}-t(\phi,\ \alpha)\sqrt{\frac{V}{n}} \leq \mu \leq \bar{y}+t(\phi,\ \alpha)\sqrt{\frac{V}{n}}\right\} = 1-\alpha \tag{3.2.9}$$

$$\left[\bar{y}-t(\phi,\ \alpha)\sqrt{\frac{V}{n}},\ \bar{y}+t(\phi,\ \alpha)\sqrt{\frac{V}{n}}\right] \tag{3.2.10}$$

[例題 3.3]

　[例題 3.1]のデータを用いて，母分散が未知の場合を想定し，推定を行うと次のようになる．信頼率は $1-\alpha=0.95$ とする．

(解答)

(1) **点推定**

　$\hat{\mu}=\bar{y}=108.0$

(2) **区間推定（信頼率 $1-\alpha=0.95$）**

　信頼下限：

$$\bar{y}-t(\phi,\ \alpha)\sqrt{\frac{V}{n}}=108.0-t(11,\ 0.05)\sqrt{\frac{6.72727}{12}}=108.0-2.201\times0.749=106.4$$

　信頼上限：

$$\bar{y}+t(\phi,\ \alpha)\sqrt{\frac{V}{n}}=108.0+t(11,\ 0.05)\sqrt{\frac{6.72727}{12}}=108.0+2.201\times0.749=109.6$$

　信頼率 $1-\alpha=0.95$ の信頼区間：[106.4，109.6]

3.2.5　母分散の検定

　「工程変更後にばらつきは小さくなったか」というように，ばらつきに関して検定するときも仮説の設定，有意水準，棄却域の設定，検定統計量の計算，判定という一連の考え方は，母平均の検定の場合と同じである．母分散の推測の基本となるのは χ^2 分布であり，$y_1, y_2, \cdots, y_n$ が互いに独立に $N(\mu,\ \sigma^2)$ に従うとき，$\chi^2=\dfrac{S}{\sigma^2}$ は自由度 $\phi=n-1$ の χ^2 分布に従うことを利用する．帰無仮説 H_0 は「母分散 σ^2 は σ_0^2 である」となり，$H_0:\sigma^2=\sigma_0^2$ と書く．

　これに対して，確認したい「母分散 σ^2 は σ_0^2 ではない」，「母分散 σ^2 は σ_0^2 以上である」，「母分散 σ^2 は σ_0^2 以下である」の場合には，それぞれ $H_1:\sigma^2\neq\sigma_0^2$，$H_1:\sigma^2>\sigma_0^2$，$H_1:\sigma^2<\sigma_0^2$ とする．平方和を $S=\displaystyle\sum_{i=1}^{n}(y_i-\bar{y})^2$ とし，検定統計量

表 3.5 検定統計量と棄却域 ($\alpha=0.05$)

対立仮説 H_1	検定統計量	棄却域 R
$\sigma^2 \neq \sigma_0^2$		$\chi_0^2 \leq \chi^2(\phi,\ 0.975),\ \chi_0^2 \geq \chi^2(\phi,\ 0.025)$
$\sigma^2 > \sigma_0^2$	$\chi_0^2 = \dfrac{S}{\sigma_0^2}$	$\chi_0^2 \geq \chi^2(\phi,\ 0.05)$
$\sigma^2 < \sigma_0^2$		$\chi_0^2 \leq \chi^2(\phi,\ 0.95)$

と棄却域を表 3.5 にまとめる．χ^2 分布の例は図 2.5 を参照されたい．

[例題 3.4]

[例題 3.1] のデータを用いて，$\sigma_0^2 = 4.0^2$ のとき，母分散がこれよりも小さいかどうか検定する．

(解答)

(1) 仮説の設定

帰無仮説　$H_0 : \sigma^2 = \sigma_0^2 \quad (\sigma_0^2 = 4.0^2)$

対立仮説　$H_1 : \sigma^2 < \sigma_0^2$

(2) 有意水準と棄却域の設定

有意水準　$\alpha = 0.05$

棄却域　$R : \chi_0^2 < \chi^2(\phi,\ 1-\alpha) = \chi^2(11,\ 0.95) = 4.575$

(3) 検定統計量

$$\chi_0^2 = \frac{S}{\sigma_0^2} = \frac{74.0}{4.0^2} = 4.625$$

(4) 判定

$\chi_0^2 = 4.625 > \chi^2(11,\ 0.95) = 4.575$

H_0 は有意水準 5% で棄却されない．

(5) 結論

分散は $\sigma_0^2 = 4.0^2$ より小さくなったとはいえない．

3.2.6　母分散の推定

母分散 σ^2 の点推定には不偏分散 (V) を用いる．

$$\hat{\sigma}^2 = V = \frac{S}{\phi} \tag{3.2.11}$$

区間推定では(3.2.12)式から，(3.2.13)式が得られる．

$$Pr\left\{\chi^2(\phi,\ 1-\alpha/2) \leq \frac{S}{\sigma^2} \leq \chi^2(\phi,\ \alpha/2)\right\} = 1-\alpha \tag{3.2.12}$$

$$Pr\left\{\frac{S}{\chi^2(\phi,\ \alpha/2)} \leq \sigma^2 \leq \frac{S}{\chi^2(\phi,\ 1-\alpha/2)}\right\} = 1-\alpha \tag{3.2.13}$$

したがって，信頼率 $1-\alpha$ の信頼区間は以下となる．

$$\left[\frac{S}{\chi^2(\phi,\ \alpha/2)},\ \frac{S}{\chi^2(\phi,\ 1-\alpha/2)}\right] \tag{3.2.14}$$

[例題 3.5]

[例題 3.1] のデータを用いて母分散を信頼率 $1-\alpha=0.95$ で推定してみよう．
(解答)

(1) 点推定

$\hat{\sigma}^2 = V = 6.72727 = (2.594)^2$

(2) 区間推定（信頼率 $1-\alpha=0.95$）

信頼下限：$\dfrac{S}{\chi^2(\phi,\ \alpha/2)} = \dfrac{74.0}{21.920} = 3.376 = (1.84)^2$

信頼上限：$\dfrac{S}{\chi^2(\phi,\ 1-\alpha/2)} = \dfrac{74.0}{3.816} = 19.392 = (4.40)^2$

信頼率 $1-\alpha=0.95$ の信頼区間：$[1.84^2,\ 4.40^2]$

3.3　2つの母集団の比較に関する推測

2つの正規母集団，$N(\mu_1,\ \sigma_1^2)$ と $N(\mu_2,\ \sigma_2^2)$ の比較について説明する．

3.3.1　母平均の差の検定

母平均 μ_1 と μ_2 の比較を考える．帰無仮説は $H_0: \mu_1 = \mu_2$ となり，対立仮説は以下の3つ，$H_1: \mu_1 \neq \mu_2$，$H_1: \mu_1 > \mu_2$，$H_1: \mu_1 < \mu_2$ から選ぶ．2つの母集団

から得られた n_1, n_2 個のサンプルの平均値は, $\bar{y}_1 \sim N(\mu_1, \sigma_1^2/n_1)$ と $\bar{y}_2 \sim N(\mu_2, \sigma_2^2/n_2)$ に従う. μ_1 と μ_2 の差を検討するには, $\bar{y}_1 - \bar{y}_2$ を用いる. $\bar{y}_1 - \bar{y}_2$ の分布は, (3.3.1)式となり, $\bar{y}_1 - \bar{y}_2$ を(3.3.1)式で規準化した(3.3.2)式は $N(0, 1^2)$ に従う.

$$\bar{y}_1 - \bar{y}_2 \sim N\left(\mu_1 - \mu_2, \frac{\sigma_1^2}{n_1} + \frac{\sigma_2^2}{n_2}\right) \tag{3.3.1}$$

$$u = \frac{(\bar{y}_1 - \bar{y}_2) - (\mu_1 - \mu_2)}{\sqrt{\frac{\sigma_1^2}{n_1} + \frac{\sigma_2^2}{n_2}}} \tag{3.3.2}$$

帰無仮説 $H_0 : \mu_1 = \mu_2$ のもとでは $\mu_1 - \mu_2 = 0$ であり, 検定統計量は(3.3.3)式となる. 対立仮説と棄却域を表 3.6 にまとめた.

$$u_0 = \frac{\bar{y}_1 - \bar{y}_2}{\sqrt{\frac{\sigma_1^2}{n_1} + \frac{\sigma_2^2}{n_2}}} \tag{3.3.3}$$

母分散が未知の場合は, (3.3.2)式の σ_1^2, σ_2^2 に代えて, V_1, V_2 を用いた(3.3.4)式を用いる. したがって, 帰無仮説のもとでの検定統計量は(3.3.5)式となる.

$$t = \frac{(\bar{y}_1 - \bar{y}_2) - (\mu_1 - \mu_2)}{\sqrt{\frac{V_1}{n_1} + \frac{V_2}{n_2}}} \tag{3.3.4}$$

$$t_0 = \frac{\bar{y}_1 - \bar{y}_2}{\sqrt{\frac{V_1}{n_1} + \frac{V_2}{n_2}}} \tag{3.3.5}$$

しかし, この場合, 分母が２つの分散の和となっているため, (3.3.4)式で求

表 3.6　検定統計量と棄却域 ($\alpha = 0.05$)

対立仮説 H_1	検定統計量	棄却域 R
$\mu_1 \neq \mu_2$	$u_0 = \dfrac{\bar{y}_1 - \bar{y}_2}{\sqrt{\dfrac{\sigma_1^2}{n_1} + \dfrac{\sigma_2^2}{n_2}}}$	$\lvert u_0 \rvert \geq 1.9600$
$\mu_1 > \mu_2$		$u_0 \geq 1.6449$
$\mu_1 < \mu_2$		$u_0 \leq -1.6449$

表 3.7 検定統計量と棄却域 ($\alpha=0.05$)

対立仮説 H_1	検定統計量	棄却域 R
$\mu_1 \neq \mu_2$	$t_0 = \dfrac{\bar{y}_1 - \bar{y}_2}{\sqrt{\dfrac{V_1}{n_1} + \dfrac{V_2}{n_2}}}$	$|t_0| \geq t(\phi^*, \ 0.05)$
$\mu_1 > \mu_2$		$t_0 \geq t(\phi^*, \ 0.10)$
$\mu_1 < \mu_2$		$t_0 \leq -t(\phi^*, \ 0.10)$

まる t の分布の自由度が明確ではない.そこで,Satterthwaite の方法[3]で (3.3.6) 式により求めた等価自由度 ϕ^* を持つ t 分布で近似した Welch の検定を用いる[4].

$$\phi^* = \frac{\left(\dfrac{V_1}{n_1} + \dfrac{V_2}{n_2}\right)^2}{\dfrac{\left(\dfrac{V_1}{n_1}\right)^2}{\phi_1} + \dfrac{\left(\dfrac{V_2}{n_2}\right)^2}{\phi_2}} \tag{3.3.6}$$

対立仮説と棄却域は表 3.7 となる.一般に ϕ^* が整数にはならないので,(3.3.7) 式で線形補間して ϕ^* に対応した $t(\phi^*, \ \alpha)$ を求める.なお,f_1 は ϕ^* を整数に切り捨てた自由度,f_2 は同じく ϕ^* を切り上げた自由度である.

$$t(\phi^*, \ \alpha) = t(f_1, \ \alpha) \times (f_2 - \phi^*) + t(f_2, \ \alpha) \times (\phi^* - f_1) \tag{3.3.7}$$

一方,$\sigma_1^2 = \sigma_2^2$ と考えられる場合には,V を $V = \dfrac{S_1 + S_2}{n_1 + n_2 - 2}$ で推定する.これを同時推定といい,(3.3.4) 式を,(3.3.8) 式と置き換えた t が $\phi = n_1 + n_2 - 2$ の t 分布に従うことを利用する.帰無仮説のもとでは (3.3.9) 式となる.対立仮説

---

[3] Satterthwaite の方法とは,自由度 ϕ_i の不偏分散 V_i が k 個あり,互いに独立であるときに,V_i の線形結合の分布を次式で定められる自由度 ϕ^* を持つ不偏分散の分布で近似させる方法である.

$$\frac{\left(\sum a_i V_i\right)^2}{\phi^*} = \left\{\frac{(a_1 V_1)^2}{\phi_1} + \frac{(a_2 V_2)^2}{\phi_2} + \cdots + \frac{(a_k V_k)^2}{\phi_k}\right\}$$

[4] $\sigma_1^2 = \sigma_2^2$ なら t 検定,$\sigma_1^2 \neq \sigma_2^2$ なら Welch の検定を用いるが,n_1,n_2 の比が 2 以内,あるいは,V_1,V_2 の比が 2 以内であれば,$\sigma_1^2 \neq \sigma_2^2$ であったとしても検定結果が大きく影響を受けないことが知られており,この場合は実務的には t 検定を用いてよい.

表 3.8　検定統計量と棄却域（$\alpha=0.05$）

対立仮説 H_1	検定統計量	棄却域 R
$\mu_1 \neq \mu_2$	$t_0 = \dfrac{\bar{y}_1 - \bar{y}_2}{\sqrt{V\left(\dfrac{1}{n_1} + \dfrac{1}{n_2}\right)}}$	$\lvert t_0 \rvert \geq t(\phi,\ 0.05)$
$\mu_1 > \mu_2$		$t_0 \geq t(\phi,\ 0.10)$
$\mu_1 < \mu_2$		$t_0 \leq -t(\phi,\ 0.10)$

と棄却域を表 3.8 に示す．

$$t = \frac{(\bar{y}_1 - \bar{y}_2) - (\mu_1 - \mu_2)}{\sqrt{V\left(\dfrac{1}{n_1} + \dfrac{1}{n_2}\right)}} \tag{3.3.8}$$

$$t_0 = \frac{\bar{y}_1 - \bar{y}_2}{\sqrt{V\left(\dfrac{1}{n_1} + \dfrac{1}{n_2}\right)}} \tag{3.3.9}$$

3.3.2　母平均の差の推定

母平均の差 $\widehat{\mu_1 - \mu_2}$ は $\bar{y}_1 - \bar{y}_2$ で推定する．σ_1^2，σ_2^2 が既知の場合，(3.3.3)式は $N(0,\ 1^2)$ に従うので，$Pr\{-1.9600 \leq u \leq 1.9600\} = 1 - \alpha$ が成立する．この不等式に(3.3.3)式を代入して，$\mu_1 - \mu_2$ について解くと，

$$\text{信頼下限}: \bar{y}_1 - \bar{y}_2 - 1.9600 \sqrt{\frac{\sigma_1^2}{n_1} + \frac{\sigma_2^2}{n_2}} \tag{3.3.10}$$

$$\text{信頼上限}: \bar{y}_1 - \bar{y}_2 + 1.9600 \sqrt{\frac{\sigma_1^2}{n_1} + \frac{\sigma_2^2}{n_2}} \tag{3.3.11}$$

信頼率 $1 - \alpha$ の信頼区間:

$$\left[\bar{y}_1 - \bar{y}_2 - 1.9600 \sqrt{\frac{\sigma_1^2}{n_1} + \frac{\sigma_2^2}{n_2}},\ \bar{y}_1 - \bar{y}_2 + 1.9600 \sqrt{\frac{\sigma_1^2}{n_1} + \frac{\sigma_2^2}{n_2}} \right]$$

となる．母分散が未知で，$\sigma_1^2 \neq \sigma_2^2$ の場合，(3.3.5)式が自由度 ϕ^* の t 分布に近似的に従うので，$Pr\{-t(\phi^*,\ \alpha) \leq t \leq t(\phi^*,\ \alpha)\} = 1 - \alpha$ が成り立ち，同様にして以下となる．

$$\text{信頼下限}: \bar{y}_1 - \bar{y}_2 - t(\phi^*,\ \alpha) \sqrt{\frac{V_1}{n_1} + \frac{V_2}{n_2}} \tag{3.3.12}$$

信頼上限：$\bar{y}_1 - \bar{y}_2 + t(\phi^*, \alpha)\sqrt{\dfrac{V_1}{n_1} + \dfrac{V_2}{n_2}}$ (3.3.13)

信頼率 $1-\alpha$ の信頼区間：

$$\left[\bar{y}_1 - \bar{y}_2 - t(\phi^*, \alpha)\sqrt{\dfrac{V_1}{n_1} + \dfrac{V_2}{n_2}},\ \bar{y}_1 - \bar{y}_2 + t(\phi^*, \alpha)\sqrt{\dfrac{V_1}{n_1} + \dfrac{V_2}{n_2}}\right]$$

母分散が未知で，$\sigma_1^2 = \sigma_2^2$ が成り立つと考えられる場合は，以下となる．

信頼下限：$\bar{y}_1 - \bar{y}_2 - t(\phi, \alpha)\sqrt{V\left(\dfrac{1}{n_1} + \dfrac{1}{n_2}\right)}$ (3.3.14)

信頼上限：$\bar{y}_1 - \bar{y}_2 + t(\phi, \alpha)\sqrt{V\left(\dfrac{1}{n_1} + \dfrac{1}{n_2}\right)}$ (3.3.15)

信頼率 $1-\alpha$ の信頼区間：

$$\left[\bar{y}_1 - \bar{y}_2 - t(\phi, \alpha)\sqrt{V\left(\dfrac{1}{n_1} + \dfrac{1}{n_2}\right)},\ \bar{y}_1 - \bar{y}_2 + t(\phi, \alpha)\sqrt{V\left(\dfrac{1}{n_1} + \dfrac{1}{n_2}\right)}\right]$$

[例題 3.6]

医薬品の中間原料の製造において，収量の増加を目的に添加剤の種類を検討することになった．添加剤(1)，添加剤(2)でそれぞれ製造したときの中間原料の収量(原料単位量当たり)を表 3.9 に示す．添加剤により収量が異なるといえるかどうか，有意水準 5% で検定しよう．また，母平均の差を信頼率 95% で区間推定しよう．

表 3.9 データ表(単位：g)

添加剤(1)： 88	90	89	93	92	95	89	84	86	94
添加剤(2)： 91	94	92	98	96	93	88	95	99	

(解答)

必要な統計量を計算する．

$\bar{y}_1 = 90.0$　　　　$\bar{y}_2 = 94.0$

$S_1 = (88 - 90.0)^2 + (90 - 90.0)^2 + \cdots + (94 - 90.0)^2 = 112.0$

$S_2 = (91 - 94.0)^2 + (94 - 94.0)^2 + \cdots + (99 - 94.0)^2 = 96.0$

$$V_1 = \frac{S_1}{n_1 - 1} = \frac{112.0}{9} = 12.444 \qquad V_2 = \frac{S_2}{n_2 - 1} = \frac{96.0}{8} = 12.0$$

(1) 仮説の設定

帰無仮説　$H_0 : \mu_1 = \mu_2$

対立仮説　$H_1 : \mu_1 \neq \mu_2$

有意水準　$\alpha = 0.05$

(2) 検定統計量と棄却域の設定

t 検定か Welch の検定かどちらを用いるのか検討する．サンプルサイズの両者の比は 2 未満（各分散の比も 2 未満）である．したがって，t 検定を用いる．

$$t_0 = \frac{\bar{y}_1 - \bar{y}_2}{\sqrt{V\left(\frac{1}{n_1} + \frac{1}{n_2}\right)}}, \quad \text{ただし，} V = \frac{S_1 + S_2}{n_1 + n_2 - 2}$$

棄却域　$R : |t_0| \geq t(\phi, \alpha) = t(17, 0.05) = 2.110$

(3) 検定統計量の計算

$$V = \frac{S_1 + S_2}{n_1 + n_2 - 2} = \frac{112.0 + 96.0}{10 + 9 - 2} = 12.235$$

$$t_0 = \frac{\bar{y}_1 - \bar{y}_2}{\sqrt{V\left(\frac{1}{n_1} + \frac{1}{n_2}\right)}} = \frac{90.0 - 94.0}{\sqrt{12.235\left(\frac{1}{10} + \frac{1}{9}\right)}} = -2.49$$

(4) 判定

$|t_0| = 2.49 \geq t(17, 0.05) = 2.110$

したがって，H_0 は有意水準 5% で棄却される．

(5) 結論

添加剤の種類によって収量は異なるといえる．

(6) 点推定

$\widehat{\mu_1 - \mu_2} = \bar{y}_1 - \bar{y}_2 = 90.0 - 94.0 = -4.0$

(7) 区間推定（信頼率 95%）

信頼下限：

$$\bar{y}_1 - \bar{y}_2 - t(n_1 + n_2 - 2, 0.05)\sqrt{V\left(\frac{1}{n_1} + \frac{1}{n_2}\right)} = -4.0 - 2.110\sqrt{12.235\left(\frac{1}{10} + \frac{1}{9}\right)}$$

$= -7.39$

信頼上限：

$$\bar{y}_1 - \bar{y}_2 + t(n_1 + n_2 - 2, \ 0.05)\sqrt{V\left(\frac{1}{n_1} + \frac{1}{n_2}\right)} = -4.0 + 2.110\sqrt{12.235\left(\frac{1}{10} + \frac{1}{9}\right)}$$

$= -0.61$

信頼率95%の信頼限界：

$[-7.39, \ -0.61]$

3.3.3 母分散の比の検定

正規分布の母分散 σ^2 についての推測には，平方和 S や不偏分散 V が用いられる．2つの母分散 σ_1^2，σ_2^2 の比較には不偏分散の比，

$$F = \frac{V_1}{V_2} \tag{3.3.16}$$

を用いる．この F が帰無仮説のもとでは F 分布に従うことを利用する．F 分布は2つの母分散の比に関する検定だけでなく，第4章以降の分散分析でも重要な役割を果たす．

[F 分布]

第2章で述べたが，2つの母集団から互いに独立に求められた V_1，V_2 について(3.3.17)式を考えると，第2章で述べたように，これは，第1自由度 $\phi_1 = n_1 - 1$，第2自由度 $\phi_2 = n_2 - 1$ の F 分布に従う．F 分布は，分散の比によって構成される分布で，それぞれの分散の自由度によって決まる．F 分布の形状は図2.7を参照されたい．

$$F = \frac{V_1/\sigma_1^2}{V_2/\sigma_2^2} \tag{3.3.17}$$

F の逆数もまた F 分布になる．すなわち，$\dfrac{1}{F} = \dfrac{V_2/\sigma_2^2}{V_1/\sigma_1^2} \sim F(\phi_2, \ \phi_1)$ となり，自由度が入れ替わった分布になる．F 分布は右に裾を引いた分布をしており非対称である．F 分布表は上側確率で与えられる．すなわち，上側確率 P が α となる F の値を $F(\phi_1, \ \phi_2 ; \alpha)$ で表わす．この場合，下側確率が α となる F の値は $F(\phi_1, \ \phi_2 ; 1-\alpha)$ となるが，下側確率の表はない．下側確率については，

(2.3.3)式を参照し，(3.3.18)式の関係が成立するので，これを利用する．

$$F(\phi_1, \phi_2 ; 1-\alpha) = \frac{1}{F(\phi_2, \phi_1 ; \alpha)} \tag{3.3.18}$$

[検定の手順]

帰無仮説は $H_0 : \sigma_1^2 = \sigma_2^2$ であり，検定統計量は，

$$F_0 = \frac{V_1}{V_2} \tag{3.3.19}$$

となる．対立仮説 $H_1 : \sigma_1^2 > \sigma_2^2$ の片側検定の場合，棄却域を $\frac{V_1}{V_2} \geq F(\phi_1, \phi_2 ; \alpha)$ とする．$H_1 : \sigma_1^2 < \sigma_2^2$ の場合は，$\frac{V_1}{V_2} \leq F(\phi_1, \phi_2 ; 1-\alpha) = \frac{1}{F(\phi_2, \phi_1 ; \alpha)}$ より，$\frac{V_2}{V_1} \geq F(\phi_2, \phi_1 ; \alpha)$ となる．対立仮説 $H_1 : \sigma_1^2 \neq \sigma_2^2$ という両側検定の場合，棄却域は，$\frac{V_1}{V_2} \geq F(\phi_1, \phi_2 ; \alpha/2)$ と $\frac{V_1}{V_2} \leq F(\phi_1, \phi_2 ; 1-\alpha/2) = \frac{1}{F(\phi_2, \phi_1 ; \alpha/2)}$ の両側に設定する．下側確率は分母分子を入れ替えて，$\frac{V_2}{V_1} \geq F(\phi_2, \phi_1 ; \alpha/2)$ となるので，両側検定の棄却域をまとめると，$\frac{V_1}{V_2} \geq F(\phi_1, \phi_2 ; \alpha/2)$，$\frac{V_2}{V_1} \geq F(\phi_2, \phi_1 ; \alpha/2)$ となる．表3.10を参照するとよい．

表 3.10 検定統計量と棄却域($\alpha=0.05$)

対立仮説 H_1	検定統計量	棄却域 R
$\sigma_1^2 \neq \sigma_2^2$	$V_1 \geq V_2$ のとき $F_0 = \frac{V_1}{V_2}$	$F_0 \geq F(\phi_1, \phi_2 ; 0.025)$
	$V_1 < V_2$ のとき $F_0 = \frac{V_2}{V_1}$	$F_0 \geq F(\phi_2, \phi_1 ; 0.025)$
$\sigma_1^2 > \sigma_2^2$	$F_0 = \frac{V_1}{V_2}$	$F_0 \geq F(\phi_1, \phi_2 ; 0.05)$
$\sigma_1^2 < \sigma_2^2$	$F_0 = \frac{V_2}{V_1}$	$F_0 \geq F(\phi_2, \phi_1 ; 0.05)$

[例題 3.7]

［例題 3.6］で母分散に差があるといえるか否かを検定する．

（解答）

添加剤(1)のデータ数 $n_1 = 10$,　　分散　$V_1 = \dfrac{S_1}{n_1 - 1} = \dfrac{112.0}{9} = 12.444$

添加剤(2)のデータ数 $n_2 = 9$,　　分散　$V_2 = \dfrac{S_2}{n_2 - 1} = \dfrac{96.0}{8} = 12.0$

(1) **仮説の設定と有意水準**

帰無仮説　$H_0 : \sigma_1^2 = \sigma_2^2$

対立仮説　$H_1 : \sigma_1^2 \neq \sigma_2^2$

有意水準　$\alpha = 0.05$

(2) **検定統計量と棄却域の設定**

$V_1 > V_2$ なので，検定統計量は $F_0 = \dfrac{V_1}{V_2}$ となる．

棄却域　$R : F_0 \geq F(\phi_1,\ \phi_2\ ;\ \alpha/2) = F(9,\ 8\ ;\ 0.025) = 4.357$

(3) **検定統計量の計算**

$F_0 = \dfrac{V_1}{V_2} = \dfrac{12.444}{12.0} = 1.04$

(4) **判定**

$F_0 = 1.04 < 4.357$

H_0 は有意水準 5% で棄却されない．

(5) **結論**

添加剤の種類によって母分散が異なるとはいえない．

3.3.4　データに対応がある場合の母平均の差の検定と推定

[例題 3.8]

　排水処理剤 A_1 と A_2 の浄化効果を比較するために，排水成分の異なる 8 施設をランダムに選んで実験した．結果を表 3.11 に示す．処理剤 A_1, A_2 を用いた場合，それらの母平均に差があるか否かを検討してみよう．

表3.11 排水処理後の清浄度(単位:省略, 望小特性)

	施設 No.							
	1	2	3	4	5	6	7	8
処理剤 A_1	100	144	89	120	130	139	80	122
処理剤 A_2	119	149	88	135	133	169	90	129

(解答)
データをグラフ化したものが図3.2である．施設によってデータは連動するように変動していることがわかる．このように比較する2組のデータが対になって連動しているような場合，データに対応がある[5]という．

処理剤 A_1, A_2 のデータに共存する施設の影響は，処理剤 A_1 のデータから処理剤 A_2 のデータを差し引くことによって除外できる．すなわち，施設ごとに，処理剤 A_1 のデータと処理剤 A_2 のデータの差 d_i (i は施設の番号に対応) を求めて，その平均値 $\bar{d}$ と分散 V_d を求める．d_i は $N(\mu_1-\mu_2, \sigma_d^2)$ に従い，(3.3.20)式より，

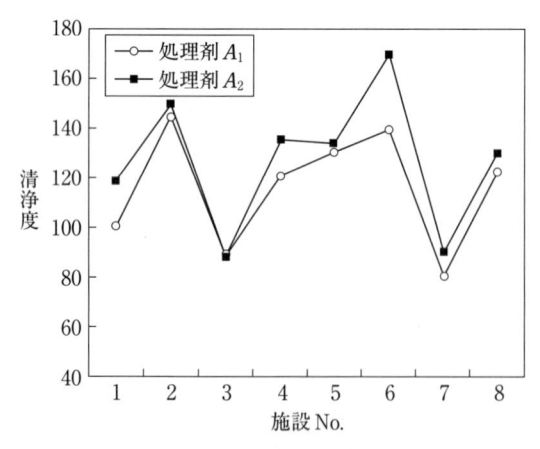

図3.2 排水処理後の清浄度(単位:省略)

---

[5] [例題3.8]は，第6章で述べる乱塊法でも解析することができる．乱塊法に比べ，ここで述べる方法は片側検定と両側検定の双方に対応できる利点がある．一方，比較する母集団が3つ以上のときは適用できない．

$$t = \frac{\bar{d} - (\mu_1 - \mu_2)}{\sqrt{\frac{V_d}{n}}} \tag{3.3.20}$$

は自由度 $n-1$ の t 分布に従う．帰無仮説 $H_0: \mu_1 = \mu_2$ のもとでは，

$$t_0 = \frac{\bar{d}}{\sqrt{\frac{V_d}{n}}} \tag{3.3.21}$$

となる．対立仮説と棄却域を表 3.12 に示した．

母平均の差 $\mu_1 - \mu_2$ の点推定には $\bar{d}$ を用い，区間推定に関しては(3.3.20)式から，

$$Pr\left\{-t(\phi,\ \alpha) \leq \frac{\bar{d} - (\mu_1 - \mu_2)}{\sqrt{\frac{V_d}{n}}} \leq t(\phi,\ \alpha)\right\} = 1 - \alpha \quad \text{が成り立つので，}$$

$$Pr\left\{\bar{d} - t(\phi,\ \alpha)\sqrt{\frac{V_d}{n}} \leq \mu_1 - \mu_2 \leq \bar{d} + t(\phi,\ \alpha)\sqrt{\frac{V_d}{n}}\right\} = 1 - \alpha \quad \text{となる．}$$

したがって，点推定と区間推定は以下のようになる．

点推定　$\widehat{\mu_1 - \mu_2} = \bar{d}$

信頼率 $1-\alpha$ の信頼区間：$\left[\bar{d} - t(\phi,\ \alpha)\sqrt{\frac{V_d}{n}},\ \bar{d} + t(\phi,\ \alpha)\sqrt{\frac{V_d}{n}}\right]$

［例題 3.8］について，有意水準 $\alpha = 0.05$ で検定し，ついで，信頼率 $1-\alpha = 0.95$ で区間推定してみよう．表 3.13 から，以下の統計量が求まる．

表 3.12　検定統計量と棄却域（$\alpha = 0.05$）

対立仮説 H_1	検定統計量	棄却域 R
$\mu_1 \neq \mu_2$		$\|t_0\| \geq t(\phi,\ 0.05)$
$\mu_1 > \mu_2$	$t_0 = \dfrac{\bar{d}}{\sqrt{\dfrac{V_d}{n}}}$	$t_0 \geq t(\phi,\ 0.10)$
$\mu_1 < \mu_2$		$t_0 \leq -t(\phi,\ 0.10)$

表 3.13 排水処理後の清浄度(単位：省略)

	施設 No.							
	1	2	3	4	5	6	7	8
処理剤 A_1	100	144	89	120	130	139	80	122
処理剤 A_2	119	149	88	135	133	169	90	129
d_i	-19	-5	1	-15	-3	-30	-10	-7
$d_i - \bar{d}$	-8	6	12	-4	8	-19	1	4

$$\bar{d} = \frac{\sum d_i}{n} = \frac{-88}{8} = -11$$

$$S_d = \sum (d_i - \bar{d})^2 = (-8)^2 + 6^2 + \cdots + 4^2 = 702, \quad V_d = \frac{S_d}{n-1} = \frac{702}{7} = 100.29$$

(1) 仮説の設定と有意水準

帰無仮説　$H_0 : \mu_1 = \mu_2$

対立仮説　$H_1 : \mu_1 \neq \mu_2$

有意水準　$\alpha = 0.05$

(2) 検定統計量と棄却域の設定

$$t_0 = \frac{\bar{d}}{\sqrt{\frac{V_d}{n}}}$$

棄却域　$R : |t_0| > t(\phi, 0.05) = t(7, 0.05) = 2.365$

(3) 統計量の計算

$$t_0 = \frac{\bar{d}}{\sqrt{\frac{V_d}{n}}} = \frac{-11}{\sqrt{\frac{100.29}{8}}} = -3.107$$

(4) 判定

$|t_0| = 3.107 > t(7, 0.05) = 2.365$

H_0 は有意水準 5% で棄却される.

(5) 結論

排水処理剤 A_1 と A_2 の効果に差があるといえる．

(6) 母平均の差の点推定

$\widehat{\mu_1 - \mu_2} = \bar{d} = -11$

(7) 母平均の差の区間推定（信頼率 $1-\alpha=0.95$）

信頼下限：

$$\bar{d} - t(\phi,\ 0.05)\sqrt{\frac{V_d}{n}} = -11 - 2.365\sqrt{\frac{100.29}{8}} = -19.4$$

信頼上限：

$$\bar{d} + t(\phi,\ 0.05)\sqrt{\frac{V_d}{n}} = -11 + 2.365\sqrt{\frac{100.29}{8}} = -2.6$$

信頼率 95％の区間推定：$[-19.4,\ -2.6]$

[データに対応があるということ]

データがどのような要素で構成されているかを考えてみる．データに対応がある場合の［例題 3.8］について書けば，b を施設による変動として，

$y_{1i} = \mu_1 + b_i + e_{1i}$

$y_{2i} = \mu_2 + b_i + e_{2i}$

と書ける．ここで，y_{1i} と y_{2i} には共通部分 b_i が含まれており，互いに独立ではない．ところが，これらの差をとれば，$d_i = y_{1i} - y_{2i} = (\mu_1 - \mu_2) + (e_{1i} - e_{2i})$ となって共通成分が除かれるので，d_i は $N(\mu_1 - \mu_2,\ \sigma_d^2)$ に従い，前記(3.3.20)式を適用できる．なお，$\sigma_d^2 = \sigma_1^2 + \sigma_2^2$ である．

3.4　まとめ（正規母集団に関する推測）

　この章では母集団に関する推測を行う場合の方法について学んできた．推測の対象が 1 つの場合では，正規母集団の母数が興味の対象であり，母平均，母分散がいかなる値であるかが知りたい．また，対象となる母集団が 2 つある場合には，その違いが興味の対象となる．それぞれの目的に応じて適用すべき手法は異なるが，ここでは，それらを一覧表示することで，この章のまとめとしたい．母平均に関する推測を行う場合，母分散に関する情報の有無で適用する

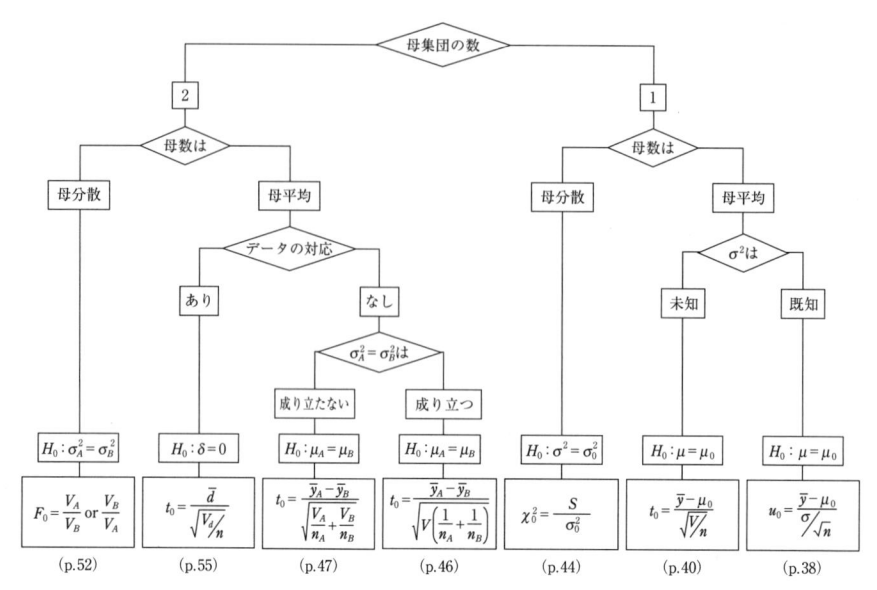

```
                          母集団の数
                         ╱        ╲
                        2          1
                    母数は          母数は
                   ╱    ╲         ╱    ╲
                母分散  母平均   母分散  母平均
                       データの対応         σ²は
                       ╱    ╲           ╱    ╲
                     あり   なし       未知   既知
                          σ²_A = σ²_B は
                          ╱        ╲
                      成り立たない  成り立つ
```

$H_0: \sigma_A^2 = \sigma_B^2$	$H_0: \delta = 0$	$H_0: \mu_A = \mu_B$	$H_0: \mu_A = \mu_B$	$H_0: \sigma^2 = \sigma_0^2$	$H_0: \mu = \mu_0$	$H_0: \mu = \mu_0$
$F_0 = \dfrac{V_A}{V_B}$ or $\dfrac{V_B}{V_A}$	$t_0 = \dfrac{\bar{d}}{\sqrt{V_d/n}}$	$t_0 = \dfrac{\bar{y}_A - \bar{y}_B}{\sqrt{\dfrac{V_A}{n_A} + \dfrac{V_B}{n_B}}}$	$t_0 = \dfrac{\bar{y}_A - \bar{y}_B}{\sqrt{V\left(\dfrac{1}{n_A} + \dfrac{1}{n_B}\right)}}$	$\chi_0^2 = \dfrac{S}{\sigma_0^2}$	$t_0 = \dfrac{\bar{y} - \mu_0}{\sqrt{V/n}}$	$u_0 = \dfrac{\bar{y} - \mu_0}{\sigma/\sqrt{n}}$
(p.52)	(p.55)	(p.47)	(p.46)	(p.44)	(p.40)	(p.38)

図3.3　検定方式の選択

手法が異なることに注意していただきたい．検定方式の選択については，図3.3を参照されたい．

第4章 要因配置実験

4.1 1元配置実験

 この章では1つの要因,および,2つ以上の要因を同時に取り上げ,それらの効果が誤差に比べて大きいか否かを調べる要因配置実験を取り上げる.結果に影響を与えそうな原因を**要因**(sv:source of variance)と呼ぶ.要因配置実験を実施するとき,効果の有無を検討するために実験に取り上げる要因を**因子**(factor),因子の効果を調べるために設定される条件をその因子の**水準**(level)と呼ぶ.そして,水準の変更によって,着目する特性値がどの程度変化するか(要因効果があるか否か)を検討する.

 因子として,たとえば,樹脂の配合比率の1因子のみを取り上げる実験が1元配置実験である.取り上げる因子をA,水準数をa,各水準での繰り返し数をnとすれば,総数$N=an$回の実験データは表4.1の形式に整理できる.なお,N回の実験はランダムな順序で行う.

 表4.1のようにA_i水準のj番目のデータをy_{ij},A_i水準の水準計と平均を$T_{i\cdot}$,$\bar{y}_{i\cdot}$,総計と総平均をT,$\bar{\bar{y}}$と書き,添字の"・"(ドット)は対応するi,jに関する和,"−"(バー),"="(ダブルバー)は,それぞれ,平均,総平均をとる操作を表わし,以下のように定義する.

$$T_{i\cdot} = \sum_{j=1}^{n} y_{ij} \tag{4.1.1}$$

$$\bar{y}_{i\cdot} = \frac{T_{i\cdot}}{n} \tag{4.1.2}$$

表4.1　1元配置実験のデータ形式

因子Aの水準	データ				水準計	平均
A_1	y_{11}	y_{12}	$\cdots$	y_{1n}	$T_1.$	$\bar{y}_1.$
$\vdots$		$\vdots$			$\vdots$	$\vdots$
A_i	y_{i1}	y_{i2}	$\cdots$	y_{in}	$T_i.$	$\bar{y}_i.$
$\vdots$		$\vdots$			$\vdots$	$\vdots$
A_a	y_{a1}	y_{a2}	$\cdots$	y_{an}	$T_a.$	$\bar{y}_a.$

$$T = \sum_{i=1}^{a} T_i. = \sum_{i=1}^{a} \sum_{j=1}^{n} y_{ij} \tag{4.1.3}$$

$$\bar{y} = \frac{T}{N} \tag{4.1.4}$$

［例題 4.1］

　ある化学品の収量が，触媒の添加量によって差があるかどうかを検討するため，因子A(触媒の添加量)の3水準(A_1, A_2, A_3)を取り上げて実験することにした．各水準での繰り返しを$n=4$とし，合計$N=3\times4=12$回の実験をランダムに行い，表4.2のデータを得た．以下では，これを数値例として説明しよう．

$$T = \sum_{i=1}^{a} T_i. = \sum_{i=1}^{a} \sum_{j=1}^{n} y_{ij} = 338 + 364 + 348 = 1050, \quad \bar{y} = \frac{T}{N} = \frac{1050}{12} = 87.5$$

　次ページのように，各データは全体平均と因子Aの水準を変更したことによる効果と誤差の和となっている．また，因子Aの水準を変更したことによる処理効果の和は0となっている．

表4.2　化学品の収量(単位省略)

添加量	データ				$T_i.$	$\bar{y}_i.$	$\bar{y}_i. - \bar{y}$
A_1	80	86	88	84	338	84.5	-3.0
A_2	88	90	92	94	364	91.0	3.5
A_3	90	88	84	86	348	87.0	-0.5

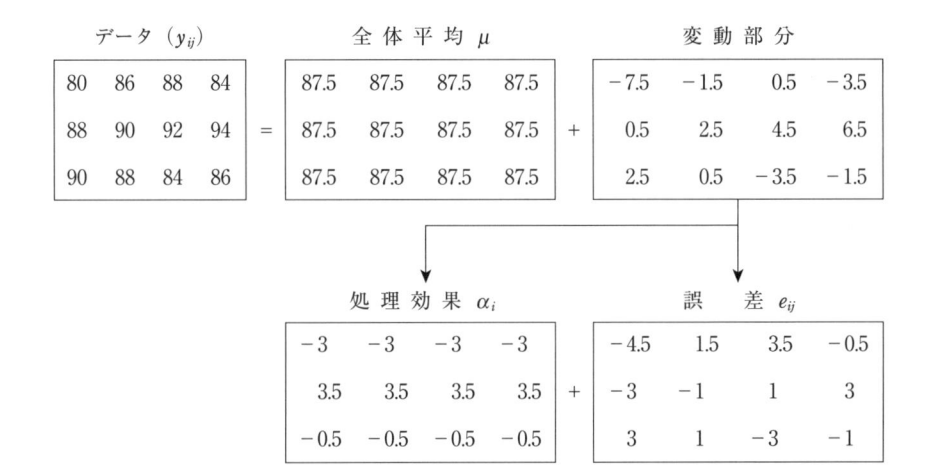

$$
\begin{array}{c}
\text{データ}(y_{ij}) \\
\begin{bmatrix} 80 & 86 & 88 & 84 \\ 88 & 90 & 92 & 94 \\ 90 & 88 & 84 & 86 \end{bmatrix}
\end{array}
=
\begin{array}{c}
\text{全体平均}\ \mu \\
\begin{bmatrix} 87.5 & 87.5 & 87.5 & 87.5 \\ 87.5 & 87.5 & 87.5 & 87.5 \\ 87.5 & 87.5 & 87.5 & 87.5 \end{bmatrix}
\end{array}
+
\begin{array}{c}
\text{変動部分} \\
\begin{bmatrix} -7.5 & -1.5 & 0.5 & -3.5 \\ 0.5 & 2.5 & 4.5 & 6.5 \\ 2.5 & 0.5 & -3.5 & -1.5 \end{bmatrix}
\end{array}
$$

$$
\begin{array}{c}
\text{処理効果}\ \alpha_i \\
\begin{bmatrix} -3 & -3 & -3 & -3 \\ 3.5 & 3.5 & 3.5 & 3.5 \\ -0.5 & -0.5 & -0.5 & -0.5 \end{bmatrix}
\end{array}
+
\begin{array}{c}
\text{誤差}\ e_{ij} \\
\begin{bmatrix} -4.5 & 1.5 & 3.5 & -0.5 \\ -3 & -1 & 1 & 3 \\ 3 & 1 & -3 & -1 \end{bmatrix}
\end{array}
$$

4.1.1 データの構造と平方和の分解

前記のことから，データの構造は(4.1.5)式と書けることがわかる．ただし，制約条件は(4.1.6)式となる．

$$y_{ij} = \mu + \alpha_i + e_{ij} \tag{4.1.5}$$
データ＝全体平均＋処理効果＋誤差

$$\sum \alpha_i = 0, \quad e_{ij} \sim N(0, \sigma^2) \tag{4.1.6}$$

$\mu + \alpha_i (i=1, 2, \cdots, a)$ は y_{ij} の期待値（母平均）であり，全体平均 μ と A_i 水準の主効果 α_i の和で表わされる．これらは定数であるが，実験誤差 e_{ij} は，$e_{ij} \sim N(0, \sigma^2)$ に従う．ここで，誤差には，1.1.2 項で述べた，①独立性，②不偏性，③等分散性，④正規性の4つの仮定を置いている．

4つの仮定のうちもっとも大切なのは，①独立性の仮定であり，これを確保する唯一の手段は実験をランダムな順序で行うことである．ランダムな順序で実験を行うことにより，実験順序や時間に伴う系統的な要因が存在したとしても，それらを各水準へ確率的に（ランダムに）振り分けて実験誤差に組み入れることができる．ランダムな順序で行うには乱数表を利用する．

［平方和の計算］

水準数を a，各水準における繰り返し数を n としたとき，個々のデータ y_{ij} の

総平均 $\bar{\bar{y}}$ に対するばらつき(総平方和)は $S = \sum_{i=1}^{a} \sum_{j=1}^{n} (y_{ij} - \bar{\bar{y}})^2$ となり,これは,(4.1.7)式のように分解できる.

$$S = \sum_{i=1}^{a} \sum_{j=1}^{n} (y_{ij} - \bar{\bar{y}})^2 = \sum_{i=1}^{a} \sum_{j=1}^{n} \{(y_{ij} - \bar{y}_{i\cdot}) + (\bar{y}_{i\cdot} - \bar{\bar{y}})\}^2$$

$$= \sum_{i=1}^{a} \sum_{j=1}^{n} (y_{ij} - \bar{y}_{i\cdot})^2 + 2 \sum_{i=1}^{a} \sum_{j=1}^{n} (y_{ij} - \bar{y}_{i\cdot})(\bar{y}_{i\cdot} - \bar{\bar{y}}) + n \sum_{i=1}^{a} (\bar{y}_{i\cdot} - \bar{\bar{y}})^2 \quad (4.1.7)$$

(4.1.7)式の右辺第 2 項は,

$$2 \sum_{i=1}^{a} \sum_{j=1}^{n} (y_{ij} - \bar{y}_{i\cdot})(\bar{y}_{i\cdot} - \bar{\bar{y}}) = 2 \sum_{i=1}^{a} \left[\sum_{j=1}^{n} y_{ij} - n\bar{y}_{i\cdot} \right](\bar{y}_{i\cdot} - \bar{\bar{y}})$$

$$= 2 \sum_{i=1}^{a} \left[\sum_{j=1}^{n} y_{ij} - n \times \frac{\sum_{j=1}^{n} y_{ij}}{n} \right](\bar{y}_{i\cdot} - \bar{\bar{y}})$$

$$= 2 \sum_{i=1}^{a} \left[\sum_{j=1}^{n} y_{ij} - \sum_{j=1}^{n} y_{ij} \right](\bar{y}_{i\cdot} - \bar{\bar{y}}) = 0 \quad (4.1.8)$$

となり,総平方和は(4.1.9)式と書ける.

$$S = \sum_{i=1}^{a} \sum_{j=1}^{n} (y_{ij} - \bar{y}_{i\cdot})^2 + n \sum_{i=1}^{a} (\bar{y}_{i\cdot} - \bar{\bar{y}})^2 \quad (4.1.9)$$

$S_e = \sum_{i=1}^{a} \sum_{j=1}^{n} (y_{ij} - \bar{y}_{i\cdot})^2$, $S_A = n \sum_{i=1}^{a} (\bar{y}_{i\cdot} - \bar{\bar{y}})^2$ とすると,S は(4.1.10)式のように分解される.

$$S = S_A + S_e \quad (4.1.10)$$

(総平方和) $\quad S = \sum_{i=1}^{a} \sum_{j=1}^{n} (y_{ij} - \bar{\bar{y}})^2 \quad (4.1.11)$

総平方和 S は,個々のデータの総平均 $\bar{\bar{y}}$ に対する変動を表わす.

(誤差平方和) $\quad S_e = \sum_{i=1}^{a} \sum_{j=1}^{n} (y_{ij} - \bar{y}_{i\cdot})^2 \quad (4.1.12)$

誤差平方和 S_e は,同じ水準に属している各データのばらつき,つまり,同じ処理を受けたにもかかわらず生じた違いを意味する.

(処理間平方和)　　　$S_A = n \sum_{i=1}^{a} (\bar{y}_{i\cdot} - \bar{y})^2$　　　　　(4.1.13)

処理間平方和 S_A は，水準平均と総平均の差の平方和で，水準を変化させたための変動を表わしており，A間平方和とも呼ばれる．(4.1.10)式の各項はいずれも2乗和で定義され，ss(sum of squares)と記す．水準間に差があれば S_e に比べて相対的に S_A が大きくなり，差がなければ S_A は相対的に小さくなるが，平方和のままでは直接大小を比較できない．

そこで，帰無仮説のもとでそれぞれ χ^2 分布する量，すなわち，平方和を自由度で割った平均平方(ms：mean squares)を求め，その比をとって F 検定する．これを分散分析(ANOVA：analysis of variance)という．以下手順を追って説明する．

[平方和の自由度]

各平方和 S，S_A，S_e においても，2乗和を構成する独立な(自由に動かしうる)成分の個数を自由度(df：degree of freedom)と呼び，記号 ϕ，ϕ_A，ϕ_e で表わす．(4.1.11)式の総平方和 S は，$N = an$ 個の $(y_{ij} - \bar{y})$ の2乗和であるが，μ の代わりに $\bar{y}$ を用いているため，制約条件 $\sum_{i=1}^{a}\sum_{j=1}^{n}(y_{ij} - \bar{y}) = 0$ が1つ発生し，独立な(自由に動かしうる)成分は，$N-1$ 個となる．よって，自由度は，$\phi = N-1$ となる．同様に，(4.1.13)式の処理間平方和 S_A は，a 個の $(\bar{y}_{i\cdot} - \bar{y})$ の2乗和であるが，制約条件 $\sum_{i=1}^{a}(\bar{y}_{i\cdot} - \bar{y}) = 0$ が1つ発生し，自由度は，a から1つ減って，$\phi_A = a-1$ となる．(4.1.12)式の誤差平方和 S_e も，$N = an$ 個の $(y_{ij} - \bar{y}_{i\cdot})$ の2乗和であるが，水準ごとに制約条件 $\sum_{j=1}^{n}(y_{ij} - \bar{y}_{i\cdot}) = 0$ が1つ発生し，これが全部で a セットあり，結局，自由度は，$\phi_e = an - a = a(n-1) = (an-1) - (a-1) = \phi - \phi_A$ となる．

[平均平方と平均平方の期待値]

平均平方は記号 V で表わし，(4.1.14)式となる．

$$V_A = \frac{S_A}{\phi_A} \qquad V_e = \frac{S_e}{\phi_e} \qquad (4.1.14)$$

(4.1.5)式,(4.1.6)式の $y_{ij} = \mu + \alpha_i + e_{ij}$, $\sum \alpha_i = 0$ より,

$$\bar{y}_{i\cdot} = \mu + \alpha_i + \bar{e}_{i\cdot}. \qquad \bar{y} = \mu + \sum_{i=1}^{a} \alpha_i + \bar{e}_{\cdot\cdot} = \mu + \bar{\bar{e}} \qquad (4.1.15)$$

を得る.ここで,$\bar{e}_{\cdot\cdot}$ は $\bar{\bar{e}}$ と書く.(4.1.12)式へこれらを代入すると,

$$S_e = \sum_{i=1}^{a}\sum_{j=1}^{n}(y_{ij}-\bar{y}_{i\cdot})^2 = \sum_{i=1}^{a}\sum_{j=1}^{n}(\mu+\alpha_i+e_{ij}-\mu-\alpha_i-\bar{e}_{i\cdot})^2$$

$$= \sum_{i=1}^{a}\sum_{j=1}^{n}(e_{ij}-\bar{e}_{i\cdot})^2 \qquad (4.1.16)$$

となる.この期待値は(4.1.17)式である.

$$E[S_e] = \sum_{i=1}^{a}\sum_{j=1}^{n} E\bigl[(e_{ij}-\bar{e}_{i\cdot})^2\bigr] \qquad (4.1.17)$$

ここで,誤差が互いに独立で $E[e_{ij}e_{ij'}]=0$ ($j \neq j'$) であるから,

$$E[e_{ij}-\bar{e}_{i\cdot}]^2 = E[e_{ij}^2] - 2E[e_{ij}\bar{e}_{i\cdot}] + E[\bar{e}_{i\cdot}^2] = \sigma^2 - 2E\left[e_{ij} \times \frac{e_{ij} + \sum_{j' \neq j} e_{ij'}}{n}\right] + \frac{\sigma^2}{n}$$

$$= \sigma^2 - 2E\left[e_{ij} \times \frac{e_{ij}}{n}\right] + \frac{\sigma^2}{n} = \sigma^2 - 2 \times \frac{\sigma^2}{n} + \frac{\sigma^2}{n} = \frac{n-1}{n}\sigma^2$$

となり,(4.1.18)式が得られる.

$$E[S_e] = \sum_{i=1}^{a}\sum_{j=1}^{n}\left(\frac{n-1}{n}\sigma^2\right) = a(n-1)\sigma^2 \qquad (4.1.18)$$

処理間平方和は(4.1.19)式により求める.

$$S_A = \sum_{i=1}^{a}\sum_{j=1}^{n}(\bar{y}_{i\cdot}-\bar{\bar{y}})^2 = \sum_{i=1}^{a}\sum_{j=1}^{n}(\mu+\alpha_i+\bar{e}_{i\cdot}-\mu-\bar{\bar{e}})^2$$

$$= \sum_{i=1}^{a}\sum_{j=1}^{n}\{\alpha_i + (\bar{e}_{i\cdot}-\bar{\bar{e}})\}^2 \qquad (4.1.19)$$

ここで,この期待値について考えてみる.

$$E\bigl[\alpha_i + (\bar{e}_{i\cdot}-\bar{\bar{e}})\bigr]^2 = E\bigl[\alpha_i^2 + 2\alpha_i(\bar{e}_{i\cdot}-\bar{\bar{e}}) + (\bar{e}_{i\cdot}-\bar{\bar{e}})^2\bigr] \qquad (4.1.20)$$

において,$E\bigl[\alpha_i(\bar{e}_{i\cdot}-\bar{\bar{e}})\bigr]=0$,

$$E\bigl[(\bar{e}_{i\cdot} - \bar{\bar{e}})^2\bigr] = E[\bar{e}_{i\cdot}^2] - 2E[\bar{e}_{i\cdot} \times \bar{\bar{e}}] + E[\bar{\bar{e}}^2]$$

$$= E[\bar{e}_{i\cdot}^2] - 2E\left[\bar{e}_{i\cdot} \times \frac{\bar{e}_{i\cdot} + \sum_{i' \neq i} \bar{e}_{i'\cdot}}{a}\right] + E[\bar{\bar{e}}^2]$$

$$= E[\bar{e}_{i\cdot}^2] - 2E\left[\bar{e}_{i\cdot} \times \frac{\bar{e}_{i\cdot}}{a}\right] + E[\bar{\bar{e}}^2]$$

$$= \frac{\sigma^2}{n} - 2 \times \frac{\sigma^2}{an} + \frac{\sigma^2}{an} = \frac{a-1}{an}\sigma^2$$

である．よって，(4.1.19)式は，

$$E[S_A] = n\sum_{i=1}^{a} \alpha_i^2 + \sum_{i=1}^{a}\sum_{j=1}^{n}\left\{\left(\frac{a-1}{an}\right)\sigma^2\right\} = n\sum_{i=1}^{a}\alpha_i^2 + (a-1)\sigma^2 \quad (4.1.21)$$

となる．ここで，(4.1.22)式を定義すると，(4.1.23)式を得る．

$$\sigma_A^2 \equiv \frac{\sum_{i=1}^{a}\alpha_i^2}{a-1} \tag{4.1.22}$$

$$E[S_A] = n(a-1)\sigma_A^2 + (a-1)\sigma^2 = (a-1)(\sigma^2 + n\sigma_A^2) \tag{4.1.23}$$

よって，平均平方の期待値 $E(ms)$ は，(4.1.18)，(4.1.23)式より

$$\left.\begin{aligned} E[V_A] &= \frac{E[S_A]}{a-1} = \sigma^2 + n\sigma_A^2 \\ E[V_e] &= \frac{E[S_e]}{a(n-1)} = \sigma^2 \end{aligned}\right\} \tag{4.1.24}$$

である[1]．

(4.1.24)式において，σ_A^2 にかかる係数 n は各水準におけるデータ数となっており，これが $E(ms)$ の書き下しのルールとなる．後述する2元配置，第5章の直交表などにもあてはまる．

[等分散性のチェック]

分散分析に進む前に等分散性が満たされているかチェックするとよい．デー

---

[1] $E[V_e] = E[S_e/\phi_e] = \sigma^2$ より，自由度 $a(n-1)$ は V_e の期待値における σ^2 の係数が1になるように割る数となっていることがわかる．$E[V_A] = E[V_A/\phi_A] = \sigma^2 + n\sigma_A^2$ も同様．

表 4.3　D_3 と D_4 の表（$\overline{X}-R$ 管理図用係数表）

n	D_4	D_3
2	3.267	—
3	2.575	—
4	2.282	—
5	2.115	—
6	2.004	—
7	1.924	0.076
8	1.864	0.136
9	1.816	0.184
10	1.777	0.223

タの構造(4.1.5)式において，誤差 e_{ij} は，平均 0，分散 σ^2 の正規分布に従うと仮定した．すなわち，各水準 A_i ごとの分散は，すべて σ^2 で等しい（等分散）ということで，この仮定を次の手順に従って確認する．

① 　各水準ごとの範囲 $R_i(i=1, 2, \cdots, a)$ と平均 $\overline{R}=\sum R_i/a$ を計算する．

② 　表 4.3 から，繰り返し数 n に対する D_4 と D_3 を読み取り，$D_4\overline{R}$ と $D_3\overline{R}$ を求める（ただし，$n \leq 6$ のときは，D_3 は不要である）．

③ 　$R_1, R_2, \cdots, R_a$ の中に，$D_4\overline{R}$ 以上または $D_3\overline{R}$ 以下の値が 1 つもなければ，等分散性を疑う根拠はないと考える．

4.1.2　分散分析

(4.1.24)式において，$\sigma_A^2=0$ なら $E[V_A]=E[V_e]$ となり，V_A を V_e で割った比 $F_0=V_A/V_e$ は，自由度 (ϕ_A, ϕ_e) の F 分布に従う．(4.1.6)，(4.1.22)式より，σ_A^2 は処理効果の大きさを表わし，$\sigma_A^2=0$ は $\alpha_A^2=0$，すなわち，$\alpha_1=\alpha_2=\cdots=\alpha_a=0$ と同値である．

帰無仮説　$H_0 : \sigma_A^2=0$，すなわち，すべての $\alpha_i=0 (i=1, 2, \cdots, a)$
対立仮説　$H_1 : \sigma_A^2>0$，すなわち，少なくとも 1 つの $\alpha_i \neq 0 (i=1, 2, \cdots, a)$

この検定は有意水準を α として,

$$\left.\begin{array}{l}\text{検定統計量} : F_0 = \dfrac{V_A}{V_e} \\[2mm] H_0 \text{ の棄却域} : F_0 \geq F(\phi_A,\ \phi_e\ ;\ \alpha)\end{array}\right\} \quad (4.1.25)$$

でもって検定を行うことができる.すなわち,$\sigma_A^2 > 0$ なら $E[V_A] > E[V_e]$ であるから,H_0 の棄却域は,F 分布の右裾のみに設定する右片側検定が適切である.したがって,分散分析の手順は,次のようになる.

① データの構造と制約条件を(4.1.26)式とする.

$$y_{ij} = \mu + \alpha_i + e_{ij}, \quad \sum \alpha_i = 0, \quad e_{ij} \sim N(0,\ \sigma^2) \quad (4.1.26)$$

② データをグラフ化し,外れ値[2]の有無を調べ,要因効果の概略について考察する.

③ 等分散性を確認する.

④ 平方和および自由度を計算する.

$$S = \sum_{i=1}^{a} \sum_{j=1}^{n} (y_{ij} - \bar{y})^2, \quad \phi = N - 1 = an - 1 \quad (4.1.27)$$

$$S_A = n \sum_{i=1}^{a} (\bar{y}_{i\cdot} - \bar{y})^2, \quad \phi_A = a - 1 \quad (4.1.28)$$

$$S_e = S - S_A, \quad \phi_e = \phi - \phi_A = a(n-1) \quad (4.1.29)$$

⑤ 分散分析表を作成する(表 4.4).

⑥ 分散分析に対する結論を述べる.

(解答)

[例題 4.1] の分散分析は,次のようになる.

① データの構造と制約条件を以下と置く.

$$y_{ij} = \mu + \alpha_i + e_{ij}, \quad \sum_{i=1}^{3} \alpha_i = 0, \quad e_{ij} \sim N(0,\ \sigma^2) \quad (4.1.30)$$

② データのグラフ化

図 4.1 から,外れ値はなさそうで,因子 A の効果はありそうである.

---

[2] 外れ値があった場合,そのデータの異常に明らかな根拠があれば異常値として除いてもよいが,そうでないときは,安易に欠測値としてしまうことがないように注意しよう.

表 4.4 分散分析表

sv	ss	df	ms	F_0	$E(ms)$
処理間 A	S_A	ϕ_A	$V_A = \dfrac{S_A}{\phi_A}$	$\dfrac{V_A}{V_e}$	$\sigma^2 + n\sigma_A^2$
誤差 e	S_e	ϕ_e	$V_e = \dfrac{S_e}{\phi_e}$	—	σ^2
計	S	ϕ	—		

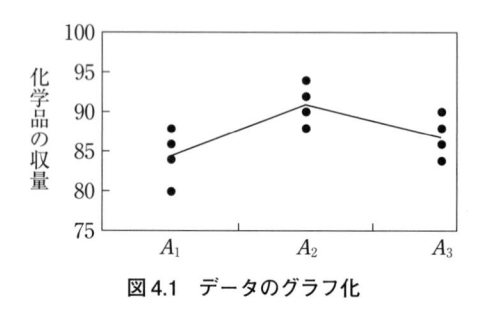

図 4.1 データのグラフ化

③ 等分散性の確認

各水準 A_i におけるデータの範囲 R は,$R_1 = 8$,$R_2 = 6$,$R_3 = 6$ となり,平均 $\bar{R} = 6.7$ を得る.表 4.3 から,$n = 4$ に対する $D_4 = 2.282$ で,$D_4\bar{R} = 15.3$ 以上の R_i はないので,等分散を疑う根拠はない.

④ 平方和および自由度の計算[3]

$$S = \sum_{i=1}^{a}\sum_{j=1}^{n}(y_{ij}-\bar{y})^2 = (-7.5)^2 + (-1.5)^2 + \cdots + (-1.5)^2 = 161.0$$

$$\phi = 3 \times 4 - 1 = 11$$

$$S_A = n\sum_{i=1}^{3}(\bar{y}_{i\cdot}-\bar{y})^2 = 4\{(-3.0)^2 + 3.5^2 + (-0.5)^2\} = 86.0$$

---

[3] 従来より,平方和の計算においては,手計算に便利なように修正項を用いて各平方和を計算する方法がとられていた.近年,コンピュータ,ならびに,そのソフトの発達に伴い,平方和の計算においても,CT を用いないケースが増えてきており,本書でも修正項を用いていない.

$$\phi_A = 3 - 1 = 2$$
$$S_e = S - S_A = 161.0 - 86.0 = 75.0 \qquad \phi_e = \phi - \phi_A = 11 - 2 = 9$$

表 4.5 $(y_{ij} - \bar{y})$ 表

水準	データ				$\sum_{j=1}^{4}(y_{ij}-\bar{y})$	$\bar{y}_{i\cdot}-\bar{y}$
A_1	−7.5	−1.5	0.5	−3.5	−12	−3.0
A_2	0.5	2.5	4.5	6.5	14	3.5
A_3	2.5	0.5	−3.5	−1.5	−2	−0.5

⑤ 分散分析表の作成

表 4.6 分散分析表

sv	ss	df	ms	F_0	$E(ms)$
A	86	2	43.0	5.16*	$\sigma^2 + 4\sigma_A^2$
e	75	9	8.33	—	σ^2
計	161	11	—		

$F(2, 9 ; 0.05) = 4.256, \qquad F(2, 9 ; 0.01) = 8.022$

⑥ 処理間に有意水準 5% で差があるといえる．すなわち，触媒の添加量により，得られる化学品の収量に差がある．よって，分散分析後のデータの構造も (4.1.30) 式のままで変わらない．なお，有意水準 5% で有意なら F_0 値の右肩に*印を，同じく 1% で高度に有意なら**印を付す．

[繰り返し数が異なる場合]

水準によって繰り返し数が異なり，A_i 水準で n_i，総実験数が $N = \sum_{i=1}^{a} n_i$ である場合の変更点について示す．データの構造は，(4.1.5) 式と同様に，$y_{ij} = \mu + \alpha_i + e_{ij}$, $e_{ij} \sim N(0, \sigma^2)$ とするが，α_i の制約は (4.1.6) 式の代わりに (4.1.31) 式となる．

$$\sum_{i=1}^{a} n_i \alpha_i = 0 \qquad (4.1.31)$$

$$\hat{\mu} = \bar{y} = \frac{\sum_{i=1}^{a}\sum_{j=1}^{n_i} y_{ij}}{N} \tag{4.1.32}$$

により，平方和と自由度を，

$$S = \sum_{i=1}^{a}\sum_{j=1}^{n_i}(y_{ij}-\bar{\bar{y}})^2, \quad \phi = N-1 \tag{4.1.33}$$

$$S_A = \sum_{i=1}^{a} n_i(\bar{y}_{i\cdot}-\bar{\bar{y}})^2, \quad \phi_A = a-1 \tag{4.1.34}$$

$$S_e = \sum_{i=1}^{a}\sum_{j=1}^{n_i}(y_{ij}-\bar{y}_{i\cdot})^2 = S - S_A, \quad \phi_e = N-a \tag{4.1.35}$$

のように計算する．そして，$E(ms)$ は以下のようになる．

$$E[V_A] = E\left[\frac{S_A}{\phi_A}\right] = \sigma^2 + \sum_{i=1}^{a}\frac{n_i \alpha_i^2}{\phi_A} \tag{4.1.36}$$

$$E[V_e] = E\left[\frac{S_e}{\phi_e}\right] = \sigma^2 \tag{4.1.37}$$

4.1.3 分散分析後の解析

　分散分散後のデータの構造に基づき，最適水準の決定やその水準における母平均や特定の水準間の差を推測する．以下に，母平均の推定，母平均の差に対する推定と検定について説明する．

［処理母平均の推定］

　A_i 水準の繰り返し数を n_i，母平均を $\mu(A_i)$，その推定量を $\hat{\mu}(A_i)$ で示すと，(4.1.38)式，(4.1.39)式が得られる．

$$\text{点推定：} \hat{\mu}(A_i) = \hat{\mu} + \hat{\alpha}_i = \bar{y}_{i\cdot} \tag{4.1.38}$$

　$100(1-\alpha)\%$ 信頼区間：

$$\left[\bar{y}_{i\cdot} - t(\phi_e,\ \alpha)\sqrt{\frac{V_e}{n_i}}, \quad \bar{y}_{i\cdot} + t(\phi_e,\ \alpha)\sqrt{\frac{V_e}{n_i}}\right] \tag{4.1.39}$$

［処理間の差の推定］

　1元配置実験で水準 A_i と $A_{i'}$ との母平均の差 $\mu(A_i) - \mu(A_{i'})$ については，

$$\text{点推定：} \hat{\mu}(A_i) - \hat{\mu}(A_{i'}) = \bar{y}_{i\cdot} - \bar{y}_{i'\cdot} \tag{4.1.40}$$

で与えられる．この分散を求めるため，(4.1.5)式のデータの構造を(4.1.40)式へ代入すると，(4.1.41)式を得る．

$$\bar{y}_{i\cdot} - \bar{y}_{i'\cdot} = (\hat{\mu} + \hat{\alpha}_i + \bar{e}_{i\cdot}) - (\hat{\mu} + \hat{\alpha}_{i'} + \bar{e}_{i'\cdot}) = (\hat{\alpha}_i - \hat{\alpha}_{i'}) + (\bar{e}_{i\cdot} - \bar{e}_{i'\cdot}) \quad (4.1.41)$$

$\bar{e}_{i\cdot}$ と $\bar{e}_{i'\cdot}$ は互いに独立であるから $(i \neq i')$，(4.1.42)式を得る．

$$\hat{Var}\{\hat{\mu}(A_i) - \hat{\mu}(A_{i'})\} = \left(\frac{1}{n_i} + \frac{1}{n_{i'}}\right)V_e \quad (4.1.42)$$

よって，$\mu(A_i) - \mu(A_{i'})$ の $100(1-\alpha)$ %信頼区間(4.1.43)式が求まる．

$$\left[\bar{y}_{i\cdot} - \bar{y}_{i'\cdot} - t(\phi_e, \alpha)\sqrt{\left(\frac{1}{n_i} + \frac{1}{n_{i'}}\right)V_e}, \quad \bar{y}_{i\cdot} - \bar{y}_{i'\cdot} + t(\phi_e, \alpha)\sqrt{\left(\frac{1}{n_i} + \frac{1}{n_{i'}}\right)V_e}\right] \quad (4.1.43)$$

[最小有意差]

特定の2つの処理間について検定したい場合には，次に示す**最小有意差** (*lsd* : least significant difference) $lsd = t(\phi_e, \alpha)\sqrt{\left(\frac{1}{n_i} + \frac{1}{n_{i'}}\right)V_e}$ を計算し，

$$\text{棄却域 } R : |\bar{y}_{i\cdot} - \bar{y}_{i'\cdot}| \geq lsd \quad (4.1.44)$$

とする．これは，水準 A_i と $A_{i'}$ との間に差があるか否かという仮説 $H_0 : \mu(A_i) = \mu(A_{i'})$，$H_1 : \mu(A_i) \neq \mu(A_{i'})$ を，(4.1.45)式により検定するのと同じである．

$$\text{検定統計量} : t_0 = \frac{|\bar{y}_{i\cdot} - \bar{y}_{i'\cdot}|}{\sqrt{\left(\frac{1}{n_i} + \frac{1}{n_{i'}}\right)V_e}} \quad (4.1.45)$$

$$\text{棄却域 } R : |t_0| \geq t(\phi_e, \alpha)$$

[例題 4.2]

例題 4.1 のデータについて分散分析後のデータの構造に基づく推測を行ってみよう．

(解答)

A_i 水準の母平均の点推定値は，(4.1.38)式より，

$A_1 : \bar{y}_{1\cdot} = 84.5$ $A_2 : \bar{y}_{2\cdot} = 91.0$ $A_3 : \bar{y}_{3\cdot} = 87.0$

となる．A_i 水準の母平均の 95%信頼区間の幅($\pm Q$)は，(4.1.39)式より，

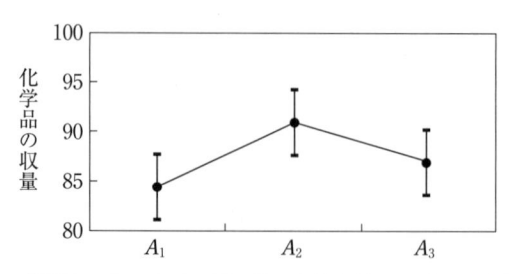

図 4.2　［例題 4.1］における母平均の点推定値および 95% 信頼区間

$$Q = t(\phi_e, \alpha)\sqrt{\frac{V_e}{n_i}} = t(9 ; 0.05)\sqrt{\frac{8.33}{4}} = 2.262 \times 1.443 = 3.26$$

となり，95% 信頼区間は，

　　　　A_1：[81.2, 87.8]　　　　A_2：[87.7, 94.3]　　　　A_3：[83.7, 90.3]

である．図 4.2 に，点推定値と 95% 信頼区間の幅を付して表示した．図 4.2 より，最適水準は A_2 である．

また，最大値を得る水準 A_2 と最小値を得る水準 A_1 間に差があるかどうかを，$lsd = t(9, 0.05)\sqrt{\left(\frac{1}{4} + \frac{1}{4}\right) \times 8.33} = 2.262 \times 2.041 = 4.62$ を用いて検定すると，$91.0 - 84.5 = 6.5^* > lsd = 4.62$ となり，有意水準 5% で差があるといえる[4]．

4.2　2 元配置実験

前節では，データ y_{ij} に影響を与える要因として，1 つの因子 A のみを取り上げた．2 元配置実験では 2 つの因子 A，B を同時に取り上げる．

因子 A（柔軟化剤）と因子 B（その添加量）を工夫して衝撃強度を改良することになったとしよう．まず，第一段階として，各々の添加剤を一定量添加して成形品を試作して衝撃強度を測定し，もっとも有効な添加剤を決定し，ついで，この添加剤の添加量を変更して最適添加量を決定したとしよう．この単因子逐

---

[4] lsd による検定は，特定の水準間の比較に限定する．複数の水準間の比較を同時に行うと，全体としての危険率が 5% を超えてしまうので注意が必要である．複数の水準間の比較には，wsd など多重比較の方法を用いるとよい．

次実験は 1.5.2 項で述べたように問題がある.

複数の因子を同時に取り上げる実験では，データに影響を与える効果の大きさが，他の因子の水準によって異なることもある．因子水準の組み合せによって生じる効果を交互作用効果（交互作用：interaction effect）と呼び，主効果と分けて評価する．2元配置実験では，各々の因子の主効果と各因子間の交互作用効果を含めた要因効果の有無や大きさを評価し，最適条件組み合せを求めることを目的とする．

4.2.1 主効果と交互作用効果

2つの因子 A, B の水準数をそれぞれ a, b とする． ab 個の処理をランダムに $n(\geq 2)$ 回繰り返す実験を考える．処理 $A_i B_j$ での k 番目の確率変数 y の実現値を $y_{ijk}(i=1, \cdots, a ; j=1, \cdots, b ; k=1, \cdots, n)$ とすると，データの構造は，

$$y_{ijk} = \mu + \alpha_i + \beta_j + (\alpha\beta)_{ij} + e_{ijk}, \quad e_{ijk} \sim N(0, \sigma^2) \tag{4.2.1}$$

と書ける．ここで， α_i や β_j は1元配置での主効果 α_i と同じであり，

$$\sum_{i=1}^{a} \alpha_i = 0, \quad \sum_{j=1}^{b} \beta_j = 0 \tag{4.2.2}$$

の制約条件が付帯する． $A_i B_j$ 条件での処理効果は，因子 A, B による主効果 α_i, β_j だけでは説明できない効果，すなわち，交互作用効果 $(\alpha\beta)_{ij}(i=1, 2, \cdots, a ; j=1, 2, \cdots, b)$ を含んでいる．ここで，

$$T_{ij\cdot} = \sum_{k=1}^{n} y_{ijk}, \quad T_{i\cdot\cdot} = \sum_{j=1}^{b}\sum_{k=1}^{n} y_{ijk}, \quad T_{\cdot j\cdot} = \sum_{i=1}^{a}\sum_{k=1}^{n} y_{ijk} \tag{4.2.3}$$

$$T = \sum_{i=1}^{a}\sum_{j=1}^{b}\sum_{k=1}^{n} y_{ijk} \tag{4.2.4}$$

とする．また， $(\alpha\beta)_{ij}$ について，（4.2.5）式の制約条件が付帯する．

$$\sum_{i=1}^{a} (\alpha\beta)_{ij} = \sum_{j=1}^{b} (\alpha\beta)_{ij} = 0 \tag{4.2.5}$$

4.2.2 データの構造と平方和の分解

前項で述べたように，処理 $A_i B_j$ における k 番目の確率変数の実現値 y_{ijk} は，

$$y_{ijk} = \mu + \alpha_i + \beta_j + (\alpha\beta)_{ij} + e_{ijk}, \quad e_{ijk} \sim N(0, \sigma^2) \tag{4.2.6}$$

と書ける．ただし，制約条件と各データの構造は，それぞれ(4.2.7), (4.2.8)式となる．

$$\sum_{i=1}^{a}\alpha_i=\sum_{j=1}^{b}\beta_j=\sum_{i=1}^{a}(\alpha\beta)_{ij}=\sum_{j=1}^{b}(\alpha\beta)_{ij}=0 \qquad (4.2.7)$$

$$\left.\begin{array}{ll} \bar{y}_{ij\cdot}=\mu+\alpha_i+\beta_j+(\alpha\beta)_{ij}+\bar{e}_{ij\cdot}, & \bar{e}_{ij\cdot}\sim N\left(0,\ \dfrac{\sigma^2}{n}\right) \\[6pt] \bar{y}_{i\cdot\cdot}=\mu+\alpha_i+\bar{e}_{i\cdot\cdot} \quad\ , & \bar{e}_{i\cdot\cdot}\sim N\left(0,\ \dfrac{\sigma^2}{bn}\right) \\[6pt] \bar{y}_{\cdot j\cdot}=\mu+\beta_j+\bar{e}_{\cdot j\cdot} \quad\ , & \bar{e}_{\cdot j\cdot}\sim N\left(0,\ \dfrac{\sigma^2}{an}\right) \\[6pt] \bar{\bar{y}}=\mu+\bar{\bar{e}} \quad\ , & \bar{\bar{e}}\sim N\left(0,\ \dfrac{\sigma^2}{abn}\right) \end{array}\right\} \qquad (4.2.8)$$

1因子の場合と同様に，総平方和は，$S=\sum_{i=1}^{a}\sum_{j=1}^{b}\sum_{k=1}^{n}(y_{ijk}-\bar{\bar{y}})^2$ で，

$$S=\sum_{i=1}^{a}\sum_{j=1}^{b}\sum_{k=1}^{n}(y_{ijk}-\bar{\bar{y}})^2=\sum_{i=1}^{a}\sum_{j=1}^{b}\sum_{k=1}^{n}(y_{ijk}-\bar{y}_{ij\cdot}+\bar{y}_{ij\cdot}-\bar{\bar{y}})^2 \quad \text{より,}$$

$$S=\sum_{i=1}^{a}\sum_{j=1}^{b}\sum_{k=1}^{n}(y_{ijk}-\bar{y}_{ij\cdot})^2+2\sum_{i=1}^{a}\sum_{j=1}^{b}\sum_{k=1}^{n}(y_{ijk}-\bar{y}_{ij\cdot})(\bar{y}_{ij\cdot}-\bar{\bar{y}})$$

$$+\sum_{i=1}^{a}\sum_{j=1}^{b}\sum_{k=1}^{n}(\bar{y}_{ij\cdot}-\bar{\bar{y}})^2 \qquad (4.2.9)$$

と分解される．(4.2.9)式の右辺第2項は，

$$2\sum_{i=1}^{a}\sum_{j=1}^{b}\sum_{k=1}^{n}(y_{ijk}-\bar{y}_{ij\cdot})(\bar{y}_{ij\cdot}-\bar{\bar{y}})=2\sum_{i=1}^{a}\sum_{j=1}^{b}\left[\sum_{k=1}^{n}y_{ijk}-n\bar{y}_{ij\cdot}\right](\bar{y}_{ij\cdot}-\bar{\bar{y}})$$

$$=2\sum_{i=1}^{a}\sum_{j=1}^{b}\left[\sum_{k=1}^{n}y_{ijk}-n\times\dfrac{\sum_{k=1}^{n}y_{ijk}}{n}\right](\bar{y}_{ij\cdot}-\bar{\bar{y}})=0 \qquad (4.2.10)$$

となり，(4.2.11)式のように分解することができる．

$$S=n\sum_{i=1}^{a}\sum_{j=1}^{b}(\bar{y}_{ij\cdot}-\bar{\bar{y}})^2+\sum_{i=1}^{a}\sum_{j=1}^{b}\sum_{k=1}^{n}(y_{ijk}-\bar{y}_{ij\cdot})^2 \qquad (4.2.11)$$

ここで，処理(AB)間平方和S_{AB}を(4.2.12)式，誤差平方和S_eを(4.2.13)式と定義すると，(4.2.14)式のように書ける．

$$S_{AB} = n\sum_{i=1}^{a}\sum_{j=1}^{b}(\bar{y}_{ij\cdot} - \bar{y})^2 \tag{4.2.12}$$

$$S_e = \sum_{i=1}^{a}\sum_{j=1}^{b}\sum_{k=1}^{n}(y_{ijk} - \bar{y}_{ij\cdot})^2 \tag{4.2.13}$$

$$S = S_{AB} + S_e \tag{4.2.14}$$

処理(AB)間平方和は，さらに，(4.2.15)式と分解できる．

$$\begin{aligned}
S_{AB} &= n\sum_{i=1}^{a}\sum_{j=1}^{b}(\bar{y}_{ij\cdot} - \bar{y})^2 = n\sum_{i=1}^{a}\sum_{j=1}^{b}(\bar{y}_{ij\cdot} + \bar{y}_{i\cdot\cdot} + \bar{y}_{\cdot j\cdot} - \bar{y}_{i\cdot\cdot} - \bar{y}_{\cdot j\cdot} - \bar{y})^2 \\
&= n\sum_{i=1}^{a}\sum_{j=1}^{b}\{(\bar{y}_{i\cdot\cdot} - \bar{y}) + (\bar{y}_{\cdot j\cdot} - \bar{y}) + (\bar{y}_{ij\cdot} - \bar{y}_{i\cdot\cdot} - \bar{y}_{\cdot j\cdot} + \bar{y})\}^2 \\
&= bn\sum_{i=1}^{a}(\bar{y}_{i\cdot\cdot} - \bar{y})^2 + an\sum_{j=1}^{b}(\bar{y}_{\cdot j\cdot} - \bar{y})^2 + n\sum_{i=1}^{a}\sum_{j=1}^{b}(\bar{y}_{ij\cdot} - \bar{y}_{i\cdot\cdot} - \bar{y}_{\cdot j\cdot} + \bar{y})^2
\end{aligned} \tag{4.2.15}$$

(4.2.15)式の上から2番目の右辺の3項間の各積和はいずれも0になる．第1項と第3項の積和で例示すると，$\sum_{i=1}^{a}\sum_{j=1}^{b}(\bar{y}_{i\cdot\cdot} - \bar{y})(\bar{y}_{ij\cdot} - \bar{y}_{i\cdot\cdot} - \bar{y}_{\cdot j\cdot} + \bar{y}) = \sum_{i}(\bar{y}_{i\cdot\cdot} - \bar{y})\sum_{j}(\bar{y}_{ij\cdot} - \bar{y}_{i\cdot\cdot}) - \sum_{i}(\bar{y}_{i\cdot\cdot} - \bar{y})\sum_{j}(\bar{y}_{\cdot j\cdot} - \bar{y}) = 0$である．主効果の平方和，(4.2.16)式，(4.2.17)式に，(4.2.18)式の交互作用効果の平方和を定義すると，(4.2.19)式，(4.2.20)式が得られる．

主効果 $\begin{cases} A\text{間平方和}: S_A = bn\sum_{i=1}^{a}(\bar{y}_{i\cdot\cdot} - \bar{y})^2 & (4.2.16) \\ B\text{間平方和}: S_B = an\sum_{j=1}^{b}(\bar{y}_{\cdot j\cdot} - \bar{y})^2 & (4.2.17) \end{cases}$

交互作用効果$(A \times B\text{間平方和}): S_{A\times B} = n\sum_{i=1}^{a}\sum_{j=1}^{b}(\bar{y}_{ij\cdot} - \bar{y}_{i\cdot\cdot} - \bar{y}_{\cdot j\cdot} + \bar{y})^2 \quad (4.2.18)$

$$S_{AB} = S_A + S_B + S_{A\times B} \tag{4.2.19}$$

$$S = S_{AB} + S_e = S_A + S_B + S_{A\times B} + S_e \tag{4.2.20}$$

対応する自由度は，次式となる．

$$\left.\begin{aligned}
&\phi = abn-1, \ \phi_A = a-1, \ \phi_B = b-1, \ \phi_{AB} = ab-1 \\
&\phi_{A\times B} = \phi_{AB} - \phi_A - \phi_B = ab-1-(a-1)-(b-1) \\
&\qquad\quad = (a-1)(b-1) = \phi_A \times \phi_B \\
&\phi_e = \phi - \phi_{AB} = abn-1-(ab-1) = ab(n-1)
\end{aligned}\right\} \quad (4.2.21)$$

4.2.3　分散分析

繰り返しのある2元配置の分散分析の手順を例題を通して説明する．分散分析表は一般に表4.7のように表わされる．

[例題4.3]

成形品の柔軟性を高めるため，柔軟化剤の種類(A)を3水準とその添加量(B)を4水準とり，各水準での繰り返しを$n=2$とし，合計$N=3\times4\times2=24$回の実験をランダムに行った．その結果，表4.8のデータが得られた．分散分析を行ってみよう．

(解答)

① データの構造と制約条件は，以下となる．

$$y_{ijk} = \mu + \alpha_i + \beta_j + (\alpha\beta)_{ij} + e_{ijk}, \quad e_{ijk} \sim N(0, \ \sigma^2) \quad (4.2.22)$$

$$\sum_{i=1}^{3}\alpha_i = \sum_{j=1}^{4}\beta_j = \sum_{i=1}^{3}(\alpha\beta)_{ij} = \sum_{j=1}^{4}(\alpha\beta)_{ij} = 0 \quad (4.2.23)$$

表4.7　分散分析表

sv	ss	df	ms	F_0	$E(ms)$
A	S_A	ϕ_A	$V_A = \dfrac{S_A}{\phi_A}$	$\dfrac{V_A}{V_e}$	$\sigma^2 + bn\sigma_A^2$
B	S_B	ϕ_B	$V_B = \dfrac{S_B}{\phi_B}$	$\dfrac{V_B}{V_e}$	$\sigma^2 + an\sigma_B^2$
$A\times B$	$S_{A\times B}$	$\phi_{A\times B}$	$V_{A\times B} = \dfrac{S_{A\times B}}{\phi_{A\times B}}$	$\dfrac{V_{A\times B}}{V_e}$	$\sigma^2 + n\sigma_{A\times B}^2$
誤差e	S_e	ϕ_e	$V_e = \dfrac{S_e}{\phi_e}$		σ^2
計	S	ϕ			

② グラフ化と考察

表 4.8 と図 4.3 から,外れ値はなさそうである.因子 A,因子 B の主効果はありそうである.また,交互作用効果はなさそうである.

③ 等分散性の確認

$n = 2$ であるから,$D_4 = 3.267$ となる.表 4.9 より $\overline{R} = 22/12 = 1.833$,$D_4\overline{R} = 3.267 \times 1.833 = 5.988$ で,これ以上の R はないから,等分散を疑う根拠はない.

④ ($y_{ijk} - \bar{y}$) 表の計算

$$\bar{y} = \frac{T}{N} = \frac{1356}{2 \times 3 \times 4} = 56.5$$

表 4.8 成形品の柔軟性(単位省略)

柔軟化剤の種類(A) \ 柔軟化剤の添加量(B)	B_1	B_2	B_3	B_4	$T_{i\cdot\cdot}$
A_1	57	55	59	60	456
	56	57	54	58	
A_2	54	54	54	57	436
	55	53	54	55	
A_3	58	56	60	60	464
	56	58	58	58	
$T_{\cdot j\cdot}$	336	333	339	348	$T = 1356$

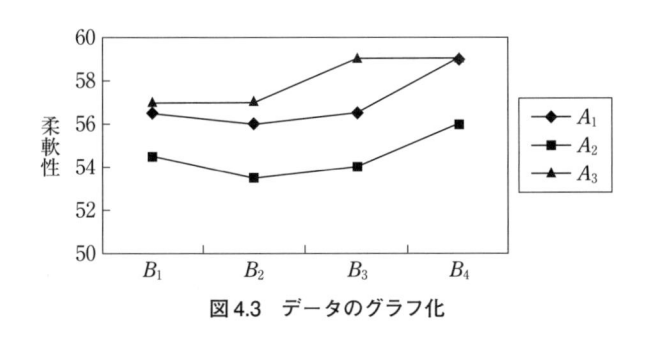

図 4.3 データのグラフ化

表 4.9 R_{ij} 表

$n=2$	B_1	B_2	B_3	B_4	計
A_1	1	2	5	2	10
A_2	1	1	0	2	4
A_3	2	2	2	2	8
計	4	5	7	6	22

表 4.10 $(y_{ijk}-\bar{\bar{y}})$ 表

	B_1	B_2	B_3	B_4	$\sum_{j=1}^{4}\sum_{k=1}^{2}(y_{ijk}-\bar{\bar{y}})$	$\bar{y}_{i\cdot\cdot}-\bar{\bar{y}}$
A_1	0.5	−1.5	2.5	3.5	4	0.5
	−0.5	0.5	−2.5	1.5		
A_2	−2.5	−2.5	−2.5	0.5	−16	−2
	−1.5	−3.5	−2.5	−1.5		
A_3	1.5	−0.5	3.5	3.5	12	1.5
	−0.5	1.5	1.5	1.5		
$\sum_{i=1}^{3}\sum_{k=1}^{2}(y_{ijk}-\bar{\bar{y}})$	−3	−6	0	9		
$\bar{y}_{\cdot j\cdot}-\bar{\bar{y}}$	−0.5	−1	0	1.5		

表 4.11 $(y_{ijk}-\bar{\bar{y}})^2$ 表

	B_1	B_2	B_3	B_4	$\sum_{j=1}^{4}\sum_{k=1}^{2}(y_{ijk}-\bar{\bar{y}})^2$
A_1	0.25	2.25	6.25	12.25	30
	0.25	0.25	6.25	2.25	
A_2	6.25	6.25	6.25	0.25	42
	2.25	12.25	6.25	2.25	
A_3	2.25	0.25	12.25	12.25	34
	0.25	2.25	2.25	2.25	
$\sum_{i=1}^{3}\sum_{k=1}^{2}(y_{ijk}-\bar{\bar{y}})^2$	11.5	23.5	39.5	31.5	$\sum_{i=1}^{3}\sum_{j=1}^{4}\sum_{k=1}^{2}(y_{ijk}-\bar{\bar{y}})^2=106$

表 4.12 $(\bar{y}_{ij\cdot}-\bar{\bar{y}})$ 表

$n=2$	B_1	B_2	B_3	B_4
A_1	0	-0.5	0	2.5
A_2	-2	-3	-2.5	-0.5
A_3	0.5	0.5	2.5	2.5

⑤ 平方和と自由度の計算

$$S = \sum_{i=1}^{a}\sum_{j=1}^{b}\sum_{k=1}^{n}(y_{ijk}-\bar{\bar{y}})^2 = 106 \qquad \phi = abn-1 = 23$$

$$S_{AB} = n\sum_{i=1}^{a}\sum_{j=1}^{b}(\bar{y}_{ij\cdot}-\bar{\bar{y}})^2 = 2\times\{0^2+(-0.5)^2+0^2+\cdots+2.5^2\} = 78$$

$$\phi_{AB} = ab-1 = 11$$

$$S_e = S - S_{AB} = 106 - 78 = 28 \qquad \phi_e = \phi - \phi_{AB} = 23 - 11 = 12$$

$$S_A = bn\sum_{i=1}^{a}(\bar{y}_{i\cdot\cdot}-\bar{\bar{y}})^2 = 4\times 2\times\{(0.5)^2+(-2)^2+(1.5)^2\} = 52$$

$$\phi_A = a-1 = 2$$

$$S_B = an\sum_{j=1}^{b}(\bar{y}_{\cdot j\cdot}-\bar{\bar{y}})^2 = 3\times 2\times\{(-0.5)^2+(-1)^2+0^2+1.5^2\} = 21$$

$$\phi_B = b-1 = 3$$

$$S_{A\times B} = S_{AB} - S_A - S_B = 78 - 52 - 21 = 5 \qquad \phi_{A\times B} = \phi_{AB} - \phi_A - \phi_B = 6$$

⑥ 分散分析表の作成 (表 4.13)

分散分析の結果,主効果 A は高度に有意となったが,主効果 B と交互作用 $A\times B$ は有意ではない.要因実験においては,主効果が有意でなかった場合でも,通常,交互作用の場合のようにプーリングを行わない.

[誤差項へのプーリング]

交互作用を無視することは,$\sigma_{A\times B}^2 = 0$ とみなすことであり,$A\times B$ の平方和と誤差項の平方和をプーリングし,新たな誤差項 V_e' を,

$$V_e' = \frac{S_{A\times B}+S_e}{\phi_e'}, \qquad \phi_e' = \phi_{A\times B}+\phi_e \tag{4.2.24}$$

表4.13 分散分析表

sv	ss	df	ms	F_0	$E(ms)$	F_0
A	52	2	26.0	11.16**	$\sigma^2 + 8\sigma_A^2$	14.21**
B	21	3	7.0	3.00	$\sigma^2 + 6\sigma_B^2$	3.83*
$A \times B$	5	6	0.83	<1	$\sigma^2 + 2\sigma_{A \times B}^2$	
e	28	12	2.33		σ^2	
e	33	18	1.83		σ^2	
計	106	23				

$F(2, 12 ; 0.01) = 6.927$, $F(3, 12 ; 0.05) = 3.490$,
$F(2, 18 ; 0.01) = 6.013$, $F(3, 18 ; 0.05) = 3.160$,
$F(3, 18 ; 0.01) = 5.092$

から求め直す．［例題4.3］では，$V_e' = \dfrac{5+28}{6+12} = 1.83$ となる．プーリング後の分散分析の結果は，表4.13では，網掛け部分でこのことを示してある．因子Bは，プーリング後では有意になった．分散分析後のデータの構造は，(4.2.22)式から交互作用項のみを除み，$y_{ijk} = \mu + \alpha_i + \beta_j + e_{ijk}$ とする．

表4.13の分散分析表のように，本書では，新しく求めた誤差項での結果を含め，プーリング前後の結果を合体した一つの表で表示する．

4.2.4　分散分析後の解析

分散分析後に行う処理母平均と処理母平均の差の推定では，交互作用効果を無視するかしないかによって，以下に示すように解析法が異なる．この理由は，推定値の精度を高めるためであり，不偏推定量としては何通りかが考えられる中で，それが持つ分散のもっとも小さい最良のものを使用するためである．また，誤差分散も，分散分析の結果から無視しない因子をデータの構造に残し，その構造のもとで推定する．

［処理母平均の推定］

(1) 繰り返しのある2元配置で，交互作用を無視しない場合

交互作用効果を無視しないときのデータの構造は，(4.2.6)式のままである．したがって，2因子の水準組み合せA_iB_jのもとでの母平均$\mu(A_iB_j) = \mu + \alpha_i +$

$\beta_j + (\alpha\beta)_{ij}$ の点推定は(4.2.25)式,$100(1-\alpha)$%信頼区間は(4.2.26)となる.

点推定:$\hat{\mu}(A_iB_j) = \hat{\mu} + \hat{\alpha}_i + \hat{\beta}_j + \widehat{(\alpha\beta)}_{ij} = \bar{y}_{ij\cdot}$ （4.2.25）

$100(1-\alpha)$%信頼区間:

$$\left[\bar{y}_{ij\cdot} - t(\phi_e,\ \alpha)\sqrt{\frac{V_e}{n}},\quad \bar{y}_{ij\cdot} + t(\phi_e,\ \alpha)\sqrt{\frac{V_e}{n}}\right] \quad (4.2.26)$$

(2) 繰り返しのある2元配置で,交互作用を無視する場合

交互作用効果を無視するときのデータの構造は,(4.2.27)式である.このとき,2因子の水準組み合せ A_iB_j のもとでの母平均は,$\bar{y}_{ij\cdot}$ ではなく分散が最も小さくなる(4.2.28)式で推定する.

$$y_{ijk} = \mu + \alpha_i + \beta_j + e_{ijk},\ e_{ijk} \sim N(0,\ \sigma^2) \quad (4.2.27)$$

$$\hat{\mu}(A_iB_j) = \hat{\mu} + \hat{\alpha}_i + \hat{\beta}_j = (\hat{\mu} + \hat{\alpha}_i) + (\hat{\mu} + \hat{\beta}_j) - \hat{\mu} = \bar{y}_{i\cdot\cdot} + \bar{y}_{\cdot j\cdot} - \bar{\bar{y}} \quad (4.2.28)$$

次に,信頼区間を求めるには $\hat{\mu}(A_iB_j)$ の分散を求めなければならない.(4.2.27),(4.2.28)式から(4.2.29)式と(4.2.30)式を得る.

$$\hat{\mu}(A_iB_j) = \bar{y}_{i\cdot\cdot} + \bar{y}_{\cdot j\cdot} - \bar{\bar{y}} = (\mu + \alpha_i + \bar{e}_{i\cdot\cdot}) + (\mu + \beta_j + \bar{e}_{\cdot j\cdot}) - (\mu + \bar{\bar{e}})$$
$$= (\mu + \alpha_i + \beta_j) + (\bar{e}_{i\cdot\cdot} + \bar{e}_{\cdot j\cdot} - \bar{\bar{e}}) \quad (4.2.29)$$

$$Var[\hat{\mu}(A_iB_j)] = Var[\bar{y}_{i\cdot\cdot} + \bar{y}_{\cdot j\cdot} - \bar{\bar{y}}] = Var[\bar{e}_{i\cdot\cdot} + \bar{e}_{\cdot j\cdot} - \bar{\bar{e}}] \quad (4.2.30)$$

しかし,(4.2.30)式の $\bar{e}_{i\cdot\cdot}$,$\bar{e}_{\cdot j\cdot}$,$\bar{\bar{e}}$ は,たとえば,e_{ijk} が共通に含まれており,互いに独立ではない.そのため,点推定量の分散 $= \dfrac{\sigma^2}{n_e}$ とおく.この n_e を有効反復数と呼ぶが,これを求めるためのルールには,

① 伊奈の式

$$\frac{1}{n_e} = \text{点推定量の式で,各合計にかかっている係数の和} \quad (4.2.31)$$

② 田口の式

$$\frac{1}{n_e} = \frac{1 + (\text{無視しない要因の自由度の和})}{\text{全実験回数}} \quad (4.2.32)$$

の2つがあり,どちらを用いても結果は同じである.

たとえば,$\bar{y}_{i\cdot\cdot} + \bar{y}_{\cdot j\cdot} - \bar{\bar{y}}$ の分散を求める際,伊奈の式を用いると,$\bar{y}_{i\cdot\cdot}$,$\bar{y}_{\cdot j\cdot}$,$\bar{\bar{y}}$ はそれぞれ bn,an,abn 個のデータの平均であるから,

$$\frac{1}{n_e} = \frac{1}{bn} + \frac{1}{an} - \frac{1}{abn} = \frac{a+b-1}{abn}$$

となる．田口の式では，$\dfrac{1}{n_e} = \dfrac{1+(a-1)+(b-1)}{abn} = \dfrac{a+b-1}{abn}$ を得る．1元配置の平方和の期待値を求めたときと同様に (4.2.28) 式を扱えば，これらの式を導くことができる．[例題 4.3] で，田口の式を用いると次式となる．

$$\frac{1}{n_e} = \frac{1+(a-1)+(b-1)}{abn} = \frac{1+2+3}{24} = \frac{6}{24} = \frac{1}{4}$$

$\mu(A_i B_j)$ の $100(1-\alpha)$ %信頼区間は次式で与えられる．

$$\left[\bar{y}_{i\cdot\cdot} + \bar{y}_{\cdot j\cdot} - \bar{\bar{y}} - t(\phi'_e,\ \alpha)\sqrt{\frac{V'_e}{n_e}},\quad \bar{y}_{i\cdot\cdot} + \bar{y}_{\cdot j\cdot} - \bar{\bar{y}} + t(\phi'_e,\ \alpha)\sqrt{\frac{V'_e}{n_e}} \right]$$
(4.2.33)

データの構造が (4.2.27) 式で，因子 A や B の効果を個々に推定したいときには，次のようにすればよい．水準 A_i について例示すると，

$$\text{点推定}：\hat{\mu}(A_i) = \hat{\mu} + \hat{\alpha}_i = \bar{y}_{i\cdot\cdot} \tag{4.2.34}$$

$100(1-\alpha)$ %信頼区間：

$$\left[\bar{y}_{i\cdot\cdot} - t(\phi'_e,\ \alpha)\sqrt{\frac{V'_e}{bn}},\quad \bar{y}_{i\cdot\cdot} + t(\phi'_e,\ \alpha)\sqrt{\frac{V'_e}{bn}} \right] \tag{4.2.35}$$

となる．因子 B や繰り返しのない 2 元配置についても同様である．

[処理間の差の推定]

(1) 繰り返しのある 2 元配置で交互作用を無視しない場合 ($i \neq i'$; $j \neq j'$)

水準組み合せ $A_i B_j$ と $A_{i'} B_{j'}$ との母平均の差 $\mu(A_i B_j) - \mu(A_{i'} B_{j'})$ を推定する．

$$\begin{aligned}
\text{点推定}：\hat{\mu}(A_i B_j) - \hat{\mu}(A_{i'} B_{j'}) &= \bar{y}_{ij\cdot} - \bar{y}_{i'j'\cdot} \\
&= (\alpha_i - \alpha_{i'}) + (\beta_j - \beta_{j'}) + \{(\alpha\beta)_{ij} - (\alpha\beta)_{i'j'}\} + (\bar{e}_{ij\cdot} - \bar{e}_{i'j'\cdot})
\end{aligned}$$
(4.2.36)

において，$\bar{e}_{ij\cdot}$ と $\bar{e}_{i'j'\cdot}$ は互いに独立であるから，

$$\hat{Var}\left[\hat{\mu}(A_i B_j) - \hat{\mu}(A_{i'} B_{j'}) \right] = 2 \times \frac{V_e}{n} \tag{4.2.37}$$

となる．よって，次式の $100(1-\alpha)$ %信頼区間を得る．

$$\left[\bar{y}_{ij\cdot}-\bar{y}_{i'j'\cdot}-t(\phi_e,\ \alpha)\sqrt{\frac{2V_e}{n}},\quad \bar{y}_{ij\cdot}-\bar{y}_{i'j'\cdot}+t(\phi_e,\ \alpha)\sqrt{\frac{2V_e}{n}}\right] \quad (4.2.38)$$

(2) 繰り返しのある 2 元配置で交互作用を無視する場合 ($i \neq i'$, $j \neq j'$ で例示)

水準組み合せ A_iB_j と $A_{i'}B_{j'}$ との母平均の差 $\mu(A_iB_j)-\mu(A_{i'}B_{j'})$ を推定する場合, $(\bar{y}_{i\cdot\cdot}-\bar{y}_{i'\cdot\cdot})$ と $(\bar{y}_{\cdot j\cdot}-\bar{y}_{\cdot j'\cdot})$ は見かけ上は独立に見えないが, 互いに独立で,

$$\hat{\mu}(A_iB_j)-\hat{\mu}(A_{i'}B_{j'})=(\bar{y}_{i\cdot\cdot}-\bar{y}_{i'\cdot\cdot})+(\bar{y}_{\cdot j\cdot}-\bar{y}_{\cdot j'\cdot}) \quad (4.2.39)$$

$$\hat{Var}[\hat{\mu}(A_iB_j)-\hat{\mu}(A_{i'}B_{j'})]=\hat{Var}[\bar{y}_{i\cdot\cdot}-\bar{y}_{i'\cdot\cdot}]+\hat{Var}[\bar{y}_{\cdot j\cdot}-\bar{y}_{\cdot j'\cdot}]$$

$$=\left(\frac{2}{bn}+\frac{2}{an}\right)V'_e \quad (4.2.40)$$

となる. よって, 次式の $100(1-\alpha)$ % 信頼区間を得る.

$$\left[\bar{y}_{i\cdot\cdot}-\bar{y}_{i'\cdot\cdot}+\bar{y}_{\cdot j\cdot}-\bar{y}_{\cdot j'\cdot}-t(\phi'_e,\ \alpha)\sqrt{\left(\frac{2}{bn}+\frac{2}{an}\right)V'_e},\right.$$

$$\left.\bar{y}_{i\cdot\cdot}-\bar{y}_{i'\cdot\cdot}+\bar{y}_{\cdot j\cdot}-\bar{y}_{\cdot j'\cdot}+t(\phi'_e,\ \alpha)\sqrt{\left(\frac{2}{bn}+\frac{2}{an}\right)V'_e}\right] \quad (4.2.41)$$

(3) 繰り返しのある 2 元配置で A_i 水準と $A_{i'}$ 水準についての母平均の差の推定 ($i \neq i'$)

点推定:$\hat{\mu}(A_i)-\hat{\mu}(A_{i'})=\bar{y}_{i\cdot\cdot}-\bar{y}_{i'\cdot\cdot}$ \quad (4.2.42)

$100(1-\alpha)$ % 信頼区間:

$$\left[\bar{y}_{i\cdot\cdot}-\bar{y}_{i'\cdot\cdot}-t(\phi'_e,\ \alpha)\sqrt{\frac{2V'_e}{bn}},\quad \bar{y}_{i\cdot\cdot}-\bar{y}_{i'\cdot\cdot}+t(\phi'_e,\ \alpha)\sqrt{\frac{2V'_e}{bn}}\right] \quad (4.2.43)$$

となる. 因子 B や繰り返しのない 2 元配置についても同様に推定を行うことができる.

[lsd による検定]

(1) 繰り返しのある 2 元配置で交互作用を無視しない場合 ($i \neq i'$; $j \neq j'$)

仮説 $H_0: \mu(A_iB_j)-\mu(A_{i'}B_{j'})=0$, $H_1: \mu(A_iB_j)-\mu(A_{i'}B_{j'}) \neq 0$

$$\left.\begin{array}{l}\text{検定統計量}:lsd=t(\phi_e,\ \alpha)\sqrt{\dfrac{2V_e}{n}}\\[2mm]\text{棄却域}\ R:|\bar{y}_{ij\cdot}-\bar{y}_{i'j'\cdot}|\geq lsd\end{array}\right\} \quad (4.2.44)$$

(2) 繰り返しのある 2 元配置で交互作用を無視する場合 ($i \neq i'$, $j \neq j'$ で例示)

仮説 $H_0: \mu(A_iB_j)-\mu(A_{i'}B_{j'})=0$, $H_1: \mu(A_iB_j)-\mu(A_{i'}B_{j'}) \neq 0$

第 4 章 要因配置実験

$$\left.\begin{array}{l}\text{検定統計量}: lsd = t(\phi'_e, \ \alpha)\sqrt{\left(\dfrac{2}{bn} + \dfrac{2}{an}\right)V'_e} \\ \text{棄却域} R:\ |(\bar{y}_{i\cdot\cdot} - \bar{y}_{i'\cdot\cdot}) + (\bar{y}_{\cdot j\cdot} - \bar{y}_{\cdot j'\cdot})| \geq lsd\end{array}\right\} \quad (4.2.45)$$

(3) 繰り返しのある 2 元配置で A_i 水準と $A_{i'}$ 水準との母平均の差の検定($i \neq i'$, $j \neq j'$)

仮説　$H_0: \mu(A_i) - \mu(A_{i'}) = 0, \quad H_1: \mu(A_i) - \mu(A_{i'}) \neq 0$

$$\left.\begin{array}{l}\text{検定統計量}: lsd = t(\phi'_e, \ \alpha)\sqrt{\dfrac{2V'_e}{bn}} \\ \text{棄却域} R:\ |\bar{y}_{i\cdot\cdot} - \bar{y}_{i'\cdot\cdot}| \geq lsd\end{array}\right\} \quad (4.2.46)$$

[例題 4.4]

[例題 4.3] のデータについて，最適水準，および，最適水準と現行条件 A_1B_1 との差を推定してみよう．ただし，交互作用は無視する．

(解答)

データの構造は，$y_{ijk} = \mu + \alpha_i + \beta_j + e_{ijk}, \quad e_{ijk} \sim N(0, \ \sigma^2)$ である．

最適水準は，それぞれ，表 4.8 の $T_{i\cdot\cdot}$，$T_{\cdot j\cdot}$ より，A は A_3，B は B_4，すなわち，A_3B_4 であり，

$$\hat{\mu}(A_3B_4) = \frac{464}{8} + \frac{348}{6} - \frac{1356}{24} = 59.5$$

$$\frac{1}{n_e} = \frac{1}{8} + \frac{1}{6} - \frac{1}{24} = \frac{3+4-1}{24} = \frac{6}{24} = \frac{1}{4} \quad \text{(伊奈の式)}$$

を得る．95％信頼区間は，(4.2.33)式を用いると，$t(18, \ 0.05) = 2.101$ より，

$$59.5 \pm 2.101\sqrt{\frac{1.83}{4}} = [58.1, \ 60.9]$$

となる．

最適水準 A_3B_4 と現行条件 A_1B_1 との母平均の差の推定は，(4.2.39)，(4.2.41) 式より，以下のように求まる．

点推定値と有効反復数 $\begin{cases} \left[\dfrac{464-456}{8}\right] + \left[\dfrac{348-336}{6}\right] = 3.0 \\ \dfrac{1}{n_e} = \dfrac{2}{8} + \dfrac{2}{6} = \dfrac{6+8}{24} = \dfrac{7}{12} \end{cases}$

95%信頼区間：$3.0 \pm 2.101 \sqrt{1.83 \times \dfrac{7}{12}} = [0.8,\ 5.2]$

4.2.5 繰り返しのない2元配置

前節では，2つの因子 A，B の水準数をそれぞれ a，b とし，ab 個の処理をランダムに $n(\geq 2)$ 回繰り返す実験を考えた．$n=1$ ならデータの構造は，

$$y_{ij} = \mu + \alpha_i + \beta_j + (\alpha\beta)_{ij} + e_{ij}, \qquad e_{ij} \sim N(0,\ \sigma^2) \tag{4.2.47}$$

と書ける．この場合，交互作用 $(\alpha\beta)_{ij}$ と誤差 e_{ij} が交絡して区別できないので，交互作用の有無の検定はできない．交互作用 $A \times B$ が存在しない，あるいは，効果が小さいことが明らかな場合には用いることがあり，データの構造を，

$$y_{ij} = \mu + \alpha_i + \beta_j + e_{ij}, \qquad e_{ij} \sim N(0,\ \sigma^2) \tag{4.2.48}$$

と書く．

[例題 4.5]

化学薬品の収率を高めるため，触媒の種類 (A) を3水準，反応時間 (B) を4水準にとり，合計 $N = 3 \times 4 = 12$ 回の実験をランダムに行った．その結果，表4.14のデータが得られた．経験から，触媒の種類 (A) と反応時間 (B) 間の交互作用は小さいことがわかっている．分散分析を行ってみよう．

表4.14 化学品の収量（単位省略）

触媒の種類(A) \ 反応時間(B)	B_1	B_2	B_3	B_4	$T_i.$
A_1	98	85	74	79	336
A_2	77	72	65	68	282
A_3	86	80	68	72	306
$T_{\cdot j}$	261	237	207	219	$T = 924$

（解答）

① 交互作用が小さいことがわかっているため，データの構造と制約条件は以下となる．

$$y_{ij} = \mu + \alpha_i + \beta_j + e_{ij}, \quad e_{ij} \sim N(0, \sigma^2), \quad \sum_{i=1}^{3} \alpha_i = \sum_{j=1}^{4} \beta_j = 0$$

② グラフ化と考察

図 4.4 から，因子 A, B の主効果はありそうである．なお，各水準組み合せで繰り返しがないので等分散の確認は行えない．

③ 平方和と自由度の計算（計算補助表は，表 4.15）

$$\bar{\bar{y}} = \frac{924}{12} = 77.0$$

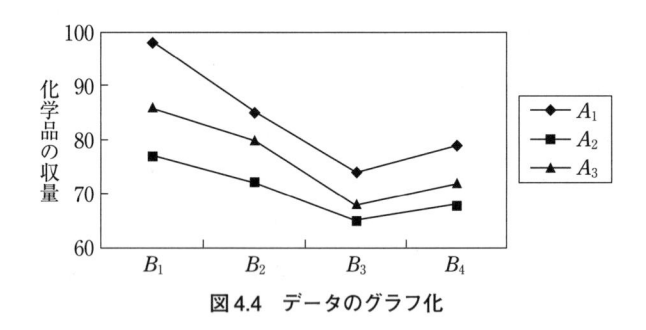

図 4.4 データのグラフ化

表 4.15 $(y_{ij} - \bar{\bar{y}})$ 表

	B_1	B_2	B_3	B_4	$\sum_{j=1}^{4}(y_{ij}-\bar{\bar{y}})$	$\bar{y}_{i \cdot} - \bar{\bar{y}}$
A_1	21	8	-3	2	28	7
A_2	0	-5	-12	-9	-26	-6.5
A_3	9	3	-9	-5	-2	-0.5
$\sum_{i=1}^{3}(y_{ij}-\bar{\bar{y}})$	30	6	-24	-12		
$\bar{y}_{\cdot j} - \bar{\bar{y}}$	10	2	-8	-4		

$$S = \sum_{i=1}^{a} \sum_{j=1}^{b} (y_{ij} - \bar{y})^2 = 964 \qquad \phi = ab - 1 = 11$$

$$S_A = b \sum_{i=1}^{a} (\bar{y}_{i\cdot} - \bar{y})^2 = 4\{7^2 + (-6.5)^2 + (-0.5)^2\} = 366$$

$$\phi_A = a - 1 = 2$$

$$S_B = a \sum_{j=1}^{b} (\bar{y}_{\cdot j} - \bar{y})^2 = 3 \times \{10^2 + 2^2 + (-8)^2 + (-4)^2\} = 552$$

$$\phi_B = b - 1 = 3$$

$$S_e = S - S_A - S_B = 964 - 366 - 552 = 46$$

$$\phi_e = \phi - \phi_A - \phi_B = 11 - 2 - 3 = 6$$

④ 分散分析表の作成(表 4.16)

分散分析の結果,主効果 A, B ともに有意となった.分散分析後のデータの構造は,$y_{ij} = \mu + \alpha_i + \beta_j + e_{ij}$,$e_{ij} \sim N(0, \sigma^2)$ である.

推定など分散分析後の解析は省略するが,4.2.4 項で,$n=1$ と置いて交互作用を無視した場合と同様に行えばよい.

表 4.16 分散分析表

sv	ss	df	ms	F_0	$E(ms)$
A	366	2	183	23.86**	$\sigma^2 + 4\sigma_A^2$
B	552	3	184	23.99**	$\sigma^2 + 3\sigma_B^2$
e	46	6	7.67	—	σ^2
計	964	11	—		

$F(2, 6 ; 0.01) = 10.925$, $F(3, 6 ; 0.01) = 9.780$

4.3 多元配置実験

2つの因子を取り上げ,すべての因子の水準の組み合せについて実験をランダムに行い,データをとるのが2元配置実験であった.ここで,因子の数を3つにした場合を3元配置実験,4つにした場合を4元配置実験といい,因子が3つ以上の場合をまとめて多元配置実験という.

要因配置実験では，因子数や水準数が多くなるにつれて実験数が飛躍的に増大するため，実際に多元配置法で実験，測定することは技術的，時間的，経済的に難しい場合がある．たとえば，3元配置実験でAを3水準，Bを4水準，Cを3水準，繰り返し2回の実験を行うとすると，総データ数は3×4×3×2＝72となる．しかも，この72回の実験をランダムに行わなければならない．因子によっては水準の設定変更に時間と費用のかかることも多い．

　そこで，多元配置法で実験を行うことが困難な場合には，主効果と特定の2因子交互作用に注目した第5章の直交表，あるいは，ランダマイズを制限する第7章の分割法などを使用し，目的とする情報を得るための実験計画を考えるほうが実務的である．

第5章 直交表による実験

5.1 直交表の導入と考え方

　実験を計画するという立場から，直交表の利点について考えてみよう．

　例として，上皿天秤を用いて未知質量の試料 W_1 を測定することを考える．測定には，当然，誤差があるが，天秤自体が正確であるとすると，誤差の大きさは分銅の刻みに依存する．左辺は左の皿，右辺は右の皿が対応する．

$$w_1 = y_1 + e_1 \qquad y_1：分銅の質量 \qquad e_1：誤差 \qquad (5.1.1)$$

　(5.1.1)式のデータの構造において，上皿天秤を用いて何度測定しても精度は上がらない．これは n 回測定しても，誤差が独立でないため，分散は小さくならないためである[1]．そこで，もう1つ別の試料 W_2 を用意する．試料が2つになると，独立な測り方が2通りに増える．すなわち，W_1 と W_2 を左側の皿にのせ，分銅を右側にのせる場合と，W_1 を左側，W_2 を右側の皿にのせ，軽いほうに分銅をのせる方法の2つである．ここで，分銅は右の皿にのせた場合をプラス，左の皿にのせた場合をマイナスと定義する．

$$w_1 + w_2 = y_1 + e_1 \qquad y_1 = 1回目の測定の分銅の質量$$
$$ e_1：1回目の測定の誤差 \qquad (5.1.2)$$
$$w_1 = w_2 + y_2 + e_2 \qquad y_2 = 2回目の測定の分銅の質量$$
$$ e_2：2回目の測定の誤差 \qquad (5.1.3)$$

　2つの試料を別々に1回ずつ測るやり方では，母平均の推定値の分散は，

---

[1] 第2章で述べたように，誤差が独立なら，n 回の測定で誤差分散は σ^2/n となる．

各々1回測定に相当する σ^2 であるのに対し，この方法だと2つの試料の測定誤差の分散は共に $\sigma^2/2$ となる．

試料の数が4つになった場合，好ましい測り方の一例をデータの構造で示すと以下となる．ここで，[ ] 内は各 w_i を左辺に移項したものである．

$$w_1+w_2+w_3+w_4=y_1+e_1 \quad [w_1+w_2+w_3+w_4=y_1+e_1] \quad (5.1.4)$$

$$w_1+w_2=w_3+w_4+y_2+e_2 \quad [w_1+w_2-w_3-w_4=y_2+e_2] \quad (5.1.5)$$

$$w_1+w_3=w_2+w_4+y_3+e_3 \quad [w_1-w_2+w_3-w_4=y_3+e_3] \quad (5.1.6)$$

$$w_1+w_4=w_2+w_3+y_4+e_4 \quad [w_1-w_2-w_3+w_4=y_4+e_4] \quad (5.1.7)$$

これをたとえば w_1 について解くと(5.1.8)式となり，4回測定で分散は $\sigma^2/4$ となっている．

$$\left. \begin{aligned} w_1 &= \frac{\sum y_i + \sum e_i}{4} \\ \\ Var(w_1) &= \frac{Var\left(\sum e_i\right)}{4^2} = \frac{\sigma^2+\sigma^2+\sigma^2+\sigma^2}{16} = \frac{\sigma^2}{4} \end{aligned} \right\} \quad (5.1.8)$$

ここで，w_1 を μ，w_2 を α，w_3 を β，w_4 を $(\alpha\beta)$ に置き換えると，誤差 e はプラスマイナスを入れ替えても一般性を失わないから，(5.1.4)式は(5.1.9)式となり，後述する L_4 のデータの構造(5.2.6)式，(5.2.10)式に対応する．(5.1.5)式〜(5.1.7)式についても同様である．

$$y_1 = \mu + \alpha + \beta + (\alpha\beta) + e_1 = \mu + \alpha_1 + \beta_1 + (\alpha\beta)_{11} + e_1 \quad (5.1.9)$$

ここで，制約条件 $\alpha_1+\alpha_2=0$ から，$\alpha_1=\alpha$，$\alpha_2=-\alpha$ とおいていることに注意されたい．β，$(\alpha\beta)$ についても同様である．無計画に実験すると，分散が $\sigma^2/4$ にならないばかりか，連立方程式自体が解けない．しかし，本章で述べる直交表を用いると機械的に計画できる．

5.2　2^n 型要因配置実験

ここでは 2^n 型要因配置実験から直交表を導出する．2水準系直交表には多くの種類があり，$L_4(2^3)$，$L_8(2^7)$，$L_{16}(2^{15})$，$L_{32}(2^{31})$ 直交表などがある．さら

には，3水準系などもある．しかし，5.6節の多水準法，擬水準法を含めて2水準系を理解すれば，実務的には十分で，また，2水準系を理解すれば他の直交表の理解もたやすい．よって，本章では，主として2水準系の直交表について述べる．

[2因子各2水準の要因配置実験]

一番簡単な数値例として，A，B 2因子（各2水準）の繰り返しのない2元配置実験を考えると，結果は表5.1の2元表にまとめることができる．

[平方和の求め方]

第4章の要因配置実験で示した平方和の計算式を表5.1の数値例に当てはめる．

$$\left.\begin{array}{l} T = \sum\sum y_{ij} = 16, \quad \bar{y} = \dfrac{T}{N} = \dfrac{16}{4} = 4 \\[4pt] S = \sum\sum (y_{ij} - \bar{y})^2 = (-1)^2 + 3^2 + (-2)^2 + 0^2 = 14 \\[4pt] \hspace{9cm} \phi = N - 1 = 3 \\[4pt] S_A = b \sum (\bar{y}_{i\cdot} - \bar{y})^2 = 2\{1^2 + (-1)^2\} = 4 \qquad \phi_A = a - 1 = 1 \\[4pt] S_B = a \sum (\bar{y}_{\cdot j} - \bar{y})^2 = 2\{(-1.5)^2 + 1.5^2\} = 9 \qquad \phi_B = b - 1 = 1 \\[4pt] S_{A \times B} = S - S_A - S_B = 14 - 4 - 9 = 1 \qquad \phi_{A \times B} = \phi_A \times \phi_B = 1 \end{array}\right\} (5.2.1)$$

一方，2水準の実験にだけ用いることができる簡単な平方和の求め方があり，それを(5.2.2)式に示す．

表5.1 AB 2元表（$a=2$，$b=2$，$N=ab=4$）

A＼B	B_1	B_2	$T_{i\cdot}$	$\bar{y}_{i\cdot} - \bar{y}$
A_1	3	7	10	1
A_2	2	4	6	-1
$T_{\cdot j}$	5	11	$T=16$	
$\bar{y}_{\cdot j} - \bar{y}$	-1.5	1.5		

$T_2 = 9$，$T_1 = 7$

$\bar{y} = \dfrac{T}{N} = \dfrac{16}{4} = 4$

$y_{11} = 3$，$y_{11} - \bar{y} = -1$
$y_{12} = 7$，$y_{12} - \bar{y} = 3$
$y_{21} = 2$，$y_{21} - \bar{y} = -2$
$y_{22} = 4$，$y_{22} - \bar{y} = 0$

$$\left.\begin{array}{l} S_x = \dfrac{d_x^2}{N} = \dfrac{[T_{(x)1} - T_{(x)2}]^2}{N} \quad (\phi_x = 1) \\[2mm] d_x = T_{(x)1} - T_{(x)2} \\[1mm] x：因子名 \quad S_x：因子 x の平方和 \quad N：全データ数 \\[1mm] T_{(x)1}：x の第 1 水準のデータの和 \\[1mm] T_{(x)2}：x の第 2 水準のデータの和 \end{array}\right\} \quad (5.2.2)$$

表 5.1 の場合,因子 A について,

$$\left.\begin{array}{l} S_A = \dfrac{d_A^2}{N} = \dfrac{\{(y_{11}+y_{12})-(y_{21}+y_{22})\}^2}{4} = \dfrac{\{(3+7)-(2+4)\}^2}{4} = 4 \\[3mm] = \dfrac{\{(y_{11}-y_{21})+(y_{12}-y_{22})\}^2}{4} \\[3mm] = \left\{\dfrac{(B_1 \text{水準における} A \text{の効果} + B_2 \text{水準における} A \text{の効果})}{2}\right\}^2 \end{array}\right\}$$
$$(5.2.3)$$

となり,最後の式をみれば主効果の意味が明確になっている.この考え方を $S_{A\times B}$ の計算式へ拡張し,表 5.1 で右下がりの方向の対角要素(3 と 4),左下がりの方向の対角要素(7 と 2)をそれぞれ $A\times B$ の第 1,第 2 水準と決めれば (5.2.2)式がそのまま適用できる.$d_{A\times B}$ は交互作用効果を表わし,2 水準系の要因配置実験では主効果と同様あたかも一つの 2 水準因子と見なせ,

$$d_{A\times B} = T_1 - T_2 = (y_{11}+y_{22}) - (y_{12}+y_{21}) = (y_{11}-y_{21}) - (y_{12}-y_{22}) \quad (5.2.4)$$

となる.したがって,(5.2.5)式が得られる.

$$\left.\begin{array}{l} S_{A\times B} = \left\{\dfrac{(B_1 \text{水準における} A \text{の効果} - B_2 \text{水準における} A \text{の効果})}{2}\right\}^2 \\[3mm] \phantom{S_{A\times B}} = \dfrac{\{(y_{11}-y_{21})-(y_{12}-y_{22})\}^2}{4} \\[3mm] \phantom{S_{A\times B}} = \dfrac{\{(y_{11}+y_{22})-(y_{12}+y_{21})\}^2}{4} = \dfrac{d_{A\times B}^2}{N} = \dfrac{\{(3+4)-(7+2)\}^2}{4} = 1 \end{array}\right\}$$
$$(5.2.5)$$

[2^n 型要因配置実験での要因効果]

表 5.1 におけるデータの構造は(5.2.6)式である.

$$y_{ij} = \mu + \alpha_i + \beta_j + (\alpha\beta)_{ij} + e_{ij} \quad (i, j = 1, 2) \quad e_{ij} \sim N(0, \sigma^2) \quad (5.2.6)$$

2^n 型要因配置実験のデータの構造モデル（DE モデル：実験計画モデル）では，一般に，

$$\left.\begin{array}{ll} \alpha_1 + \alpha_2 = 0 & \beta_1 + \beta_2 = 0 \\ (\alpha\beta)_{11} + (\alpha\beta)_{12} = 0 & (\alpha\beta)_{21} + (\alpha\beta)_{22} = 0 \\ (\alpha\beta)_{11} + (\alpha\beta)_{21} = 0 & (\alpha\beta)_{12} + (\alpha\beta)_{22} = 0 \end{array}\right\} \quad (5.2.7)$$

という制約条件で母数因子の要因効果を定義する．

$$\alpha = \alpha_1 \qquad \beta = \beta_1 \qquad \alpha\beta = (\alpha\beta)_{11} \quad (5.2.8)$$

とおけば，

$$\left.\begin{array}{ll} \alpha_1 = \alpha & \alpha_2 = -\alpha \\ \beta_1 = \beta & \beta_2 = -\beta \\ (\alpha\beta)_{11} = (\alpha\beta)_{22} = \alpha\beta & （交互作用としての第1水準）\\ (\alpha\beta)_{12} = (\alpha\beta)_{21} = -\alpha\beta & （交互作用としての第2水準） \end{array}\right\} \quad (5.2.9)$$

と表現できる．これを(5.2.6)式に当てはめれば，

$$y_{ij} = \mu \pm \alpha \pm \beta \pm \alpha\beta + e_{ij} \quad (i, j = 1, 2) \quad (5.2.10)$$

といった同等（等価）の表現が導かれる．

$\hat{\mu}$ と(5.2.2)式の d_x を(5.2.10)式で表わすと，制約条件から，

$$\left.\begin{array}{l} T = y_{11} + y_{12} + y_{21} + y_{22} = 4\mu + (e_{11} + e_{12} + e_{21} + e_{22}) \\ \quad = N\mu + （誤差）\\ d_A = T_{(A)1} - T_{(A)2} = (y_{11} + y_{12}) - (y_{21} + y_{22}) \\ \quad = 4\alpha + (e_{11} + e_{12} - e_{21} - e_{22}) = N\alpha + （誤差）\\ d_B = N\beta + （誤差）\\ d_{A \times B} = N\alpha\beta + （誤差） \end{array}\right\} \quad (5.2.11)$$

が得られ，μ，α，β，$\alpha\beta$ の推定値は以下となる．

$$E[T] = N\mu \qquad \hat{\mu} = \frac{T}{N} = \frac{16}{4} = 4 \quad (5.2.12)$$

$$E[d_A] = N\alpha \qquad \hat{\alpha} = \frac{d_A}{N} = \frac{(10-6)}{4} = 1$$

$$E[d_B] = N\beta \qquad \hat{\beta} = \frac{d_B}{N} = \frac{(5-11)}{4} = -1.5 \qquad (5.2.13)$$

$$E[d_{A \times B}] = N\alpha\beta \qquad \widehat{\alpha\beta} = \frac{d_{A \times B}}{N} = \frac{(7-9)}{4} = -0.5$$

また，分散は以下のように推定できる．

$$Var[\hat{\mu}] = Var\left[\frac{T}{N}\right] = \frac{\sigma^2}{N}$$

$$Var[d_A] = Var[d_B] = Var[d_{A \times B}] = N\sigma^2 \qquad (5.2.14)$$

$$Var[\hat{\alpha}] = Var[\hat{\beta}] = Var[\widehat{\alpha\beta}] = \frac{\sigma^2}{N}$$

(5.2.2)式から各平方和の期待値を求めてみると，(5.2.11)式に留意して，

$$\begin{aligned}
E[V_A] = E[S_A] &= E\left[\frac{d_A^2}{N}\right] \\
&= \frac{E(e_{11} + e_{12} - e_{21} - e_{22})^2}{4} + 4\alpha^2 = \sigma^2 + 4\alpha^2 = \sigma^2 + 2\sigma_A^2 \\
&= \sigma^2 + \frac{N}{2}\sigma_A^2 \quad \left\{\because \quad \phi_A = 1, \quad \sigma_A^2 = \frac{\sum \alpha_i^2}{\phi_A} = \frac{N}{2}\alpha^2\right\} \\
E[S_B] = E[V_B] &= E\left[\frac{d_B^2}{N}\right] = \sigma^2 + 2\sigma_B^2 = \sigma^2 + \frac{N}{2}\sigma_B^2 \\
E[S_{A \times B}] = E[V_{A \times B}] &= E\left[\frac{d_{A \times B}^2}{N}\right] = \sigma^2 + \sigma_{A \times B}^2 = \sigma^2 + \frac{N}{2^2}\sigma_{A \times B}^2 \\
&\left\{\because \quad \phi_{A \times B} = 1, \quad \sigma_{A \times B}^2 = \frac{\sum\sum (\alpha\beta)_{ij}^2}{\phi_{A \times B}} = N(\alpha\beta)^2\right\}
\end{aligned} \qquad (5.2.15)$$

となり，第4章の $E(ms)$ の書き下しルールがここでも当てはまっている．

[母平均の推定と残差平方和]

(5.2.10)式によって A_iB_j 条件での母平均 μ_{ij} を推定すると，

	B_1	B_2		$\hat{\mu}$			$\hat{\alpha}$			$\hat{\beta}$			$\widehat{\alpha\beta}$	
A_1	3	7	=	4	4	+	1	1	+	-1.5	1.5	+	-0.5	0.5
A_2	2	4		4	4		-1	-1		-1.5	1.5		0.5	-0.5

図 5.1 データの構造

$$\hat{\mu}_{ij} = \hat{\mu} + \hat{\alpha}_i + \hat{\beta}_j + (\alpha\beta)_{ij} = \hat{\mu} \pm \hat{\alpha} \pm \hat{\beta} \pm \widehat{\alpha\beta} \tag{5.2.16}$$

となり，図 5.1 にこの様子を図示する．全自由度は 3，ϕ_A，ϕ_B，$\phi_{A \times B}$ の各自由度は 1 なので，残差の自由度は 0，すなわち，(5.2.16)式で $\hat{\mu}_{ij}$ は元のデータ y_{ij} に一致する．交互作用が存在しない $(\alpha\beta = 0)$ 場合には $\pm \alpha\beta$ の項が消えて，それが残差 (residual) となる．$S_{res} = 4 \times (\pm 0.5)^2 = 1$ であり，S_{res} は便宜上 $S_{A \times B}$ で求めることができる．なお，$\sigma_{A \times B}{}^2 = 0$ なので，(5.2.15)式より $E[S_{res}] = E[V_{res}] = \sigma^2$ である．

5.3 $L_4(2^3)$ 直交表

5.3.1 要因配置実験から直交表へ

表 5.1 と対応する AB 2 元表の別の表現，表 5.2 を考えよう．水準記号 "1" は第 1 水準，"-1" は第 2 水準を示すものとする．表 5.2 には 3 つの重要なポイントがある．

① A，B，$A \times B$ の各列の水準記号は，その和が 0 となっている．
② 任意の 2 列の水準記号の積の和もそれぞれ 0 となっている．これは各列に対応する要因 A，B，$A \times B$ が互いに直交していることを意味する[2]．
③ A の水準記号と B の水準記号を掛けてみると $A \times B$ の水準記号となり，A 掛ける B という交互作用の意味を直観的に表現している．

[$L_4(2^3)$ 直交表]

水準記号 "-1" を "2" に書き換えれば，表 5.2 の水準は表 5.3 となる．こ

---

[2] これは直交対比となっている．対比については，第 12 章の 12.1 節で詳しく述べる．

表 5.2　AB 2 元表の別の表現 ($N=4$)

列番号 実験 No.　　要因	(1) A	(2) B	(3) $A \times B$	データ
1	1	1	1	$y_{11}=3$　(y_1)
2	1	-1	-1	$y_{12}=7$　(y_2)
3	-1	1	-1	$y_{21}=2$　(y_3)
4	-1	-1	1	$y_{22}=4$　(y_4)
水準記号の和	0	0	0	$T=16$

表 5.3　$L_4(2^3)$ 直交表

列番号 実験 No.　　要因	(1) A	(2) B	(3) $A \times B$	データ
1	1	1	1	y_{11}　(y_1)
2	1	2	2	y_{12}　(y_2)
3	2	1	2	y_{21}　(y_3)
4	2	2	1	y_{22}　(y_4)

れを $L_4(2^3)$ 直交表といい，一般には，$L_N(2^{N-1})$ 直交表と書く．

(5.2.10) 式では，α, β, $\alpha\beta$ を考えたが，考えを発展させて，α, β, $\alpha\beta$, γ, $\alpha\gamma$, $\beta\gamma$, $\alpha\beta\gamma$ まで考えれば L_8 (後述の表 5.5) となる．さらには，L_{16}, L_{32}, … と，より大きな直交表を作っていくことができる．表 5.4，表 5.5 の基本表示は，2^n 型要因配置実験の主効果や交互作用効果を表わすギリシャ文字をアルファベットに置き換えたものにあたる．

$L_4(2^3)$ 直交表には列が 3 列あり，左から順に (1)，(2)，(3) と列番号を付ける．たとえば，要因 A, B はそれぞれ (1)，(2) 列の水準記号に従って水準を変化させて実験する．すなわち，実験番号 1 の実験は，$A_1 B_1$ で実験されていることになる．このことを，「要因 A を (1) 列に，要因 B を (2) 列に割り付ける」という (列番号には数字に (　) を付ける)．

5.4　2水準系の直交表の性質と種類

2水準系でもっとも小さい直交表は，表5.4に示す$L_4(2^3)$直交表であり，その意味を表の右に示した．

水準記号は，その列に割り付けられた要因の水準を表わす．たとえば，(1)列に要因A，(2)列に要因Bを割り付けたとすると，それぞれ，実験No.1の実験データy_1はA_1B_1で，実験No.2の実験データy_2はA_1B_2で実験されたことをそれぞれ意味する．**実験No.と実験順序は別**であり，実験順序は別途ランダマイズ(無作為化)する．

基本表示は成分ともいい，主として交互作用がどの列に現われるかを知るために用いる．たとえば，(1)列に要因A，(2)列に要因Bを割り付けたとし，その列の基本表示をみると，(1)列はa，(2)列はbである．したがって，$A \times B$の現われる列は，AとBの基本表示であるaとbとを掛けたabを基本表示として持つ列，すなわち，(3)列が交互作用の列となる．

(1)列に要因A，(3)列に要因Bを割り付けた場合，$A \times B$の現われる列は，aとabとを掛けたa^2bを基本表示として持つ列となるが，a^2bを基本表示として持つ列はない．このようなときには，モード2のルール(べき乗の数を2で割ったときの余り)を適用し，$a^4 = a^2 = a^0 = 1$，$a^3 = a^1 = a$などと考え，$a^2b = b$，すなわち，(2)列が求める交互作用の列となる．なお，**群番号**は，第7章で述

表5.4　$L_4(2^3)$直交表

列番号 　　要因 実験No.	(1) A	(2) B	(3) $A \times B$	データ
1	1	1	1	y_1
2	1	2	2	y_2
3	2	1	2	y_3
4	2	2	1	y_4
基本表示	a	b	ab	
群番号	1群	2群	→	

$L_4(2^3)$
実験データの数／列の数／水準数

ラテン(Latin)方格に因む
(6.4.1項を参照)

べる直交表を使用した分割法を適用する際に必要となる．

2水準系の直交表の性質を以下にまとめておく．このような性質を持つ直交表を用いれば，多因子の直交実験の計画を簡単に組むことができる．

① 直交表の各列には各水準記号1，2が同数回ずつ現われる．
② ある列の水準記号，たとえば，第1水準だけを考えると，その水準ではその列以外のどの列においても各水準記号1，2が同数回ずつ現われる．
③ 群番号が増えるたびに，基本表示に新しい文字が現われてくる．
④ 直交表の各列は，その列に割り付けられた要因の効果を反映する．
⑤ 直交表の列や行をそっくり入れ換えてもこの関係は不変である．

5.5 2水準系の直交表の割り付け

$L_N(2^{N-1})$で，(j)列の要因が無視できて $E[S_{(j)}] = \sigma^2$ とみなせるなら，(j)列は誤差を表わすことになる．$N-1$個の列に対応するすべての要因を無視できるなら，全平方和 $S = \sum S_{(j)}$ について $E[S] = (N-1)\sigma^2$ であり，自由度が $N-1$ で誤差分散を評価できる．これは N 回ともすべて同一の処理条件で実験してデータを得た場合の実験の場の変動を表わし，そのような場のもとで実験因子を割り付けて要因効果の比較を行うのが直交表実験である．表5.5のすべての列の要因の割り付けの欄に誤差 e を書いてあるのはこのためである．

したがって，たとえば要因 A の割り付けに際しては，要因を割り付けていないという出発点に立つと，すべての列が誤差を表わすのであるから，(6)列に限らずどの列に割り付けてもよい．ただし，要因を何も割り付けていない列を確保することも必要で，これらの列の平方和の和を誤差平方和とし，推定と検定における誤差を見積もる．このような列を誤差列と呼ぶ．

5.5.1 基本表示による方法

交互作用がないときとあるときに分けて，表5.5に示した $L_8(2^7)$ 直交表で説明する．本章で述べる直交表実験では，交互作用は特記しない限り2因子交互作用だけを考える．前記の理由で，表5.5の上にはすべての列の要因の割り

付けの欄に誤差eを書いてある．簡単のため表5.5の下のように書いてもよい．また，e自体を省略する場合も多い．

[交互作用がないとき]

どの列にどの要因を割り付けるかは自由であり，一般的に，因子を各列に無作為(ランダム)に割り付ける．例をあげて説明する．

① A，B，C(各2水準)の主効果の検出

必要とする自由度は合計3であるから，$L_8(\phi=7)$に割り付け可能と考えられる．たとえば，(6)列にA，(4)列にB，(1)列にCといった割り付け(表5.5の上)になる．残された4つの列は誤差列で，誤差平方和($\phi_e=4$)を形成する．この場合の実験計画は，繰り返しのない3元配置の実験と同じであり，3つの因子の水準組み合せ($2^3=8$通り)すべてが実験される．

② A，B，C，D(各2水準)の主効果の検出

必要とする自由度は合計4である．これもL_8に割り付け可能と考えられる．

表5.5　$L_8(2^7)$直交表　「交互作用がない場合」の割り付け例①と②

列番号	(1)	(2)	(3)	(4)	(5)	(6)	(7)	データ	実際の因子の水準組み合せ
要因	e	e	e	e	e	e	e		
実験No.	C			B		A			
1	1	1	1	1	1	1	1	y_1	$A_1B_1C_1$
2	1	1	1	2	2	2	2	y_2	$A_2B_2C_1$
3	1	2	2	1	1	2	2	y_3	$A_2B_1C_1$
4	1	2	2	2	2	1	1	y_4	$A_1B_2C_1$
5	2	1	2	1	2	1	2	y_5	$A_1B_1C_2$
6	2	1	2	2	1	2	1	y_6	$A_2B_2C_2$
7	2	2	1	1	2	2	1	y_7	$A_2B_1C_2$
8	2	2	1	2	1	1	2	y_8	$A_1B_2C_2$
基本表示	a	b	ab	c	ac	bc	abc		
群番号	1群	2群	→	3群	→				

列番号	(1)	(2)	(3)	(4)	(5)	(6)	(7)
要因	e	D	A	e	e	C	B

↑ 割り付け例①
← 割り付け例②

たとえば，(3)列に A，(7)列に B，(6)列に C，(2)列に D といったことになり，表5.5の下にこの例の割り付けを示した．この場合，実験計画は繰り返しのない4元配置の実験と同じではない．4因子の水準組み合せ $2^4 = 16$ 通りすべてが実験されるわけではなく，半分の8回しか実験されないからである．これを1/2実施(一部実施)という．16通りの実験の中から無作為に8通りを選んで実験しても，必ずしも直交実験にはならない．取り上げたすべての因子の要因効果が検出できるように直交した8実験を選ぶ必要がある．

[交互作用があるとき]

交互作用を考慮する場合は，割り付けた要因(主効果と交互作用)が互いに重ならないように注意が必要である．例をあげて説明する．

① A, B, C, D(各2水準)の主効果と $A \times B$, $B \times C$ の交互作用の検出

必要とする自由度は合計6なので，L_8 に入ると考えられる．交互作用を考慮する場合，交互作用のある因子から割り付けを開始する．たとえば，最初の要因 A をどの列にするかは自由で，仮に(2)列が A になったとする．次の要因 B も残りの6列であればどの列に割り付けてもよく，仮に(7)列が B になったとする．$A \times B$ が存在するから，次の要因の割り付けに入る前に，$A \times B$ の交互作用の現われる列を求める．基本表示を利用して，$(2) \times (7) = b \times abc = ab^2c = ac$ であるから，$A \times B$ は，(5)列に現われることになり，(5)列には他の要因が重ならないようにしなければならない．すでに割り付けの終わっている要因 B との交互作用のある要因 C をそうでない要因 D の前に割り付けるのが順序である．(1)列に C を割り付けたとすると，$B \times C$ は $abc \times a = a^2bc = bc$ となって(6)列に現われることになる．要因 D は残る2列のどちらか，たとえば，(3)列にすればよい．残る(4)列が誤差列であり，実験は1/2実施である．

② A, B, C, D(各2水準)の主効果と $A \times B$, $C \times D$ の交互作用の検出

必要とする自由度は合計6であるから，L_8 に入ると考えられる．①と同様に(2)列に A，(7)列に B を割り付けたとすると $A \times B$ は(5)列に現われる．(1)列に C，(3)列に D を割り付けたとすると，$C \times D$ は $a \times ab = a^2b = b$ となって(2)列に現われることになり，要因 A と重なってしまう．これを主効果 A と交互作用効果 $C \times D$ の2つの因子が同じ列に「交絡する」といい，この状況で実験を行うと，A と $C \times D$ を区別して評価することができない．C, D をどのよ

うに割り付けても $C×D$ は，A，B，$A×B$ のどれかの要因と重なる．この実験計画は，自由度では L_8 に割り付けられるようにみえるが実際には不可能である．もう一つ大きな直交表である L_{16} への割り付けが必要である．

③ 交互作用の存在が否定できない A，B，C，D（各 2 水準）の主効果の検出

L_8 に割り付けたいが，$A×B$，$A×C$，$A×D$，$B×C$，$B×D$，$C×D$ のすべての交互作用の存在も否定できない．すべての交互作用を検出するためには L_8 では不可能なことは自由度から明らかである．①の例では，交絡に注意することを述べたが，今度は交絡を積極的に利用して交互作用同士を交絡させ，4 つの主効果だけは交絡させずに検出することを考える．L_8 直交表の基本表示は，奇数個の文字からなるものと偶数個の文字からなるものに分かれている．奇数個の文字の基本表示の 4 列にそれぞれ 4 つの要因を割り付けると，6 つの各交互作用の現われる列は，奇数個の基本表示を持つもの同士を掛ける結果，偶数個の文字数の基本表示を持つ．したがって，奇数個の文字の基本表示の列に割り付けられた要因間のすべての交互作用は，偶数個の文字数の基本表示の列に現われ，表 5.6(3-1) のように主効果と交互作用間の交絡は起こらない．

また，L_8 直交表の基本表示を見ると，文字は a，b，c の 3 種が使われているが，たとえば，文字 a を基本表示に含む列が 4 列ある．この 4 列に 4 つの主効果を割り付けると，6 つの交互作用の現われる列は，$a^2=1$ のルールによって，基本表示に a を含まない．すなわち，表 5.6(3-2) のように主効果と交互作用間の交絡は生じない．a の代わりに b，c をとっても同様である．いずれの場合も，誤差列はないが交互作用が交絡した 3 列の平方和のうち，固有技

表 5.6 $L_8(2^7)$ 直交表　主効果を交絡させない割り付け例③

列番号	(1)	(2)	(3)	(4)	(5)	(6)	(7)	
要因	A	B	$A×B$ $C×D$	C	$A×C$ $B×D$	$A×D$ $B×C$	D	(3-1)
要因	A	$A×B$ $C×D$	B	$A×C$ $B×D$	C	$A×D$ $B×C$	D	(3-2)
基本表示	a	b	ab	c	ac	bc	abc	
群番号	1 群	2 群→		3 群→				

術的判断も加味して小さいものは交互作用効果がないものとして(誤差とすることによって),主効果の検定を行うことができる.あるいは,従来の実験の場の誤差が知られているときにはその数値を用い,誤差の自由度を∞と考え検定することもできる.実験は1/2実施となっている.もちろん,L_{16} を用いれば,$A \times B \times C \times D$ を含めてすべての要因を(1)～(15)列に割り付けることが可能である.

5.5.2 標準線点図を用いる方法

交互作用を考慮する場合の割り付けには線点図も利用できる.線点図は,主効果を「点」で,2因子交互作用を「線分」で表わしたものである.各種の直交表に対する標準線点図の詳細は付録にある.図5.2に L_8 直交表の標準線点図の代表的なものを示した.

割り付けようとする因子と交互作用から必要とする線点図を書き,標準線点図の中にそれを満足するものがあればそのまま用いればよい.前項の例も含めて,具体的に適用してみよう.

① A,B,C,D(各2水準)の主効果と $A \times B$,$B \times C$ の交互作用の検出

交互作用が2つで,かつ,因子 B が共通であるから,必要とする線点図は図5.3①である.これを図5.2の標準線点図と比較すると,たとえば図5.2の(1)の標準線点図で,(1)列に B,(2),(4)列にそれぞれ A,C を対応させると,図5.3①の部分構造が見い出せる.$A \times B$ は A と B を結ぶ線分上の数字の列である(3)列に現われることになる.同様に交互作用 $B \times C$ は(5)列に現われる.A と C の間には交互作用はないので,$A \times C$ に対応する(6)列の線分は取

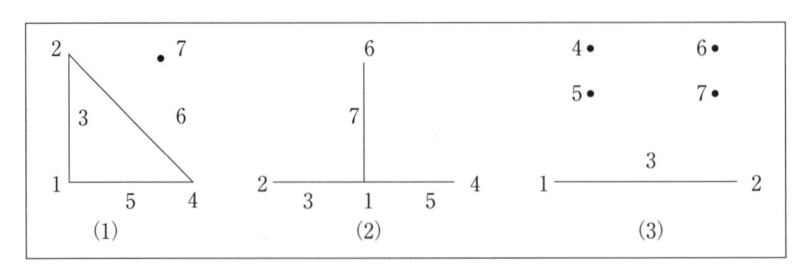

図5.2 $L_8(2^7)$ 直交表の標準線点図

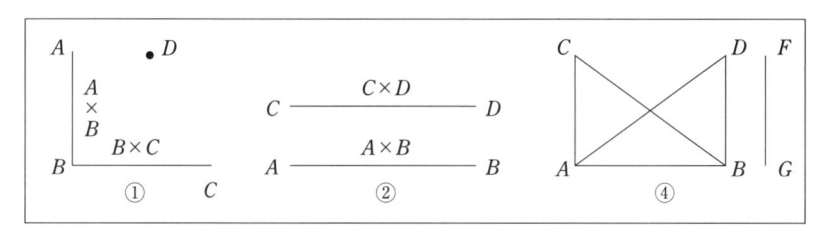

図 5.3　必要な線点図

り除く．この(6)列と，もう一つ空いている(7)列のどちらかに要因 D を割り付ければよい．残った 1 列が誤差列となる．

② A, B, C, D(各 2 水準)の主効果と $A \times B$, $C \times D$ の交互作用の検出

前項では，この実験計画は L_8 への割り付けが不可能であった．必要な線点図は図 5.3②であるが，これを満足する部分構造は図 5.2 のどの標準線点図にも見い出すことができず，実際に割り付けはできない．L_{16} が必要である．

③ 前項の例のような場合，線点図では扱いにくい．

④ A, B, C, D, F, G(各 2 水準)の主効果と，$A \times B$, $A \times C$, $A \times D$, $B \times C$, $B \times D$, $F \times G$ の各交互作用の検出

必要な自由度の合計は 12 であるから，L_{16} に割り付け可能と考えられる．必要な線点図は図 5.3④であり，これを満足する構造は L_{16} の標準線点図にも見い出せないが，必要とする線点図が標準線点図の中にないからといって割り付けができないとは限らず，自分で必要な線点図を作ることができることも多い．この場合，付録の $L_{16}(1)$ の五角形・星形の標準線点図を次のように変形すると割り付けが可能となる．すなわち，A を(1)列，B を(2)列，C を(4)列，D を(8)列に割り付け，図 5.3④で必要とする A, B, C, D 間の交互作用の現われる線分(3)，(5)，(6)，(9)，(10)の各列を残し，残りの線分(7)，(11)，(12)，(13)，(14)，(15)列を取り除く．改めて，この 6 列を使って F, G, $F \times G$ のための 1 本の線分を新たに作れれば図 5.3④が得られる．(7)，(11)，(12)列がこの要件を満たし，表 5.7 の割り付けが可能となる．

5.5.3　2 水準系の直交表の解析方法

前節のようにして割り付けた 2 水準系直交表実験の解析は，第 4 章と 5.1 節

表 5.7 $L_{16}(2^{15})$ 直交表への因子割り付け例④

列番	(1)	(2)	(3)	(4)	(5)	(6)	(7)
要因	A	B	$A \times B$	C	$A \times C$	$B \times C$	G
基本表示	a	b	ab	c	ac	bc	abc
群番号	1群	2群→		3群→			

列番	(8)	(9)	(10)	(11)	(12)	(13)	(14)	(15)
要因	D	$A \times D$	$B \times D$	F	$F \times G$	e	e	e
基本表示	d	ad	bd	abd	cd	acd	bcd	$abcd$
群番号	4群→							

で与えた方法で行うことができる.

[例題 5.1]

金属ラミネート製品の製造において,金属とプラスチックフィルムの密着度(y,単位省略)を高めるため,A,B,C,D,F,G,H,K(各2水準)の主効果と,$A \times C$,$A \times G$,$G \times H$ の交互作用を取り上げ,実験した.必要な自由度の合計は 11 であり,表 5.8 のように L_{16} に割り付けた.データの数値は大きいほうがよい.解析してみよう.

表 5.8 $L_{16}(2^{15})$ 直交表への因子の割り付け

列番	(1)	(2)	(3)	(4)	(5)	(6)	(7)
要因	A	G	$A \times G$	H	F	$G \times H$	D
基本表示	a	b	ab	c	ac	bc	abc

列番	(8)	(9)	(10)	(11)	(12)	(13)	(14)	(15)
要因	B				C	$A \times C$		K
基本表示	d	ad	bd	abd	cd	acd	bcd	$abcd$

(解答)
[データの構造]

直交表実験の多くの場合は一部実施であるので，データの構造と制約条件は，水準を表わす添え字をつけずに，(5.5.1)式のように書く．

$$\left.\begin{array}{l} y = \mu + a + b + c + d + f + g + h + k + (ac) + (ag) + (gh) + e \\ \sum a = \sum b = \sum c = \sum d = \sum f = \sum g = \sum h = \sum k = 0 \\ \sum (ac) = \sum (ag) = \sum (gh) = 0 \quad e \sim N(0,\ \sigma^2) \end{array}\right\} \quad (5.5.1)$$

[データのグラフ化]

得られたデータを表5.9に示す．また，要因毎のグラフを図5.4に示す．

主効果については，A, C, F, Gが大きく，B, D, H, Kは小さいようだ．交互作用については，$A \times C$, $A \times G$が大きく，$G \times H$は小さいように見える．実験データを有効に使用するという直交表の実験計画において，グラフを描いて考察することは要因配置実験と同様に重要である．

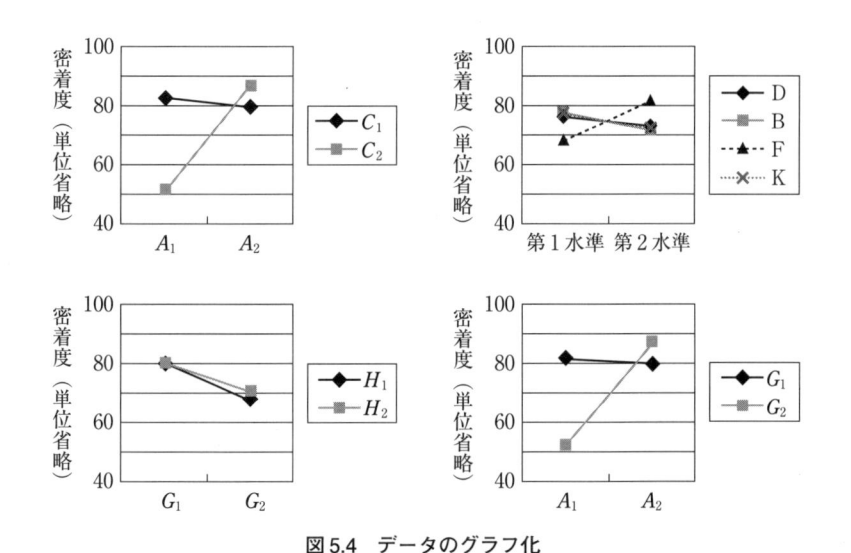

図5.4 データのグラフ化

表5.9 実験データ

列番	(1)	(2)	(3)	(4)	(5)	(6)	(7)	(8)	(9)	(10)	(11)	(12)	(13)	(14)	(15)	y_i	$y_i - \bar{y}$
要因	A	G	$A \times G$	H	F	$G \times H$	D	B				C	$A \times C$		K		
実験 No.																	
1	1	1	1	1	1	1	1	1	1	1	1	1	1	1	1	95	20
2	1	1	1	1	1	1	1	2	2	2	2	2	2	2	2	57	−18
3	1	1	1	2	2	2	2	1	1	1	1	2	2	2	2	76	1
4	1	1	1	2	2	2	2	2	2	2	2	1	1	1	1	98	23
5	1	2	2	1	1	2	2	1	1	2	2	1	1	2	2	65	−10
6	1	2	2	1	1	2	2	2	2	1	1	2	2	1	1	21	−54
7	1	2	2	2	2	1	1	1	1	2	2	2	2	1	1	51	−24
8	1	2	2	2	2	1	1	2	2	1	1	1	1	2	2	72	−3
9	2	1	2	1	2	1	2	1	2	1	2	1	2	1	2	77	2
10	2	1	2	1	2	1	2	2	1	2	1	2	1	2	1	92	17
11	2	1	2	2	1	2	1	1	2	1	2	2	1	2	1	85	10
12	2	1	2	2	1	2	1	2	1	2	1	1	2	1	2	64	−11
13	2	2	1	1	2	2	1	1	2	2	1	1	2	2	1	97	22
14	2	2	1	1	2	2	1	2	1	1	2	2	1	1	2	91	16
15	2	2	1	2	1	1	2	1	2	2	1	2	1	1	2	79	4
16	2	2	1	2	1	1	2	2	1	1	2	1	2	2	1	80	5
基本表示	a	b	ab	c	ac	bc	abc	d	ad	bd	abd	cd	acd	bcd	$abcd$		

[平方和と自由度の計算]

① 平均値

$$T = 1200 \qquad N = 16 \qquad \bar{y} = \frac{T}{N} = \frac{1200}{16} = 75 \qquad (5.5.2)$$

② 総平方和

$$S = \sum (y_i - \bar{y})^2 = 20^2 + (-18)^2 + \cdots + 5^2 = 6150 \qquad (5.5.3)$$

③ 平方和の計算のための補助表

表 5.10 より，$\sum S_{(i)} = 6150$ となり，先に②で計算した S と一致する．

[分散分析]

効果の小さい要因，B, D, H, K, $G \times H$ を誤差にプールする．G が有意，A, C, F, $A \times C$, $A \times G$ が高度に有意となった．

[分散分析後のデータの構造]

要因効果を無視し，誤差項にプールした要因を省き，データの構造を(5.5.4)

表 5.10 平方和の計算のための補助表

列番	(1)	(2)	(3)	(4)	(5)	(6)	(7)
要因	A	G	$A \times G$	H	F	$G \times H$	D
$T_{(i)1}$	535	644	673	595	546	603	612
$T_{(i)2}$	665	556	527	605	654	597	588
$T_{(i)1} + T_{(i)2}$				すべて 1200			
$d_{(i)}$	-130	88	146	-10	-108	6	24
$S_{(i)}$	1056.25	484	1332.25	6.25	729	2.25	36

列番	(8)	(9)	(10)	(11)	(12)	(13)	(14)	(15)
要因	B				C	$A \times C$		K
$T_{(i)1}$	625	614	597	596	648	677	576	619
$T_{(i)2}$	575	586	603	604	552	523	624	581
$T_{(i)1} + T_{(i)2}$				すべて 1200				
$d_{(i)}$	50	28	-6	-8	96	154	-48	38
$S_{(i)}$	156.25	49	2.25	4	576	1482.25	144	90.25

表 5.11 分散分析表

sv	ss	df	ms	F_0	$E(ms)$	F_0
A	1056.25	1	1056.25	21.2**	$\sigma^2+8\sigma_A^2$	19.4**
B	156.25	1	156.25	3.14	$\sigma^2+8\sigma_B^2$	
C	576	1	576	11.6*	$\sigma^2+8\sigma_C^2$	10.6**
D	36	1	36	0.72	$\sigma^2+8\sigma_D^2$	
F	729	1	729	14.63*	$\sigma^2+8\sigma_F^2$	13.4**
G	484	1	484	9.72*	$\sigma^2+8\sigma_G^2$	8.89*
H	6.25	1	6.25	0.13	$\sigma^2+8\sigma_H^2$	
K	90.25	1	90.25	1.81	$\sigma^2+8\sigma_K^2$	
$A \times C$	1482.25	1	1482.25	29.8**	$\sigma^2+4\sigma_{A\times C}^2$	27.2**
$A \times G$	1332.25	1	1332.25	26.7**	$\sigma^2+4\sigma_{A\times G}^2$	24.5**
$G \times H$	2.25	1	2.25	0.05	$\sigma^2+4\sigma_{G\times H}^2$	
e	199.25	4	49.81		σ^2	
e	490.25	9	54.47		σ^2	
計	6150					

$F(1, 4 ; 0.05) = 7.709,\quad F(1, 4 ; 0.01) = 21.198,$
$F(1, 9 ; 0.05) = 5.117,\quad F(1, 9 ; 0.01) = 10.561$

式として以下の解析を行う.

$$y = \mu + a + c + f + g + (ac) + (ag) + e$$
$$\sum a = \sum c = \sum f = \sum g = 0, \quad \sum (ac) = \sum (ag) = 0 \qquad (5.5.4)$$
$$e \sim N(0, \sigma^2)$$

[最適条件の決定]

表 5.10 より,F の最適水準は F_2,$A \times C$ と $A \times G$ の交互作用を無視しないので,A,C,G の最適水準の組み合せは,(5.5.5)式ですべての水準組み合せにおける母平均を推定して $A_1 C_1 G_1$ となる.よって,最適条件は $A_1 C_1 F_2 G_1$ となる.

$$\begin{aligned}
\hat{\mu}(A_iC_jG_k) &= \hat{\mu} + \hat{a}_i + \hat{c}_j + \hat{g}_k + (\widehat{ac})_{ij} + (\widehat{ag})_{ik} \\
&= \{\hat{\mu} + \hat{a}_i + \hat{c}_j + (\widehat{ac})_{ij}\} + \{\hat{\mu} + \hat{a}_i + \hat{g}_k + (\widehat{ag})_{ik}\} - (\hat{\mu} + \hat{a}_i) \\
\hat{\mu}(A_1C_1G_1) &= \frac{330}{4} + \frac{326}{4} - \frac{535}{8} = 97.125, \quad \hat{\mu}(A_2C_1G_1) = 75.875 \\
\hat{\mu}(A_1C_1G_2) &= 67.875, \quad \hat{\mu}(A_2C_1G_2) = 83.125, \quad \hat{\mu}(A_1C_2G_1) = 65.875 \\
\hat{\mu}(A_2C_2G_1) &= 83.125, \quad \hat{\mu}(A_1C_2G_2) = 36.625, \quad \hat{\mu}(A_2C_2G_2) = 90.375
\end{aligned} \quad (5.5.5)$$

ここでは，(5.5.5)式を用いて，すべての水準組み合せについて母平均を推定して最適条件を決定したが，通常，このような計算は，表5.12，表5.13の2元表を作成して行う．ただし，これら2元表から最適条件について考えてみると，表5.12からは A_2C_2，表5.13からは A_2G_2 がそれぞれ最適水準組み合せとなっている．したがって，$A_2C_2G_2$ を最適条件と考えてしまいそうだが，この結果は，先ほどの結果と一致しない．多くの場合，2元表を用いても正しい結果が得られるが，交互作用が大きいときなどは，このように正しく最適条件が求められないこともあるので注意が必要である．

[最適条件における母平均の点推定]

$$\begin{aligned}
\hat{\mu}(A_1C_1F_2G_1) &= \hat{\mu} + \hat{a}_1 + \hat{c}_1 + \hat{f}_2 + \hat{g}_1 + (\widehat{ac})_{11} + (\widehat{ag})_{11} \\
&= \{\hat{\mu} + \hat{a}_1 + \hat{c}_1 + (\widehat{ac})_{11}\} + \{\hat{\mu} + \hat{a}_1 + \hat{g}_1 + (\widehat{ag})_{11}\} \\
&\quad + (\hat{\mu} + \hat{f}_2) - (\hat{\mu} + \hat{a}_1) - \hat{\mu} \\
&= \frac{330}{4} + \frac{326}{4} + \frac{654}{8} - \frac{535}{8} - \frac{1200}{16} = 103.875
\end{aligned} \quad (5.5.6)$$

[区間推定]

$$\frac{1}{n_e} = \frac{1}{4} + \frac{1}{4} + \frac{1}{8} - \frac{1}{8} - \frac{1}{16} = \frac{7}{16} \qquad (伊奈の式) \quad (5.5.7)$$

表 5.12　AC 2 元表

$n=4$	C_1	C_2	計
A_1	330	205	535
A_2	318	○ 347	665
計	648	552	1200

表 5.13　AG 2 元表

$n=4$	G_1	G_2	計
A_1	326	209	535
A_2	318	○ 347	665
計	644	556	1200

$$\mu_L^U = \hat{\mu}(A_1C_1F_2G_1) \pm t(9,\ 0.05)\sqrt{\frac{V_e'}{n_e}}$$

$$= 103.875 \pm 2.262\sqrt{\frac{54.47 \times 7}{16}} = [92.8,\ 114.9] \tag{5.5.8}$$

(5.5.6)式に現われている母数の推定量の分散は(5.2.14)式で求められる．因みに，

$$Var[\hat{\mu}] = Var\left[\frac{(y_1 + y_2 + \cdots + y_{16})}{16}\right] = \frac{\sigma^2}{16} \tag{5.5.9}$$

であり，同様にして，$Var[\hat{a}_1]$，$Var[(\hat{ac})_{11}]$ なども，

$$(y_1 + \cdots + y_8) - (y_9 + \cdots + y_{16}) = 8(\hat{a}_1 - \hat{a}_2) = 16\hat{a}_1 \quad \text{より，}$$

$$Var[\hat{a}_1] = Var\left[\frac{(y_1 + \cdots + y_8) - (y_9 + \cdots + y_{16})}{16}\right] \quad \text{から}$$

$$Var[\hat{a}_1] = Var[(\hat{ac})_{11}] = \frac{16}{16^2}\sigma^2 = \frac{\sigma^2}{16} \tag{5.5.10}$$

となる．他の母数の推定量のいずれも，その分散は $\sigma^2/16$ であり，直交表の性質より，各推定量は互いに独立である．推定された母平均の分散は，

$$\left.\begin{aligned}
Var[\hat{\mu}(A_1C_1F_2G_1)] &= Var[\hat{\mu} + \hat{a}_1 + \hat{c}_1 + \hat{f}_2 + \hat{g}_1 + (\hat{ac})_{11} + (\hat{ag})_{11}] \\
&= Var[\hat{\mu}] + Var[\hat{a}_1] + Var[\hat{c}_1] + Var[\hat{f}_2] \\
&\quad + Var[\hat{g}_1] + Var[(\hat{ac})_{11}] + Var[(\hat{ag})_{11}] \\
&= 7 \times \frac{\sigma^2}{16} = \frac{7}{16}\sigma^2
\end{aligned}\right\} \tag{5.5.11}$$

となる．また，田口の式によっても伊奈の式と同じ結果が得られる．

$$\frac{1}{n_e} = \frac{1 + \phi_A + \phi_C + \phi_F + \phi_G + \phi_{A \times C} + \phi_{A \times G}}{N} = \frac{7}{16} \tag{5.5.12}$$

[母平均の差の点推定]

$A_2B_2C_2D_2F_1G_1H_1K_1$ が現在の製造方法であるとし，最適条件をこれと比較することを考える．B，D，H，K は無視したので，比較条件は，$A_2C_2F_1G_1$ となる．制約条件から，$(ac)_{11} = (ac)_{22}$ などを用いると，

$$
\left.\begin{aligned}
&\hat{\mu}(A_1C_1F_2G_1) - \hat{\mu}(A_2C_2F_1G_1) \\
&= \hat{\mu} + \hat{a}_1 + \hat{c}_1 + \hat{f}_2 + \hat{g}_1 + (\hat{ac})_{11} + (\hat{ag})_{11} \\
&\quad - \{\hat{\mu} + \hat{a}_2 + \hat{c}_2 + \hat{f}_1 + \hat{g}_1 + (\hat{ac})_{22} + (\hat{ag})_{21}\} \\
&= (\hat{a}_1 - \hat{a}_2) + (\hat{c}_1 - \hat{c}_2) - (\hat{f}_1 - \hat{f}_2) + [(\hat{ag})_{11} - (\hat{ag})_{21}] \\
&= \frac{d_{(1)} + d_{(12)} - d_{(5)} + d_{(3)}}{8} \\
&= \frac{-130 + 96 - (-108) + 146}{8} = 27.5
\end{aligned}\right\} \quad (5.5.13)
$$

(5.2.16)式を参照し，$\hat{\mu}_{ij} = \hat{\mu} \pm \hat{a} \pm \hat{c} \pm \hat{f} \pm \hat{g} \pm (\hat{ac}) \pm (\hat{ag})$ の形のデータの構造を考えれば，(5.5.13)式の最後の式の意味が理解できる．

[区間推定]

(5.2.14)式より以下が得られる．

$$\frac{1}{n_e} = \frac{4 \times 16}{8^2} = 1 \tag{5.5.14}$$

$$\begin{aligned}
\Delta\mu_L^U &= \hat{\mu}(A_1C_1F_2G_1) - \hat{\mu}(A_2C_2F_1G_1) \pm t(9, \ 0.05)\sqrt{\frac{V'_e}{n_e}} \\
&= 27.5 \pm 2.262\sqrt{54.47 \times 1} = [10.8, \ 44.2]
\end{aligned} \tag{5.5.15}$$

5.6 多水準法と擬水準法

2水準系の直交表で，因子の水準が2よりも多いときに適用できないのでは実際の場面で不都合も多い．このような場合に用いるのが多水準法と擬水準法である．本節を理解すれば，3水準，4水準，…の因子が混在した場合でも，2水準系の直交表を利用した応用範囲の広い実験計画が可能となる．

5.6.1 多水準法の考え方

4水準の因子 P を2水準系の直交表に割り付けることから始める．4水準の因子は自由度が3であるので，3列必要になるが，意図なく選んだ3つの列というわけではなく，基本表示が p, q, pq の関係にある3列を確保する必要がある．表5.14の L_8 を用いて説明すると，(1)，(2)，(3)列はこの関係を満た

表 5.14 $L_8(2^7)$ 直交表への多水準因子 P の割り付け

列番号 実験 No. / 要因	(1)	(2)	(3)	(4)	(5)	(6)	(7)	データ	実際の因子の水準組み合せ
		P		A		$P \times A$			
1	1	1	1	1	1	1	1	y_1	$P_1 A_1$
2	1	1	1	2	2	2	2	y_2	$P_1 A_2$
3	1	2	2	1	1	2	2	y_3	$P_2 A_1$
4	1	2	2	2	2	1	1	y_4	$P_2 A_2$
5	2	1	2	1	2	1	2	y_5	$P_3 A_1$
6	2	1	2	2	1	2	1	y_6	$P_3 A_2$
7	2	2	1	1	2	2	1	y_7	$P_4 A_1$
8	2	2	1	2	1	1	2	y_8	$P_4 A_2$
基本表示	a	b	ab	c	ac	bc	abc		

している．したがって，この3列に4水準の因子 P を割り付けることができる．(1)～(3)列をまとめて考えると，(1, 1, 1)，(1, 2, 2)，(2, 1, 2)，(2, 2, 1) という水準記号の組み合せが各2回ずつ現われている．これが，因子 P の4つの水準に相当する．この方法を多水準法と呼ぶ．

別に2水準の因子 A が (4) 列に割り付けられているときの実際の因子の水準組み合せを表 5.14 の一番右の欄に示す．多水準法を用いた因子 P と2水準の因子 A の間に交互作用があるとすると，$P \times A$ の現われる列は，A を割り付けた列の基本表示 (c) と因子 P を割り付けた列の基本表示 (a, b, ab) との積を基本表示として持つ3列，すなわち，$c \times a = ac \to$ (5)列，$c \times b = bc \to$ (6)列，$c \times ab = abc \to$ (7)列となる．

5.6.2 擬水準法の考え方

2水準系直交表に3水準の因子を割り付けるには，まず，5.6.1項の方法で3列を使って4水準を作成し，そのうちの2つの水準に対して実験予定の3水準のいずれかを重複水準として割り付ける．この方法を擬水準法と呼ぶ．どの水準を重複させるかは任意であるが，推定精度や結果の実務への応用といった観点から，重要な水準や技術的によいと想定される水準を重複するとよい．表

表 5.15　$L_8(2^7)$ 直交表への擬水準因子 P の割り付け

列番号　　　要因　実験 No.	(1)	(2)	(3)	(4)	(5)	(6)	(7)	データ	実際の因子の水準組み合せ
		$P(e)$		A		$P \times A(e)$			
1	1	1	1	1	1	1	1	y_1	$P_1 A_1$
2	1	1	1	2	2	2	2	y_2	$P_1 A_2$
3	1	2	2	1	1	2	2	y_3	$P_2 A_1$
4	1	2	2	2	2	1	1	y_4	$P_2 A_2$
5	2	1	2	1	2	1	2	y_5	$P_3 A_1$
6	2	1	2	2	1	2	1	y_6	$P_3 A_2$
7	2	2	1	1	2	2	1	y_7	$P'_3 A_1$
8	2	2	1	2	1	1	2	y_8	$P'_3 A_2$
基本表示	a	b	ab	c	ac	bc	abc		

5.15 の一番右の欄では，(1)～(3)列による第 3 水準の (2, 1, 2) と第 4 水準の (2, 2, 1) を重複させており，区別のためこれらを P_3, P'_3 と表現してある．

その結果，第 1 水準，第 2 水準ではデータが 2 個ずつ，第 3 水準ではデータが 4 つという形で 3 水準の因子 P の割り付けができる．

別に 2 水準の因子 A が (4) 列に割り付けられているときの実際の因子の水準組み合せを，表 5.15 の一番右の欄に示す．擬水準法を用いた因子 P と因子 A の間に交互作用があるとすると，多水準法と同じく $P \times A$ の現われる列は，A を割り付けた列と因子 P を割り付けた列の基本表示の積を基本表示として持つ 3 列，(5)列，(6)列，(7)列となる．なお，注意として，因子 P は 3 水準の因子なので，その自由度は 2 ということである．1 列の自由度は 1 であり，3 列を合計した自由度は 3 であるから，(1)～(3)列にはその差に相当する自由度 1 の誤差成分が入っている．交互作用 $P \times A$ についても同様に考える．

5.6.3　平方和の求め方

多水準法，擬水準法に関係なく，多水準因子 P の平方和 S_P は，第 4 章の繰り返し数の異なる 1 元配置のときの (4.1.34) 式と同様の考え方により，(5.6.1) 式で求めるが，ここで添字 ($i \cdot$) は，着目する水準，または，水準組み合せのデ

一タ数やその平均を表わす.

$$S_P = \sum_{i=1}^{a} n_{(i\cdot)}(\bar{y}_{(i\cdot)} - \bar{y})^2 \tag{5.6.1}$$

重複水準がない4水準因子 P の平方和は,割り付けに用いた3列の平方和の和と,

$$S_P = S_{(p)} + S_{(q)} + S_{(pq)} \qquad \phi_P = 3 \tag{5.6.2}$$

の関係が成り立つが,重複水準のある3水準因子 P の平方和は,擬水準による誤差成分のため,割り付けた3列の平方和の和よりも小さいか等しく,

$$S_P \leq S_{(p)} + S_{(q)} + S_{(pq)} \qquad \phi_P = 2 \tag{5.6.3}$$

となる.一方,$P \times A$ の交互作用の平方和は重複水準の有無に関係なく,

$$S_{P \times A} = S_{PA} - (S_P + S_A) \qquad \phi_{P \times A} = \phi_{PA} - (\phi_P + \phi_A) \tag{5.6.4}$$

によって求める.重複水準がない4水準因子 P と2水準因子 A 間の交互作用 $P \times A$ の平方和は,それが割り付けられている3列の平方和の和,

$$S_{P \times A} = S_{(pa)} + S_{(qa)} + S_{(pqa)} \qquad \phi_{P \times A} = \phi_P \times \phi_A = 3 \tag{5.6.5}$$

になっている.しかし,主効果と同様,重複水準のある3水準因子 P と2水準因子 A 間の $P \times A$ の平方和は,誤差成分のため,割り付けに用いられた3列の平方和の和よりも小さいか等しく,次式となる.

$$S_{P \times A} \leq S_{(pa)} + S_{(qa)} + S_{(pqa)} \qquad \phi_{P \times A} = \phi_P \times \phi_A = 2 \tag{5.6.6}$$

5.6.4 解析方法

[例題 5.2]

ファインケミカルズの製造においてその色調(y,単位省略)を改良するため,A(3水準),B,C,D,F,G,H(各2水準)の主効果と,$A \times C$ の交互作用を取り上げ,実験することになった.必要な自由度の合計は10であり,表5.16のように,A に擬水準法を使用して L_{16} に割り付けた.ただし,技術的によいと予想した A_2 水準を重複水準とした.データの数値は小さいほどよい.解析してみよう.

(解答)

[データの構造]

$$y = \mu + a + b + c + d + f + g + h + (ac) + e \tag{5.6.7}$$

表 5.16 直交表への割り付け

列番	(1)	(2)	(3)	(4)	(5)	(6)	(7)	(8)	(9)	(10)	(11)	(12)	(13)	(14)	(15)	y_i	$y_i - \bar{y}$
要因	A	A	A	G	B	bc	F	D	H			A×C	A×C	C	A×C		
				← A の実水準 →													
実験 No.																	
1	1	1	1	1	1	1	1	1	1	1	1	1	1	1	1	5	−20
2	1	1	1	1	1	1	1	2	2	2	2	2	2	2	2	39	14
3	1	1	1	2	2	2	2	1	1	1	1	2	2	2	2	22	−3
4	1	1	1	2	2	2	2	2	2	2	2	1	1	1	1	8	−17
5	1	2	3	1	1	2	2	1	2	2	1	1	2	2	1	33	8
6	1	2	3	1	1	2	2	2	1	1	2	2	1	1	2	82	57
7	1	2	3	2	2	1	1	1	2	2	1	2	1	1	2	50	25
8	1	2	3	2	2	1	1	2	1	1	2	1	2	2	1	28	3
9	2	1	2	1	2	1	2	1	1	2	2	1	1	2	2	23	−2
10	2	1	2	1	2	1	2	2	2	1	1	2	2	1	1	9	−16
11	2	1	2	2	1	2	1	1	1	2	2	2	2	1	1	15	−10
12	2	1	2	2	1	2	1	2	2	1	1	1	1	2	2	36	11
13	2	2	2′	1	2	2	1	1	2	1	2	1	2	1	2	5	−20
14	2	2	2′	1	2	2	1	2	1	2	1	2	1	2	1	10	−15
15	2	2	2′	2	1	1	2	1	2	1	2	2	1	2	1	19	−6
16	2	2	2′	2	1	1	2	2	1	2	1	1	2	1	2	16	−9
基本表示	a	b	ab	c	ac	bc	abc	d	ad	bd	abd	cd	acd	bcd	abcd		

制約条件

$$\sum a = a_1 + 2a_2 + a_3 = 0$$

$$\sum b = \sum c = \sum d = \sum f = \sum g = \sum h = 0$$

$(ac)_{11} + 2(ac)_{21} + (ac)_{31} = 0 \quad (ac)_{12} + 2(ac)_{22} + (ac)_{32} = 0$

$(ac)_{11} + (ac)_{12} = 0 \quad 2(ac)_{21} + 2(ac)_{22} = 0 \quad (ac)_{31} + (ac)_{32} = 0$

$e \sim N(0, \sigma^2)$

(5.6.8)

［データのグラフ化］

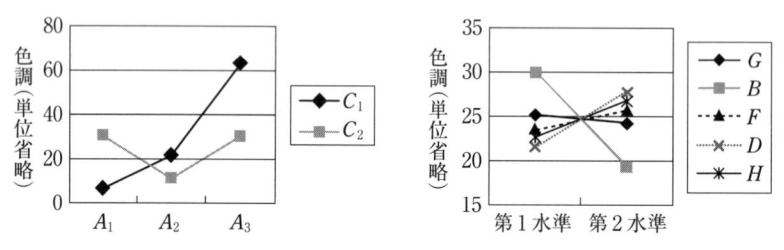

図5.5　データのグラフ化

［平方和と自由度の計算］

① 平均値

$$T = 400 \qquad N = 16 \qquad \bar{y} = \frac{T}{N} = \frac{400}{16} = 25 \qquad (5.6.9)$$

② 総平方和

$$S = \sum (y_i - \bar{y})^2 = (-20)^2 + 14^2 + \cdots + (-9)^2 = 6064 \qquad (5.6.10)$$

③ 平方和の計算のための補助表

表 5.17 より，$\sum S_{(i)} = 6064$ となり，先に②で計算した S と一致する．

［分散分析］

S_A, S_C, $S_{A \times C}$ と誤差 $S_{e(AC)}$ は表 5.18(a)，(b)から求め，それ以外は表 5.17 から直接求める．結果として，表 5.19 の分散分析表が得られる．

表 5.17　平方和の計算のための補助表

列番	(1)	(2)	(3)	(4)	(5)	(6)	(7)
要因	A	A	A	G	B		F
$T_{(j)1}$	267	157	124	206	245	189	188
$T_{(j)2}$	133	243	276	194	155	211	212
$T_{(j)1}+T_{(j)2}$				すべて 400			
$d_{(j)}$	134	-86	-152	12	90	-22	-24
$S_{(j)}$	1122.25	462.25	1444	9	506.25	30.25	36

列番	(8)	(9)	(10)	(11)	(12)	(13)	(14)	(15)
要因	D	H			$A\times C$	$A\times C$	C	$A\times C$
$T_{(j)1}$	172	181	201	206	154	127	233	190
$T_{(j)2}$	228	219	199	194	246	273	167	210
$T_{(j)1}+T_{(j)2}$				すべて 400				
$d_{(j)}$	-56	-38	2	12	-92	-146	66	-20
$S_{(j)}$	196	90.25	0.25	9	529	1332.25	272.25	25

表 5.18(a)　AC 2 元表① 　$T_{(i\cdot)}$

	A_1	A_2		A_3	計
		A_2	$A_{2'}$		
C_1	○ 13	59	29	132	233
		(88)			
C_2	61	24	21	61	167
		(45)			
計	74	83	50	193	400
		(133)			

表 5.18(b)　AC 2 元表② 　$\bar{y}_{(i\cdot)} - \bar{y}$

	A_1	A_2		A_3	$\bar{y}_{(i\cdot)} - \bar{y}$
		A_2	$A_{2'}$		
C_1	-18.5	4.5	-10.5	41	4.125
		(-3)			
C_2	5.5	-13	-14.5	5.5	-4.125
		(-13.75)			
$\bar{y}_{(i\cdot)} - \bar{y}$	-6.5	-4.25	-12.5	23.25	
		(-8.375)			

$$S_A = 4\times\{(-6.5)^2 + 23.25^2\} + 8\times(-8.375)^2 = 2892.375 \qquad \phi_A = 2$$
$$S_C = 8\{4.125^2 + (-4.125)^2\} = 272.25 \qquad \phi_C = 1$$
$$S_{AC} = 2\times\{(-18.5)^2 + 5.5^2 + 41^2 + 5.5^2\} + 4\times\{(-3)^2 + (-13.75)^2\}$$
$$= 4959.75 \qquad \phi_{AC} = 2\times 3 - 1 = 5$$
$$S_{A\times C} = S_{AC} - S_A - S_C = 4959.75 - 2892.375 - 272.25 = 1795.125$$
$$\phi_{A\times C} = 2$$

(5.6.11)

表 5.19 分散分析表

sv	ss	df	ms	F_0	$E(ms)$	F_0
A	2892.375	2	1446.1875	27.1**	注1	28.8**
B	506.25	1	506.25	9.49*	$\sigma^2 + 8\sigma_B^2$	10.1*
C	272.25	1	272.25	5.10	$\sigma^2 + 8\sigma_C^2$	5.42*
D	196	1	196	3.67	$\sigma^2 + 8\sigma_D^2$	3.9
F	36	1	36	0.67	$\sigma^2 + 8\sigma_F^2$	
G	9	1	9	0.17	$\sigma^2 + 8\sigma_G^2$	
H	90.25	1	90.25	1.69	$\sigma^2 + 8\sigma_H^2$	
$A \times C$	1795.125	2	897.5625	16.8**	注2	17.9**
e	266.75	5	53.35		σ^2	
e	402	8	50.25		σ^2	
計	6064	15				

$F(1, 5 ; 0.05) = 6.608$, $F(1, 5 ; 0.01) = 16.258$,
$F(2, 5 ; 0.05) = 5.786$, $F(2, 5 ; 0.01) = 13.274$,
$F(1, 8 ; 0.05) = 5.318$, $F(1, 8 ; 0.01) = 11.259$,
$F(2, 8 ; 0.01) = 8.649$

注1：$\sigma^2 + \dfrac{\sum n_i a_i^2}{\phi_A} = \sigma^2 + \dfrac{4a_1^2 + 8a_2^2 + 4a_3^2}{2}$

注2：$\sigma^2 + \dfrac{\sum\sum n_{ij}(ac)_{ij}^2}{\phi_{A \times C}} = \sigma^2 + \dfrac{\{2(ac)_{11}^2 + 4(ac)_{21}^2 + 2(ac)_{31}^2 + 2(ac)_{12}^2 + 4(ac)_{22}^2 + 2(ac)_{32}^2\}}{2}$

$$\begin{aligned}
S_{e(AC)} &= (S_{(1)} + S_{(2)} + S_{(3)}) + S_{(14)} + (S_{(12)} + S_{(13)} + S_{(15)}) - S_{AC} \\
&= 1122.25 + 462.25 + 1444 + 272.25 + 529 + 1332.25 + 25 \\
&\quad - 4959.75 = 227.25 \qquad \phi_{e(AC)} = 2
\end{aligned} \quad (5.6.12)$$

$$\begin{aligned}
S_{e(A \times C)} &= S_{(12)} + S_{(13)} + S_{(15)} - S_{A \times C} \\
&= 529 + 1332.25 + 25 - 1795.125 = 91.125 \\
&\qquad\qquad \phi_{e(A \times C)} = 1
\end{aligned}$$

$$\begin{aligned}
S_{e(A)} &= S_{(1)} + S_{(2)} + S_{(3)} - S_A \\
&= 1122.25 + 462.25 + 1444 - 2892.375 = 136.125 \\
&\qquad\qquad \phi_{e(A)} = 1
\end{aligned} \quad (5.6.13)$$

各誤差平方和は，表5.18(a)より以下のように直接求めることもできる．

$$S_{e(AC)} = \frac{(59-29)^2 + (24-21)^2}{4} = 227.25$$

$$S_{e(A)} = \frac{(83-50)^2}{8} = 136.125 \qquad (5.6.14)$$

$$S_{e(A \times C)} = S_{e(AC)} - S_{e(A)} = 227.25 - 136.125 = 91.125$$

(5.6.14)式の意味は,誤差がなければ本来一致するはずのところが一致していないので,これらが誤差成分を形成すると理解すればよい.

表5.19の分散分析表より,F_0値の小さいF, G, Hを誤差にプールする.B, Cが有意,A, $A \times C$が高度に有意となる.Dは有意ではないが,F_0値が小さくないので無視しない.

[分散分析後のデータの構造]

$$y = \mu + a + b + c + d + (ac) + e \qquad (5.6.15)$$

[最適条件の決定とその条件における母平均の点推定]

表5.17より,B, Dの最適水準はそれぞれB_2, D_1,表5.18(b)のAC 2元表からA, Cの最適水準組み合せは,A_1C_1である.予想に反し,A_2は最適水準とならず,最適条件は$A_1B_2C_1D_1$である.

$$\begin{aligned}
\hat{\mu}(A_1B_2C_1D_1) &= \hat{\mu} + \hat{a}_1 + \hat{b}_2 + \hat{c}_1 + \hat{d}_1 + (\hat{ac})_{11} \\
&= [\hat{\mu} + \hat{a}_1 + \hat{c}_1 + (\hat{ac})_{11}] + (\hat{\mu} + \hat{b}_2) + (\hat{\mu} + \hat{d}_1) - 2\hat{\mu} \\
&= \frac{13}{2} + \frac{155}{8} + \frac{172}{8} - \frac{2 \times 400}{16} = -2.625 \qquad (5.6.16)
\end{aligned}$$

[区間推定]

$\dfrac{1}{n_e} = \dfrac{1}{2} + \dfrac{1}{8} + \dfrac{1}{8} - \dfrac{2}{16} = \dfrac{10}{16}$ (伊奈の式) もしくは

$\dfrac{1}{n_e} = \dfrac{1 + \phi'_A + \phi_B + \phi_C + \phi_D + \phi'_{A \times C}}{N}$ (田口の式) で計算した有効反復数を用いる.ただし,田口の式においては,擬水準法を用いた因子の自由度を(5.6.17)式で計算する.区間推定は(5.6.18)式となる.

$$\phi'_A = \frac{\text{直交表の水準数}}{\text{水準の重複数}} - 1 = \frac{4}{1} - 1 = 3$$

$$\phi'_{A \times C} = \phi_C \times \phi'_A = 3 \qquad (5.6.17)$$

$$\mu_L^U = \hat{\mu}(A_1B_2C_1D_1) \pm t(8, \ 0.05)\sqrt{\frac{V'_e}{n_e}}$$

$$= -2.625 \pm 2.306\sqrt{50.25 \times \frac{10}{16}} = [-15.5, \ 10.3] \tag{5.6.18}$$

5.7　擬因子法とアソビ列法

多くの因子を割り付けるに際して，他の因子の水準によって取り上げる因子や水準組み合せを変えて割り付けたい場合がある．このとき，形式的に仮想の因子を想定して割り付け，実際の中身は現実の因子とする方法がある．これを擬因子法，アソビ列法という．

表 5.2 の表現を表 5.20 の左側に再掲する．表 5.20 の (1)，(2)，(3) 列に A，B，$A \times B$ を割り付けるとき，自由度 3 の処理間平方和は，$S_{AB} = S_A + S_B + S_{A \times B}$ なる直交分解を受ける．表 5.20 の右側のように対比を (1)，(2)'，(3)' 列に作り変えると，(1) 列が A の効果を表わすことに変わりはないが，(2)'，(3)' 列の意味は，表 5.21 のように，その内容が変化する．

(2)'：A_1 での B_1 と B_2 の比較 (A_1 での B の効果：$B(A_1)$ と書く)

(3)'：A_2 での B_1 と B_2 の比較 (A_2 での B の効果：$B(A_2)$ と書く)

一般に $L_N(2^{N-1})$ で成分が p，q，pq の関係にある 3 列をこのように扱うとき，(1)，(2)，(3) 列にあたる対比と平方和を d_A，d_B，$d_{A \times B}$，および，S_A，S_B，$S_{A \times B}$，(1)，(2)'，(3)' 列にあたる対比と平方和を d_A，$d_{B(A_1)}$，$d_{B(A_2)}$，および，

表 5.20　対比の線形結合 (L_4 の場合)

列番 実験 No.	(1)	(2)	(3)	(1)	(2)'	(3)'
1	1	1	1	1	1	0
2	1	−1	−1	1	−1	0
3	−1	1	−1	−1	0	1
4	−1	−1	1	−1	0	−1
水準記号の和	0	0	0	0	0	0

S_A, $S_{B(A_1)}$, $S_{B(A_2)}$ と書くと, いずれによっても3つの成分は互いに直交する.

因子Aが化学反応の触媒の種類, 因子Bが反応助剤であるとすると, 平方和について, (5.7.1)式の通常表現とは異なる(5.7.2)式が考えられる. 平方和の分解については, (5.7.3)式が常に成り立つ. 要因配置実験でも, 直交表実験でも, 定性的因子が関係する交互作用については, (5.7.2)式が適切な場合があり, 技術的にふさわしいほうを採用する. たとえば, 触媒別に最適な助剤を決定したいのなら, (5.7.2)式が適切であり, データの構造を(5.7.4)式とする.

$$S_{AB} = S_A + S_B + S_{A \times B} \tag{5.7.1}$$

$$S_{AB} = S_A + S_{B(A_1)} + S_{B(A_2)} \tag{5.7.2}$$

$$S_B + S_{A \times B} = S_{B(A_1)} + S_{B(A_2)}, \quad S_{(2)} + S_{(3)} = S'_{(2)} + S'_{(3)} \tag{5.7.3}$$

$$y_{ij} = \mu + \alpha_i + \beta_{j(i)} + e_{ij}, \quad (i, j = 1, 2) \tag{5.7.4}$$

(5.7.2)式の表現を少し広く解釈すると, A_1でのBとA_2でのBは同じ因子の異なる2水準でもよく, さらに広く考えると, A_1では因子C, A_2では因子D, というように, 別因子であっても差し支えない.

通常の直交表は(5.7.1)式の表現で与えられるので, こうした割り付けに当たっては, 基本表示p, q, pqを持つA, B, $A \times B$の列を確保し, 表5.21に示した①, ②のように, A_1, A_2でのB_1, B_2に対して①ではC_1C_2とC_2C_3, ②でC_1C_2とD_1D_2をそれぞれ対応させる方法をとる. このとき, 現実の因子はBではなく, CあるいはDであり, 直交表上の形式的な表現に過ぎないBを擬因子, この割り付け法を擬因子法という. 表5.21における①をアソビ列法, ②を擬因子法と呼んで区別する. このとき, 対比の係数±1をもとの水準記号1と2などに置き換え, 係数0の部分は割り付けや解析に関係ないので, 縦に棒を引いて消しておく.

[アソビ列法]

表5.21①の場合, (1)列に具体的因子Aを割り付けずに空けておけば, この列はC_1C_2対C_2C_3の対比となり, この割り付けは3水準のCに関する擬水準法にあたる. L_8以上の直交表では, 成分をpとする列を扇の要とし, 基本表示をq, pqとする2列, r, prとする2列, s, psとする2列などを同時に確保すれば, これらに複数の3水準因子C, D, Fなどを同時に割り付け可能となる. 3水準因子が1つだけなら, 基本表示pの列には非重複水準(表5.21では

C_1C_2 と C_2C_3）の比較だけが現われるが，複数因子をこのように割り付けると，各因子の非重複水準の比較が混じり合い，基本表示 p の列に交絡する．それらの交絡する情報を分離して取り出すことはできないので，表 5.21 で A にあたる列には具体的因子を割り付けず，「あそばせておく」という意味で，この列をアソビ列，この割り付け法をアソビ列法と呼んでいる．アソビ列法では，アソビ列（A）も擬因子（B）も架空の存在で，実因子は 3 水準の C，D，F などであり，分散分析ではアソビ列の平方和は，その大きさに関係なくプールしない．

アソビ列法を使うと，L_8 では 3 つの 3 水準因子を割り付けることができる．一方，擬水準法では 3 水準因子は一つしか割り付けられない．

[擬因子法]

表 5.21 ②の擬因子法において，(1)列の対比は，C_1 と C_2 の平均，および，D_1 と D_2 の平均をとったときの A_1 と A_2 の比較を表わすが，興味はむしろ，C_1，C_2，D_1，D_2 のうちで良いほうの水準を組み合せた A_1 と A_2 の比較にある．①と同様に，基本表示 p の列に A を割り付け，基本表示を q，pq とする 2 列，

表 5.21 直交対比と 2 種類（①，②）の擬因子法（表 5.20 の発展）

実験番号	(1)	(2)	(3)
	A	B	$A \times B$
1	1	1	1
2	1	-1	-1
3	-1	1	-1
4	-1	-1	1
基本表示	a	b	ab

					①		②	
	(1)	(2)'	(3)'	因子水準	(2)'	(3)'	(2)'	(3)'
実験番号	A	$B(A_1)$	$B(A_2)$	A_iB_j	C	C	C	D
1	1	1	0	A_1B_1	$\Rightarrow$ 1	│	1	│
2	1	-1	0	A_1B_2	$\Rightarrow$ 2	│	2	│
3	-1	0	1	A_2B_1	$\Rightarrow$	2	│	1
4	-1	0	-1	A_2B_2	$\Rightarrow$	3	│	2

r, pr とする2列, s, ps とする2列などを確保すれば, A_1, A_2 の中で, C, D 以外の複数因子の割り付けが可能である. そして, それらの因子の良いほうの水準を組み合せた最適条件で A_1 と A_2 を比較するのが擬因子法のねらいである. このねらいに対する解析は, 通常は分散分析後に行う. 分散分析では, A_1, A_2 内で, C, D などの因子の2水準を比較する解析を行う. なお, 総平方和を直交分解する要素の1つとして常に A を残しておく. ②の擬因子法では, ①とは異なり, A は架空の存在ではなく, 現実の因子 A であるが, 擬因子 B はやはり形式的存在であり, 実因子は C, D などである.

[例題 5.3]

結晶化の工程での収率を向上させるための実験で, 因子 A が冷却方法であるとして, A_1(外部冷却法)では因子 C(冷却温度)のほか F(冷却速度), G(伝熱面積)を取り上げ, A_2(溶媒冷却法)では因子 D(溶媒の種類), I(溶媒添加法)を取り上げたい. その他, B, H(各3水準), J, K(各2水準)の主効果を取り上げる. 交互作用は考えなくてもよく, データの数値は大きいほうがよい. 解析してみよう.

必要な自由度の合計は, アソビ列を含め, 見かけ上14, 実質13で, 表5.22のように L_{16} に割り付けた. C, F, G および D, I には擬因子法を, B と H にはアソビ列法を用いている. まず, A を(1)列に割り付ける. ついで, 擬因子 P は(8)列と, (1)列と(8)列の交互作用列である(9)列に割り付ける. 同様にして, 擬因子 Q, S をそれぞれ(10), (11)列と, (12), (13)列に割り付ける. アソビ列 W を(2)列とし, 3水準因子のために, (4)列と, (2)列と(4)列の交互作用の現われる列である(6)列を確保し, 因子 B を割り付ける. 同様にして, (5)列, (7)列を確保し, 因子 H を割り付ける. 重複水準は, それぞれ B_2, H_1 とする. (14)列は通常の誤差列, (12), (13)列から自由度1の誤差成分がでる.

[データの構造]

$$\left.\begin{array}{l} y = \mu + w + a + p + q + s + b + h + j + k + e \qquad e \sim N(0, \ \sigma^2) \\ A_1 \text{のとき}: p = c, \quad q = f, \quad s = g \\ A_2 \text{のとき}: p = d, \quad q = i, \quad s = (\text{誤差}) \end{array}\right\} \quad (5.7.5)$$

表 5.22 $L_{16}(2^{15})$ 直交表への割り付け

列番	(1)	(2)	(3)	(4)	(5)	(6)	(7)	(8)	(9)	(10)	(11)	(12)	(13)	(14)	(15)	y_i	$y_i - \bar{y}$
要因	A	W	K	B_1B_2	H_1H_2	B_2B_3	H_1H_3	C	D	F	I	G	e	e	J		
実験 No.								→P		→Q		→S					
1	1	1	1	1	1	1	1	1	1	1	1	1	1	1	1	33	−16.875
2	1	1	1	1	1	1	1	2	2	2	2	2	2	2	2	44	−5.875
3	1	1	1	2	2	2	2	1	1	1	1	2	2	2	2	50	0.125
4	1	1	1	2	2	2	2	2	2	2	2	1	1	1	1	66	16.125
5	1	2	2	1	1	2	2	1	1	2	2	1	1	2	2	65	15.125
6	1	2	2	1	1	2	2	2	2	1	1	2	2	1	1	28	−21.875
7	1	2	2	2	2	1	1	1	1	2	2	2	2	1	1	76	26.125
8	1	2	2	2	2	1	1	2	2	1	1	1	1	2	2	54	4.125
9	2	1	2	1	2	1	2	1	2	1	2	1	2	1	2	43	−6.875
10	2	1	2	1	2	1	2	2	1	2	1	2	1	2	1	44	−5.875
11	2	1	2	2	1	2	1	1	2	1	2	2	1	2	1	62	12.125
12	2	1	2	2	1	2	1	2	1	2	1	1	2	1	2	79	29.125
13	2	2	1	1	2	2	1	1	2	2	1	1	2	2	1	58	8.125
14	2	2	1	1	2	2	1	2	1	1	2	2	1	1	2	38	−11.875
15	2	2	1	2	1	1	2	1	2	2	1	2	1	1	2	48	−1.875
16	2	2	1	2	1	1	2	2	1	1	2	1	2	2	1	10	−39.875
基本表示	a	b	ab	c	ac	bc	abc	d	ad	bd	abd	cd	acd	bcd	$abcd$		

A_2 では擬因子 S に対応する因子がないので，A_2 での S の比較は誤差である．なお，制約条件は以下の通りである．

$$\left.\begin{array}{l} \sum w = \sum a = \sum j = \sum k = 0, \\ b_1 + 2b_2 + b_3 = 0, \quad 2h_1 + h_2 + h_3 = 0 \\ A_1 \text{のとき} : \sum c = \sum f = \sum g = 0, \\ A_2 \text{のとき} : \sum d = \sum i = 0 \end{array}\right\} \quad (5.7.6)$$

[分散分析]

擬因子法，すなわち，擬因子 P，Q，S に関係する因子 A と C，F，G，D，I ならびに，アソビ列法に関係する因子 B，H の平方和，推定値の求め方は，表5.23 や表5.24 のようにして求めることができる．しかし，推定は，擬因子法で割り付けた因子 (C，F) に関する母平均に A や W による偏りが入るので，その消去のための適切な加減算が必要で，対応する自由度の求め方を含めて相当複雑になる．

したがって，ここでは，第8章の線形推定論に基づき，第12章に示す専用ソフトで計算することにする．以下にはそのアウトプットのまとめを示して解説を加える．アソビ列 W は一般に交絡要因が分離不能の状態で混在しているため，平方和は計算できるが，この情報は捨てる（有意か否かを問題とせず，プールもしない）．なお，第8章，第12章を読んだあと，本節を今一度，読み

表 5.23 擬因子としての計算補助表

A の水準	擬因子 P	擬因子 Q	擬因子 S
A_1	C_1 の和 $= 224$ C_2 の和 $= 192$ $S_C = \dfrac{(224-192)^2}{8} = 128$	F_1 の和 $= 165$ F_2 の和 $= 251$ $S_F = \dfrac{(165-251)^2}{8} = 924.5$	G_1 の和 $= 218$ G_2 の和 $= 198$ $S_G = \dfrac{(218-198)^2}{8} = 50$
A_2	D_1 の和 $= 211$ D_2 の和 $= 171$ $S_D = \dfrac{(211-171)^2}{8} = 200$	I_1 の和 $= 153$ I_2 の和 $= 229$ $S_I = \dfrac{(153-229)^2}{8} = 722$	1 水準の和 $= 190$ 2 水準の和 $= 192$ $S_e = \dfrac{(190-192)^2}{8} = 0.5$

表 5.24 アソビ列としての計算補助表

W の水準	因子 B	因子 H
W_1	B_1 の和 $= 164$ B_2 の和 $= 257$ $S_{B_1B_2} = \dfrac{(164-257)^2}{8} = 1081.125$	H_1 の和 $= 218$ H_2 の和 $= 203$ $S_{H_1H_2} = \dfrac{(218-203)^2}{8} = 28.125$
W_2	B_2 の和 $= 189$ B_3 の和 $= 188$ $S_{B_2B_3} = \dfrac{(189-188)^2}{8} = 0.125$	H_1 の和 $= 151$ H_3 の和 $= 226$ $S_{H_1H_3} = \dfrac{(151-226)^2}{8} = 703.125$
	$S_B = 1081.125 + 0.125 = 1081.25$	$S_H = 28.125 + 703.125 = 731.25$

直してほしい.

① 因子と水準

	1	2	3	4	5	6	7	8	9	10	11
主効果の因子名	W	A	B	C	D	F	G	H	I	J	K
主効果の水準数	2	2	3	2	2	2	2	3	2	2	2
主効果の自由度	1	1	2	1	1	1	1	2	1	1	1

② デザイン行列，正規方程式，逆行列（フルモデルだけを例示する）

μ	w_1	a_1	b_1	b_2	c_1	d_1	f_1	g_1	h_1	h_2	i_1	j_1	k_1

FULL モデル

	1	2	3	4	5	6	7	8	9	10	11	12	13	14	data
1	1	1	1	1	0	1	0	1	1	1	0	0	1	1	33
2	1	1	1	1	0	-1	0	-1	-1	1	0	0	-1	1	44
3	1	1	1	0	1	1	0	1	-1	0	1	0	-1	1	50
4	1	1	1	0	1	-1	0	-1	1	0	1	0	1	1	66
5	1	-1	1	0	1	1	0	-1	1	1	0	0	-1	-1	65
6	1	-1	1	0	1	-1	0	1	-1	1	0	0	1	-1	28
7	1	-1	1	-1	-2	1	0	-1	-1	-2	-1	0	1	-1	76
8	1	-1	1	-1	-2	-1	0	1	1	-2	-1	0	-1	-1	54
9	1	1	-1	1	0	0	1	0	0	0	1	1	-1	-1	43
10	1	1	-1	1	0	0	-1	0	0	0	1	-1	1	-1	44
11	1	1	-1	0	1	0	1	0	0	1	0	1	1	-1	62
12	1	1	-1	0	1	0	-1	0	0	1	0	-1	-1	-1	79
13	1	-1	-1	1	0	0	1	0	0	-2	-1	0	1	1	58
14	1	-1	-1	1	0	0	-1	0	0	-2	-1	0	-1	1	38
15	1	-1	-1	-1	-2	0	1	0	0	1	0	-1	-1	1	48
16	1	-1	-1	-1	-2	0	-1	0	0	1	0	1	1	1	10

正規方程式 a_{ij} と積和 B_i
FULL モデル

16	0	0	0	0	0	0	0	0	0	0	0	0	0	798
0	16	0	8	8	0	0	0	8	8	0	0	0	0	44
0	0	16	0	0	0	0	0	0	0	0	0	0	0	34
0	8	0	8	8	0	0	0	4	4	0	0	0	0	-24
0	8	0	8	24	0	0	0	4	4	0	0	0	0	70
0	0	0	0	0	8	0	0	0	0	0	0	0	0	32
0	0	0	0	0	0	8	0	0	0	0	0	0	0	40
0	0	0	0	0	0	0	8	0	0	0	0	0	0	-86
0	8	0	4	4	0	0	0	24	8	0	0	0	0	-83
0	8	0	4	4	0	0	0	8	8	0	0	0	0	-23
0	0	0	0	0	0	0	0	0	0	8	0	0	0	-76
0	0	0	0	0	0	0	0	0	0	0	16	0	0	-44
0	0	0	0	0	0	0	0	0	0	0	0	16	0	-104

逆行列 c_{ij}／正規方程式の解 $\hat{\theta}$
FULL モデル

0.0625	0	0	0	0	0	0	0	0	0	0	0	0	0	49.875
0	0.1875	0	-0.125	0	0	0	0	0	-0.125	0	0	0	0	14.125
0	0	0.0625	0	0	0	0	0	0	0	0	0	0	0	2.125
0	-0.125	0	0.3125	-0.0625	0	0	0	0	0	0	0	0	0	-17.375
0	0	0	-0.0625	0.0625	0	0	0	0	0	0	0	0	0	5.875
0	0	0	0	0	0.125	0	0	0	0	0	0	0	0	4
0	0	0	0	0	0	0.125	0	0	0	0	0	0	0	5
0	0	0	0	0	0	0	0.125	0	0	0	0	0	0	-10.75
0	0	0	0	0	0	0	0	0.0625	-0.0625	0	0	0	0	-3.75
0	-0.125	0	0	0	0	0	0	-0.0625	0.3125	0	0	0	0	-7.5
0	0	0	0	0	0	0	0	0	0	0.125	0	0	0	-9.5
0	0	0	0	0	0	0	0	0	0	0	0.0625	0	0	-2.75
0	0	0	0	0	0	0	0	0	0	0	0	0.0625	0	-6.5

③　プーリング前後の分散分析表

sv	ss	df	ms	F_0	検定	F_0	検定
W	1064.0833	1	1064.083	58.30594	*	36.90462	**
A	72.25	1	72.25	3.958904		2.50578	
B	1081.25	2	540.625	29.62329	*	18.75	*
C	128	1	128	7.013699		4.439306	
D	200	1	200	10.9589		6.936416	
F	924.5	1	924.5	50.65753	*	32.06358	*
G	50	1	50	2.739726			
H	731.25	2	365.625	20.03425	*	12.68064	*
I	722	1	722	39.56164	*	25.04046	*
J	121	1	121	6.630137		4.196532	
K	676	1	676	37.0411	*	23.44509	*
e	36.5	2	18.25				
e	86.5	3	28.83333				
T	4863.75	15					

効果の小さい要因 G を誤差にプールする．B, F, H, I, K が有意となった．C, D, J は有意ではないが，F_0 が小さくないので無視しない．A は，A との間に擬因子法を用いた C, F, D, I とは無関係の効果を表わし，物理的意味は薄く，有意性の有無に関係なく A を残して分散分析する．W は交絡要因を含んでいるので，平方和の大小に関わらず残しておき，この情報は捨てる．

④　プーリング後の分散分析表

擬因子法においては，各平方和に $S_C + S_D = S_{(8)} + S_{(9)}$，$S_F + S_I = S_{(10)} + S_{(11)}$，$S_G + S_e = S_{(12)} + S_{(13)}$ という関係が，アソビ列法においては，$S_B = S_{(4)} + S_{(6)}$，$S_H = S_{(5)} + S_{(7)}$ という関係がある．5.9.1 項の組み合せ法と異なり，擬因子法，アソビ列法では W を除き各平方和の直交性が保たれている．

［分散分析後のデータの構造］

$$y = \mu + w + a + p + q + b + h + j + k + e$$
$$A_1 \text{のとき}: p=c, \quad q=f, \quad A_2 \text{のとき}: p=d, \quad q=i \quad (5.7.7)$$

［最適条件の決定］

因子 A だけの最適水準に意味はない．表 5.23 より A_1 内 C_1F_2 と A_2 内 D_1I_2 で

の各最適水準組み合せのどちらがよいかを決定する必要がある．一方，通常の2水準因子J, Kの最適水準はそれぞれJ_2(J_1計$=377/J_2$計$=421$), K_2(K_1計$=347/K_2$計$=451$)となる．表5.24より，B, Hの最適水準は，それぞれ，B_2, H_3となる．すなわち，A_1での最適条件は$A_1B_2C_1F_2H_3J_2K_2$, A_2での最適条件は$A_2B_2D_1H_3I_2J_2K_2$となる．

[A_1, A_2での最適条件における母平均とその差の点推定，区間推定]

	μ	w_1	a_1	b_1	b_2	c_1	d_1	f_1	h_1	h_2	i_1	j_1	k_1	推定値	$1/ne$	S.E.	$\pm Q$
	1	2	3	4	5	6	7	8	9	10	11	12	13				
条件1	1	0	1	0	1	1	0	-1	-2	-1	0	-1	-1	96.875	0.875	25.22917	15.985
条件2	1	0	-1	0	1	0	1	0	-2	-1	-1	-1	-1	92.375	0.875	25.22917	15.985
条件1-2	0	0	2	0	0	1	-1	-1	0	0	1	0	0	4.5	0.75	21.625	14.79923

ここで，S.E.とあるのは統計量をZとすれば$Var(Z)$のことを意味する．$\pm Q$は信頼区間の片幅を表わす．

5.8　3水準系直交表

ここまでで取り扱った2水準系直交表では，1つまたは複数の3水準因子や4水準因子，…の割り付けが可能であった．直交表による実験は，検討すべき因子が多数あるときに，実験の効率化をはかり，少数の実験で必要な情報を得ようとするものであるから，2水準系直交表の適用の場がもっとも多いと考えられる．

しかし，固有技術の観点から3水準の因子が多く存在するとき，3水準系の直交表の適用が考えられる．ここではその成り立ちと利用法について簡単に述べる．2^n型要因配置実験から2水準系直交表を導入したように，3^n型要因配置実験から3水準系直交表を導入する．

5.8.1　3^n型要因配置実験

すべての因子が3水準のn因子による要因配置実験を3^n型要因配置実験と呼ぶ．表5.25は2因子AとBによる3^2型要因配置実験で，$A_iB_j(i, j=1, 2, 3)$での9つのデータy_1, y_2, …, y_9を示す．計算過程は省略するが，要因実験

の常法に従い，総平方和，A と B の主効果，および，交互作用 $A \times B$ の平方和は(5.8.1)式のように求めることができる．

$$S = 720, \quad S_A = 342, \quad S_B = 126, \quad S_{A \times B} = S - S_A - S_B = 252$$
$$\phi_A = \phi_B = 2, \quad \phi_{A \times B} = 4 \tag{5.8.1}$$

[3^n 型要因配置実験での交互作用]

3^n 型要因配置実験のデータの総数を $N = 3^n$，各因子の3つの水準計を T_1，T_2，T_3 とすると，各因子の主効果の平方和は，2水準系での(5.2.2)式に相当する(5.8.2)式で求める[3]．

$$S_{(j)} = \frac{(T_1 - T_2)^2 + (T_1 - T_3)^2 + (T_2 - T_3)^2}{N} \tag{5.8.2}$$

2水準系では，2元表の対角線に沿ってデータの和をとると，それが交互作用に当たっていた．3水準系でも同様に，左下がり，および，右下がりの対角線方向で3水準のデータ計を計算し，T_1，T_2，T_3 に対応させて(5.8.2)式を適用する．左下がり，および，右下がりの3水準の成分を AB 成分，および AB^2 成分と表わす．表5.25には，AB 成分についてのみを矢印で示してある．

表5.25 AB 2元表

B \ A	A_1	A_2	A_3	計
B_1	$y_1 = 6$	$y_4 = 21$	$y_7 = 27$	54
B_2	$y_2 = 9$	$y_5 = 15$	$y_8 = 12$	36
B_3	$y_3 = 0$	$y_6 = 24$	$y_9 = 3$	27
計	15	60	42	$T = 117$

42　　42　　33

---

[3] A について例示すると，$S_A = \dfrac{(15-60)^2 + (15-42)^2 + (60-42)^2}{9} = \dfrac{3078}{9} = 342$ である．

$$S_{AB} = \frac{(42-42)^2 + (42-33)^2 + (42-33)^2}{9} = 18,$$

$$S_{AB^2} = \frac{(24-60)^2 + (24-33)^2 + (60-33)^2}{9} = 234 \quad \quad \quad (5.8.3)$$

$$S_{A \times B} = S_{AB} + S_{AB^2} = 252, \quad \phi_{AB} = \phi_{AB^2} = 2, \quad \phi_{A \times B} = \phi_{AB} + \phi_{AB^2} = 4$$

このように考えると，AB 成分と AB^2 成分の平方和の和が (5.8.1) 式の $A \times B$ の平方和に一致する．これから，次式の直交分解が成り立つ．

$$S = S_A + S_B + S_{AB} + S_{AB^2} \quad \quad (5.8.4)$$

AB 成分と AB^2 成分の水準は，$A_i B_j (i, j = 1, 2, 3)$ の組み合せから，表 5.26 のように定まる．

通常の要因配置実験では，データの構造を

$$y_{ij} = \mu + \alpha_i + \beta_j + (\alpha\beta)_{ij} + e_{ij} \quad (i, j = 1, 2, 3)$$
$$e_{ij} \sim N(0, \sigma^2) \quad \quad (5.8.5)$$

のように書くが，表 5.26 を用いて $A \times B$ の効果 $(\alpha\beta)_{ij}$ を書き換えると，

$$y_i = \mu \pm \alpha \pm \beta \pm (\alpha\beta) \pm (\alpha\beta^2) + (\text{誤差}) \quad \quad (5.8.6)$$

と表現でき，$(\alpha\beta)_{ij}$ は $(\alpha\beta)$ と $(\alpha\beta^2)$ に分解される．この分解は，表 5.26 によるものであり，物理的な意味を持たないが，直交表による実験を計画し解析するために，この分解のやり方（数学上の意味）を理解しておくとよい．

5.8.2　3 水準系直交表の性質

表 5.25 のデータ $y_1, y_2, \cdots, y_9$ を縦に並べ，A と B の水準，および AB 成分と AB^2 成分の水準を 4 列に並べると，表 5.27 となる．これは 3 水準系直交表でもっとも小さい $L_9(3^4)$ 直交表で，各列の自由度は 2 である．3^2 型要因配置

表 5.26　AB 成分と AB^2 成分

	1	2	3			1	3	2
B_1	1	2	3		B_1	1	3	2
B_2	2	3	1		B_2	2	1	3
B_3	3	1	2		B_3	3	2	1
	A_1	A_2	A_3			A_1	A_2	A_3
	\multicolumn{3}{c}{AB 成分}			\multicolumn{3}{c}{AB^2 成分}

実験からは $L_9(3^4)$ が導かれたが，同様に 3^3 型からは $L_{27}(3^{13})$ が導かれ，さらに，3^4 型からは $L_{81}(3^{40})$ が導かれる．これら直交表で，行の数は実験の総数 $N=3^n$，全自由度は $N-1$，各列(3水準)の自由度は2であるから，列の数は$(N-1)/2$ となる．2水準系と同様の一般的表現は $L_N(3^{(N-1)/2})$ であり，L_N と略すことがある．

[**各列の成分(基本表示)**]

L_9 で(1)，(2)列にそれぞれ，A，B を割り付けると，$A \times B$ の交互作用の自由度は4で，(3)，(4)列の2列にまたがって現われる．基本表示は，2水準系直交表と同様に直交表の成り立ちを示し，英小文字で示してある．ab, ab^2 の意味は，この2列が(1)列と(2)列から表5.26の各成分で作られていることを示す．L_{27}, L_{81} では基本表示を表わす文字 a, b に c, さらに d が追加される．基本表示が1文字の a, b, c, d の列の水準を決めれば，表5.26の各成分により残りの列の水準が決まる．それに対応して，列を区分したものが**群**であり，直交表の分割実験で用いられる．表5.27の L_9 では2群，L_{27} では3群，L_{81} では4群までが区別される．

3水準系の直交表では，任意の2列の交互作用は2列に現われるが，どの2

表 5.27　$L_9(3^4)$ 直交表

列番号 要因 実験 No.	(1) A	(2) B	(3)	(4) $A \times B$	データ
1	1	1	1	1	6
2	1	2	2	2	9
3	1	3	3	3	0
4	2	1	2	3	21
5	2	2	3	1	15
6	2	3	1	2	24
7	3	1	3	2	27
8	3	2	1	3	12
9	3	3	2	1	3
基本表示	a	b	ab	ab^2	$T=117$
群	1	2	→		

列になるかは各列の成分によって知ることができる．(1)，(2)列の交互作用は(3)，(4)列であるが，これを例にとると，(1)，(2)列の基本表示 a と b の積：ab → (3)列，そして，(1)，(2)列の基本表示 a と b の2乗の積：ab^2 → (4)列と求められる．また，(1)，(3)列の交互作用なら，$a \times ab = a^2b$, $a \times (ab)^2 = a^3b^2$ となるが，a^2b や a^3b^2 に対応する列はない．このような場合には，2水準系でのモード2のルールの代わりに，次のモード3のルールを用いる．

モード3のルール：a, b, …にかかるべきを3で割った余りをべきとする．すなわち，$a^6 = a^3 = a^0 = 1$, $a^4 = a^1 = a$, $a^5 = a^2$ などとし，それでも基本表示の対応がとれなければ，xy または xy^2 の全体をさらに2乗して再度このルールを適用する．a^2b なら，$a^4b^2 = ab^2$ → (4)列，a^3b^2 なら，$a^3b^2 = b^2 = (b^2)^2 = b^4 = b$ → (2)列となる．

[3水準系直交表の性質]
① 各列には，水準1，水準2，水準3が $N/3$ 回ずつ現われる．
② 任意の2列をとると，9通りの水準組み合せが $N/9$ 回ずつ現われる．
③ ②の2列に対して，表5.26のルールで水準が決まる2列が存在し，その列に②の2列の交互作用が現われる．
④ 各列に要因を割り付けると，各列は対応する要因の効果を反映する．
⑤ 行や列をそっくり入れ換えても，性質は変わらない．

[割り付け]
表5.27において，交互作用 $A \times B$ が無視できるなら，(3)，(4)列からは自由度4で誤差分散を推定することができ，(3)，(4)列の一方，または，両方に別の3水準因子 C, さらに D を割り付けることもできる．こうした事情は，2水準系直交表とまったく同じで，交互作用が2列に出ることだけが異なる．L_9 に3因子を割り付ければ，3^3 型の1/3実施，4因子を割り付ければ，3^4 型の1/9実施となる．各因子の主効果だけを求める場合，因子数より列数が多い直交表を用い，因子と列の対応を無作為に決めれば，残る列は誤差列となる．

交互作用が無視できないときの割り付けには基本表示を用いて行うが，標準線点図を用いてもよい．

線点図の使い方は2水準系直交表と同じであるが，2因子交互作用が2列に現われる所だけが違う，2点を結ぶ線の上には2列の列番が記載されている．

3水準系は2水準系と比較して，実験数（行数）の割に列の数が少ないので，割り付けには制約が多い．一方，3水準の比較であるから最適条件を求めるためには適切で，定量的因子については，直線関係を想定できるとは限らない場合でも，応答関数の形状についての推測が可能となる．

　3水準系直交表に割り付ける因子のすべてが3水準である必要はない．一部に2水準の因子Aがあるとき，A_1を直交表の第1水準，A_2を同第2および第3水準に対応させると，5.6節の擬水準法となる．A_2は重複水準であり，2水準系直交表と同様に，A_1, A_2, $A_{2'}$ という表現をとる．

　2つの2水準因子を組み合せ，A_2B_1を除く，A_1B_1, A_1B_2, A_2B_2の3通りを3水準として扱えば，A_1B_1とA_1B_2からBの主効果を，A_1B_2とA_2B_2からAの主効果を推定することが可能で，5.9.1項で述べる組み合せ法となる．

　2列の主効果と交互作用2列を確保すれば，L_9に当たる9処理が定義でき，9水準の多水準法も可能である．擬因子法やアソビ列法も可能であるが，3水準系では列の数が少なく，2水準系のように自由な応用は難しい．

5.9　補遺

　参考となる手法について簡単に触れておく．詳細は，楠正，辻谷将明，松本哲夫，和田武夫，『応用実験計画法』，日科技連出版社(1995)を参照されたい．

5.9.1　組み合せ法

　5.6節の擬水準法を適用すると，水準の重複による誤差が発生する．この誤差を有効に使って別の因子を割り付ける方法が組み合せ法である．

　たとえば，表5.28は，3水準の因子Aと2水準の因子Bによる6通りの組み合せ処理であるが，○印の組み合せだけを取り上げ，実験ができない組み合せ，実験する意味のうすい組み合せ，あるいは，結果がよくないことが明らかな組み合せなど，×印で示す実験を除外できれば，○印の4通りを多水準法による4水準に対応させることができる．B_2での○印はA_1である必要はなく，事前の情報により，取り上げない条件に×印を入れればよい．Aの効果とBの効果を分離する必要がなければ，表5.28は4水準因子「AB」の内容を説明

したに過ぎない．

表5.28での○印を，A，B別に見ると，A_1のデータ数は，A_2，A_3の2倍で，4水準のうち2つに重複して割り付けられている．一方，B_1はB_2の3倍のデータ数となるように，4水準のうち3つに重複されており，A，Bいずれにも擬水準法が使われているとみることができる．A，Bそれぞれの効果を調べたければ，表5.28のB_1の行のA_1，A_2，A_3の比較からA，A_1の列のB_1，B_2の比較からBの効果を知ることができ，Aの比較に関してはB，Bの比較に関してはAの条件は同じ水準に保たれる．このように，多水準法による多水準を出発点として，複数因子を同時に擬水準法によって割り付け，それぞれの効果を調べる方法を組み合せ法と呼ぶ．ただし，組み合せ法では，$A \times B$の交互作用のない場合を想定する．

表5.29で，①，②はB_1内でAの水準を比較する対比，③はA_1内でBの2水準を比較する対比で，各水準でのデータ数をnとすると，これら対比の平方和を求めるときの除数は，係数の2乗和から，①で$6n$，②，③で$2n$となる．①と②は直交するが，①，②と③は直交せず，Aに関して別の対比を考えても，やはり③とは直交しない．したがって，①，②の平方和をそれぞれ$S_{A_1A_2 \cdot A_3}$，$S_{A_1 \cdot A_2}$，B_1内3水準のAの平方和を$S_A(\phi_A=2)$とすると，$S_A = S_{A_1A_2 \cdot A_3} + S_{A_1 \cdot A_2}$であり，③の平方和は$A_1$内2水準の$B$の平方和$S_B(\phi_B=1)$にあたるが，4水準の「$AB$」の平方和を$S_{AB}(\phi_{AB}=3)$とすると，$S_{AB} = S_A + S_B$の直交分解は成立しない．他に列が余っていれば，組み合せ法ではなく，擬水準法とするほうが直交性を保持できる点で望ましい．組み合せ法は，余分の列がなく，さらに1つの因子を割り付けたいときにやむを得ず使う方法である．次の例題の状況を参考にされたい．

表5.28 ABの組み合せ

	A_1	A_2	A_3
B_1	○	○	○
B_2	○	×	×

因子ABとして4水準

表5.29 組み合せ法での対比（自由度1への分解）

		A_1B_2	A_1B_1	A_2B_1	A_3B_1
①	B_1でA_1A_2対A_3	0	1	1	-2
②	B_1でA_1対A_2	0	1	-1	0
③	A_1でBの比較	-1	1	0	0

[例題 5.4]

機械部品の製造工程において，ある特性値(y：単位省略)の低減に取り組んでいる．取り上げる因子としては，因子 A(3水準)と因子 B(2水準)であるが，A_2, A_3 条件と B_2 条件の組み合せは現在の設備では試験が実施できないので，その条件 A_2B_2, A_3B_2 を除き，A_1B_2, A_1B_1, A_2B_1, A_3B_1 のように A と B の因子を組み合せ，4水準とする．その他 C, D, F, G, H, I, J(各2水準)の主効果と，$C \times D$, $C \times F$ の交互作用を取り上げ，実験することにする．必要な自由度の合計は12であり，L_{16} に割り付けることができる．

[データの構造と制約条件]

$$\left.\begin{array}{l} y = \mu + ab + c + d + f + g + h + i + j + (cd) + (cf) + e \\[4pt] \sum ab = 0 \;\rightarrow\; ab_{12} + ab_{11} + ab_{21} + ab_{31} = 0 \\[4pt] \sum c = \sum d = \sum f = \sum g = \sum h = \sum i = \sum j = 0, \\[4pt] \sum (cd) = \sum (cf) = 0, \quad e \sim N(0, \sigma^2) \end{array}\right\} \quad (5.9.1)$$

5.9.2 直和法

検討すべき因子と水準の数は多いが大きな実験はできない，また，逐次的に得られる結果を次に行う実験に活かしたいというときに**直和法**を用いると有効な場合がある．すなわち，直交表実験を行う際，最初から L_{16} 全部を実験せずに，L_8 実験×2回に分けて実験すれば，1回目の L_8 の結果が2回目の L_8 の計画に活かせる．たとえば，すべての水準を当初から設定しなくても済むメリットがある．そして，$L_8 \times 2$ 回の実験を併合して，直和法の L_{16} として総合解析ができる．次の例題の状況を参考にされたい．

[例題 5.5]

定量的因子 A, B についての最適水準を，できれば極値として求めたい．したがって，A, B は少なくとも各3水準以上を取り上げたい．そのほか，C, D, …(各2水準)計7因子も取り上げたい．$A \times B$ 以外の交互作用は考えない．

必要な自由度は，A, B を各3水準としても，合計15であり，誤差列を設けるとすれば，L_{16} には割り付けが不可能である．L_{32} では実験が大きすぎるし，また，A, B については，最初から3水準を固定して実験するのではなく，第1水準と第2水準の結果を見てから，良いほうの側に第3の水準を設定して実験したほうが，極値として最適条件が求められる可能性が高いので，L_8 を2〜3回反復する直和法で実験を組むことにする．最適水準は求められなくても，1回目の L_8 でデータが目標値をクリアしたときには，その時点での実験終了を視野に入れる．

[注意点]

　直和法はその計画の性格上，要因数に対して実験が小さく，誤差の自由度が小さい．したがって，直和法を実施するときは，すでに実験誤差の大きさがおおよそわかっている場合が好ましいといえる．固有技術的判断から実験結果を十分吟味しておくことも大切である．直和法における反復は，単なる反復ではなく各種の要因が複雑に交絡している．したがって，各反復で水準が異なる因子とそうでない因子の交互作用を考える場合は，アソビ列との交互作用列もアソビ列としておく配慮が必要である．

5.9.3　直積法とパラメータ設計

　無視できない交互作用があるときに，それに関係した条件が変化すれば特性値が変化し，製品の性能や品質が十分に保証できないことがある．とくに，品質保証に関係した制御因子と，消費者の使用条件に関係した標示因子との交互作用には注意する必要がある．実験因子を2組に分け，それぞれを L_N, L_M に割り付けて $N×M$ の実験をすべて行う方法を**直積法**というが，製造条件に関する制御因子と，使用条件に関する標示因子をその2組とすれば，問題とする交互作用のすべてが検討され，環境変動に影響されにくい製造条件の設定が可能になる．この方法を**パラメータ設計**という．なお，製造側の因子を**内側因子**，使用側の因子を**外側因子**という．これにより実験の総数は多くなるが，本書の要因配置実験，直交表実験で述べたような最適値の求め方に，研究開発，生産技術，製造などにおいて要求される平均的な最適性や，使用条件と絡んだ**弾力性**，**安定性**などを含めて総合的な配慮をした最適条件を設定する場合の適

用に好適である．椿らの文献[4]や以下の例題の状況を参考にされたい．

[例題 5.6]

繊維織物表面に毛玉の発生のないポリエステル系紡績糸の紡績工程での操業性を改良することになった．原綿の製造条件として，因子 A, B, C, および，D の 4 因子（各 2 水準）を内側因子として取り上げ，一方，外側因子としては，次工程である紡績工程での加工条件，K, L, M の 3 因子（各 2 水準）を取り上げるとする．このときの割り付けは，内側直交表は L_8，外側直交表は L_4 となる．

5.9.4 データの構造に基づく推定方法

[例題 5.1] を用いて，データの構造に基づく推定方法を説明する．この方法

表 5.30 誤差の線形式として表わした有効反復数の計算

誤差	$\hat{\mu}+\hat{a}_1+\hat{c}_1+(\hat{ac})_{11}$	$\hat{\mu}+\hat{a}_1+\hat{g}_1+(\hat{ag})_{11}$	$\hat{\mu}+\hat{f}_2$	$-(\hat{\mu}+\hat{a}_1)$	$-\hat{\mu}$	合計	データ
e_1	1/4	1/4		$-1/8$	$-1/16$	5/16	y_1
e_2		1/4		$-1/8$	$-1/16$	1/16	y_2
e_3		1/4	1/8	$-1/8$	$-1/16$	3/16	y_3
e_4	1/4	1/4	1/8	$-1/8$	$-1/16$	7/16	y_4
e_5	1/4			$-1/8$	$-1/16$	1/16	y_5
e_6				$-1/8$	$-1/16$	$-3/16$	y_6
e_7			1/8	$-1/8$	$-1/16$	$-1/16$	y_7
e_8	1/4		1/8	$-1/8$	$-1/16$	3/16	y_8
e_9			1/8		$-1/16$	1/16	y_9
e_{10}			1/8		$-1/16$	1/16	y_{10}
e_{11}					$-1/16$	$-1/16$	y_{11}
e_{12}					$-1/16$	$-1/16$	y_{12}
e_{13}			1/8		$-1/16$	1/16	y_{13}
e_{14}			1/8		$-1/16$	1/16	y_{14}
e_{15}					$-1/16$	$-1/16$	y_{15}
e_{16}					$-1/16$	$-1/16$	y_{16}

---

[4] 椿広計，河村敏彦，『設計科学におけるタグチメソッド』，日科技連出版社(2008)

は，手間のかかるように見えるが，すべての計画に適用でき，しかも，確実に正しい推定が行えるので，有用な方法である．本方法は，推定誤差を一旦，誤差の線形式として表わし，互いに独立な誤差に戻してから分散の加法性をもとに計算する方法である．

表 5.30 の合計欄に対して誤差の加法性を適用すると，

$$\frac{1}{n_e} = \frac{\{(\pm 1)^2 \times 11 + (\pm 3)^2 \times 3 + (\pm 5)^2 \times 1 + (\pm 7)^2 \times 1\}}{16^2}$$

$$= \frac{11 + 27 + 25 + 49}{256} = \frac{112}{256} = \frac{7}{16} \tag{5.9.2}$$

となって (5.5.7) 式と一致する．

第6章 ブロック因子と局所管理

6.1 乱塊法とは

 第5章までは完全無作為化法を取り扱ったが,実験の場全体を一度にランダマイズせず,実験の処理や実験の場をブロックに小分けし,層別された各ブロック毎にランダマイズすれば実験の精度の向上が期待できる.このようなときに用いるのが,**乱塊法**(randomized complete block design)である.
 小分けした実験の場を**ブロック**,小分けに用いる因子を**ブロック因子**,ブロック内で個々の実験を行う場の単位を**プロット**といい,このような実験の場の管理を**局所管理**という.局所管理においては,ブロック間のばらつきが大きく,ブロック内の誤差は小さくなるようにブロックの設定を工夫する.固有技術の観点から,ブロック因子は,実験日,原料のロット,作業者,農事試験の圃場の区切りなどで,変量因子として取り扱う.1.3.1項で述べたように,変量因子は水準を指定しても実務的な意味は薄い.例を挙げよう.
 1元配置の合成実験で因子 A が4水準,繰り返しが3回の実験を計画したとする.1日に4回の実験しかできず,また,原料は温度・水分に敏感で雰囲気の影響を無視できない場合,どのように実験を計画したらよいだろうか.
 1日に4回の実験しかできないので,3日かけて $4×3=12$ 回の実験を行うとし,実験を完全ランダマイズで実行する場合,乱数を使用して,たとえば,表6.1のような実験の順序が例示される.
 この例だと,1日目に A_1, A_4, A_2, A_1,2日目に A_3, A_4, A_1, A_4,3日目に A_2, A_3, A_2, A_3 の実験を行うことになる.しかし,湿度や温度の影響を無視

表 6.1 1元配置実験における実験順序

実験	A_{11}	A_{12}	A_{13}	A_{21}	A_{22}	A_{23}	A_{31}	A_{32}	A_{33}	A_{41}	A_{42}	A_{43}
乱数	38	23	07	92	21	61	82	99	33	53	34	14
順番	7	4	1	11	3	9	10	12	5	8	6	2

できない場合,初日が晴天で,2日目がどしゃぶりの雨,3日目がくもりであったなら,日による誤差が誤差分散 σ^2 の構成成分の1つとなってしまい,A の要因効果の検出力や A の各水準での母平均の差の推定精度を低下させてしまう懸念がある.

そこで,日にちをブロック因子として導入した乱塊法計画にすると,表6.2 のようになり,各日に $A_1 \sim A_4$ のすべての条件を実験するため,前記のような問題を回避できると考えられる.

図 6.1 の渦巻きは,繰り返しを含む $A_1 \sim A_4$ 全体(12実験)の無作為化を,図 6.2 の B の各水準内の渦巻きは各 A_i(4実験)に関する無作為化を示す.

表 6.2 乱塊法実験における実験順序

実験	B_1(1日目)				B_2(2日目)				B_3(3日目)			
	A_1	A_2	A_3	A_4	A_1	A_2	A_3	A_4	A_1	A_2	A_3	A_4
乱数	93	75	97	43	15	03	66	35	60	40	95	01
順番	3	2	4	1	6	5	8	7	11	10	12	9

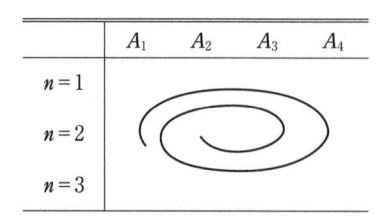

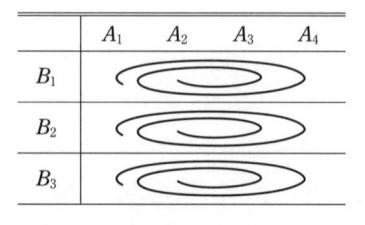

図 6.1 完全ランダマイズ   図 6.2 乱塊法のランダマイズ

6.2　乱塊法の 1 因子実験

[データの構造]

　ブロック因子は変量因子であり，他の因子との交互作用は仮にあったとしても誤差と考える．また，ブロック因子は，母数因子と区別するためギリシャ文字ではなくアルファベットで記す．制約条件は，ブロック間分散を σ_B^2 とおくと，データの構造と制約条件は(6.2.1)式のようになる．

$$y_{ij} = \mu + \alpha_i + b_j + e_{ij}, \quad \sum \alpha_i = 0, \quad b_j \sim N(0, \ \sigma_B^2), \quad e_{ij} \sim N(0, \ \sigma^2)$$

(6.2.1)

[分散分析]

　分散分析の方法は繰り返しのない 2 元配置と基本的に同じである．例題を用いて説明する．

[例題 6.1]

　有機薬品の合成反応での収量向上を目的として，反応温度(因子 A)の水準を 4 水準検討することになった．原料は 1 ロットで 4 回の実験ができるが，ロット間のばらつきを無視できない．そこで，原料のロット(因子 B)を 3 水準のブロックにとり，各ロットにつき，因子 A を 4 条件ずつ，計 12 回の実験を行い表 6.3 のデータを得た．ただし，各ロット内の実験順序はランダムにした．数

表 6.3　化学薬品の収量(単位省略)

水準	B_1	B_2	B_3	$T_{i\cdot}$
A_1	87	82	74	243
A_2	81	75	75	231
A_3	97	92	96	285
A_4	85	79	73	237
$T_{\cdot j}$	350	328	318	$T = \sum \sum y_{ij} = 996$

値は大きいほうが良い．解析してみよう．

(解答)

[データの構造と制約条件]

$$y_{ij} = \mu + \alpha_i + b_j + e_{ij}$$

$$\sum \alpha_i = 0, \quad b_j \sim N(0, \sigma_B^2), \quad e_{ij} \sim N(0, \sigma^2) \tag{6.2.2}$$

[平方和および自由度の計算]　　　　$(a=4, \quad b=3, \quad N=ab=12)$

$$\bar{\bar{y}} = \frac{T}{N} = \frac{996}{12} = 83.0$$

$$S = \sum_{i=1}^{4}\sum_{j=1}^{3}(y_{ij}-\bar{\bar{y}})^2 = 4^2 + (-1)^2 + \cdots + (-10)^2 = 796$$

$$S_A = b\sum_{i=1}^{4}(\bar{y}_{i\cdot}-\bar{\bar{y}})^2 = 3\{(-2)^2 + (-6)^2 + 12^2 + (-4)^2\} = 600$$

$$S_B = a\sum_{j=1}^{3}(\bar{y}_{\cdot j}-\bar{\bar{y}})^2 = 4\{4.5^2 + (-1)^2 + (-3.5)^2\} = 134$$

$$S_e = S - S_A - S_B = 796 - 600 - 134 = 62$$

$$\phi = 3 \times 4 - 1 = 11, \quad \phi_A = 4 - 1 = 3, \quad \phi_B = 3 - 1 = 2$$

$$\phi_e = \phi - \phi_A - \phi_B = 11 - 3 - 2 = 6$$

表6.4　$(y_{ij}-\bar{\bar{y}})$表

水準	B_1	B_2	B_3	$\sum_{j=1}^{3}(y_{ij}-\bar{\bar{y}})$	$\bar{y}_{i\cdot}-\bar{\bar{y}}$
A_1	4	-1	-9	-6	-2
A_2	-2	-8	-8	-18	-6
A_3	14	9	13	36	12
A_4	2	-4	-10	-12	-4
$\sum_{i=1}^{4}(y_{ij}-\bar{\bar{y}})$	18	-4	-14		
$\bar{y}_{\cdot j}-\bar{\bar{y}}$	4.5	-1	-3.5		

表 6.5 分散分析表

sv	ss	df	ms	F_0	$E(ms)$
A	600	3	200	19.36**	$\sigma^2+3\sigma_A^2$
B	134	2	67	6.49*	$\sigma^2+4\sigma_B^2$
e	62	6	10.33	—	σ^2
計	796	11	—		

$F(3, 6 ; 0.01)=9.780,\quad F(2, 6 ; 0.05)=5.143,\quad F(2, 6 ; 0.01)=10.925$

[分散分析表]

処理間 A は高度に有意となった．ブロック間 B も有意となったことから，もし，局所管理を行わずに完全無作為化法で試験を行った場合は，誤差が増大し，知りたい処理 A の検出力が低下したと考えられる．

結果として，ブロック間 B が有意とならなければ，S_B を誤差にプールすることになり，これは完全ランダマイズされた 1 元配置の分散分析に帰着する．したがって，完全無作為化実験よりも，たとえ固有技術的に層別が有効と思えないときであっても，なんらかのブロック因子を導入した乱塊法の実験としたほうが有利である．

[分散分析後のデータの構造]

A も B も有意であるため，推定における平均値の構造を次式とする．

$$\bar{y}_{i\cdot}=\mu+\alpha_i+\bar{b}_\cdot+\bar{e}_{i\cdot}\quad\text{（制約条件省略）} \tag{6.2.3}$$

[最適条件における母平均の点推定]

B はブロック因子で水準を指定することに意味はないため，最適条件は表 6.3 より A_3 である．

$$\hat{\mu}(A_3)=\bar{y}_{3\cdot}=\hat{\mu}+\hat{\alpha}_3+\bar{b}_\cdot+\bar{e}_{3\cdot}=\frac{285}{3}=95.0 \tag{6.2.4}$$

[最適条件における母平均の区間推定]

$E(ms)$ から $V_B=\hat{\sigma}^2+a\hat{\sigma}_B^2$，$V_e=\hat{\sigma}^2$ で，因子 B と誤差は独立であるから，次式が導ける．

$$\hat{\sigma}_B^2=\frac{V_B-V_e}{a} \tag{6.2.5}$$

$$\hat{Var}[\hat{\mu}(A_3)] = \hat{Var}[\bar{b}_{\cdot} + \bar{e}_{3\cdot}] = \hat{Var}[\bar{b}_{\cdot}] + \hat{Var}[\bar{e}_{3\cdot}]$$

$$= \frac{\hat{\sigma}_B^2}{b} + \frac{\hat{\sigma}^2}{b} = \frac{(V_B - V_e)/a + V_e}{b} = \frac{V_B + (a-1)V_e}{ab}$$

$$= \frac{67.0 + 3 \times 10.33}{12} = 8.166 \tag{6.2.6}$$

したがって，$\hat{\mu}(A_i)$ の信頼限界は，(6.2.7)式で求められる．

$$\bar{y}_{i\cdot} \pm t(\phi^*,\ \alpha)\sqrt{\frac{V_B + (a-1)V_e}{ab}} \tag{6.2.7}$$

ここで，ϕ^* は $V_B + (a-1)V_e$ の等価自由度で，3.2.5項で述べたSatterthwaiteの方法を用い，(6.2.8)式から求める．したがって，最適条件での母平均は(6.2.9)式で区間推定できる．

$$\frac{\{V_B + (a-1)V_e\}^2}{\phi^*} = \frac{V_B^2}{\phi_B} + \frac{\{(a-1)V_e\}^2}{\phi_e} \tag{6.2.8}$$

$$\frac{\{67.0 + 3 \times 10.33\}^2}{\phi^*} = \frac{67.0^2}{2} + \frac{(3 \times 10.33)^2}{6} \quad \rightarrow \quad \phi^* = 3.99$$

$$t(3.99,\ 0.05) = t(4,\ 0.05) \times 0.99 + t(3,\ 0.05) \times (1 - 0.99)$$
$$= 2.776 \times 0.99 + 3.182 \times 0.01 = 2.780$$

$$\mu_L^U = \hat{\mu}(A_3) \pm t(\phi^*,\ 0.05)\sqrt{\hat{Var}[\hat{\mu}(A_3)]}$$
$$= 95.0 \pm 2.780 \times \sqrt{8.166} = 95.0 \pm 7.9 = [87.1,\ 102.9] \tag{6.2.9}$$

[最適条件と現行条件における母平均の差の点推定]

最適水準 A_3 と現行条件 (A_1) との母平均の差は，(6.2.10)式で与えられる．

$$\text{点推定：} \hat{\mu}(A_3) - \hat{\mu}(A_1) = \bar{y}_{3\cdot} - \bar{y}_{1\cdot} = \frac{285 - 243}{3} = 14.0 \tag{6.2.10}$$

[最適条件と現行条件における母平均の差の区間推定]

$$\hat{\delta} = \bar{y}_{3\cdot} - \bar{y}_{1\cdot} = (\mu + \alpha_3 + \bar{b}_{\cdot} + \bar{e}_{3\cdot}) - (\mu + \alpha_1 + \bar{b}_{\cdot} + \bar{e}_{1\cdot})$$
$$= (\alpha_3 - \alpha_1) + (\bar{e}_{3\cdot} - \bar{e}_{1\cdot}) \tag{6.2.11}$$

$$\hat{Var}[\hat{\delta}] = \hat{Var}[\hat{\mu}(A_3) - \hat{\mu}(A_1)] = \hat{Var}[\bar{e}_{3\cdot} - \bar{e}_{1\cdot}] = \frac{2 \times \hat{\sigma}^2}{b} = \frac{2V_e}{b}$$

$$= \frac{2 \times 10.33}{3} = 6.887$$

よって，$\mu(A_3)-\mu(A_1)$ の $100(1-\alpha)$ ％信頼区間は (6.2.12) 式のようになる．

$$\delta_L^U = \hat{\delta} \pm t(\phi_e, \alpha)\sqrt{\hat{Var}[\hat{\delta}]} = 14.0 \pm t(6, 0.05)\sqrt{6.887}$$
$$= 14.0 \pm 6.4 = [7.6, 20.4] \tag{6.2.12}$$

母平均の差の推定では，(6.2.11) 式において，$\bar{b}.$ が消去されるため，$\hat{\delta}$ の分散にはブロック間変動を含まない．したがって，母平均の推定のときの (6.2.9) 式に比べると (6.2.12) 式に示す母平均の差は精度良く推定することができる．

6.3 乱塊法の 2 因子実験

次に，2元配置実験にブロック因子を導入した場合について考える．この場合の分散分析の基本は，3元配置実験と同じである．

[例題 6.2]

小麦の成長促進のために，肥料の種類(因子 A)と添加量(因子 B)をそれぞれ $a=3$ 水準および $b=2$ 水準にとり，圃場区画(因子 C)を2つに分けて，区画内では均一とみなせる各区画に $A_1B_1 \sim A_3B_2$ の各条件をそれぞれランダムな順番に植え付け，栽培実験を行った．

その結果，表 6.6 のデータが得られた．数値は大きいほうが良い．これを解析し，最適条件の母平均と，それと現行条件 A_1B_1 の母平均との差を信頼率 95％で区間推定してみよう．A，B は母数因子，C は変量因子である．

表 6.6　小麦の収穫量(単位省略)

A	B	C C_1	C_2
A_1	B_1	52	53
	B_2	64	68
A_2	B_1	68	69
	B_2	77	82
A_3	B_1	103	102
	B_2	116	118

(解答)

[データの構造と制約条件]

$$\left. \begin{array}{l} y_{ijk} = \mu + \alpha_i + \beta_j + (\alpha\beta)_{ij} + c_k + e_{ijk} \\ \sum_{i=1}^{3} \alpha_i = \sum_{j=1}^{2} \beta_j = \sum_{i=1}^{3} (\alpha\beta)_{ij} = \sum_{j=1}^{2} (\alpha\beta)_{ij} = 0 \\ c_k \sim N(0, \ \sigma_C^2), \ e_{ijk} \sim N(0, \ \sigma^2) \end{array} \right\} \quad (6.3.1)$$

[$T_{ij\cdot}$, $(y_{ijk} - \bar{\bar{y}})$ 表の作成]

表 6.7 $T_{ij\cdot}$ 表

$n=2$	B_1	B_2	$T_{i\cdot\cdot}$
A_1	105	132	237
A_2	137	159	296
A_3	205	234	439
$T_{\cdot j \cdot}$	447	525	$T=972$

表 6.8 $(y_{ijk} - \bar{\bar{y}})$ 表 その 1

		C_1	C_2	$\sum_i (y_{ijk} - \bar{\bar{y}})$	$\bar{y}_{i\cdot\cdot} - \bar{\bar{y}}$
A_1	B_1	-29	-28	-87	-21.75
	B_2	-17	-13		
A_2	B_1	-13	-12	-28	-7
	B_2	-4	1		
A_3	B_1	22	21	115	28.75
	B_2	35	37		
$\sum_k (y_{ijk} - \bar{\bar{y}})$		-6	6		
$(\bar{y}_{\cdot\cdot k} - \bar{\bar{y}})$		-1	1		

$$\bar{\bar{y}} = \frac{T}{N} = \frac{972}{12} = 81$$

表 6.9 $(y_{ijk} - \bar{\bar{y}})$ 表 その 2

	A_1		A_2		A_3		$\sum_j (y_{ijk} - \bar{\bar{y}})$	$(\bar{y}_{\cdot j \cdot} - \bar{\bar{y}})$
	C_1	C_2	C_1	C_2	C_1	C_2		
B_1	-29	-28	-13	-12	22	21	-39	-6.5
B_2	-17	-13	-4	1	35	37	39	6.5

表 6.10 $(\bar{y}_{ij\cdot} - \bar{\bar{y}})$ 表

$n=2$	B_1	B_2
A_1	-28.5	-15
A_2	-12.5	-1.5
A_3	21.5	36

[平方和と自由度の計算]　　　($a=3$,　$b=2$,　$c=2$,　$N=abc=12$)

$$S = \sum_{i=1}^{3}\sum_{j=1}^{2}\sum_{k=1}^{2}(y_{ijk}-\bar{\bar{y}})^2 = (-29)^2+(-17)^2+\cdots+37^2 = 5932$$

$$\phi = abc-1 = 11$$

$$S_A = bc\sum_{i=1}^{3}(\bar{y}_{i\cdot\cdot}-\bar{\bar{y}})^2 = 2\times 2\times\{(-21.75)^2+(-7)^2+28.75^2\} = 5394.5$$

$$\phi_A = a-1 = 2$$

$$S_B = ac\sum_{j=1}^{2}(\bar{y}_{\cdot j\cdot}-\bar{\bar{y}})^2 = 3\times 2\times\{(-6.5)^2+6.5^2\} = 507 \qquad \phi_B = b-1 = 1$$

$$S_C = ab\sum_{k=1}^{2}(\bar{y}_{\cdot\cdot k}-\bar{\bar{y}})^2 = 3\times 2\times\{(-1)^2+1^2\} = 12 \qquad \phi_C = c-1 = 1$$

$$S_{AB} = c\sum_{i=1}^{3}\sum_{j=1}^{2}(\bar{y}_{ij\cdot}-\bar{\bar{y}})^2 = 2\{(-28.5)^2+(-15)^2+\cdots+36^2\} = 5908$$

$$\phi_{AB} = ab-1 = 5$$

$$S_{A\times B} = S_{AB} - S_A - S_B = 6.5 \qquad\qquad \phi_{A\times B} = \phi_{AB}-\phi_A-\phi_B = 2$$

$$S_e = S - S_{AB} - S_C = 12 \qquad\qquad \phi_e = \phi - \phi_{AB} - \phi_C = 11-5-1 = 5$$

[分散分析表の作成]

　　分散分析の結果，主効果 A，B は高度に有意となったが，交互作用 $A\times B$ は有意ではないため，誤差へプーリングし，新たに誤差 V'_e を求める．

$$V'_e = \frac{S_{A\times B}+S_e}{\phi'_e} = \frac{6.5+12}{2+5} = 2.643, \qquad \phi'_e = \phi_{A\times B}+\phi_e = 2+5 = 7$$

　　プーリング後の分散分析の結果は，表 6.11 の網掛け欄に示してある．圃場の効果は有意ではないが，F_0 値が小さくないため，プーリングせず，このまま残すこととする．分散分析後のデータの構造は，(6.3.1) 式から交互作用項の

表6.11 分散分析表

sv	ss	df	ms	F_0	$E(ms)$	F_0
A	5394.5	2	2697.25	1123.9**	$\sigma^2 + 4\sigma_A^2$	1020.5**
B	507	1	507	211.3**	$\sigma^2 + 6\sigma_B^2$	191.8**
$A \times B$	6.5	2	3.25	1.35	$\sigma^2 + 2\sigma_{A \times B}^2$	
C	12	1	12	5	$\sigma^2 + 6\sigma_C^2$	4.54
e	12	5	2.4		σ^2	
e	18.5	7	2.643		σ^2	
計	5932	11	—			

$F(2,\ 5\ ;0.01) = 13.274,\quad F(1,\ 5\ ;0.01) = 16.258$
$F(1,\ 5\ ;0.05) = 6.608,\quad F(2,\ 5\ ;0.05) = 5.786$
$F(2,\ 7\ ;0.01) = 9.547,\quad F(1,\ 7\ ;0.01) = 12.246$
$F(1,\ 7\ ;0.05) = 5.591$

みを除き，(6.3.2)式となる．

$$y_{ijk} = \mu + \alpha_i + \beta_j + c_k + e_{ijk} \quad \text{(制約条件省略)} \tag{6.3.2}$$

[最適条件における母平均の点推定]

交互作用を無視したときの母平均の点推定は，(6.3.3)式で推定する．

$$\hat{\mu}(A_iB_j) = \widehat{\mu + \alpha_i + \beta_j} = \widehat{(\mu + \alpha_i)} + \widehat{(\mu + \beta_j)} - \hat{\mu} = \bar{y}_{i\cdot\cdot} + \bar{y}_{\cdot j \cdot} - \bar{\bar{y}} \tag{6.3.3}$$

表6.7より A は A_3，B は B_2 がよいので，最適条件は A_3B_2 となり，以下のように推定できる．

$$\hat{\mu}(A_3B_2) = \bar{y}_{3\cdot\cdot} + \bar{y}_{\cdot 2 \cdot} - \bar{\bar{y}} = \frac{439}{4} + \frac{525}{6} - \frac{972}{12} = 116.25$$

[区間推定]

信頼区間を求めるには $\hat{\mu}(A_iB_j)$ の分散を求めなければならない．データの構造は $y_{ijk} = \mu + \alpha_i + \beta_j + c_k + e_{ijk}$ である．$\bar{y}_{i\cdot\cdot}$, $\bar{y}_{\cdot j \cdot}$, $\bar{\bar{y}}$ の構造は，それぞれ，

$$\bar{y}_{i\cdot\cdot} = \mu + \alpha_i + \bar{c} + \bar{e}_{i\cdot\cdot} \quad \bar{y}_{\cdot j \cdot} = \mu + \beta_j + \bar{c} + \bar{e}_{\cdot j \cdot} \quad \bar{\bar{y}} = \mu + \bar{c} + \bar{\bar{e}}$$

であるから，(6.3.4)式を得る．よって分散は(6.3.5)式となる．

$$\hat{\mu}(A_iB_j) = \bar{y}_{i\cdot\cdot} + \bar{y}_{\cdot j \cdot} - \bar{\bar{y}} = (\mu + \alpha_i + \beta_j + \bar{c}) + (\bar{e}_{i\cdot\cdot} + \bar{e}_{\cdot j \cdot} - \bar{\bar{e}}) \tag{6.3.4}$$

$$\hat{Var}[\hat{\mu}(A_iB_j)] = \hat{Var}[\bar{y}_{i\cdot\cdot} + \bar{y}_{\cdot j \cdot} - \bar{\bar{y}}] = \frac{\hat{\sigma}_C^2}{c} + \left(\frac{1}{bc} + \frac{1}{ac} - \frac{1}{abc}\right)\hat{\sigma}^2$$

$$= \frac{\hat{\sigma}_C^2}{c} + \frac{a+b-1}{abc}\hat{\sigma}^2$$

$$= \frac{1}{c}\left(\frac{V_C - V_e'}{ab}\right) + \frac{a+b-1}{abc}V_e' = \frac{V_C + (a+b-2)V_e'}{abc}$$

$$= \frac{12.0 + (3+2-2) \times 2.643}{3 \times 2 \times 2} = \frac{19.929}{12} = 1.661 \quad (6.3.5)$$

したがって，$\hat{\mu}(A_iB_j)$ の信頼限界は，以下の式で求められる．

$$\hat{\mu}(A_iB_j) \pm t(\phi^*, \ \alpha)\sqrt{\frac{V_C + (a+b-2)V_e'}{abc}} \quad (6.3.6)$$

ここで，ϕ^* は $V_C + (a+b-2)V_e'$ の等価自由度で，Satterthwaite の方法を用い，(6.3.7)式から求める．

$$\frac{\{V_C + (a+b-2)V_e'\}^2}{\phi^*} = \frac{(V_C)^2}{\phi_C} + \frac{\{(a+b-2)V_e'\}^2}{\phi_{e'}} \quad (6.3.7)$$

$$\frac{(19.929)^2}{\phi^*} = \frac{12.0^2}{1} + \frac{(3 \times 2.643)^2}{7} \quad \rightarrow \quad \phi^* = 2.596$$

$$t(\phi^*, \ 0.05) = t(2.596, \ 0.05)$$
$$= t(3, \ 0.05) \times 0.596 + t(2, \ 0.05) \times (1 - 0.596)$$
$$= 3.182 \times 0.596 + 4.303 \times 0.404 = 3.635$$

$$\mu_L^U = \hat{\mu}(A_3B_2) \pm t(\phi^*, \ 0.05)\sqrt{\widehat{Var}[\hat{\mu}(A_3B_2)]}$$
$$= 116.25 \pm 3.635\sqrt{1.661} = 116.25 \pm 4.68 = [111.6, \ 120.9] \quad (6.3.8)$$

[最適条件と現行条件における母平均の差の点推定]

最適水準 A_3B_2 と現行条件 A_1B_1 との母平均の差の点推定は，(6.3.9)式で与えられる．

$$\hat{\delta} = \widehat{\mu(A_3B_2)} - \widehat{\mu(A_1B_1)} = \widehat{\mu + \alpha_3 + \beta_2} - \widehat{\mu + \alpha_1 + \beta_1}$$
$$= \widehat{\mu + \alpha_3} + \widehat{\mu + \beta_2} - \widehat{\mu + \alpha_1} - \widehat{\mu + \beta_1}$$
$$= \bar{y}_{3\cdot\cdot} - \bar{y}_{1\cdot\cdot} + \bar{y}_{\cdot 2\cdot} - \bar{y}_{\cdot 1\cdot} = \frac{439 - 237}{4} + \frac{525 - 447}{6} = 63.5 \quad (6.3.9)$$

[最適条件と現行条件における母平均の区間推定]

(6.3.9)式より，

$$\hat{Var}[\hat{\delta}] = \hat{Var}[\hat{\mu}(A_3B_2) - \hat{\mu}(A_1B_1)] = \hat{Var}[\bar{y}_{3..} - \bar{y}_{1..} + \bar{y}_{.2.} - \bar{y}_{.1.}]$$
$$= \hat{Var}[\bar{e}_{3..} - \bar{e}_{1..} + \bar{e}_{.2.} - \bar{e}_{.1.}]$$
$$= \left(\frac{2}{bc} + \frac{2}{ac}\right)\hat{\sigma}^2 = \frac{5}{6}V'_e$$

よって,$\mu(A_3B_2) - \mu(A_1B_1)$ の $100(1-\alpha)$ %信頼区間は次式となる.

$$\delta_L^U = \hat{\delta} \pm t(\phi'_e, \alpha)\sqrt{\hat{Var}[\hat{\delta}]} = 63.5 \pm t(7, 0.05)\sqrt{\frac{5}{6} \times 2.643} \quad (6.3.10)$$
$$= 63.5 \pm 2.365 \times 1.484 = 63.5 \pm 3.5 = [60.0, 67.0]$$

[圃場の区画の効果を無視する場合]

圃場の区画の効果を無視できた場合は,データの構造が,$y_{ijk} = \mu + \alpha_i + \beta_j + e_{ijk}$ となり,区間推定は繰り返しのある 2 元配置で交互作用を無視した場合と同じとなる.

ブロックの効果があれば,その分,誤差分散が小さくなる.逆に,分散分析でブロックの効果が認められなければブロック因子を誤差にプールして完全無作為実験に帰着する.前記のように,一般的には単なる繰り返しをとるよりは乱塊法で反復をいれて実験を行うほうが有利で,ブロック内では差がなく,ブロック間では差があるように層別することの有用性を改めて記しておく.

6.4 補遺

6.4.1 ラテン方格

乱塊法の発展系としてラテン方格法について簡単に紹介しておく.たとえば,4 通りの処理 $T(t=4)$ によって作物の収穫量に違いがあるか否かを検討する圃場試験で,図 6.3 ①のように,圃場を 4 行 4 列に小分けすると,実験は行

①	1	2	3	4	②	1	2	3	4	③	1	2	3	4
	2	1	4	3		3	4	1	2		4	3	2	1
	3	4	1	2		4	3	2	1		2	1	4	3
	4	3	2	1		2	1	4	3		3	4	1	2

図 6.3 ラテン方格の配置(枠内の数字は処理 T の水準を示す)

11	22	33	44
24	13	42	31
32	41	14	23
43	34	21	12

図 6.4　グレコラテン方格法の配置

111	222	333	444
234	143	412	321
342	431	124	213
423	314	241	132

図 6.5　超グレコラテン方格法の配置

方向と列方向のブロック因子2つにより局所管理される．

　これにより，圃場の地質，地味，日照，水はけ，沃度などによる変動が，行方向のみならず，列方向にもブロック間変動として分離できる．すなわち，完全無作為化実験，乱塊法よりもさらに検出力に優れ，精度のよい実験となることが期待できる．これがラテン方格法である．

　各行，各列に1, 2, …, t が一通りずつ現われ，$t \times t$ の文字配列であるラテン方格（本来はラテン文字）を利用すると，行方向，列方向のいずれかのブロックにも t 処理の一揃えを割り付けることができる．

　実験の割り付けを決めるためには，行と列のブロック因子と水準を決めること，処理数 t に対応した多数のラテン方格から無作為に一つを取り出すこと，方格内の1, 2, …, t と実験処理 $T_1, T_2, …, T_t$ の対応を無作為に決めることが必要である．これらにより，実験誤差が独立に変動する形でラテン方格法による実験の場を作ることができる．

　ラテン方格法における誤差の自由度 ϕ_e は，t が小さいと ϕ_e は極度に小さくなり，実用的なラテン方格としては，$t \geq 4$（$t=3$ のとき $\phi_e=2$，$t=4$ のとき，$\phi_e=6$）であろう．

　$t \times t$ の直交するラテン方格を重ね合わせることもできる．図 6.4 のように2つ重ねたものを**グレコラテン方格法**という．同様に，図 6.5 のように3つ重ねたものを**超グレコラテン方格法**という．

第7章 分割法

電気炉の温度のように温度を変更して安定状態にするのに時間がかかる場合，完全無作為実験では実験ごとに温度を変更して安定状態になってから次の実験を行うので，時間ロスが大きくなってしまう．

このように，要因実験で水準の変更が困難な因子を含む場合，すべての水準の組み合せを完全無作為化するより，水準の変更が困難な因子や水準について無作為化し，次に，その水準の中で他の因子，水準の組み合せを無作為化するほうが効率的である．このように，実験因子によって実験の場をいくつかに分け，無作為化する方法を**分割法**(split plot design)という．

乱塊法は実験因子とは別に設けたブロック因子によって，ブロックを構成したが，要因実験の分割法では，実験因子の水準，または水準組み合せ自体をブロックとする．各ブロックはその他のすべての水準，または水準組み合せを含むわけではないので不完備型の実験となる．

7.1 単一分割法

分割の場を2段階とする分割法を単一分割法という．適用場面として1.5.5項の(3)の例を用いて説明する．この場合，因子A(樹脂の重合条件，3水準)の効果はある程度わかっており，因子Aより因子B(成形条件，4水準)の主効果，あるいは，$A \times B$の交互作用を知りたい．その上，ポリマーはロット間の重合度のばらつきが大きく，重合度が成形品の衝撃強度に影響を与えることが経験的にわかっている状況を想定する．仮に，実験を完全無作為化すると，効果のわかっている因子Aの検出力と，効果を知りたい因子Bや$A \times B$の検出

力を同等に配慮したことになり，知りたい要因効果の検出力をあげたいという前記した意図に合わない．固定された A の各水準で B の水準による実験を無作為化するほうがよさそうに思われる．

そこで，A 因子の 3 水準で樹脂を重合した後，A の各水準内で B 因子 4 条件をランダムに実験する（図 7.1）．

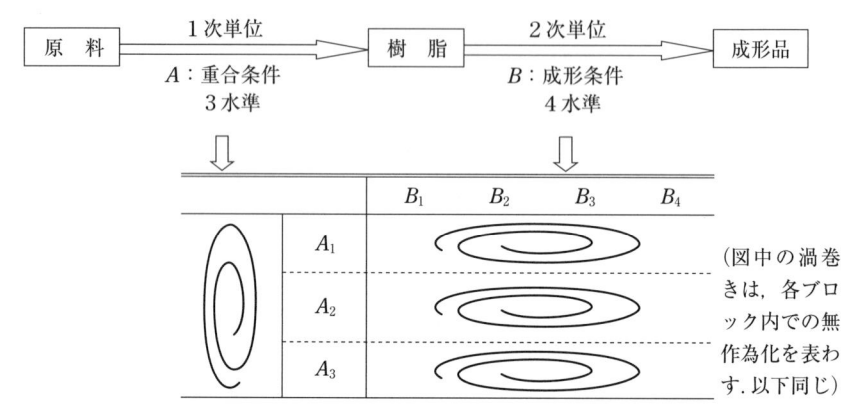

図 7.1 分割法のランダマイズ

A_1〜A_3 の各水準で得られる 4 個のデータは，A の水準 i を無作為に設定したときの環境条件によって決まる誤差 $e_{(1)i}$ を共通に含むため，データの構造と制約条件は (7.1.1) 式のようになる．

$$\begin{aligned}
& y_{ij} = \mu + \alpha_i + e_{(1)i} + \beta_j + (\alpha\beta)_{ij} + e_{(2)ij} \quad (i=1\sim3,\ j=1\sim4) \\
& \sum \alpha_i = \sum \beta_j = \sum_i (\alpha\beta)_{ij} = \sum_j (\alpha\beta)_{ij} = 0 \\
& e_{(1)i} \sim N(0,\ \sigma_1^2), \quad e_{(2)ij} \sim N(0,\ \sigma_2^2)
\end{aligned} \quad (7.1.1)$$

分割法における特記事項を以下に記す．

① 因子 A の各水準間の実験の場を 1 次単位，A を 1 次因子，A の無作為化に伴う環境条件による誤差 $e_{(1)i}$ を 1 次誤差と呼ぶ．

② A の各水準内で，ランダム化する B の実験の場を 2 次単位，因子 B を 2 次因子という．

③ 1 次因子 A と 2 次因子 B の交互作用 $A\times B$ は 2 次因子となる．

④ B の無作為化に伴う環境条件による誤差 $e_{(2)ij}$ を 2 次誤差と呼ぶ．

⑤ $e_{(1)i}$ と $e_{(2)ij}$ は完全無作為化における誤差 e_{ij} を分割したものである.

このことから，$e_{(2)ij}$ は e_{ij} から $e_{(1)i}$ が除かれたものとなり，e_{ij} より小さくなると期待できる．したがって，1次単位の要因と比べると，2次単位の要因の比較精度は高くなることが期待できる．ただし，1次単位の要因の比較精度は逆に低くなる．分割法は水準の変更が難しい因子を含み，すべての因子を完全無作為化することが困難，あるいは，費用がかさむ場合や，1次要因の主効果を知ることはさほど重要でなく，2次因子の主効果や2次因子と1次因子の交互作用を精度良く知りたいときに利用する[1]．もし，1次因子の要因効果を知ることが重要なら，実験が大変になっても完全無作為実験をすべきである．

(7.1.1)式において，α_i と $e_{(1)i}$ は添え字の i が同じである．これは1次誤差と主効果 A が交絡していることを示し，この場合は主効果 A と1次誤差を独立に評価することができない．たとえば，図7.2のように実験全体を反復するか，図7.3のように A について繰り返しをとれば交絡を回避することができる．

7.1.1　1次因子で反復を入れる単一分割法

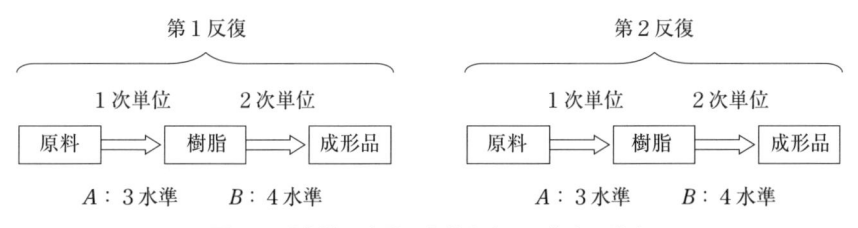

図7.2　分割法　実験ひと揃えを2反復する場合

[データの構造と制約条件]

$$\left.\begin{array}{l} y_{ijk} = \mu + r_k + \alpha_i + e_{(1)ik} + \beta_j + (\alpha\beta)_{ij} + e_{(2)ijk} \\[4pt] \sum_i \alpha_i = \sum_j \beta_j = \sum_i (\alpha\beta)_{ij} = \sum_j (\alpha\beta)_{ij} = 0 \\[4pt] e_{(1)ik} \sim N(0,\ \sigma_1^2), \quad e_{(2)ijk} \sim N(0,\ \sigma_2^2), \quad r_k \sim N(0,\ \sigma_R^2) \\[4pt] i = 1 \sim a(a=3), \quad j = 1 \sim b(b=4), \quad k = 1 \sim n(n=2) \end{array}\right\} \quad (7.1.2)$$

---

[1] 1.5.5項の(1),(2)の例は，コストや実験のやりやすさや効率など，経済的な面からの活用といえるのに対し，(3)の例は実験のねらいそのものに直結しているのでより積極的な活用といえる．

```
         1次単位              2次単位
原料 ═══════════════▶ 樹脂 ═══════════════▶ 成形品
     A:3水準×2回              B:4水準
       繰り返し
```

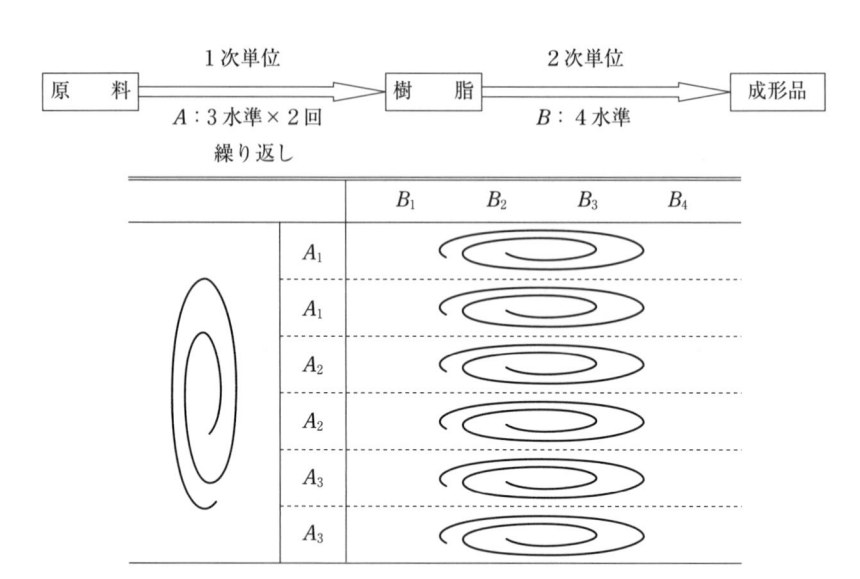

		B_1	B_2	B_3	B_4
	A_1				
	A_1				
	A_2				
	A_2				
	A_3				
	A_3				

図7.3　分割法　1次因子で繰り返しを入れる場合

表7.1　分散分析表　実験ひと揃えを反復する場合

sv	ss	df	E(ms)
R	S_R	$n-1$	$\sigma_2^2 + b\sigma_1^2 + ab\sigma_R^2$
A	S_A	$a-1$	$\sigma_2^2 + b\sigma_1^2 + bn\sigma_A^2$
$e_{(1)}$	$S_{e(1)}$	$(a-1)(n-1)$	$\sigma_2^2 + b\sigma_1^2$
1次単位計	S_1	$an-1$	
B	S_B	$b-1$	$\sigma_2^2 + an\sigma_B^2$
$A\times B$	$S_{A\times B}$	$(a-1)(b-1)$	$\sigma_2^2 + n\sigma_{A\times B}^2$
$e_{(2)}$	$S_{e(2)}$	$a(b-1)(n-1)$	σ_2^2
計	S	$abn-1$	

　分散分析表は表7.1であり，1次誤差の有意性は2次誤差を用いて評価する．1次誤差を無視することができなければ，$E(ms)$より，1次誤差を用いて反復Rと1次因子Aを検定する．1次誤差が無視できればこれを2次誤差にプールし，その2次誤差を用いてすべての要因を検定する．

7.1.2 1次因子で繰り返しを入れた単一分割法 （分散分析表は表 7.2）

[データの構造と制約条件]

$$\left.\begin{array}{l} y_{ijk} = \mu + \alpha_i + e_{(1)ik} + \beta_j + (\alpha\beta)_{ij} + e_{(2)ijk} \\ \sum_i \alpha_i = \sum_j \beta_j = \sum_i (\alpha\beta)_{ij} = \sum_j (\alpha\beta)_{ij} = 0 \\ e_{(1)ik} \sim N(0,\ \sigma_1^2), \quad e_{(2)ijk} \sim N(0,\ \sigma_2^2) \\ i = 1 \sim a\,(a=3), \quad j = 1 \sim b\,(b=4), \quad k = 1 \sim n\,(n=2) \end{array}\right\} \quad (7.1.3)$$

表 7.2 分散分析表 1次因子で繰り返しを入れる場合

sv	ss	df	E(ms)
A	S_A	$a-1$	$\sigma_2^2 + b\sigma_1^2 + bn\sigma_A^2$
$e_{(1)}$	$S_{e(1)}$	$a(n-1)$	$\sigma_2^2 + b\sigma_1^2$
1次単位計	S_1	$an-1$	
B	S_B	$b-1$	$\sigma_2^2 + an\sigma_B^2$
$A \times B$	$S_{A \times B}$	$(a-1)(b-1)$	$\sigma_2^2 + n\sigma_{A \times B}^2$
$e_{(2)}$	$S_{e(2)}$	$a(b-1)(n-1)$	σ_2^2
計	S	$abn-1$	

分割法にとって，$E(ms)$は解析する上で重要で，次の規則が成り立つので，よく理解しておこう．

- 2次誤差の分散 σ_2^2 は平均平方の期待値すべてに現われ，係数は1である．
- 1次誤差の分散 σ_1^2 は，1次要因の平均平方の期待値のみに現われ，その係数は1次単位内のデータ数に等しい．

7.1.3 2元配置を1次単位とした単一分割法

原料から中間製品を作り，これをもとにして最終製品を作る工程において，中間製品を作るときの因子 A (3水準)，B (2水準)と，中間製品から最終製品を作る工程の因子として C (3水準)を取り上げて実験したい．第1工程は1回当たりに多量の原料を要するが，第2工程の実験に要する試料の量は少ない．このような場合も分割法が有効である(図7.4)．

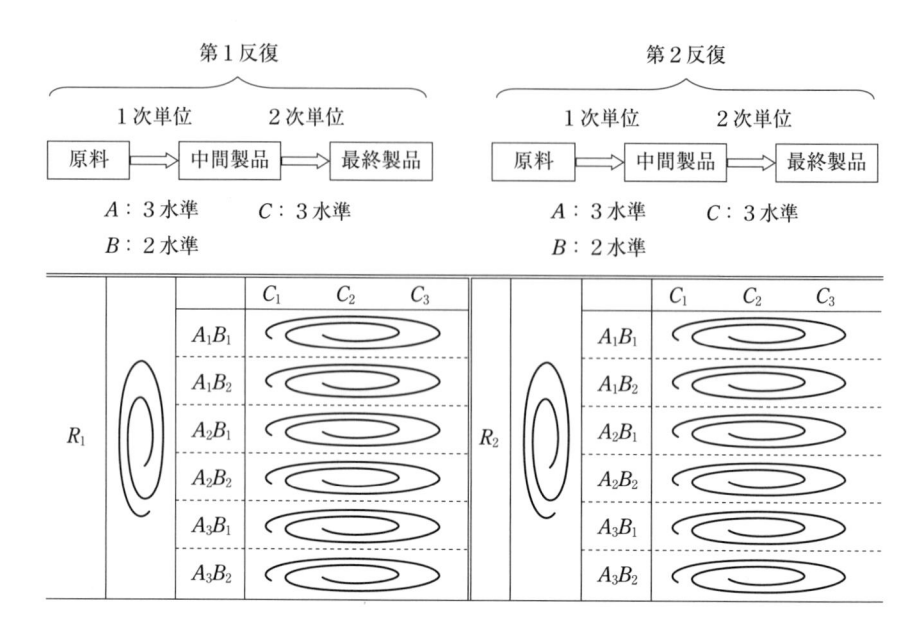

図7.4 2元配置を1次因子とした単一分割法

表7.3 分散分析表 2元配置を1次因子とした単一分割法

sv	ss	df	$E(ms)$
R	S_R	$n-1$	$\sigma_2^2 + c\sigma_1^2 + abc\sigma_R^2$
A	S_A	$a-1$	$\sigma_2^2 + c\sigma_1^2 + bcn\sigma_A^2$
B	S_B	$b-1$	$\sigma_2^2 + c\sigma_1^2 + acn\sigma_B^2$
$A \times B$	$S_{A \times B}$	$(a-1)(b-1)$	$\sigma_2^2 + c\sigma_1^2 + cn\sigma_{A \times B}^2$
$e_{(1)}$	$S_{e(1)}$	$(ab-1)(n-1)$	$\sigma_2^2 + c\sigma_1^2$
1次単位計	S_1	$abn-1$	
C	S_C	$c-1$	$\sigma_2^2 + abn\sigma_C^2$
$A \times C$	$S_{A \times C}$	$(a-1)(c-1)$	$\sigma_2^2 + bn\sigma_{A \times C}^2$
$B \times C$	$S_{B \times C}$	$(b-1)(c-1)$	$\sigma_2^2 + an\sigma_{B \times C}^2$
$A \times B \times C$	$S_{A \times B \times C}$	$(a-1)(b-1)(c-1)$	$\sigma_2^2 + n\sigma_{A \times B \times C}^2$
$e_{(2)}$	$S_{e(2)}$	$ab(c-1)(n-1)$	σ_2^2
計	S	$abcn-1$	

[データの構造と制約条件]

$$\left.\begin{aligned}
& y_{ijkl} = \mu + r_l + \alpha_i + \beta_j + (\alpha\beta)_{ij} + e_{(1)ijl} + \gamma_k + (\alpha\gamma)_{ik} + (\beta\gamma)_{jk} \\
& \qquad + (\alpha\beta\gamma)_{ijk} + e_{(2)ijkl} \\
& \sum \alpha_i = \sum \beta_j = \sum \gamma_k = \sum_i (\alpha\beta)_{ij} = \sum_j (\alpha\beta)_{ij} = \sum_i (\alpha\gamma)_{ik} \\
& \quad = \sum_k (\alpha\gamma)_{ik} = \sum_j (\beta\gamma)_{jk} = \sum_k (\beta\gamma)_{jk} = 0 \\
& \sum_i (\alpha\beta\gamma)_{ijk} = \sum_j (\alpha\beta\gamma)_{ijk} = \sum_k (\alpha\beta\gamma)_{ijk} = 0 \\
& e_{(1)ijl} \sim N(0,\ \sigma_1^2), \quad e_{(2)ijkl} \sim N(0,\ \sigma_2^2), \quad r_l \sim N(0,\ \sigma_R^2) \\
& i = 1 \sim a\,(a=3), \quad j = 1 \sim b\,(b=2), \\
& k = 1 \sim c\,(c=3), \quad l = 1 \sim n\,(n=2)
\end{aligned}\right\} \quad (7.1.4)$$

7.1.4　2元配置を2次因子とした単一分割法

[例題 7.1]

　原料から中間製品を作り，これをもとにして最終製品を作る工程において，中間製品を作るときの因子 A (3水準) と中間製品から最終製品を作る因子として B (2水準) と C (3水準) を取り上げて実験したい (図7.5). 因子 A は, A_3 がよいことがほぼ明らかであるが, $A \times B$, $A \times C$ の交互作用の存在の可能性がある. A の水準変更は難しい. 一方, B, C の水準変更は容易であるため, まず, $A_1 \sim A_3$ の3つの条件で中間製品を1ロットずつランダムに作り, 各ロットを6等分してそれぞれに $B_1C_1 \sim B_2C_3$ の条件をランダムに割り当てて最終製品とした. この実験を2回反復し, 得られた最終製品の特性を測定した. 値は大きいほどよい. データを表7.4に示す. 解析してみよう.

(解答)

[データの構造と制約条件]

　1次単位は因子 A と $e_{(1)}$, 2次単位は因子 B, 因子 C, 交互作用 $B \times C$, $A \times B$, $A \times C$, $A \times B \times C$ と $e_{(2)}$ であることより, データの構造と制約条件は(7.1.5)式のようになる.

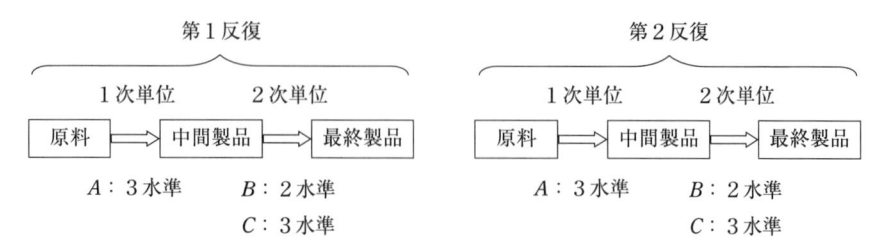

```
            第1反復                              第2反復
      ┌──────────────┐              ┌──────────────┐
      1次単位    2次単位              1次単位    2次単位
   ┌────┐  ┌──────┐  ┌──────┐    ┌────┐  ┌──────┐  ┌──────┐
   │原料│⇒│中間製品│⇒│最終製品│    │原料│⇒│中間製品│⇒│最終製品│
   └────┘  └──────┘  └──────┘    └────┘  └──────┘  └──────┘
   A：3水準    B：2水準               A：3水準    B：2水準
               C：3水準                           C：3水準
```

図7.5　2元配置を2次因子とした単一分割法[例題7.1]

表7.4　データ表 y_{ijkl}　（単位省略）

		R_1			R_2		
		C_1	C_2	C_3	C_1	C_2	C_3
A_1	B_1	-3	0	3	7	6	13
	B_2	8	10	10	10	16	10
A_2	B_1	7	5	15	8	4	16
	B_2	12	15	13	15	14	14
A_3	B_1	10	9	16	14	16	16
	B_2	8	10	14	21	18	16

$$\left.\begin{aligned}
& y_{ijkl} = \mu + r_l + \alpha_i + e_{(1)il} + \beta_j + (\alpha\beta)_{ij} + \gamma_k + (\alpha\gamma)_{ik} + (\beta\gamma)_{jk} \\
& \qquad + (\alpha\beta\gamma)_{ijk} + e_{(2)ijkl} \\
& \sum \alpha_i = \sum \beta_j = \sum \gamma_k = \sum_i (\alpha\beta)_{ij} = \sum_j (\alpha\beta)_{ij} = \sum_i (\alpha\gamma)_{ik} \\
& \qquad = \sum_k (\alpha\gamma)_{ik} = \sum_j (\beta\gamma)_{jk} = \sum_k (\beta\gamma)_{jk} = 0 \\
& \sum_i (\alpha\beta\gamma)_{ijk} = \sum_j (\alpha\beta\gamma)_{ijk} = \sum_k (\alpha\beta\gamma)_{ijk} = 0 \\
& e_{(1)il} \sim N(0,\ \sigma_1^2), \quad e_{(2)ijkl} \sim N(0,\ \sigma_2^2), \quad r_l \sim N(0,\ \sigma_R^2) \\
& i = 1 \sim a(a=3), \quad j = 1 \sim b(b=2), \quad k = 1 \sim c(c=3), \\
& l = 1 \sim n(n=2), \quad N = abcn
\end{aligned}\right\} \quad (7.1.5)$$

[補助表の作成]

$$T = 396 \qquad \bar{y} = \frac{396}{2 \times 3 \times 2 \times 3} = 11.0$$

表7.5 $(y_{ijkl} - \bar{y})$表 その1

		R_1			R_2			$\sum_j \sum_k \sum_l (y_{ijkl} - \bar{y})$	$\bar{y}_{i\cdots} - \bar{y}$
		C_1	C_2	C_3	C_1	C_2	C_3		
A_1	B_1	-14	-11	-8	-4	-5	2	-42	-3.5
	B_2	-3	-1	-1	-1	5	-1		
A_2	B_1	-4	-6	4	-3	-7	5	6	0.5
	B_2	1	4	2	4	3	3		
A_3	B_1	-1	-2	5	3	5	5	36	3.0
	B_2	-3	-1	3	10	7	5		
$\sum_i \sum_j \sum_k (y_{ijkl} - \bar{y})$		-36			36				
$\bar{y}_{\cdots l} - \bar{y}$		-2.0			2.0				

表7.6 $(y_{ijkl} - \bar{y})$表 その2

		B_1			B_2			$\sum_i \sum_j \sum_l (y_{ijkl} - \bar{y})$	$\bar{y}_{\cdot\cdot k\cdot} - \bar{y}$
		A_1	A_2	A_3	A_1	A_2	A_3		
C_1	R_1	-14	-4	-1	-3	1	-3	-15	-1.25
	R_2	-4	-3	3	-1	4	10		
C_2	R_1	-11	-6	-2	-1	4	-1	-9	-0.75
	R_2	-5	-7	5	5	3	7		
C_3	R_1	-8	4	5	-1	2	3	24	2.0
	R_2	2	5	5	-1	3	5		
$\sum_i \sum_k \sum_l (y_{ijkl} - \bar{y})$		-36			36				
$\bar{y}_{\cdot j\cdot\cdot} - \bar{y}$		-2.0			2.0				

表7.7 $(y_{ijkl}-\bar{y})^2$ 表

		R_1			R_2			$\sum_j \sum_k \sum_l (y_{ijkl}-\bar{y})^2$
		C_1	C_2	C_3	C_1	C_2	C_3	
A_1	B_1	196	121	64	16	25	4	464
	B_2	9	1	1	1	25	1	
A_2	B_1	16	36	16	9	49	25	206
	B_2	1	16	4	16	9	9	
A_3	B_1	1	4	25	9	25	25	282
	B_2	9	1	9	100	49	25	
$\sum_i \sum_j \sum_k (y_{ijkl}-\bar{y})^2$		530			422			$\sum_i \sum_j \sum_k \sum_l (y_{ijkl}-\bar{y})^2 = 952$

表7.8 $T_{i\cdot\cdot l}$ 表

計の対象となる データ数=6	R_1	R_2	$T_{i\cdot\cdot\cdot}$
A_1	28	62	90
A_2	67	71	138
A_3	67	101	168
$T_{\cdot\cdot\cdot l}$	162	234	$T=396$

表7.9 $T_{\cdot jk\cdot}$ 表

計の対象となる データ数=6	B_1	B_2	$T_{\cdot\cdot k\cdot}$
C_1	43	74	117
C_2	40	83	123
C_3	79	77	156
$T_{\cdot j\cdot\cdot}$	162	234	$T=396$

表7.10 $T_{ij\cdot\cdot}$ 表

計の対象となる データ数=6	B_1	B_2	$T_{i\cdot\cdot\cdot}$
A_1	26	64	90
A_2	55	83	138
A_3	81	87	168
$T_{\cdot j\cdot\cdot}$	162	234	$T=396$

表7.11 $T_{i\cdot k\cdot}$ 表

計の対象となる データ数=4	C_1	C_2	C_3	$T_{i\cdot\cdot\cdot}$
A_1	22	32	36	90
A_2	42	38	58	138
A_3	53	53	62	168
$T_{\cdot\cdot k\cdot}$	117	123	156	$T=396$

[平方和と自由度の計算]

① 1次単位の平方和の分解

1次プロット間($T_{i\cdot\cdot l}$)の全平方和 S_1 を反復の平方和 S_R, 1次因子の平方和 S_A, および, 1次誤差 $S_{e(1)}$ に分解する. データの構造,

表 7.12 $\bar{y}_{ijk\cdot} - \bar{\bar{y}}$ 表

計の対象となるデータ数=2		C_1	C_2	C_3
A_1	B_1	-9.0	-8.0	-3.0
	B_2	-2.0	2.0	-1.0
A_2	B_1	-3.5	-6.5	4.5
	B_2	2.5	3.5	2.5
A_3	B_1	1.0	1.5	5.0
	B_2	3.5	3.0	4.0

表 7.13 $(\bar{y}_{ijk\cdot} - \bar{\bar{y}})^2$ 表

		C_1	C_2	C_3	計
A_1	B_1	81	64	9	154
	B_2	4	4	1	9
A_2	B_1	12.25	42.25	20.25	74.75
	B_2	6.25	12.25	6.25	24.75
A_3	B_1	1	2.25	25	28.25
	B_2	12.25	9	16	37.25
計		116.75	133.75	77.5	328

$$\bar{y}_{i\cdot\cdot l} - \bar{\bar{y}} = (\bar{y}_{\cdot\cdot\cdot l} - \bar{\bar{y}}) + (\bar{y}_{i\cdot\cdot\cdot} - \bar{\bar{y}}) + (\bar{y}_{i\cdot\cdot l} - \bar{y}_{\cdot\cdot\cdot l} - \bar{y}_{i\cdot\cdot\cdot} + \bar{\bar{y}}) \tag{7.1.6}$$

（1 次プロット間）＝（反復間）＋（ A の主効果）＋（1 次誤差）

に対応して，平方和と自由度を以下のように分解する．

$$S_1 = S_R + S_A + S_{e(1)} \qquad \phi_1 = \phi_R + \phi_A + \phi_{e(1)} \tag{7.1.7}$$

$$S_1 = S_{RA} = bc \sum_{i=1}^{a} \sum_{l=1}^{n} (\bar{y}_{i\cdot\cdot l} - \bar{\bar{y}})^2$$

$$= 2 \times 3 \times \left\{ \left(\frac{28}{6} - 11 \right)^2 + \left(\frac{62}{6} - 11 \right)^2 \cdots + \left(\frac{101}{6} - 11 \right)^2 \right\} = 452$$

$$\phi_1 = \phi_{RA} = an - 1 = 5 \tag{7.1.8}$$

$$S_R = abc \sum_{l=1}^{n} (\bar{y}_{\cdot\cdot\cdot l} - \bar{\bar{y}})^2 = 3 \times 2 \times 3 \times \{(-2.0)^2 + 2.0^2\} = 144.0$$

$$\phi_R = n - 1 = 1 \tag{7.1.9}$$

$$S_A = bcn \sum_{i=1}^{a} (\bar{y}_{i\cdot\cdot\cdot} - \bar{\bar{y}})^2 = 2 \times 3 \times 2 \times \{(-3.5)^2 + 0.5^2 + 3^2\} = 258.0$$

$$\phi_A = a - 1 = 2 \tag{7.1.10}$$

$$S_{e(1)} = S_{RA} - S_R - S_A = 50.0$$

$$\phi_{e(1)} = \phi_1 - \phi_R - \phi_A = 5 - 1 - 2 = 2 \tag{7.1.11}$$

② 2 次単位の平方和の分解

同様にして，36 個の 2 次プロット間（ y_{ijkl} ）の全平方和 $S_2 = S$ を，1 次プロッ

ト間 S_1 と 2 次因子の主効果 S_B, S_C, 交互作用 $S_{B\times C}$ と 1 次因子と 2 次因子の交互作用 $S_{A\times B}$, $S_{A\times C}$, $S_{A\times B\times C}$, および, 2 次誤差 $S_{e(2)}$ に分解する．すなわち,

$$\left.\begin{array}{l} S = S_2 = S_1 + S_B + S_C + S_{B\times C} + S_{A\times B} + S_{A\times C} + S_{A\times B\times C} + S_{e(2)} \\ \phi = \phi_2 = \phi_1 + \phi_B + \phi_C + \phi_{B\times C} + \phi_{A\times B} + \phi_{A\times C} + \phi_{A\times B\times C} + \phi_{e(2)} \end{array}\right\} \quad (7.1.12)$$

$$S = \sum_i \sum_j \sum_k \sum_l (y_{ijkl} - \bar{\bar{y}})^2 = 952.0 \qquad \phi = abcn - 1 = 35 \quad (7.1.13)$$

$$S_B = acn \sum_{j=1}^b (\bar{y}_{\cdot j \cdot \cdot} - \bar{\bar{y}})^2 = 3 \times 3 \times 2 \times \{(-2.0)^2 + 2.0^2\}$$

$$= 144.0 \qquad \phi_B = b - 1 = 1 \qquad (7.1.14)$$

$$S_C = abn \sum_{k=1}^c (\bar{y}_{\cdot \cdot k \cdot} - \bar{\bar{y}})^2 = 3 \times 2 \times 2 \times \{(-1.25)^2 + (-0.75)^2 + 2.0^2\}$$

$$= 73.5 \qquad \phi_C = c - 1 = 2 \qquad (7.1.15)$$

$$S_{BC} = an \sum_{j=1}^b \sum_{k=1}^c (\bar{y}_{\cdot jk \cdot} - \bar{\bar{y}})^2 = 3 \times 2 \times \left\{ \left(\frac{43}{6} - 11\right)^2 + \left(\frac{74}{6} - 11\right)^2 \right.$$

$$\left. + \cdots + \left(\frac{77}{6} - 11\right)^2 \right\} = 308.0 \qquad \phi_{BC} = bc - 1 = 5 \quad (7.1.16)$$

$$S_{B\times C} = S_{BC} - S_B - S_C = 90.5 \qquad \phi_{B\times C} = \phi_{BC} - \phi_B - \phi_C = 2 \quad (7.1.17)$$

$$S_{AB} = cn \sum_{i=1}^a \sum_{j=1}^b (\bar{y}_{ij\cdot\cdot} - \bar{\bar{y}})^2$$

$$= 3 \times 2 \times \left\{ \left(\frac{26}{6} - 11\right)^2 + \left(\frac{64}{6} - 11\right)^2 + \cdots + \left(\frac{87}{6} - 11\right)^2 \right\}$$

$$= 446.667 \qquad \phi_{AB} = ab - 1 = 5 \qquad (7.1.18)$$

$$S_{A\times B} = S_{AB} - S_A - S_B = 44.667 \qquad \phi_{A\times B} = \phi_{AB} - \phi_A - \phi_B = 2 \quad (7.1.19)$$

$$S_{AC} = bn \sum_{j=1}^a \sum_{k=1}^c (\bar{y}_{i\cdot k\cdot} - \bar{\bar{y}})^2 = 2 \times 2 \times \left\{ \left(\frac{22}{4} - 11\right)^2 + \left(\frac{32}{4} - 11\right)^2 \right.$$

$$\left. + \cdots + \left(\frac{62}{4} - 11\right)^2 \right\} = 353.5 \qquad \phi_{AC} = ac - 1 = 8 \quad (7.1.20)$$

$$S_{A\times C} = S_{AC} - S_A - S_C = 22.0 \qquad \phi_{A\times C} = \phi_{AC} - \phi_A - \phi_C = 4 \quad (7.1.21)$$

$$S_{ABC} = n \sum_{i=1}^a \sum_{j=1}^b \sum_{k=1}^c (\bar{y}_{ijk\cdot} - \bar{\bar{y}})^2 = 2 \times 328 = 656.0$$

$$\phi_{ABC} = abc - 1 = 17 \quad (7.1.22)$$

$$S_{A \times B \times C} = S_{ABC} - S_{AB} - S_C - S_{A \times C} - S_{B \times C} = 23.333$$

$$\phi_{A \times B \times C} = 4 \quad (7.1.23)$$

$$S_{e(2)} = S - S_{ABC} - S_R - S_{e(1)} = 102.0$$

$$\phi_{e(2)} = \phi - \phi_{ABC} - \phi_R - \phi_{e(1)} = 15 \quad (7.1.24)$$

③ 分散分析表の作成

 分散分析の結果を表7.14に示す.1次誤差は有意であるので,因子AとRは1次誤差で検定する.因子Aは有意ではないがF_0が小さくないので無視しない.通常,反復Rはその中身が不明であるので,プーリングしない.

 主効果B,交互作用$B \times C$は高度に有意,主効果Cは有意となった.交互作用$A \times C$と$A \times B \times C$はF_0が1以下のため,2次誤差へプーリングする.した

表7.14 分散分析表

sv	ss	df	ms	F_0	$E(ms)$	F_0
R	144	1	144	5.76	$\sigma_2^2 + 6\sigma_1^2 + 18\sigma_R^2$	5.76
A	258	2	129	5.16	$\sigma_2^2 + 6\sigma_1^2 + 12\sigma_A^2$	5.16
$e_{(1)}$	50	2	25	3.676	$\sigma_2^2 + 6\sigma_1^2$	3.903*
1次単位計	452	5				
B	144	1	144	21.176**	$\sigma_2^2 + 18\sigma_B^2$	22.479**
$A \times B$	44.667	2	22.334	3.284	$\sigma_2^2 + 6\sigma_{A \times B}^2$	3.486*
C	73.5	2	36.75	5.404*	$\sigma_2^2 + 12\sigma_C^2$	5.737**
$A \times C$	22	4	5.5	0.809	$\sigma_2^2 + 4\sigma_{A \times C}^2$	
$B \times C$	90.5	2	45.25	6.654**	$\sigma_2^2 + 6\sigma_{B \times C}^2$	7.064**
$A \times B \times C$	23.333	4	5.833	0.858	$\sigma_2^2 + 2\sigma_{A \times B \times C}^2$	
$e_{(2)}$	102	15	6.8		σ_2^2	
$e_{(2)}'$	147.333	23	6.406		σ_2^2	
計	952	35	—			

$F(1, 2 ; 0.05) = 18.513,\quad F(2, 2 ; 0.05) = 19.000,\quad F(2, 15 ; 0.05) = 3.682$
$F(1, 15 ; 0.01) = 8.683,\quad F(2, 15 ; 0.01) = 6.359,\quad F(4, 15 ; 0.05) = 3.056$
$F(1, 23 ; 0.01) = 7.881,\quad F(2, 23 ; 0.05) = 3.422,\quad F(2, 23 ; 0.01) = 5.664$

がって，分散分析後のデータの構造は(7.1.25)式となる．

$$y_{ijkl} = \mu + r_i + \alpha_j + e_{(1)il} + \beta_j + (\alpha\beta)_{ij} + \gamma_k + (\beta\gamma)_{jk} + e_{(2)ijkl}$$

（制約条件省略） (7.1.25)

分割法の分散分析で低次誤差を高次誤差で検定して有意でない場合は，低次誤差が小さいことを示している．その場合，1次誤差を2次誤差にプーリングすると，Rを反復とした3元配置実験となる．

[**最適条件における母平均の推定**]

$$\begin{aligned}\hat{\mu}(A_iB_jC_k) &= \hat{\mu} + \hat{\alpha}_i + \hat{\beta}_j + \widehat{(\alpha\beta)}_{ij} + \hat{\gamma}_k + \widehat{(\beta\gamma)}_{jk} \\ &= \widehat{\mu + \alpha_i + \beta_j + (\alpha\beta)_{ij}} + \widehat{\mu + \beta_j + \gamma_k + (\beta\gamma)_{jk}} - \widehat{\mu + \beta_j} \\ &= \bar{y}_{ij\cdot\cdot} + \bar{y}_{\cdot jk\cdot} - \bar{y}_{\cdot j\cdot\cdot}\end{aligned} \quad (7.1.26)$$

Bを共通に含む交互作用が2つあるので，[例題5.1]にならい，すべての母平均を計算して最適条件を求める．最適条件は$A_3B_1C_3$である．

$$\hat{\mu}(A_3B_1C_3) = \frac{81}{6} + \frac{79}{6} - \frac{162}{18} = \frac{318}{18} = 17.667$$

$\hat{\mu}(A_1B_1C_1) = 2.5$ $\hat{\mu}(A_1B_1C_2) = 2.0$ $\hat{\mu}(A_1B_1C_3) = 8.5$

$\hat{\mu}(A_1B_2C_1) = 10.0$ $\hat{\mu}(A_1B_2C_2) = 11.5$ $\hat{\mu}(A_1B_2C_3) = 10.5$

$\hat{\mu}(A_2B_1C_1) = 7.33$ $\hat{\mu}(A_2B_1C_2) = 6.833$ $\hat{\mu}(A_2B_1C_3) = 13.333$

$\hat{\mu}(A_2B_2C_1) = 13.167$ $\hat{\mu}(A_2B_2C_2) = 14.667$ $\hat{\mu}(A_2B_2C_3) = 13.667$

$\hat{\mu}(A_3B_1C_1) = 11.667$ $\hat{\mu}(A_3B_1C_2) = 11.167$ $\hat{\mu}(A_3B_2C_1) = 13.833$

$\hat{\mu}(A_3B_2C_2) = 15.333$ $\hat{\mu}(A_3B_2C_3) = 14.333$

[**区間推定**]

信頼区間を求めるには$\hat{\mu}(A_iB_jC_k)$の分散を求めなければならない．母平均の点推定は要因実験と変わらないが，推定量の分散の推定は，反復や1次誤差を無視しないときには複数の分散成分を合成することになり，かなり複雑になる．

$$\begin{aligned}\hat{\mu}(A_3B_1C_3) &= \bar{y}_{31\cdot\cdot} + \bar{y}_{\cdot 13\cdot} - \bar{y}_{\cdot 1\cdot\cdot} \\ &= (\mu + \bar{r} + \alpha_3 + \bar{e}_{(1)3\cdot} + \beta_1 + (\alpha\beta)_{31} + \bar{e}_{(2)31\cdot\cdot}) \\ &\quad + (\mu + \bar{r} + \bar{\bar{e}}_{(1)} + \beta_1 + \gamma_3 + (\beta\gamma)_{13} + \bar{e}_{(2)\cdot 13\cdot}) \\ &\quad - (\mu + \bar{r} + \bar{\bar{e}}_{(1)} + \beta_1 + \bar{e}_{(2)\cdot 1\cdot\cdot})\end{aligned} \quad (7.1.27)$$

$$\hat{Var}[\hat{\mu}(A_3B_1C_3)] = \hat{Var}[\bar{r} + \bar{e}_{(1)3\cdot} + \bar{e}_{(2)31\cdot\cdot} + \bar{e}_{(2)\cdot 13\cdot} - \bar{e}_{(2)\cdot 1\cdot\cdot}]$$

$$= \frac{1}{n}\hat{\sigma}_R^2 + \frac{1}{n}\hat{\sigma}_1^2 + \frac{1}{cn}\hat{\sigma}_2^2 + \frac{1}{an}\hat{\sigma}_2^2 - \frac{1}{acn}\hat{\sigma}_2^2$$

$$= \frac{1}{n}\hat{\sigma}_R^2 + \frac{1}{n}\hat{\sigma}_1^2 + \frac{a+c-1}{acn}\hat{\sigma}_2^2 \tag{7.1.28}$$

$E(ms)$ より，$\hat{\sigma}_R^2 = \dfrac{V_R - V_{e(1)}}{abc}$，$\hat{\sigma}_1^2 = \dfrac{V_{e(1)} - V_{e(2)}}{bc}$，$\hat{\sigma}_2^2 = V_{e(2)}$ を(7.1.28)式に代入すると，

$$\hat{V}ar[\hat{\mu}(A_3B_1C_3)] = \frac{1}{n} \times \frac{V_R - V_{e(1)}}{abc} + \frac{1}{n}\frac{V_{e(1)} - V_{e(2)}}{bc} + \frac{a+c-1}{acn}V_{e(2)}$$

$$= \frac{1}{N}V_R + \frac{a-1}{N}V_{e(1)} + \frac{ab+bc-a-b}{N}V_{e(2)}$$

$$= \frac{1}{36}V_R + \frac{2}{36}V_{e(1)} + \frac{7}{36}V_{e(2)} \tag{7.1.29}$$

これは，点推定量の構造に対応させ，分散を求めたが，次に示すように田口の式を拡張して求めてもよい．2次誤差の分散としては分散分析後の $V'_{e(2)}$ を用いる．

《R を考慮する場合》

$$\hat{V}ar[\hat{\mu}(A_iB_jC_k)] = \frac{V_R}{N} + \frac{\text{無視しない1次要因の自由度の和}}{N}V_{e(1)}$$

$$+ \frac{\text{無視しない2次要因の自由度の和}}{N}V'_{e(2)} \tag{7.1.30}$$

したがって，$\hat{\mu}(A_iB_jC_k)$ の信頼限界は，以下の式で求められる．

$$\hat{\mu}(A_iB_jC_k) \pm t(\phi^*,\ \alpha)\sqrt{\hat{V}ar[\hat{\mu}(A_iB_jC_k)]} \tag{7.1.31}$$

$$\hat{V}ar[\hat{\mu}(A_iB_jC_k)] = \frac{V_R}{N} + \frac{\phi_A}{N}V_{e(1)} + \frac{\phi_B + \phi_C + \phi_{A\times B} + \phi_{B\times C}}{N}V'_{e(2)}$$

$$= \frac{144 + 2 \times 25 + 7 \times 6.406}{36} = \frac{144 + 50 + 44.842}{36}$$

$$= \frac{238.842}{36} = 6.6345$$

ここで，ϕ^* は Satterthwaite の方法を用いて求める．

$$\frac{(238.842)^2}{\phi^*} = \frac{(144)^2}{1} + \frac{(50)^2}{2} + \frac{(44.842)^2}{23} \quad \rightarrow \quad \phi^* = 2.584$$

$$\begin{aligned}
t(\phi^*,\ 0.05) &= t(2.584,\ 0.05) = t(2,\ 0.05) \times (1 - 0.584) \\
&\quad + t(3,\ 0.05) \times 0.584 \\
&= 4.303 \times 0.416 + 3.182 \times 0.584 = 3.648
\end{aligned}$$

$$\mu_L^U = \hat{\mu}(A_3B_1C_3) \pm t(\phi^*,\ 0.05)\sqrt{\hat{Var}[\hat{\mu}(A_3B_1C_3)]} \tag{7.1.32}$$

$$= 17.667 \pm 3.648\sqrt{6.6345} = 17.67 \pm 9.40 = [8.27,\ 27.07]$$

一般に R は無視しないが,無視する場合は (7.1.33) 式のようになる.

《R を無視する場合》

$$\hat{Var}[\hat{\mu}(A_iB_jC_k)] = \frac{1+\text{無視しない1次要因の自由度の和}}{N}V'_{e(1)}$$

$$+ \frac{\text{無視しない2次要因の自由度の和}}{N}V'_{e(2)} \tag{7.1.33}$$

[母平均の差の推定]

最適水準 $A_3B_1C_3$ と現行条件 $A_1B_1C_1$ との母平均の差については,以下のように求める.

$$\begin{aligned}
\hat{\delta} &= \widehat{\mu(A_3B_1C_3) - \mu(A_1B_1C_1)} = \widehat{\mu(A_3B_1C_3)} - \widehat{\mu(A_1B_1C_1)} \\
&= 17.67 - 2.5 = 15.17
\end{aligned} \tag{7.1.34}$$

[母平均の差の区間推定]

最適水準 $A_3B_1C_3$ と現行条件 $A_1B_1C_1$ との母平均の差の区間推定については,以下のように求める.

$$\begin{aligned}
&\hat{\mu}(A_3B_1C_3) - \hat{\mu}(A_1B_1C_1) \\
&= (\mu + \bar{r} + \alpha_3 + \bar{e}_{(1)3\cdot} + \beta_1 + (\alpha\beta)_{31} + \gamma_3 + (\beta\gamma)_{13} + \bar{e}_{(2)31\cdot\cdot} + \bar{e}_{(2)\cdot13\cdot} - \bar{e}_{(2)\cdot1\cdot\cdot}) \\
&\quad - (\mu + \bar{r} + \alpha_1 + \bar{e}_{(1)1\cdot} + \beta_1 + (\alpha\beta)_{11} + \gamma_1 + (\beta\gamma)_{11} + \bar{e}_{(2)11\cdot\cdot} + \bar{e}_{(2)\cdot11\cdot} - \bar{e}_{(2)\cdot1\cdot\cdot})
\end{aligned} \tag{7.1.35}$$

$$\begin{aligned}
\hat{Var}[\hat{\delta}] &= \hat{Var}[\hat{\mu}(A_3B_1C_3) - \hat{\mu}(A_1B_1C_1)] \\
&= \hat{Var}[(\bar{r} + \bar{e}_{(1)3\cdot} + \bar{e}_{(2)31\cdot\cdot} + \bar{e}_{(2)\cdot13\cdot} - \bar{e}_{(2)\cdot1\cdot\cdot}) \\
&\qquad - (\bar{r} + \bar{e}_{(1)1\cdot} + \bar{e}_{(2)11\cdot\cdot} + \bar{e}_{(2)\cdot11\cdot} - \bar{e}_{(2)\cdot1\cdot\cdot})] \\
&= \hat{Var}[\bar{e}_{(1)3\cdot} - \bar{e}_{(1)1\cdot} + \bar{e}_{(2)31\cdot\cdot} - \bar{e}_{(2)11\cdot\cdot} + \bar{e}_{(2)\cdot13\cdot} - \bar{e}_{(2)\cdot11\cdot}]
\end{aligned}$$

$$= 2\left(\frac{1}{n}\hat{\sigma}_1^2 + \frac{1}{cn}\hat{\sigma}_2^2 + \frac{1}{an}\hat{\sigma}_2^2\right) = \frac{2}{n}\hat{\sigma}_1^2 + \frac{2a+2c}{acn}\hat{\sigma}_2^2 \tag{7.1.36}$$

$E(ms)$ より，$\hat{\sigma}_1^2 = \dfrac{V_{e(1)} - V'_{e(2)}}{bc}$，$\hat{\sigma}_2^2 = V'_{e(2)}$ を (7.1.36) 式に代入すると，

$$\hat{Var}[\hat{\delta}] = \frac{2}{bcn}(V_{e(1)} - V'_{e(2)}) + \frac{2a+2c}{acn}V'_{e(2)} = \frac{2aV_{e(1)}}{N}$$

$$+ \frac{-2a+2ab+2bc}{N}V'_{e(2)} = \frac{V_{e(1)}}{6} + \frac{V'_{e(2)}}{2}$$

$$= \frac{25}{6} + \frac{6.406}{2} = \frac{25+19.218}{6} = \frac{44.218}{6} = 7.37 \tag{7.1.37}$$

ここで，ϕ^* は Satterthwaite の方法を用いて求める．

$$\frac{(44.218)^2}{\phi^*} = \frac{(25)^2}{2} + \frac{(19.218)^2}{23} \quad \rightarrow \quad \phi^* = 5.951$$

$$t(\phi^*,\ 0.05) = t(5.951,\ 0.05)$$
$$= t(5,\ 0.05) \times (1 - 0.951) + t(6,\ 0.05) \times 0.951$$
$$= 2.571 \times 0.049 \times 2.447 \times 0.951 = 2.453$$

よって，$\mu(A_3B_2C_2) - \mu(A_1B_1C_1)$ の $100(1-\alpha)$ % 信頼区間は (7.1.38) 式となる．

$$\delta_L^U = \hat{\delta} \pm t(\phi^*,\ \alpha)\sqrt{\hat{Var}[\hat{\delta}]} = 15.17 \pm 2.453\sqrt{7.37}$$
$$= 15.17 \pm 6.66 = [8.5,\ 21.8] \tag{7.1.38}$$

7.2 多段分割法

前項では，無作為化を 2 段階とする単一分割法について述べた．実際には取り上げる因子が多く，無作為化の段階が多くなることがある．無作為化が 3 段階に分かれ，誤差が 1 次，2 次，3 次と分かれたような配置を 2 段分割法という．誤差がさらに何段階かに分割される配置を 3 段分割法，4 段分割法…というが，これらを総称して**多段分割法**という．

洗剤の洗浄力を高めることを目的として，合成法 A (3 水準)，後処理法 B (2 水準)，使用条件 C (3 水準) について検討したい．工程が 3 段階となっている場合は，A を 1 次因子，B を 2 次因子，C を 3 次因子とする 2 段分割法が有効

```
 1次単位        2次単位         3次単位
```

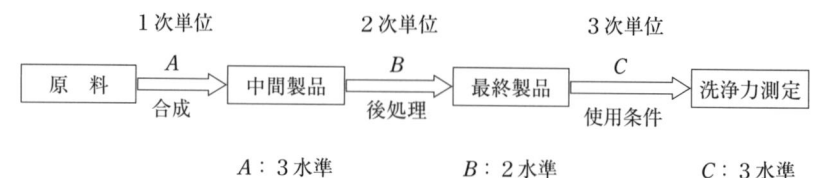

```
┌──────┐  A  ┌────────┐  B  ┌────────┐  C  ┌──────────┐
│ 原 料 │ ==> │中間製品 │ ==> │最終製品 │ ==> │洗浄力測定│
└──────┘ 合成 └────────┘後処理└────────┘使用条件└──────────┘
```

　　　　　　　　　A：3水準　　　　　　B：2水準　　　　　　C：3水準

図 7.6　2 段分割法の例

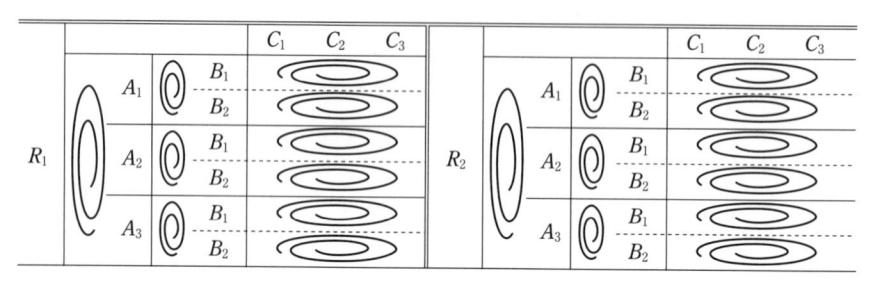

図 7.7　2 段分割法

である（図 7.6，図 7.7）．

これを 2 回反復して得られたデータの構造と制約条件は以下となる．

$$
\begin{aligned}
y_{ijkl} &= \mu + r_l + \alpha_i + e_{(1)il} + \beta_j + (\alpha\beta)_{ij} + e_{(2)ijl} + \gamma_k + (\alpha\gamma)_{ik} \\
&\quad + (\beta\gamma)_{jk} + (\alpha\beta\gamma)_{ijk} + e_{(3)ijkl}
\end{aligned}
$$

$$
\sum \alpha_i = \sum \beta_j = \sum \gamma_k = \sum_i (\alpha\beta)_{ij} = \sum_j (\alpha\beta)_{ij} = \sum_i (\alpha\gamma)_{ik}
$$

$$
= \sum_k (\alpha\gamma)_{ik} = \sum_j (\beta\gamma)_{jk} = \sum_k (\beta\gamma)_{jk} = 0
$$

$$
\sum_i (\alpha\beta\gamma)_{ijk} = \sum_j (\alpha\beta\gamma)_{ijk} = \sum_k (\alpha\beta\gamma)_{ijk} = 0
$$

$$e_{(1)il} \sim N(0, \sigma_1^2), \quad e_{(2)ijl} \sim N(0, \sigma_2^2),$$

$$e_{(3)ijkl} \sim N(0, \sigma_3^2), \quad r_l \sim N(0, \sigma_R^2)$$

$$i = 1 \sim a\,(a=3), \quad j = 1 \sim b\,(b=2),$$

$$k = 1 \sim c\,(c=3), \quad l = 1 \sim n\,(n=2)$$

(7.2.1)

分散分析表は表 7.15 となる．

交互作用については，$A \times B$ は 2 次要因，$A \times C$，$B \times C$ および $A \times B \times C$ は 3

表7.15 分散分析表 2段分割法

sv	ss	df	E(ms)
R	S_R	$n-1$	$\sigma_3^2 + c\sigma_2^2 + bc\sigma_1^2 + abc\sigma_R^2$
A	S_A	$a-1$	$\sigma_3^2 + c\sigma_2^2 + bc\sigma_1^2 + bcn\sigma_A^2$
$e_{(1)}$	$S_{e(1)}$	$(a-1)(n-1)$	$\sigma_3^2 + c\sigma_2^2 + bc\sigma_1^2$
1次単位計	S_1	$an-1$	
B	S_B	$b-1$	$\sigma_3^2 + c\sigma_2^2 + acn\sigma_B^2$
$A\times B$	$S_{A\times B}$	$(a-1)(b-1)$	$\sigma_3^2 + c\sigma_2^2 + cn\sigma_{A\times B}^2$
$e_{(2)}$	$S_{e(2)}$	$a(b-1)(n-1)$	$\sigma_3^2 + c\sigma_2^2$
2次単位計	S_2	$abn-1$	
C	S_C	$c-1$	$\sigma_3^2 + abn\sigma_C^2$
$A\times C$	$S_{A\times C}$	$(a-1)(c-1)$	$\sigma_3^2 + bn\sigma_{A\times C}^2$
$B\times C$	$S_{B\times C}$	$(b-1)(c-1)$	$\sigma_3^2 + an\sigma_{B\times C}^2$
$A\times B\times C$	$S_{A\times B\times C}$	$(a-1)(b-1)(c-1)$	$\sigma_3^2 + n\sigma_{A\times B\times C}^2$
$e_{(3)}$	$S_{e(3)}$	$ab(c-1)(n-1)$	σ_3^2
計	S	$abcn-1$	

次要因である．分割法では，交互作用の次数は，

① n次どうしの交互作用はn次要因である．
② n次因子とm次因子$(n<m)$の交互作用は次数の高いm次要因となる．
③ 最高の次数をlとすると，$E(ms)$については以下のことがいえる．
  - l次誤差の分散σ_l^2は，係数が1ですべての$E(ms)$に含まれる．
  - l次より低い$m-i$次$(i=1\sim m-i)$誤差の分散σ_{m-i}^2は，$m-i$次以下の成分すべてに含まれ，その係数は$m-i$次単位1つの中のデータの数である．

[例題7.2]

ポリエステル繊維を重合工程，紡糸工程，延伸工程の順で製造している．今回，繊維の染色性を高めるためにポリマーの重合工程（因子A：3水準）と紡糸

工程（因子 B：3水準）と延伸工程（因子 C：2水準）において分割実験を行うことにした．工程に合わせて A を1次因子，B を2次因子，C を3次因子とする．このとき，実験方法は種々考えられる．下記4方法について，データの構造とそれに対応する表7.15のような形式の分散分析表がどのようになるか考えてみよう．染色性は延伸工程後の糸を染色し，その色調を測定して評価する．

① 重合工程で A_1, A_2, A_3 の3水準の原料ポリマーをランダムに重合する．得られた各ポリマーを6分し，紡糸工程で B_1, B_2, B_3 の3水準，繰り返し2回，計6回の実験をランダムに紡糸し，未延伸糸を得る．これを各2分し，延伸条件 C_1, C_2 の2水準で延伸する．その後染色性を各1回ランダムに測定する．

② 重合工程で A_1, A_2, A_3 の3水準の原料ポリマーをランダムに重合する．得られた各ポリマーを3分し，紡糸工程で B_1, B_2, B_3 の3水準をランダムに紡糸し，未延伸糸を得る．これを各4分し，延伸条件 C_1, C_2 の2水準で繰り返し2回計4回ランダムに延伸する．その後染色性を各1回ランダムに測定する．

③ 重合工程で A_1, A_2, A_3 の3水準の原料ポリマーをランダムに重合する．得られた各ポリマーを3分し，紡糸工程で B_1, B_2, B_3 の3水準をランダムに紡糸し，未延伸糸を得る．これを各2分し，延伸条件 C_1, C_2 の2水準をランダムに延伸する．その後，染色性を各1回ランダムに測定する．以上の $3\times3\times2=18$ 回の実験をもう一揃え反復し，合計36回の実験を行う．

④ 重合工程で2回の繰り返しを入れ，A_1, A_2, A_3 の3水準で繰り返し2回，計6回原料ポリマーをランダムに重合する．得られた各ポリマーを3分し，紡糸工程で B_1, B_2, B_3 の3水準の実験をランダムに紡糸し，未延伸糸を得る．これを各2分し，延伸条件 C_1, C_2 の2水準でランダムに延伸する．その後，染色性を各1回ランダムに測定する．

（解答）

① 2次因子のところで繰り返しを入れた2段分割実験であり，データの構造は次式である．分散分析表は表7.16である．

$$y_{ijkl} = \mu + \alpha_i + e_{(1)i} + \beta_j + (\alpha\beta)_{ij} + e_{(2)ijl} + \gamma_k + (\alpha\gamma)_{ik} + (\beta\gamma)_{jk}$$
$$+ (\alpha\beta\gamma)_{ijk} + e_{(3)ijkl} \tag{7.2.2}$$

データの構造より，1次因子である要因 A と 1 次誤差は交絡するため，A の主効果の検定はできない．ただし，A の主効果がわかっているか，検出する意味がないときであって，A の水準変更が困難なときに用いる場合がある．1 次誤差と主効果 A を除くすべての要因が検定できる．

表 7.16　分散分析表　2 次単位で繰り返し

sv	ss	df	$E(ms)$
$A(e_{(1)})$	S_A	2	$\sigma_3^2 + 2\sigma_2^2 + 12\sigma_1^2 + 12\sigma_A^2$
B	S_B	2	$\sigma_3^2 + 2\sigma_2^2 + 12\sigma_B^2$
$A \times B$	$S_{A \times B}$	4	$\sigma_3^2 + 2\sigma_2^2 + 4\sigma_{A \times B}^2$
$e_{(2)}$	$S_{e(2)}$	9	$\sigma_3^2 + 2\sigma_2^2$
C	S_C	1	$\sigma_3^2 + 18\sigma_C^2$
$A \times C$	$S_{A \times C}$	2	$\sigma_3^2 + 6\sigma_{A \times C}^2$
$B \times C$	$S_{B \times C}$	2	$\sigma_3^2 + 6\sigma_{B \times C}^2$
$A \times B \times C$	$S_{A \times B \times C}$	4	$\sigma_3^2 + 2\sigma_{A \times B \times C}^2$
$e_{(3)}$	$S_{e(3)}$	9	σ_3^2
計	S	35	

② 3 次因子のところで繰り返しを入れた 2 段分割実験で，データの構造は次式である．分散分析表は表 7.17 である．

$$y_{ijkl} = \mu + \alpha_i + e_{(1)i} + \beta_j + (\alpha\beta)_{ij} + e_{(2)ij} + \gamma_k + (\alpha\gamma)_{ik} + (\beta\gamma)_{jk} + (\alpha\beta\gamma)_{ijk} + e_{(3)ijkl} \tag{7.2.3}$$

データの構造より，1 次因子と 1 次誤差，2 次因子と 2 次誤差が交絡してしまうため，主効果 A, B, 交互作用 $A \times B$ の検定はできない．主効果 A, B, 交互作用 $A \times B$ の効果がわかっているか，検出する意味がないときであって，A や B の水準変更が困難なときに用いる場合がある．主効果 C, 交互作用 $A \times C$, $B \times C$, $A \times B \times C$ の検定ができる．

表 7.17 分散分析表　3 次単位で繰り返し

sv	ss	df	$E(ms)$
$A(e_{(1)})$	S_A	2	$\sigma_3^2 + 4\sigma_2^2 + 12\sigma_1^2 + 12\sigma_A^2$
$B(e_{(2)})$	S_B	2	$\sigma_3^2 + 4\sigma_2^2 + 12\sigma_B^2$
$A \times B(e_{(2)})$	$S_{A \times B}$	4	$\sigma_3^2 + 4\sigma_2^2 + 4\sigma_{A \times B}^2$
C	S_C	1	$\sigma_3^2 + 18\sigma_C^2$
$A \times C$	$S_{A \times C}$	2	$\sigma_3^2 + 6\sigma_{A \times C}^2$
$B \times C$	$S_{B \times C}$	2	$\sigma_3^2 + 6\sigma_{B \times C}^2$
$A \times B \times C$	$S_{A \times B \times C}$	4	$\sigma_3^2 + 2\sigma_{A \times B \times C}^2$
$e_{(3)}$	$S_{e(3)}$	18	σ_3^2
計	S	35	

③　反復を入れた典型的な 2 段分割実験である．反復の効果が大きいときは有効である．すべての要因，誤差を検定することができ，データの構造は次式である．分散分析表は表 7.18 である．

$$y_{ijkl} = \mu + r_l + \alpha_i + e_{(1)il} + \beta_j + (\alpha\beta)_{ij} + e_{(2)ijl} + \gamma_k + (\alpha\gamma)_{ik} + (\beta\gamma)_{jk}$$
$$+ (\alpha\beta\gamma)_{ijk} + e_{(3)ijkl} \qquad (7.2.4)$$

④　1 次因子で繰り返しを入れた 2 段分割実験で，データの構造は次式である．分散分析表は表 7.19 である．

$$y_{ijkl} = \mu + \alpha_i + e_{(1)il} + \beta_j + (\alpha\beta)_{ij} + e_{(2)ijl} + \gamma_k + (\alpha\gamma)_{ik} + (\beta\gamma)_{jk}$$
$$+ (\alpha\beta\gamma)_{ijk} + e_{(3)ijkl} \qquad (7.2.5)$$

各次の要因，誤差はすべて検定できる．③のように反復の形をとっていないので反復間誤差があっても検出できない．したがって，日間変動やロット間変動などの反復間誤差が大きいと予想できるときは使用しないほうがよい．

①～④において，染色性を 1 回でなく複数回ずつ測定した場合，このときの測定誤差は枝分かれ型の誤差を形成し，4 次誤差となる．この場合の対処法は，楠，辻谷，松本，和田の『応用実験計画法』，日科技連出版社(1995)を参照されたい．

表7.18 分散分析表 反復

sv	ss	df	E(ms)
R	S_R	1	$\sigma_3^2 + 2\sigma_2^2 + 6\sigma_1^2 + 18\sigma_R^2$
A	S_A	2	$\sigma_3^2 + 2\sigma_2^2 + 6\sigma_1^2 + 12\sigma_A^2$
$e_{(1)}$	$S_{e(1)}$	2	$\sigma_3^2 + 2\sigma_2^2 + 6\sigma_1^2$
B	S_B	2	$\sigma_3^2 + 2\sigma_2^2 + 12\sigma_B^2$
$A \times B$	$S_{A \times B}$	4	$\sigma_3^2 + 2\sigma_2^2 + 4\sigma_{A \times B}^2$
$e_{(2)}$	$S_{e(2)}$	6	$\sigma_3^2 + 2\sigma_2^2$
C	S_C	1	$\sigma_3^2 + 18\sigma_C^2$
$A \times C$	$S_{A \times C}$	2	$\sigma_3^2 + 6\sigma_{A \times C}^2$
$B \times C$	$S_{B \times C}$	2	$\sigma_3^2 + 6\sigma_{B \times C}^2$
$A \times B \times C$	$S_{A \times B \times C}$	4	$\sigma_3^2 + 2\sigma_{A \times B \times C}^2$
$e_{(3)}$	$S_{e(3)}$	9	σ_3^2
計	S	35	

表7.19 分散分析表 1次単位で繰り返し

sv	ss	df	E(ms)
A	S_A	2	$\sigma_3^2 + 2\sigma_2^2 + 6\sigma_1^2 + 12\sigma_A^2$
$e_{(1)}$	$S_{e(1)}$	3	$\sigma_3^2 + 2\sigma_2^2 + 6\sigma_1^2$
B	S_B	2	$\sigma_3^2 + 2\sigma_2^2 + 12\sigma_B^2$
$A \times B$	$S_{A \times B}$	4	$\sigma_3^2 + 2\sigma_2^2 + 4\sigma_{A \times B}^2$
$e_{(2)}$	$S_{e(2)}$	6	$\sigma_3^2 + 2\sigma_2^2$
C	S_C	1	$\sigma_3^2 + 18\sigma_C^2$
$A \times C$	$S_{A \times C}$	2	$\sigma_3^2 + 6\sigma_{A \times C}^2$
$B \times C$	$S_{B \times C}$	2	$\sigma_3^2 + 6\sigma_{B \times C}^2$
$A \times B \times C$	$S_{A \times B \times C}$	4	$\sigma_3^2 + 2\sigma_{A \times B \times C}^2$
$e_{(3)}$	$S_{e(3)}$	9	σ_3^2
計	S	35	

7.3 2方分割法

2つの中間製品 A, B をそれぞれ合成した後に中間製品 A と中間製品 B を混ぜて成形する実験を計画するとしよう．中間製品 A を合成する実験を4水準，中間製品 B を合成する実験を3水準として，A について4水準を無作為に，B について3水準を無作為にそれぞれ行ってから，その後の成形実験は A, B を組み合せた12実験を無作為に行いたい．このように実験の場が2方向に構成される配置を2方分割法という(図7.8)．

これを反復するとデータの構造と制約条件は以下のようになる．

$$\left. \begin{array}{l} y_{ijk} = \mu + r_k + \alpha_i + e_{(1A)ik} + \beta_j + e_{(1B)jk} + (\alpha\beta)_{ij} + e_{(2)ijk} \\[4pt] \sum \alpha_i = \sum \beta_j = \sum_i (\alpha\beta)_{ij} = \sum_j (\alpha\beta)_{ij} = 0 \\[4pt] e_{(1A)ik} \sim N(0,\ \sigma_{1A}^2), \quad e_{(1B)jk} \sim N(0,\ \sigma_{1B}^2), \quad e_{(2)ijk} \sim N(0,\ \sigma_2^2) \\[4pt] r_k \sim N(0,\ \sigma_R^2), \quad i = 1 \sim a(a=4), \quad j = 1 \sim b(b=3) \\[4pt] k = 1 \sim n(n=2), \quad N_{1A} = an, \quad N_{1B} = bn, \quad N = abn \end{array} \right\} \quad (7.3.1)$$

$e_{(1A)ik}$ は因子 A の4水準のブロック(1次単位)の無作為化に伴う環境条件による誤差で A 方向の1次誤差という．$e_{(1B)jk}$ は因子 B の3水準のブロック(1次単位)の無作為化に伴う環境条件による誤差で B 方向の1次誤差という．また，$e_{(2)ijk}$ を2次誤差と呼ぶ．分散分析表は表7.20である．

[例題 7.3]

2つの原料 A, B をそれぞれ合成した後に原料 A と原料 B を混ぜて成形する実験を計画した．原料 A を合成する実験を4水準，原料 B を合成する実験を3水準とし，実験は A について4水準を無作為に，B について3水準を無作為にそれぞれ行う．その後の成形実験は A, B を組み合せた12実験を無作為に行った．この実験を2回反復して得られた最終製品の特性を測定した．結果を表7.21に示す．値は大きいほうがよい．解析してみよう．

```
     1次単位                    2次単位
原料 ━━━▶ 中間製品A
     A：4水準              A×B ━━━▶ 最終製品
原料 ━━━▶ 中間製品B
     B：3水準
```

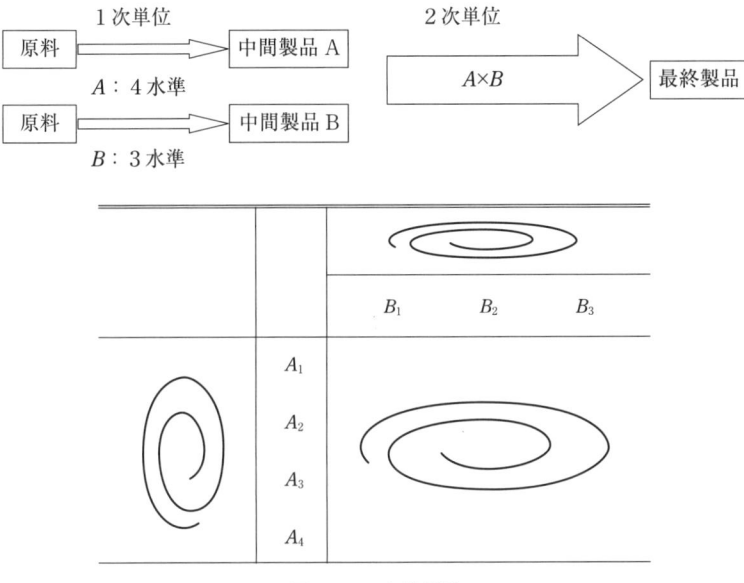

図7.8　2方分割法

表7.20　分散分析表　2方分割法

sv	ss	df	E(ms)
R	S_R	$n-1$	$\sigma_2^2 + b\sigma_{1A}^2 + a\sigma_{1B}^2 + ab\sigma_R^2$
A	S_A	$a-1$	$\sigma_2^2 + b\sigma_{1A}^2 + bn\sigma_A^2$
$e_{(1A)}$	$S_{e(1A)}$	$(a-1)(n-1)$	$\sigma_2^2 + b\sigma_{1A}^2$
1次単位(A)	S_{1A}	$an-1$	
B	S_B	$b-1$	$\sigma_2^2 + a\sigma_{1B}^2 + an\sigma_B^2$
$e_{(1B)}$	$S_{e(1B)}$	$(b-1)(n-1)$	$\sigma_2^2 + a\sigma_{1B}^2$
1次単位(B)	S_{1B}	$bn-1$	
$A \times B$	$S_{A \times B}$	$(a-1)(b-1)$	$\sigma_2^2 + n\sigma_{A \times B}^2$
$e_{(2)}$	$S_{e(2)}$	$(a-1)(b-1)(n-1)$	σ_2^2
計	S	$abn-1$	

表7.21 データ y_{ijkl} 表 （単位省略）

	R_1			R_2			
	B_1	B_2	B_3	B_1	B_2	B_3	
A_1	6	11	8	5	11	7	
A_2	6	12	11	9	13	9	$T=240$
A_3	9	13	14	12	16	14	
A_4	4	10	10	5	12	13	

[データの構造と制約条件]

$$y_{ijk} = \mu + r_k + \alpha_i + e_{(1A)ik} + \beta_j + e_{(1B)jk} + (\alpha\beta)_{ij} + e_{(2)ijk}$$

$$\left.\begin{array}{l}\sum \alpha_i = \sum \beta_j = \sum_i (\alpha\beta)_{ij} = \sum_j (\alpha\beta)_{ij} = 0 \\ e_{(1A)ik} \sim N(0,\ \sigma_{1A}^2), \quad e_{(1B)jk} \sim N(0,\ \sigma_{1B}^2), \quad e_{(2)ijk} \sim N(0,\ \sigma_2^2) \\ r_k \sim N(0,\ \sigma_R^2) \\ i = 1 \sim a(a=4), \quad j = 1 \sim b(b=3), \quad k = 1 \sim n(n=2)\end{array}\right\} \quad (7.3.2)$$

[分散分析]

$$\bar{\bar{y}} = \frac{T}{abc} = \frac{240}{2 \times 4 \times 3} = 10.0$$

① 1次単位の平方和の分解

《反復間の平方和》

$$S_R = ab \sum_{k=1}^{n} (\bar{y}_{..k} - \bar{\bar{y}})^2 = 4 \times 3 \times \{(-0.5)^2 + 0.5^2\} = 6$$

$$\phi_R = n - 1 = 1 \quad (7.3.3)$$

《A方向の平方和》 $(N_{1A} = an = 8)$

$$S_{1A} = S_{AR} = b \sum_{i=1}^{a} \sum_{k=1}^{n} (\bar{y}_{i\cdot k} - \bar{\bar{y}})^2 = 3 \times \left\{\left(\frac{25}{3} - 10\right)^2 + \left(\frac{23}{3} - 10\right)^2 \right.$$
$$\left. + \cdots + \left(\frac{30}{3} - 10\right)^2\right\} = 97.333 \qquad \phi_{1A} = N_{1A} - 1 = 7 \quad (7.3.4)$$

表7.22 $(y_{ijk}-\bar{\bar{y}})$表 その1

	R_1			R_2			$\sum_{j}\sum_{k}(y_{ijk}-\bar{\bar{y}})$	$\bar{y}_{i\cdot\cdot}-\bar{\bar{y}}$
	B_1	B_2	B_3	B_1	B_2	B_3		
A_1	−4	1	−2	−5	1	−3	−12	−2.0
A_2	−4	2	1	−1	3	−1	0	0
A_3	−1	3	4	2	6	4	18	3.0
A_4	−6	0	0	−5	2	3	−6	−1.0
$\sum_{i}\sum_{j}(y_{ijk}-\bar{\bar{y}})$	−6			6				
$\bar{y}_{\cdot\cdot k}-\bar{\bar{y}}$	−0.5			0.5				

表7.23 $\sum_{k=1}^{2}(y_{ijk}-\bar{\bar{y}})$表 その2

計の対象となる データ数＝2	B_1	B_2	B_3
A_1	−9	2	−5
A_2	−5	5	0
A_3	1	9	8
A_4	−11	2	3
$\sum_{i}\sum_{k}(y_{ijk}-\bar{\bar{y}})$	−24	18	6
$\bar{y}_{\cdot j\cdot}-\bar{\bar{y}}$	−3	2.25	0.75

表7.24 $(y_{ijk}-\bar{\bar{y}})^2$表 その3

	R_1			R_2			$\sum_{i}\sum_{j}\sum_{k}(y_{ijk}-\bar{\bar{y}})^2$
	B_1	B_2	B_3	B_1	B_2	B_3	
A_1	16	1	4	25	1	9	244
A_2	16	4	1	1	9	1	
A_3	1	9	16	4	36	16	
A_4	36	0	0	25	4	9	

表 7.25　$T_{i \cdot k}$ 表

計の対象となる データ数 = 3	R_1	R_2	$T_{i \cdot \cdot}$
A_1	25	23	48
A_2	29	31	60
A_3	36	42	78
A_4	24	30	54
$T_{\cdot \cdot k}$	114	126	$T = 240$

表 7.26　$T_{\cdot jk}$ 表

計の対象となる データ数 = 4	R_1	R_2	$T_{\cdot \cdot k}$
B_1	25	31	56
B_2	46	52	98
B_3	43	43	86
$T_{\cdot j \cdot}$	114	126	$T = 240$

表 7.27　$T_{ij \cdot}$ 表

計の対象となる データ数 = 2	B_1	B_2	B_3	$T_{i \cdot \cdot}$
A_1	11	22	15	48
A_2	15	25	20	60
A_3	21	29	28	78
A_4	9	22	23	54
$T_{\cdot j \cdot}$	56	98	86	$T = 240$

$$S_A = bn \sum_{i=1}^{a} (\bar{y}_{i \cdot \cdot} - \bar{\bar{y}})^2 = 3 \times 2 \times \{(-2)^2 + 0^2 + 3^2 + (-1)^2\} = 84.0$$

$$\phi_A = a - 1 = 3 \qquad (7.3.5)$$

$$S_{e(1A)} = S_{1A} - S_R - S_A = 7.333 \qquad \phi_{e(1A)} = \phi_{1A} - \phi_R - \phi_A = 3 \qquad (7.3.6)$$

《B 方向の平方和》　　　　($N_{1B} = bn = 6$)

$$S_{1B} = S_{BR} = a \sum_{j=1}^{b} \sum_{k=1}^{n} (\bar{y}_{\cdot jk} - \bar{\bar{y}})^2 = 4 \times \left\{ \left(\frac{25}{4} - 10 \right)^2 + \left(\frac{46}{4} - 10 \right)^2 \right.$$

$$\left. + \cdots + \left(\frac{43}{4} - 10 \right)^2 \right\} = 126.0 \qquad \phi_{1B} = N_{1B} - 1 = 5 \qquad (7.3.7)$$

$$S_B = an \sum_{j=1}^{b} (\bar{y}_{\cdot j \cdot} - \bar{\bar{y}})^2 = 4 \times 2 \times \{(-3)^2 + 2.25^2 + 0.75^2\} = 117.0$$

$$\phi_B = b - 1 = 2 \qquad (7.3.8)$$

$$S_{e(1B)} = S_{1B} - S_R - S_B = 3.0 \qquad \phi_{e(1B)} = \phi_{1B} - \phi_R - \phi_B = 2 \qquad (7.3.9)$$

② 2次単位の平方和の分解

$$S_2 = S = \sum_{i=1}^{a}\sum_{j=1}^{b}\sum_{k=1}^{n}(y_{ijk} - \bar{\bar{y}})^2 = 244.0 \qquad \phi_2 = \phi = abn - 1 = 23 \qquad (7.3.10)$$

$$S_{AB} = n\sum_{i=1}^{a}\sum_{j=1}^{b}(\bar{y}_{ij\cdot} - \bar{\bar{y}})^2 = 2 \times \left\{\left(\frac{11}{2} - 10\right)^2 + \left(\frac{22}{2} - 10\right)^2\right.$$

$$\left. + \cdots + \left(\frac{23}{2} - 10\right)^2\right\} = 220.0 \qquad \phi_{AB} = ab - 1 = 11 \qquad (7.3.11)$$

$$S_{A \times B} = S_{AB} - S_A - S_B = 19.0 \qquad \phi_{A \times B} = \phi_{AB} - \phi_A - \phi_B = 6 \qquad (7.3.12)$$

$$S_{e(2)} = S_2 - S_{1A} - S_{1B} + S_R - S_{A \times B} = 7.667$$

$$\phi_{e(2)} = \phi_2 - \phi_{1A} - \phi_{1B} + \phi_R - \phi_{A \times B} = 6 \qquad (7.3.13)$$

③ 分散分析表(表7.28)の作成

$H_0 : \sigma_R^2 = 0$ の検定は，$E(ms)$ の中身をみて，(7.3.14)式のように考える．

$$F_0 = \frac{V_R + V_{e(2)}}{V_{e(1A)} + V_{e(1B)}} = \frac{6.000 + 1.278}{2.444 + 1.500} = \frac{7.278}{3.944} = 1.845 \qquad (7.3.14)$$

(7.3.14)式において，等価自由度 ϕ^* は，

$$\text{分子} \quad \frac{(7.278)^2}{\phi^*} = \frac{(6.000)^2}{1} + \frac{(1.278)^2}{6} \quad \rightarrow \quad \phi^* = 1.460$$

$$\text{分母} \quad \frac{(3.944)^2}{\phi^*} = \frac{(2.444)^2}{3} + \frac{(1.500)^2}{2} \quad \rightarrow \quad \phi^* = 4.992$$

$$F(1.460, \ 4.992 \ ; \ 0.05) > F(2, \ 5 \ ; \ 0.05) = 5.786 > 1.845$$

R は有意水準5%で有意ではないが，前述の理由でプールしない．なお，R の $E(ms)$ には σ_{1A}^2，σ_{1B}^2 の両方が含まれているので，これらが無視できる場合を除き，S_R を他にプールすることはできない．主効果 A，B は5%有意になった．交互作用 $A \times B$ は5%有意にはならないが F_0 値が小さくないので残すことにする．$e_{(1A)}$，$e_{(1B)}$ は有意ではないが，無視しないことにすれば，分散分析後のデータの構造は，(7.3.2)式と変わらず，(7.3.15)式となる．

$$y_{ijk} = \mu + r_k + \alpha_i + e_{(1A)ik} + \beta_j + e_{(1B)jk} + (\alpha\beta)_{ij} + e_{(2)ijk} \qquad (7.3.15)$$

[最適条件における母平均の推定]

$$\hat{\mu}(A_iB_j) = \hat{\mu} + \hat{\alpha}_i + \hat{\beta}_j + \widehat{(\alpha\beta)}_{ij} = \overline{\mu + \alpha_i + \beta_j + (\alpha\beta)_{ij}} = \bar{y}_{ij\cdot} \qquad (7.3.16)$$

値が大きいほうがよいので，AB 2元表より最適条件は A_3B_2 である．

表 7.28 分散分析表

sv	ss	df	ms	F_0	$E(ms)$
R	6	1	6	1.845	$\sigma_2^2 + 3\sigma_{1A}^2 + 4\sigma_{1B}^2 + 12\sigma_R^2$
A	84	3	28	11.457*	$\sigma_2^2 + 3\sigma_{1A}^2 + 6\sigma_A^2$
$e_{(1A)}$	7.333	3	2.444	1.912	$\sigma_2^2 + 3\sigma_{1A}^2$
1次単位 A	97.333	7			
B	117	2	58.5	39.000*	$\sigma_2^2 + 4\sigma_{1B}^2 + 8\sigma_B^2$
$e_{(1B)}$	3	2	1.5	1.174	$\sigma_2^2 + 4\sigma_{1B}^2$
1次単位 B	126	5			
$A \times B$	19	6	3.167	2.478	$\sigma_2^2 + 2\sigma_{A \times B}^2$
$e_{(2)}$	7.667	6	1.278		σ_2^2
計	244	23			

$F(3, 3 ; 0.05) = 9.277$, $F(3, 3 ; 0.01) = 29.457$, $F(2, 2 ; 0.05) = 19.000$,
$F(2, 2 ; 0.01) = 99.000$, $F(6, 6 ; 0.05) = 4.284$, $F(3, 6 ; 0.05) = 4.757$,
$F(2, 6 ; 0.05) = 5.143$

$$\hat{\mu}(A_3 B_2) = \bar{y}_{32 \cdot} = \frac{29}{2} = 14.5$$

[区間推定]

$\hat{\mu}(A_i B_j)$ の分散を求めるために各平均値の構造を調べる.

$$\hat{\mu}(A_3 B_2) = \bar{y}_{32 \cdot} = \mu + \bar{r} + \alpha_3 + \bar{e}_{(1A)3 \cdot} + \beta_2 + \bar{e}_{(1B)2 \cdot} + (\alpha\beta)_{32} + \bar{e}_{(2)32 \cdot .} \tag{7.3.17}$$

$$\hat{Var}[\hat{\mu}(A_3 B_2)] = \frac{1}{n}\hat{\sigma}_R^2 + \frac{1}{n}\hat{\sigma}_{1A}^2 + \frac{1}{n}\hat{\sigma}_{1B}^2 + \frac{1}{n}\hat{\sigma}_2^2 \tag{7.3.18}$$

$E(ms)$ より, $\hat{\sigma}_R^2 = \dfrac{V_R - V_{e(1A)} - V_{e(1B)} + V_{e(2)}}{ab}$, $\hat{\sigma}_{1A}^2 = \dfrac{V_{e(1A)} - V_{e(2)}}{b}$,

$\hat{\sigma}_{1B}^2 = \dfrac{V_{e(1B)} - V_{e(2)}}{a}$, $\hat{\sigma}_2^2 = V_{e(2)}$ を (7.3.18) 式に代入する.

$$\hat{Var}[\hat{\mu}(A_3 B_2)] = \frac{1}{n} \times \frac{V_R - V_{e(1A)} - V_{e(1B)} + V_{e(2)}}{ab} + \frac{1}{n} \frac{V_{e(1A)} - V_{e(2)}}{b}$$

$$+ \frac{1}{n}\frac{V_{e(1B)}-V_{e(2)}}{a} + \frac{1}{n}V_{e(2)}$$

$$= \frac{1}{N}V_R + \frac{(a-1)}{N}V_{e(1A)} + \frac{(b-1)}{N}V_{e(1B)}$$

$$+ \frac{ab-a-b+1}{N}V_{e(2)}$$

$$= \frac{1}{24}V_R + \frac{3}{24}V_{e(1A)} + \frac{2}{24}V_{e(1B)} + \frac{6}{24}V_{e(2)} \tag{7.3.19}$$

となる．なお，$ab-a-b+1 = (a-1)(b-1)$である．

以上は，点推定量の構造に対応させ，分散を求めたが，次に示すように田口の式を拡張して求めてもよい．

《R を考慮する場合》

$$\hat{Var}[\hat{\mu}(A_iB_j\cdots)] = \frac{V_R}{N} + \frac{\text{無視しない}A\text{方向の1次要因の自由度の和}}{N}V_{e(1A)}$$

$$+ \frac{\text{無視しない}B\text{方向の1次要因の自由度の和}}{N}V_{e(1B)}$$

$$+ \frac{\text{無視しない2次要因の自由度の和}}{N}V_{e(2)} + \cdots \tag{7.3.20}$$

よって，$\hat{\mu}(A_iB_j)$の信頼限界は，以下の式で求められる．

$$\hat{\mu}(A_iB_j) \pm t(\phi^*,\ \alpha)\sqrt{\hat{Var}[\hat{\mu}(A_iB_j)]}$$

$$\hat{Var}[\hat{\mu}(A_iB_jC_k)] = \frac{V_R}{N} + \frac{\phi_A}{N}V_{e(1A)} + \frac{\phi_B}{N}V_{e(1B)} + \frac{\phi_{A \times B}}{N}V_{e(2)}$$

$$= \frac{6 + 3 \times 2.444 + 2 \times 1.5 + 6 \times 1.278}{24}$$

$$= \frac{6 + 7.332 + 3 + 7.668}{24} = \frac{24}{24} = 1 \tag{7.3.21}$$

ここで，ϕ^*は Satterthwaite の方法を用い求める．

$$\frac{24^2}{\phi^*} = \frac{6^2}{1} + \frac{7.332^2}{3} + \frac{3^2}{2} + \frac{7.668^2}{6} \quad \rightarrow \quad \phi^* = 8.443$$

$$t(\phi^*,\ 0.05) = t(8.443,\ 0.05) = t(8,\ 0.05) \times (1 - 0.443)$$

$$+ t(9, \ 0.05) \times 0.443$$
$$= 2.306 \times 0.557 + 2.262 \times 0.443 = 2.287$$
$$\mu_L^U = \hat{\mu}(A_3B_2) \pm t(\phi^*, \ 0.05)\sqrt{\hat{Var}[\hat{\mu}(A_3B_2)]} \quad (7.3.22)$$
$$= 14.5 \pm 2.287\sqrt{1} = 14.5 \pm 2.3 = [12.2, \ 16.8]$$

《R を無視する場合》

$$\hat{Var}[\hat{\mu}(A_iB_jC_k)] = \frac{1+\text{無視しない}A\text{方向の1次要因の自由度の和}}{N}V_{e(1A)}$$

$$+ \frac{1+\text{無視しない}B\text{方向の1次要因の自由度の和}}{N}V_{e(1B)}$$

$$+ \frac{\text{無視しない2次要因の自由度の和}-1}{N}V_{e(2)} + \cdots \quad (7.3.23)$$

7.4　直交表による分割実験

　直交表による実験についても，水準変更が難しい因子，または，高い推定精度を要求する因子と必ずしもそうでないものを含む場合などに直交表の分割実験を適用することができる．

　直交表での分割実験を計画するためには，直交表の最下行に示す「群」を利用すると便利である．1群は基本表示が a である(1)列，2群は基本表示に a または b を含み c を含まない列，3群は基本表示に a, b または c を含み d は含まない列，…により構成されている．

　L_8 の(1)列に A，(2)列に B，(4)列に C，(7)列に D の4因子を割り付けた表 7.29 を例にとって考える．No.1〜No.8 の実験を無作為化すれば，通常の直交表実験である．実験 No. を2行ずつ4つに区切り，1群および2群に割り付けた A と B の水準組み合せを順番に見ると，4つの処理（A_1B_1, A_1B_2, A_2B_1, A_2B_2）が2行ずつ続いて現われる（図 7.9 の①，②を参照）．このことを利用すると，次のように2段階の分割実験（単一分割法）とすることができる．

　1次単位（$N_1=4$）：2行ずつをまとめ，4処理を無作為に行う．

　2次単位（$N=N_2=8$）：4処理の生成物を2分し，2次因子 C と D に関する実験を無作為に行う．

表7.29の割り付けは，(1)，(2)，(3)列により4水準のブロック(1次単位)を形成し，また，(4)〜(7)列は2次単位を構成する．1次単位の列に1次因子 A と B，残り(4)〜(7)列に2次因子 C, D を割り付けた例である．1次単位を構成した1群+2群の3列を部分群といい，L_8 の中に L_4 を構成している．1

表7.29 $L_8(2^7)$ 直交表への割り付け

列番号	(1)	(2)	(3)	(4)	(5)	(6)	(7)
要因割り付け	A	B		C			D
単位の割り付け	1次単位			2次単位			
	$e_{(1)}$	$e_{(1)}$	$e_{(1)}$				
実験No.	$e_{(2)}$	$e_{(2)}$	$e_{(2)}$	$e_{(2)}$	$e_{(2)}$	$e_{(2)}$	$e_{(2)}$
1	1	1	1	1	1	1	1
2	1	1	1	2	2	2	2
3	1	2	2	1	1	2	2
4	1	2	2	2	2	1	1
5	2	1	2	1	2	1	2
6	2	1	2	2	1	2	1
7	2	2	1	1	2	2	1
8	2	2	1	2	1	1	2
基本表示	a	b	ab	c	ac	bc	abc
群	1群	2群		3群			

実験No.	無作為化の方法				
	① 1次単位	2次単位	② 1次単位	2次単位	
No.1	1	1	1	1	
2	1	2	1	2	
3	2	3	2	1	
4	2	4	2	2	
5	3	5	3	1	
6	3	6	3	2	
7	4	7	4	1	
8	4	8	4	2	

図7.9 実験番号と無作為化の方法

表 7.30 分散分析表 ($L_8(2^7)$) 実験での分割法の例

sv	ss	df	$E(ms)$
A	$S_A = S_{(1)}$	1	$\sigma_2^2 + 2\sigma_1^2 + 4\sigma_A^2$
B	$S_B = S_{(2)}$	1	$\sigma_2^2 + 2\sigma_1^2 + 4\sigma_B^2$
$e_{(1)}$	$S_{e(1)} = S_{(3)}$	1	$\sigma_2^2 + 2\sigma_1^2$
C	$S_C = S_{(4)}$	1	$\sigma_2^2 + 4\sigma_C^2$
D	$S_D = S_{(7)}$	1	$\sigma_2^2 + 4\sigma_D^2$
$e_{(2)}$	$S_{e(2)} = S_{(5)} + S_{(6)}$	2	σ_2^2
計	S	7	

群＋2群＋3群を合わせた部分群は L_8 の全体にあたる．1次単位の中であれば，どの列に1次因子を割り付けてもよく，2次単位の4列であれば，どの列に2次因子を割り付けてもよい．

　実験の場の2段構成に対応して，1次誤差は，1次単位の3列のみ，2次誤差は，(1)～(7)列のすべてに現われ，1次単位では2つの誤差が存在する．表7.29では，この状況を「単位の割り付け」の欄に示した．

　平方和の計算には直交表の方法がそのまま適用できる．表7.29の場合，1次因子の平方和には，割り付けた因子の効果と，1次因子および2次誤差の分散が含まれるので，分散分析表は表7.30となる．

　2水準系直交表では，1群と2群が L_4，さらに3群を加えると L_8，…の部分群を構成する．1次因子，2次因子，…の数により，適当な部分群を用いれば，2段階，3段階，…の多段分割実験を計画できる．部分群の中で余った列は誤差列となるので，1次，2次，…の誤差の自由度は部分群のとり方に依存する．

　なお，交互作用の群への現われ方は，基本表示の文字と群の対応から，一般に次のようになる．

　① m 群に含まれる因子間の交互作用は，それより低い m' 群 $(m' < m)$ に現われる．ただし，3水準系の直交表では，2列の交互作用のうち，1列が m 群に，他の1列が m' 群に現われる．

　② m 群とそれより低い m' 群にある因子の交互作用は，高いほうの m 群に現われる．

第8章 線形推定・検定論

8.1 線形推定・検定の有用性

　仮説検証，費用対効果，実験の実質的な所要時間，サンプル数など，事前に綿密に計画を立てて実験を行ったとしても，結果的に，不可抗力により欠測値が発生し，再実験も困難となってしまうことがある．また，実験そのものが実施困難な条件となったときや，明らかに実験結果がよくないと予測できたときなど，意図的に実験を省略(実施回避)したい場合が生じる．

　仮に，今までに習った手法を用いるとすれば，欠側値があったところに全体の平均値を入れることなどが考えられる[1]．そうすれば，厳密な方法とはいえないが，一般的な検定，推定を行って，その結果を考察することができる．しかし，数理統計的に厳密性を欠くのではとの疑問が残る．これは直交性が崩れていることから当然の結果であろう．

　本章では，欠測値のある場合を含む一般の非直交計画に対し，理論的に適切な検定や推定ができる「線形推定・検定論」について述べる．

8.2 線形モデルの一般的表現

　線形モデルは，一般の要因配置実験や直交表実験，あるいは，回帰分析にも

---

[1] 欠測値の扱いについて，簡単な方法としては，残りのデータの平均値を入れる方法や，回帰モデルを適用するなど種々の方法がある．また，Yatesの方法(誤差分散が最小となるような推定値で欠測値を埋める)がある．

汎用モデルとして利用することができる．また前述したように，欠測値が生じた場合にも適用できる．以下に，典型例として2つのデータの構造を例示する．

(例1：DEモデル) 繰り返しのない2元配置のデータの構造は，次式である．
$$y_{ij} = \mu + \alpha_i + \beta_j + e_{ij}, \quad e_{ij} \sim N(0, \sigma^2) \tag{8.2.1}$$

(例2：回帰モデル) 単回帰分析のデータの構造は，次式である．
$$y_i = \beta_0 + \beta_1 x_i + e_i, \quad e_i \sim N(0, \sigma^2) \tag{8.2.2}$$

(8.2.1), (8.2.2)式の共通点は，以下の2つである．

1) データの構造は，μ, α_i, β_j, β_0, β_1 などの未知母数と確率変数である誤差の線形式で表わされていること．
2) 誤差には4つの仮定(独立性，不偏性，等分散性，正規性)をおく．

8.2.1 線形モデル

(8.2.1), (8.2.2)式を一般式で書くと，下式となる．
$$y_i = x_{0i}\theta_0 + x_{1i}\theta_1 + \cdots + x_{pi}\theta_p + e_i \quad (i = 1, 2, \cdots, n) \tag{8.2.3}$$

これを**一般線形モデル**(general linear model：GLM)と呼ぶ．因みに，$x_{0i} = 1$ とすると，θ_0 は，DE(実験計画法)モデルでは全体平均 μ を，回帰モデルでは β_0 を表わす．DEモデルでの $\theta_1, \cdots, \theta_p$ は，(8.2.1)式における各要因の主効果や交互作用効果である．回帰モデルでの $\theta_1, \cdots, \theta_p$ は，(8.2.2)式における偏回帰係数 $\beta_1, \beta_2, \cdots$ に対応する．

(8.2.1)式に対応して，A因子(3水準)，B因子(2水準)における繰り返しのない(交互作用のない)2元配置のデータの構造は，

$$\left.\begin{aligned}
y_{11} &= \mu + \alpha_1 && + \beta_1 && + e_{11} \\
y_{12} &= \mu + \alpha_1 && && + \beta_2 + e_{12} \\
y_{21} &= \mu && + \alpha_2 && + \beta_1 && + e_{21} \\
y_{22} &= \mu && + \alpha_2 && && + \beta_2 + e_{22} \\
y_{31} &= \mu && && + \alpha_3 + \beta_1 && + e_{31} \\
y_{32} &= \mu && && + \alpha_3 && + \beta_2 + e_{32}
\end{aligned}\right\} \tag{8.2.4}$$

となる．(8.2.3)式において $p=5$ であり，全体平均 μ と各要因効果を構成する5つの母数 α_1, α_2, α_3, β_1, β_2 は，それぞれ θ_0, θ_1, θ_2, $\cdots$, θ_5 とおくこと

ができる．$\theta_k(k=0, 1, 2, \cdots, 5)$の係数を$x_{0i}, x_{1i}, x_{2i}, \cdots, x_{5i}$とおくと，$x_{ki}(k=0, 1, 2, \cdots, p; i=1, 2, \cdots, n)$は0か1になっている．

$$\left.\begin{aligned}
y_1 &= x_{01}\theta_0 + x_{11}\theta_1 + x_{21}\theta_2 + x_{31}\theta_3 + x_{41}\theta_4 + x_{51}\theta_5 + e_1 \\
y_2 &= x_{02}\theta_0 + x_{12}\theta_1 + x_{22}\theta_2 + x_{32}\theta_3 + x_{42}\theta_4 + x_{52}\theta_5 + e_2 \\
y_3 &= x_{03}\theta_0 + x_{13}\theta_1 + x_{23}\theta_2 + x_{33}\theta_3 + x_{43}\theta_4 + x_{53}\theta_5 + e_3 \\
y_4 &= x_{04}\theta_0 + x_{14}\theta_1 + x_{24}\theta_2 + x_{34}\theta_3 + x_{44}\theta_4 + x_{54}\theta_5 + e_4 \\
y_5 &= x_{05}\theta_0 + x_{15}\theta_1 + x_{25}\theta_2 + x_{35}\theta_3 + x_{45}\theta_4 + x_{55}\theta_5 + e_5 \\
y_6 &= x_{06}\theta_0 + x_{16}\theta_1 + x_{26}\theta_2 + x_{36}\theta_3 + x_{46}\theta_4 + x_{56}\theta_5 + e_6
\end{aligned}\right\} \quad (8.2.5)$$

(8.2.5)式において，分散分析における母数に関する制約条件として$\theta_1 \sim \theta_5$の間には，

$$\theta_1 + \theta_2 + \theta_3 = 0 \qquad \theta_4 + \theta_5 = 0 \qquad (8.2.6)$$

の関係があり，これを**一次従属の関係にある(母数のムダがある)**という．具体的に書き下すと，

$$\alpha_1 + \alpha_2 + \alpha_3 = 0 \qquad \beta_1 + \beta_2 = 0 \qquad (8.2.7)$$

であり，$\alpha_3 = -\alpha_1 - \alpha_2, \beta_2 = -\beta_1$を(8.2.4)式に代入すると，

$$\left.\begin{aligned}
y_{11} &= \mu + \alpha_1 & &+ \beta_1 & &+ e_{11} \\
y_{12} &= \mu + \alpha_1 & &- \beta_1 & &+ e_{12} \\
y_{21} &= \mu & + \alpha_2 &+ \beta_1 & &+ e_{21} \\
y_{22} &= \mu & + \alpha_2 &- \beta_1 & &+ e_{22} \\
y_{31} &= \mu - \alpha_1 - \alpha_2 & &+ \beta_1 & &+ e_{31} \\
y_{32} &= \mu - \alpha_1 - \alpha_2 & &- \beta_1 & &+ e_{32}
\end{aligned}\right\} \quad (8.2.8)$$

となる．(8.2.8)式では，(8.2.6)式のような従属関係は存在せず，各母数は互いに独立な関係にある．このような場合は，前記の一次従属の関係に対して，**一次独立の関係にある(母数のムダがない)**という．

制約条件を用いることより，母数の個数は(8.2.4)式からα, βについて各1つずつ減少し，$p=3$となっている(**母数のムダを省くという**)．

(8.2.3)式の線形モデルにおいて，**母数$\theta_0, \theta_1, \cdots, \theta_p$にムダがない場合**，後述するように正規方程式には逆行列が存在することを意味し，解析手順が明解，かつ，定型的になる．これは，第12章のExcelの汎用プログラムを使用する上での前提となるので，しっかり理解しておこう．

8.3 線形推定論

8.3.1 最小2乗推定法(最小2乗法)

(8.2.3)式の線形モデルは,データ形式にすると,表 8.1 のようになる.このモデルに基づく母数の推定方法(線形推定論)について述べる.

(8.2.3)式を $e_i = y_i - (x_{0i}\theta_0 + x_{1i}\theta_1 + \cdots + x_{pi}\theta_p)$ と置き換えたとき,この e_i を残差といい[2],$i = 1, 2, \cdots, n$ に関する残差平方和,

$$Q = \sum_{i=1}^{n} e_i^2 = \sum_{i=1}^{n} \{y_i - (x_{0i}\theta_0 + x_{1i}\theta_1 + \cdots + x_{pi}\theta_p)\}^2 \tag{8.3.1}$$

を最小にするそれぞれの θ を求める.このような方法を最小2乗推定法と呼び,そのときに求められる解は推定量なので,$\hat{\theta}_0, \hat{\theta}_1, \cdots, \hat{\theta}_p$ と表わす.

実際には,残差平方和 Q を各 θ_k で偏微分して 0 とおいた式,すなわち,

$$\frac{\partial Q}{\partial \theta_k} = 0 \quad (k = 0, 1, 2, \cdots, p) \tag{8.3.2}$$

表 8.1 線形モデルのデータ形式

	θ_0	θ_1	$\cdots$	θ_p
y_1	x_{01}	x_{11}	$\cdots$	x_{p1}
$\vdots$	$\vdots$	$\vdots$		$\vdots$
y_i	x_{0i}	x_{1i}	$\cdots$	x_{pi}
$\vdots$	$\vdots$	$\vdots$	$\vdots$	$\vdots$
y_n	x_{0n}	x_{1n}	$\cdots$	x_{pn}

---

[2] 通常,残差は ε_i のようにギリシャ文字で表わすが,ここでは,便宜上 e_i で示す.

$$\left.\begin{aligned}&\sum_{i=1}^{n}\{x_{0i}y_i-(x_{0i}^2\theta_0+x_{0i}x_{1i}\theta_1+\cdots+x_{0i}x_{pi}\theta_p)\}=0\\ &\cdots\cdots\cdots\cdots\\ &\sum_{i=1}^{n}\{x_{ki}y_i-(x_{ki}x_{0i}\theta_0+x_{ki}x_{1i}\theta_1+\cdots+x_{ki}x_{pi}\theta_p)\}=0\\ &\cdots\cdots\cdots\cdots\\ &\sum_{i=1}^{n}\{x_{pi}y_i-(x_{pi}x_{0i}\theta_0+x_{pi}x_{1i}\theta_1+\cdots+x_{pi}^2\theta_p)\}=0\end{aligned}\right\} \quad (8.3.3)$$

を解き,その解を推定量 $\hat{\theta}_0,\ \hat{\theta}_1,\ \cdots,\ \hat{\theta}_p$ とする.

ここで,表記を簡単にするために,

$$\left.\begin{aligned}&a_{kk'}=\sum_{i=1}^{n}x_{ki}x_{k'i}\quad (k=0,\ 1,\ \cdots,\ p\ ;\ k'=0,\ 1,\ \cdots,\ p)\\ &B_k=\sum_{i=1}^{n}x_{ki}y_i\quad (k=0,\ 1,\ \cdots,\ p)\end{aligned}\right\} \quad (8.3.4)$$

とおくと,(8.3.3)式は,

$$\left.\begin{aligned}&a_{00}\hat{\theta}_0+a_{01}\hat{\theta}_1+\cdots+a_{0p}\hat{\theta}_p=B_0\\ &\cdots\cdots\cdots\cdots\\ &a_{k0}\hat{\theta}_0+a_{k1}\hat{\theta}_1+\cdots+a_{kp}\hat{\theta}_p=B_k\\ &\cdots\cdots\cdots\cdots\\ &a_{p0}\hat{\theta}_0+a_{p1}\hat{\theta}_1+\cdots+a_{pp}\hat{\theta}_p=B_p\end{aligned}\right\} \quad (8.3.5)$$

となり,これを正規方程式と呼ぶ.この解を最小2乗推定量といい,線形不偏推定量の中で分散が最小の最良線形不偏推定量(BLUE:best linear unbiased estimator)になっている.表8.1のデータから(8.3.4)式の $a_{kk'}$ や B_k を求め,(8.3.5)式の $(p+1)$ 元連立方程式を解くために,以下の手順を踏む.

8.3.2 解析手順

① デザイン行列

(8.2.3)式のデータの構造を示す表8.2のデザイン行列を作成する.デザイン行列はX表とも呼ばれる.この表の読み方は,最上段の変数を各行の係数にかけて横に加えていき,縦線で左辺と右辺に分ける.第 i 行について,

表8.2 デザイン行列

θ_0	θ_1	$\cdots$	θ_p	$\cong$	1
x_{01}	x_{11}	$\cdots$	x_{p1}		y_1
$\vdots$	$\vdots$	$\cdots$	$\vdots$		$\vdots$
x_{0i}	x_{1i}	$\cdots$	x_{pi}		y_i
$\vdots$	$\vdots$	$\cdots$	$\vdots$		$\vdots$
x_{0n}	x_{1n}	$\cdots$	x_{pn}		y_n

$$x_{0i}\theta_0 + x_{1i}\theta_1 + \cdots + x_{pi}\theta_p \cong y_i \tag{8.3.6}$$

の式が導出される. (8.3.6)式は(8.2.3)式の e_i が省略されているので = ではなく ≅ としている.

② 正規方程式

(8.3.5)式の正規方程式を表8.3の形に表わす. 正規方程式はA表とも呼ばれる. この表の読み方もデザイン行列と同様で, 第 k 行について(8.3.7)式となる.

$$a_{k0}\hat{\theta}_0 + a_{k1}\hat{\theta}_1 + \cdots + a_{kp}\hat{\theta}_p = B_k \tag{8.3.7}$$

③ 正規方程式の解

正規方程式の解を表8.4の形にして, 未知母数の推定量を表わす. 正規方程式の解のことをC表と呼ぶ[3].

表8.3 正規方程式

$\hat{\theta}_0$	$\hat{\theta}_1$	$\cdots$	$\hat{\theta}_p$	=	1
a_{00}	a_{01}	$\cdots$	a_{0p}		B_0
$\vdots$	$\vdots$	$\cdots$	$\vdots$		$\vdots$
a_{k0}	a_{k1}	$\cdots$	a_{kp}		B_k
$\vdots$	$\vdots$	$\cdots$	$\vdots$		$\vdots$
a_{p0}	a_{p1}	$\cdots$	a_{pp}		B_p

---

[3] 各母数が一次独立である場合は, 正規方程式の逆行列とC表は同じものとなる.

表 8.4　正規方程式の解

1	=	B_0	$\cdots$	B_k	$\cdots$	B_p
$\hat{\theta}_0$		c_{00}	$\cdots$	c_{0k}	$\cdots$	c_{0p}
$\hat{\theta}_1$		c_{10}	$\cdots$	c_{1k}	$\cdots$	c_{1p}
$\vdots$		$\vdots$		$\vdots$		$\vdots$
$\hat{\theta}_k$		c_{k0}	$\cdots$	c_{kk}	$\cdots$	c_{kp}
$\vdots$		$\vdots$		$\vdots$		$\vdots$
$\hat{\theta}_p$		c_{p0}	$\cdots$	c_{pk}	$\cdots$	c_{pp}

各母数が一次独立であれば，正規方程式には逆行列が存在し，Excel の関数を用いて定型的に正規方程式の解を求めることができる（第12章参照）．

この表の第 k 行について書けば，

$$\hat{\theta}_k = c_{k0}B_0 + c_{k1}B_1 + \cdots + c_{kp}B_p \tag{8.3.8}$$

となる．最小2乗推定量 $\hat{\theta}_k$ の期待値，分散および共分散（9.2.2項の脚注参照）は，

$$\left.\begin{array}{l} E[\hat{\theta}_k] = \theta_k \\ Var[\hat{\theta}_k] = c_{kk}\sigma^2 \\ Cov[\hat{\theta}_k, \hat{\theta}_{k'}] = c_{kk'}\sigma^2 \end{array}\right\} \tag{8.3.9}$$

となる．残差平方和は，(8.3.4)式の下の式と(8.3.7)式より，以下となる．

$$\sum_{i=1}^{n} y_i(x_{0i}\hat{\theta}_0 + x_{1i}\hat{\theta}_1 + \cdots + x_{pi}\hat{\theta}_p) = \sum_i y_i \sum_k x_{ki}\hat{\theta}_k = \sum_k \left(\sum_i x_{ki}y_i\right)\hat{\theta}_k = \sum_k \hat{\theta}_k B_k$$

$$\sum_{i=1}^{n} (x_{0i}\hat{\theta}_0 + x_{1i}\hat{\theta}_1 + \cdots + x_{pi}\hat{\theta}_p)^2 = \sum_i \left(\sum_k x_{ki}\hat{\theta}_k\right)\left(\sum_{k'} x_{k'i}\hat{\theta}_{k'}\right)$$

$$= \sum_k \sum_{k'} \hat{\theta}_k \hat{\theta}_{k'} \sum_i x_{ki}x_{k'i} = \sum_k \sum_{k'} \hat{\theta}_k \hat{\theta}_{k'} a_{kk'}$$

$$= \sum_k \hat{\theta}_k \sum_{k'} \hat{\theta}_{k'} a_{kk'} = \sum_k \hat{\theta}_k B_k$$

よって，

$$S_e = \sum_{i=1}^{n} \{y_i - (x_{0i}\hat{\theta}_0 + x_{1i}\hat{\theta}_1 + \cdots + x_{pi}\hat{\theta}_p)\}^2$$

$$= \sum_{i=1}^{n} y_i^2 - 2\sum_{i=1}^{n} y_i (x_{0i}\hat{\theta}_0 + x_{1i}\hat{\theta}_1 + \cdots + x_{pi}\hat{\theta}_p)$$

$$+ \sum_{i=1}^{n} (x_{0i}\hat{\theta}_0 + x_{1i}\hat{\theta}_1 + \cdots + x_{pi}\hat{\theta}_p)^2$$

$$= \sum_{i=1}^{n} y_i^2 - 2\sum_{k=0}^{p} \hat{\theta}_k B_k + \sum_{k=0}^{p} \hat{\theta}_k B_k$$

$$= \sum_{i=1}^{n} y_i^2 - \sum_{k=0}^{p} \hat{\theta}_k B_k \tag{8.3.10}$$

$$S_e \text{の自由度} = \text{データ数} - \text{独立な母数の個数} = n - (p+1) \tag{8.3.11}$$

である. (8.3.11)式より,

$$E[S_e] = (n-p-1)\sigma^2 \tag{8.3.12}$$

となる. したがって, 誤差分散 σ^2 の不偏推定量は, 次式となる.

$$\hat{\sigma}^2 = \frac{S_e}{n-p-1} \tag{8.3.13}$$

母数 θ_0, θ_1, $\cdots$, $\theta_q (q \leq p)$ の任意の一次式を(8.3.14)式とおくと, その分散は(8.3.15)式で与えられ, その推定量は(8.3.16)式となる. よって, L の $100(1-\alpha)$% 信頼限界は(8.3.17)式で与えられる.

$$L = \sum_{k=0}^{q} l_k \theta_k \tag{8.3.14}$$

$$Var[\hat{L}] = \sum_k \sum_{k'} l_k l_{k'} c_{kk'} \sigma^2 \tag{8.3.15}$$

$$\hat{Var}[\hat{L}] = \sum_k \sum_{k'} l_k l_{k'} c_{kk'} \hat{\sigma}^2 \tag{8.3.16}$$

$$\sum l_k \hat{\theta}_k \pm t(n-p-1, \ \alpha) \sqrt{\sum_k \sum_{k'} l_k l_{k'} c_{kk'} \hat{\sigma}^2} \tag{8.3.17}$$

[例題8.1] 直交表実験(母数にムダがない場合)

表8.5のデータは直交表 L_8 による実験データである. この場合は第5章で述べた方法が適用でき, 同じ結果を与える. ここでは, 線形モデルに基づいて解析を行ってみよう.

(解答)

2水準の因子の効果を $\alpha = \alpha_1 = -\alpha_2$, $(\alpha\beta) = (\alpha\beta)_{11} = -(\alpha\beta)_{12} = -(\alpha\beta)_{21} = (\alpha\beta)_{22}$ のように表わすと,母数のムダを省くことができる.データの構造は,表8.5の直交表実験のデータの構造と同様に,(8.3.18)式と書くことができる.

$$y = \mu \pm \alpha \pm \beta \pm (\alpha\beta) \pm \gamma \pm \delta + e, \quad e \sim N(0, \sigma^2) \tag{8.3.18}$$

① デザイン行列

表8.5の水準1に1,水準2に-1を割り当て,μ を追加し,この構造によって,データ $y_1 \sim y_8$ を書き下すと,表8.6のデザイン行列を得る.要因効果を表わす各列は,直交表と同様の対比[4]の係数であり,相互に直交し,μ の列とも直交する.したがって,正規方程式の係数行列は表8.7の対角行列となる.

② 正規方程式

表8.7で,(1)はデータの総計,(2)〜(6)は各要因効果を表わす対比の値であり,(2)を例にとると,$A = d_A = N\hat{\alpha}$ の形で直交表の各因子の効果に対応する.

③ 正規方程式の解

表8.7の $a_{kk'}$ は,対角要素 $a_{kk} = 8$ を除いてすべて0であり,逆行列(正規方程式の解)は直ちに求まり,表8.8となる.母数にムダがないこの場合,正規

表 8.5 要因の割り付けとデータ

列番 実験 No. (i) \ 要因	(1) A	(2) B	(3) A×B	(4) C	(5) D	(6)	(7)	y_i
1	1	1	1	1	1	1	1	76.8
2	1	1	1	2	2	2	2	72.9
3	1	2	2	1	1	2	2	70.2
4	1	2	2	2	2	1	1	64.2
5	2	1	2	1	2	1	2	68.4
6	2	1	2	2	1	2	1	62.3
7	2	2	1	1	2	2	1	70.8
8	2	2	1	2	1	1	2	64

---

[4] 12.1節を参照されたい.

表8.6 デザイン行列

μ	α	β	$(\alpha\beta)$	γ	δ	$\cong$ 1
1	1	1	1	1	1	76.8
1	1	1	1	-1	-1	72.9
1	1	-1	-1	1	1	70.2
1	1	-1	-1	-1	-1	64.2
1	-1	1	-1	1	-1	68.4
1	-1	1	-1	-1	1	62.3
1	-1	-1	1	1	-1	70.8
1	-1	-1	1	-1	1	64.0

表8.7 正規方程式

$\hat{\mu}$	$\hat{\alpha}$	$\hat{\beta}$	$\widehat{\alpha\beta}$	$\hat{\gamma}$	$\hat{\delta}$	= 1
8	0	0	0	0	0	G = 549.6 $\cdots$ (1)
0	8	0	0	0	0	A = 18.6 $\cdots$ (2)
0	0	8	0	0	0	B = 11.2 $\cdots$ (3)
0	0	0	8	0	0	(AB) = 19.4 $\cdots$ (4)
0	0	0	0	8	0	C = 22.8 $\cdots$ (5)
0	0	0	0	0	8	D = -3.0 $\cdots$ (6)

表8.8 正規方程式の解

1 =	G	A	B	(AB)	C	D
$\hat{\mu}$	1/8	0	0	0	0	0
$\hat{\alpha}$	0	1/8	0	0	0	0
$\hat{\beta}$	0	0	1/8	0	0	0
$\widehat{\alpha\beta}$	0	0	0	1/8	0	0
$\hat{\gamma}$	0	0	0	0	1/8	0
$\hat{\delta}$	0	0	0	0	0	1/8

方程式の係数 $a_{kk'}$ による行列の逆行列の要素が，解を表わす $c_{kk'}$ にあたる（$c_{kk} = 1/a_{kk}$）．未知母数の推定量は，$\hat{\alpha} = A/8 = d_{(A)}/8$ などとなり，第5章の結論と一致する．

④ 母平均の推定および最適条件の決定

$$\hat{\mu} = G/8 = 68.70, \quad \hat{\alpha} = A/8 = 2.325, \quad \hat{\beta} = B/8 = 1.4,$$
$$(\widehat{\alpha\beta}) = (AB)/8 = 2.425$$
$$\hat{\gamma} = C/8 = 2.85, \quad \hat{\delta} = D/8 = -0.375 \tag{8.3.19}$$

を得る．

次に，たとえば，A_1B_1 条件における母平均の点推定値を求めてみよう．(8.3.14)式より，(8.3.20)式とおくと，

$$L = \mu + \alpha_1 + \beta_1 + (\alpha\beta)_{11} \tag{8.3.20}$$
$$\hat{\mu}(A_1B_1) = \hat{\mu} + \hat{\alpha}_1 + \hat{\beta}_1 + (\widehat{\alpha\beta})_{11} = 68.70 + 2.325 + 1.4 + 2.425$$
$$= 74.85 \tag{8.3.21}$$

を得る．また，(8.3.16)式より，その分散は，次式となる．

$$\hat{V}ar\{\hat{\mu}(A_1B_1)\} = \hat{V}ar\{\hat{\mu} + \hat{\alpha}_1 + \hat{\beta}_1 + (\widehat{\alpha\beta})_{11}\}$$
$$= \hat{V}ar\{\hat{\mu} + \hat{\alpha} + \hat{\beta} + (\widehat{\alpha\beta})\} \tag{8.3.22}$$

よって，表8.8の交差した部分（網掛け部分）より，

$$\hat{V}ar\{\hat{\mu}(A_1B_1)\} = \left\{\frac{1}{8} + \frac{1}{8} + \frac{1}{8} + \frac{1}{8}\right\}\hat{\sigma}^2 = \frac{4}{8}\hat{\sigma}^2 \tag{8.3.23}$$

を得る．ここでの係数 4/8 は，田口の式

$$\frac{1}{n_e} = \frac{1 + 1 + 1 + 1}{8} = \frac{4}{8} \tag{8.3.24}$$

と一致する．ただし，$\hat{\sigma}^2$ は(8.3.13)式から求まる．数値を入れて計算すると(8.3.25)式となる．

$$S_e = \sum_{i=1}^{8} y_i^2 - \sum_{k=0}^{5} \hat{\theta}_k B_k = (76.8^2 + 72.9^2 + \cdots + 64.0^2)$$
$$- \{68.70 \times 549.6 + 2.325 \times 18.6 + \cdots + (-0.375) \times (-3.0)\}$$
$$= 37930.82 - 37929.595 = 1.225$$
$$\hat{\sigma}^2 = V_e = S_e/(8-6) = 0.6125 \tag{8.3.25}$$

(8.3.17)式から，95%信頼限界は次式となる．

$$\hat{\mu}(A_1B_1) \pm t(\phi_e, \alpha)\sqrt{\hat{\mu}\{\hat{Var}(A_1B_1)\}} = 74.85 \pm t(2, 0.05)\sqrt{\frac{4}{8}\hat{\sigma}^2}$$
$$= 74.85 \pm 4.303\sqrt{0.3063}$$
$$= [72.47, 77.23] \qquad (8.3.26)$$

8.4 線形検定論

2元配置実験の要因効果や回帰モデルの回帰係数などの母数の検定に際しては，一般性を失うことなく，ある整数 $q(<p)$ に対し，帰無仮説を(8.4.1)式のように書ける．

$$H_0 : \theta_{q+1} = \theta_{q+2} = \cdots = \theta_p = 0 \qquad (8.4.1)$$

説明を簡単にするため，検定する母数の番号を $q+1, \cdots, p$ と表現したが，これは母数の順序を適当に入れ換えたにすぎない．このタイプの仮説検定は，線形モデルの検定理論(線形検定論)に基づき一般的に行うことができる．

8.4.1 尤度関数

確率変数 $Y_1, Y_2, \cdots, Y_n$ の実現値をそれぞれ $y_1, y_2, \cdots, y_n$ とする．サンプル $(y_1, y_2, \cdots, y_n)$ は，確率変数 $Y_1, Y_2, \cdots, Y_n$ がそれぞれ $Y_1=y_1, Y_2=y_2, \cdots, Y_n=y_n$ の値をとったことを意味する．母数を θ としたとき，確率変数 Y_i が値 y_i をとる確率を $f(y_i;\theta)$ とし，各 y_i がそれぞれ $Y_i(Y_1=y_1, Y_2=y_2, \cdots, Y_n=y_n)$ となる同時確率を $f(y_1, y_2, \cdots, y_n;\theta)$ と書く．

ここで，実現値 $(y_1, y_2, \cdots, y_n)$ を固定し，母数 θ を未知の変数と考え，

$$L(\theta; y_1, y_2, \cdots, y_n) = f(y_1, y_2, \cdots, y_n;\theta) \qquad (8.4.2)$$

と書く．そして，これを尤度(関数)と呼ぶ．この $L(\theta; y_1, y_2, \cdots, y_n)$ が最大になる θ の値を最尤推定量(maximum likelihood estimator：MLE)と呼び，$\hat{\theta}$ で示す．$\hat{\theta}$ は，対数尤度 $lnL(\theta; y_1, y_2, \cdots, y_n)$ を最大にする値と一致する．未知パラメータ θ が $\hat{\theta}$ のとき，実際に得られたデータがもっとも生じやすい．すなわち，最尤法とは，そのデータの生じる確率がもっとも尤(もっとも)らしくなるパラメータ θ の値 $\hat{\theta}$ を求める方法である．

確率変数 $Y_1, Y_2, \cdots, Y_n$ が独立なら，

$$Pr\{Y_1 = y_1, Y_2 = y_2, \cdots, Y_n = y_n\}$$
$$= f(y_1, y_2, \cdots, y_n ; \theta) = f(y_1 ; \theta) f(y_2 ; \theta) \cdots f(y_n ; \theta) \tag{8.4.3}$$

となる．よって，(8.4.2)式も，(8.4.4)式となる．

$$L(\theta ; y_1, y_2, \cdots, y_n) = f(y_1 ; \theta) f(y_2 ; \theta) \cdots f(y_n ; \theta)$$

$$= \frac{1}{\sqrt{2\pi}\sigma} exp\left\{-\frac{\left(y_1 - \sum_{k=0}^{p} x_{k1}\theta_k\right)^2}{2\sigma^2}\right\}$$

$$\cdots \frac{1}{\sqrt{2\pi}\sigma} exp\left\{-\frac{\left(y_n - \sum_{k=0}^{p} x_{kn}\theta_k\right)^2}{2\sigma^2}\right\}$$

$$= (2\pi\sigma^2)^{-\frac{n}{2}} exp\left\{-\frac{1}{2\sigma^2}\sum_{i=1}^{n}\left(y_i - \sum_{k=0}^{p} x_{ki}\theta_k\right)^2\right\} \tag{8.4.4}$$

8.4.2　尤度比検定

基本モデルとして$(p+1)$個のすべての未知母数を持つ線形モデル，

$$y_i = x_{0i}\theta_0 + x_{1i}\theta_1 + \cdots + x_{pi}\theta_p + e_i \tag{8.4.5}$$

を考える．この未知母数 $\theta_0, \cdots, \theta_p$ の MLE は，(8.4.4)式の対数尤度である

$$lnL(\theta_0, \theta_1, \cdots, \theta_p, \sigma^2 ; y_1, y_2, \cdots, y_n)$$
$$= -\frac{n}{2}ln(2\pi\sigma^2) - \frac{1}{2\sigma^2}\sum_{i=1}^{n}\left(y_i - \sum_{k=0}^{p} x_{ki}\theta_k\right)^2 \tag{8.4.6}$$

を最大にすればよいので，

$$\sum_{i=1}^{n}\left(y_i - \sum_{k=0}^{p} x_{ki}\theta_k\right)^2 \tag{8.4.7}$$

を最小にする $\theta_0, \theta_1, \cdots, \theta_p$ を求めることになる．これは，最小2乗法により (8.3.1)式を最小にする $\theta_0, \cdots, \theta_p$ の推定量と一致する．このとき対応する残差平方和を，(8.4.8)式とする．

$$S_e = \sum_{i=1}^{n}\{y_i - (x_{0i}\hat{\theta}_0 + x_{1i}\hat{\theta}_1 + \cdots + x_{pi}\hat{\theta}_p)\}^2 \tag{8.4.8}$$

また，$lnL(\theta_0, \theta_1, \cdots, \theta_p, \sigma^2; y_1, y_2, \cdots, y_n)$ を最大にする σ^2 は，

$$\frac{\partial lnL(\theta_0, \theta_1, \cdots, \theta_p, \sigma^2; y_1, y_2, \cdots, y_n)}{\partial \sigma^2}$$

$$= \frac{\partial}{\partial \sigma^2}\left\{-\frac{n}{2}ln(2\pi\sigma^2) - \frac{S_e}{2\sigma^2}\right\} = -\frac{n}{2\hat{\sigma}^2} + \frac{S_e}{2(\hat{\sigma}^2)^2} = 0 \quad (8.4.9)$$

より，(8.4.10)式となる[5]．

$$\hat{\sigma}^2 = S_e/n \quad (8.4.10)$$

(8.4.8)式，(8.4.10)式より，(8.4.4)式の尤度の最大値は(8.4.11)式となる．

$$maxL(\theta_0, \theta_1, \cdots, \theta_p, \sigma^2; y_1, y_2, \cdots, y_n)$$
$$= L(\hat{\theta}_0, \hat{\theta}_1, \cdots, \hat{\theta}_p, \hat{\sigma}^2; y_1, y_2, \cdots, y_n)$$
$$= \left(2\pi\frac{S_e}{n}\right)^{-\frac{n}{2}} exp\left(-\frac{n}{2}\right) \quad (8.4.11)$$

次に，(8.4.5)式において，帰無仮説(8.4.1)式が成り立つときの線形モデル

$$y_i = x_{0i}\theta_0 + x_{1i}\theta_1 + \cdots + x_{qi}\theta_q + e_i, \quad q < p \quad (8.4.12)$$

について，$\theta_0, \theta_1, \cdots, \theta_q$ の MLE も同様に

$$Q_{H+e} = \sum_{i=1}^{n} e_i^2 = \sum_{i=1}^{n}\{y_i - (x_{0i}\theta_0 + x_{1i}\theta_1 + \cdots + x_{qi}\theta_q)\}^2 \quad (8.4.13)$$

が最小になる $\theta_0, \theta_1, \cdots, \theta_q$ の推定量 $\hat{\hat{\theta}}_0, \hat{\hat{\theta}}_1, \cdots, \hat{\hat{\theta}}_q$ と一致する．対応する残差平方和は

$$S_{H+e} = \sum_{i=1}^{n}\{y_i - (x_{0i}\hat{\hat{\theta}}_0 + x_{1i}\hat{\hat{\theta}}_1 + \cdots + x_{qi}\hat{\hat{\theta}}_q)\}^2 \quad (8.4.14)$$

で与えられる．(8.4.11)式に対応する量として，

$$maxL(\theta_0, \theta_1, \cdots, \theta_q, \sigma^2; y_1, y_2, \cdots, y_n)$$
$$= L(\hat{\hat{\theta}}_0, \hat{\hat{\theta}}_1, \cdots, \hat{\hat{\theta}}_q, \hat{\hat{\sigma}}^2; y_1, y_2, \cdots, y_n)$$
$$= \left(2\pi\frac{S_{H+e}}{n}\right)^{-\frac{n}{2}} exp\left(-\frac{n}{2}\right) \quad (8.4.15)$$

が得られる．ここで，(8.4.15)と(8.4.11)との比，

---

[5] これは，第2章で示した不偏分散 V_e とは少し異なっている．

$$\lambda = \frac{maxL(\hat{\hat{\theta}}_0, \hat{\hat{\theta}}_1, \cdots, \hat{\hat{\theta}}_q, \hat{\hat{\sigma}}^2; y_1, y_2, \cdots, y_n)}{maxL(\hat{\theta}_0, \hat{\theta}_1, \cdots, \hat{\theta}_p, \hat{\sigma}^2; y_1, y_2, \cdots, y_n)}$$

$$= \left(\frac{S_{H+e}}{S_e}\right)^{-\frac{n}{2}} \tag{8.4.16}$$

を考える.(8.4.15)式は(8.4.11)式に対して帰無仮説(8.4.1)式の制約式が付加されている.そのため,(8.4.15)式は,(8.4.11)式より小さくなり,$\lambda \leq 1$ である.帰無仮説(8.4.1)式が真ならば,λ は 1 に近い値をとると考えられる.そこで,"λ の値が 1 に近ければ,帰無仮説(8.4.1)式は真とみなし,そうでなければ帰無仮説は疑わしい"と考える.すなわち,定数 C を適当に定めて,「$\lambda \leq C$ なら帰無仮説(8.4.1)式を棄却する」という尤度比検定が構成できる.

これは,適当な C_1, C_2, C_3, C_4 を用い,一般性を失うことなく,

$$\frac{S_e}{S_{H+e}} \leq C_1, \quad \frac{S_{H+e}}{S_e} \geq C_2$$

$$\frac{(S_{H+e} - S_e)}{S_e} \geq C_3, \quad \frac{[(S_{H+e} - S_e)/\phi_H]}{[S_e/\phi_e]} = \frac{[S_H/\phi_H]}{[S_e/\phi_e]} \geq C_4 \tag{8.4.17}$$

と変形できる.(8.4.17)式が成立するとき,帰無仮説(8.4.1)式を棄却する形式で検定ができる.ϕ_H は S_{H+e} の自由度 $\phi_{H+e} = n - q - 1$ と S_e の自由度 $\phi_e = n - p - 1$ との差で $\phi_H = p - q$ となる.C_4 による表現をみると,その左辺は帰無仮説のもとで自由度 (ϕ_H, ϕ_e) の F 分布に従うので,C_4 を $F(p-q, n-p-1; \alpha)$ とした検定手順が構成される.

具体的には,以下の①〜④の手順を踏めばよい.

① 帰無仮説 $H_0: \theta_{q+1} = \theta_{q+2} = \cdots = \theta_p = 0$ を設定する.
② 基本モデル(フルモデル)
 $y_i = x_{0i}\theta_0 + x_{1i}\theta_1 + \cdots + x_{pi}\theta_p + e_i$ のもとで,残差平方和 S_e を計算する.
③ 帰無仮説 H_0(レデュースドモデル)のもとで,
 $y_i = x_{0i}\theta_0 + x_{1i}\theta_1 + \cdots + x_{qi}\theta_q + e_i$,$q < p$ に対する残差平方和 S_{H+e} を計算する.
④ 検定統計量(8.4.18)式を算出し,有意水準を α としたとき $F_0 \geq F(p-q, n-p-1; \alpha)$ なら,帰無仮説 H_0 を棄却する.

$$F_0 = \frac{S_H/(p-q)}{S_e/(n-p-1)} \tag{8.4.18}$$

[例題 8.2]

[例題 8.1]における交互作用 $A \times B$ の有意性を検定してみよう．

(解答)

① 帰無仮説 $H_0 : (\alpha\beta) = 0$ を設定する．

② 基本モデル
$$y_i = \mu \pm \alpha \pm \beta \pm (\alpha\beta) \pm \gamma \pm \delta + e, \quad e \sim N(0, \sigma^2) \tag{8.4.19}$$
のもとで，残差平方和と自由度は，(8.3.25)式より，S_e が 1.225，$\phi_e = 8 - 5 - 1 = 2$ であった．

③ 帰無仮説 H_0 のもとでのレデュースドモデル
$$y_i = \mu \pm \alpha \pm \beta \pm \gamma \pm \delta + e, \quad e \sim N(0, \sigma^2) \tag{8.4.20}$$
における残差平方和と自由度を求めると $S_{H+e} = 48.27$，$\phi_{H+e} = 3$ となる[6]．
$$S_{A \times B} = S_H = S_{H+e} - S_e = 47.045, \quad \phi_{A \times B} = \phi_H = \phi_{H+e} - \phi_e = 1 \tag{8.4.21}$$
となる．これは，$S_{A \times B} = d_{A \times B}^2 / 8 = 19.4^2 / 8 = 47.045$ に等しくなっている．

④ 検定統計量は，
$$F_0 = \frac{S_{A \times B} / \phi_{A \times B}}{S_e / \phi_e} = 76.808^* > F(1, 2 ; 0.05) = 18.513 \tag{8.4.22}$$
となり，帰無仮説 H_0 は棄却され，$A \times B$ は有意となる．

8.5 応用例

前節の例題は，定型的な直交表実験であり，その解析法の基礎に線形モデルの一般理論があることがわかった．この理論と方法は非直交計画の実験，たとえば 8.1 節で述べた欠測値のある場合にも適用できる．以下では，その有効性を示す例を取り上げる．

---

[6] この例では直交しているので，正規方程式の解は表 8.8 から，(AB) の列と $\hat{\alpha\beta}$ の行を除いたものになる．

$$\therefore S_{H+e} = \sum y_i^2 - (\hat{\mu}G + \hat{\alpha}A + \hat{\beta}B + \hat{\gamma}C + \hat{\delta}D)$$
$$= 37930.82 - \{68.70 \times 549.6 + \cdots + (-0.375) \times (-3.0)\}$$
$$= 37930.82 - 37882.55 = 48.27$$

[例題 8.3] 欠測値のある 2 元配置実験

因子 A は 2 水準，B は 3 水準の繰り返しのある 2 元配置実験において，表 8.9 のように欠測セルがあったとする．これを解析してみよう．

表 8.9 要因の割り付けとデータ表

A \ B	B_1	B_2	B_3
A_1	73 75	81 84	89 92
A_2	—	—	103 100

(解答)

データの構造は，下式となる（交互作用はないとする）．

$$y_{ijk} = \mu + \alpha_i + \beta_j + e_{ijk}, \quad e_{ijk} \sim N(0, \sigma^2)$$
$$(i=1, 2, 3 ; j=1, 2) \tag{8.5.1}$$

表 8.9 より表 8.10 のデザイン行列をつくり，表 8.11 の正規方程式を導く．

① デザイン行列

表 8.10 デザイン行列

μ	α_1	α_2	β_1	β_2	β_3	≒	1
1	1		1				73
1	1		1				75
1	1			1			81
1	1			1			84
1	1				1		89
1	1				1		92
1		1			1		103
1		1			1		100

② 正規方程式

表 8.11 正規方程式

$\hat{\mu}$	$\hat{\alpha}_1$	$\hat{\alpha}_2$	$\hat{\beta}_1$	$\hat{\beta}_2$	$\hat{\beta}_3$	= 1
8	6	2	2	2	4	$G = 697$
6	6		2	2	2	$A_1 = 494$
2		2			2	$A_2 = 203$
2	2		2			$B_1 = 148$
2	2			2		$B_2 = 165$
4	2	2			4	$B_3 = 384$
(制約条件)	1	1				0
			1	1	1	0

③ 正規方程式の解

　デザイン行列より作成した正規方程式には，母数のムダが2個ある．8.2.1項の最後に述べたように，この母数のムダを(8.5.2)式の制約条件によりあらかじめ解消し，正規方程式の解を求めれば，第12章で解説するように，正規方程式から直ちに逆行列として正規方程式の解が得られる．以下では，読者の参考のため，母数のムダをなくさずに制約条件を正規方程式に加えて解いた結果を紹介しておく[7]．

　この計算は手計算では少々厄介なので，ここでは途中経過を省略し，表8.12に結果の一例のみ示しておく[8]．この場合，母数にムダがあるので，表8.12は表8.11の正規方程式の解ではあるが逆行列となっているわけではなく，また，一意的に定まるわけでもない．母数のムダをなくした場合，表8.8の正規方程式の解は表8.7の正規方程式の逆行列となっている(第12章を参照)．

$$\text{制約条件} \quad \alpha_1 + \alpha_2 = 0, \quad \beta_1 + \beta_2 + \beta_3 = 0 \tag{8.5.2}$$

---

[7] 制約条件は $6\alpha_1 + 2\alpha_2 = 0, \ 2\beta_1 + 2\beta_2 + 4\beta_3 = 0$ でもよい．
[8] 詳しくは，Forsythe, G. E., Moler C. B., 渋谷政昭，田辺国士 訳，『計算機のための線形計算の基礎―連立一次方程式のプログラミング―』培風館(1969)や，Westlake J. R., 戸川隼人 訳，『コンピュータのための線形計算ハンドブック』培風館(1972)を参照されたい．

表 8.12　正規方程式の解

1 =	G	A_1	A_2	B_1	B_2	B_3
$\hat{\mu}$	1/2	$-1/3$				$-1/4$
$\hat{\alpha}_1$	$-1/2$	1/2				1/4
$\hat{\alpha}_2$	1/2	$-1/2$				$-1/4$
$\hat{\beta}_1$		$-1/6$		1/2		
$\hat{\beta}_2$		$-1/6$			1/2	
$\hat{\beta}_3$	$-1/2$	1/3				1/2

④　母平均の推定

A_2B_3 水準における母平均を点推定してみよう．G，A_1，B_3 の値を代入し，

$$\hat{\mu} = \frac{527}{6}, \quad \hat{\alpha}_2 = \frac{11}{2}, \quad \hat{\beta}_3 = \frac{49}{6} \tag{8.5.3}$$

を計算する．これから，

$$\hat{\mu}(A_2B_3) = \hat{\mu} + \hat{\alpha}_2 + \hat{\beta}_3 = \frac{609}{6} = 101.5 \tag{8.5.4}$$

となる．残差平方和 S_e とその自由度 ϕ_e は，

$$\begin{aligned}S_e &= \sum y_{ijk}^2 - \{\hat{\mu}G + \hat{\alpha}_1 A_1 + \hat{\alpha}_2 A_2 + \hat{\beta}_1 B_1 + \hat{\beta}_2 B_2 + \hat{\beta}_3 B_1\} \\ &= 15.50 \\ \phi_e &= 8 - (1 + 2 + 3 - 2) = 4 \quad \text{（母数のムダの分の 2 を引く）}\end{aligned} \tag{8.5.5}$$

となり，誤差分散の推定値

$$V_e = \frac{S_e}{\phi_e} = 3.875 \tag{8.5.6}$$

を得る．$\hat{\mu}(A_2B_3)$ の分散の推定値は，正規方程式の解（表 8.12 の網掛け部分）と V_e から，(8.5.7) 式となる．次に，実験を行っていない欠測セル A_2B_2 における母平均の点推定値とその分散を求めると (8.5.8) 式が得られる．$\hat{Var}\{\hat{\mu}(A_2B_2)\}$ は，実験を行った組み合せ A_2B_3 における母平均の分散の推定値 $\hat{Var}\{\hat{\mu}(A_2B_3)\}$ の 3 倍になっている．

$$\hat{Var}\{\hat{\mu}(A_2B_3)\} = \left\{\frac{1}{2}\times 3 - \frac{1}{2} - \frac{1}{4}\times 2\right\}\times V_e = \frac{V_e}{2} = 1.938 \tag{8.5.7}$$

$$\left.\begin{array}{l} \hat{\mu}(A_2B_2) = \hat{\mu} + \hat{\alpha}_2 + \hat{\beta}_2 = 93.5 \\ \hat{Var}\{\hat{\mu}(A_2B_2)\} = \left\{\frac{1}{2}\times 3\right\}\times V_e = \frac{3}{2}V_e = 5.813 \end{array}\right\} \tag{8.5.8}$$

⑤ 主効果の検定

因子 A の主効果,帰無仮説 $H_0: \alpha_i = 0$ を検定しよう.基本モデル(8.5.1)式における残差平方和 S_e とその自由度 ϕ_e は(8.5.5)式で求められている.

帰無仮説 H_0 のもとでのモデル(8.5.9)式に対する残差平方和を求めよう.

$$y_{ijk} = \mu + \beta_j + e_{ijk} \tag{8.5.9}$$

デザイン行列と正規方程式は,それぞれ表 8.13,表 8.14 のようになる.正規方程式の解を求めると(8.5.10)式が得られる.

$$\left.\begin{array}{l} \hat{\mu} = \dfrac{G}{6} - \dfrac{B_3}{12} = \dfrac{505}{6} \qquad \hat{\beta}_1 = \dfrac{B_1}{2} + \dfrac{B_3}{12} - \dfrac{G}{6} = \dfrac{-61}{6} \\[6pt] \hat{\beta}_2 = \dfrac{B_2}{2} + \dfrac{B_3}{12} - \dfrac{G}{6} = \dfrac{-10}{6} \qquad \hat{\beta}_3 = \dfrac{B_3}{3} - \dfrac{G}{6} = \dfrac{71}{6} \\[6pt] S_{H+e} = \sum y_{ijk}^2 - (\hat{\mu}G + \hat{\beta}_1 B_1 + \hat{\beta}_2 B_2 + \hat{\beta}_3 B_3) = 136.50 \\[6pt] \phi_{H+e} = 8 - (1 + 3 - 1) = 5 \end{array}\right\} \tag{8.5.10}$$

よって,(8.5.11)式となり,A の主効果は高度に有意である.

$$\left.\begin{array}{l} S_A = S_H = S_{H+e} - S_e = 121.0 \\ \phi_A = \phi_H = \phi_{H+e} - \phi_e = 5 - 4 = 1 \\ F_0 = \dfrac{S_A/\phi_A}{S_e/\phi_e} = 31.226^{**} > F(1, 4; 0.01) = 21.198 \end{array}\right\} \tag{8.5.11}$$

次に,因子 B の主効果,すなわち,$H_0: \beta_j = 0$ を検定しよう.帰無仮説 H_0 のもとでのモデル(8.5.12)式における残差平方和などを同様にして求めると,(8.5.13)式となり,B の主効果も高度に有意となる.

$$y_{ijk} = \mu + \alpha_j + e_{ijk} \tag{8.5.12}$$

表 8.13　デザイン行列

μ	β_1	β_2	β_3	$\doteqdot$	1
1	1				73
1	1				75
1		1			81
1		1			84
1			1		89
1			1		92
1			1		103
1			1		100

表 8.14　正規方程式

$\hat{\mu}$	$\hat{\beta}_1$	$\hat{\beta}_2$	$\hat{\beta}_3$	$=$	1
8	2	2	4		$G = 697$
2	2				$B_1 = 148$
2		2			$B_2 = 165$
4			4		$B_3 = 384$
(制約条件)	1	1	1		0

$$\left.\begin{aligned}
&\hat{\mu} = \frac{1103}{12}, \quad \hat{\alpha}_1 = \frac{-115}{12}, \quad \hat{\alpha}_2 = \frac{115}{12} \\
&S_{H+e} = 287.83, \quad \phi_{H+e} = 6 \\
&S_B = S_H = S_{H+e} - S_e = 272.33, \quad \phi_B = 2 \\
&F_0 = \frac{S_B/\phi_B}{S_e/\phi_e} = 35.140^{**} > F(2,\ 4\ ;\ 0.01) = 18.000
\end{aligned}\right\} \quad (8.5.13)$$

　母数にムダがある場合，表 8.11 の正規方程式を解くために，制約式として，$\alpha_1 + \alpha_2 = 0$，$\beta_1 + \beta_2 + \beta_3 = 0$ の 2 式を加えた．このように制約式は解きやすいように自由に加えてよい．制約式が異なると，$\hat{\mu}$，$\hat{\alpha}_1$，$\hat{\alpha}_2$，$\hat{\beta}_1$，$\hat{\beta}_2$，$\hat{\beta}_3$ などの個々の推定値は異なることがある．しかし，構造モデルの全要素を含む推定値 $\mu + \alpha_i + \beta_j$ やその加減による推定値 $\alpha_i - \alpha_{i'}$ などの推定可能な母数の線形式

の推定値とその分散と残差平方和は，制約式のいかんによらず一致する．

[例題 8.4]

[例題 8.1]において，No. 7 の実験(70.8)のデータが欠測値であったとして，予め母数のムダをなくした形で解析してみよう．

(解)

デザイン行列(表 8.15)，正規方程式(表 8.16)，正規方程式の解(逆行列：表 8.17)，ならびに，母平均の推定結果を以下に示す．

[母平均の推定]

$$\hat{\mu} = 68.6125, \quad \hat{\alpha} = 2.4125, \quad \hat{\beta} = 1.4875, \quad \widehat{(\alpha\beta)} = 2.3375,$$
$$\hat{\gamma} = 2.7625, \quad \hat{\delta} = -0.2875 \qquad (8.5.14)$$

表 8.15 デザイン行列

μ	α	β	$(\alpha\beta)$	γ	δ	$\cong$	1
1	1	1	1	1	1		76.8
1	1	1	1	-1	-1		72.9
1	1	-1	-1	1	1		70.2
1	1	-1	-1	-1	-1		64.2
1	-1	1	-1	1	-1		68.4
1	-1	1	-1	-1	1		62.3
1	-1	-1	1	-1	1		64.0

表 8.16 正規方程式

$\hat{\mu}$	$\hat{\alpha}$	$\hat{\beta}$	$\widehat{\alpha\beta}$	$\hat{\gamma}$	$\hat{\delta}$	=	1	
7	1	1	-1	-1	1	G =	478.8	$\cdots(1)$
1	7	-1	1	1	-1	A =	89.4	$\cdots(2)$
1	-1	7	1	1	-1	B =	82.0	$\cdots(3)$
-1	1	1	7	-1	1	(AB) =	-51.4	$\cdots(4)$
-1	1	1	-1	7	1	C =	-48.0	$\cdots(5)$
1	-1	-1	1	1	7	D =	67.8	$\cdots(6)$

表 8.17　正規方程式の解

1 =	G	A	B	(AB)	C	D
$\hat{\mu}$	3/16	−1/16	−1/16	1/16	1/16	−1/16
$\hat{\alpha}$	−1/16	3/16	1/16	−1/16	−1/16	1/16
$\hat{\beta}$	−1/16	1/16	3/16	−1/16	−1/16	1/16
$\widehat{\alpha\beta}$	1/16	−1/16	−1/16	3/16	1/16	−1/16
$\hat{\gamma}$	1/16	−1/16	−1/16	1/16	3/16	−1/16
$\hat{\delta}$	−1/16	1/16	1/16	−1/16	−1/16	3/16

$$\hat{\mu}(A_1B_1) = \hat{\mu} + \hat{\alpha}_1 + \hat{\beta}_1 + (\widehat{\alpha\beta})_{11}$$
$$= 68.6125 + 2.4125 + 1.4875 + 2.3375 = 74.85 \quad (8.5.15)$$

$$\hat{Var}\{\hat{\mu}(A_1B_1)\} = \hat{Var}\{\hat{\mu} + \hat{\alpha}_1 + \hat{\beta}_1 + (\widehat{\alpha\beta})_{11}\}$$
$$= \hat{Var}\{\hat{\mu} + \hat{\alpha} + \hat{\beta} + (\widehat{\alpha\beta})\} \quad (8.5.16)$$

$$\hat{Var}\{\hat{\mu}(A_1B_1)\} = \left\{4 \times \frac{3}{16} + 4 \times \frac{1}{16} + 8 \times \left(-\frac{1}{16}\right)\right\}\hat{\sigma}^2 = \frac{8}{16}\hat{\sigma}^2 \quad (8.5.17)$$

$$S_e = \sum_{i=1}^{7} y_i^2 - \sum_{k=0}^{5} \hat{\theta}_k B_k = (76.8^2 + 72.9^2 + \cdots + 64.0^2)$$
$$- \{68.6125 \times 478.8 + 2.4125 \times 89.4 + \cdots + (-0.2875) \times 67.8\}$$
$$= 32918.18 - 32917.0775 = 1.1025 \quad (8.5.18)$$

$$\hat{\sigma}^2 = V_e = S_e/(7-6) = 1.1025$$

$$\hat{\mu}(A_1B_1) \pm t(\phi_e,\ \alpha)\sqrt{\hat{Var}\{\hat{\mu}(A_1B_1)\}} = 74.85 \pm t(1,\ 0.05)\sqrt{\frac{8}{16}\hat{\sigma}^2}$$
$$= 74.85 \pm 12.706\sqrt{0.55125}$$
$$= [65.42,\ 84.28] \quad (8.5.19)$$

8.6　補遺

繰り返し数が不揃いの 2 元配置実験は非直交計画であり，A，B，$A \times B$ の各平方和と誤差平方和の合計は，一般に総平方和に等しくならない．このときの平方和の計算の仕方に関しては，4 つの考え方があるが，本書では，各平方和

を他のすべての**適当な**効果をもとに求めている．適当な効果とは，当該効果に関係する交互作用以外のすべての主効果と交互作用の意味で，例題 8.1 に即していえば，交互作用のある A の主効果に対応する平方和を考えるときは，$A \times B$ の交互作用以外の残り，すなわち B, C, D が，また，交互作用のない C の主効果に対応する平方和を考えるときは，A, B, D, $A \times B$ がこの適当な効果に相当する．詳細は 12.3 節に述べる．

第9章 回帰分析

回帰分析の活用場面としては，1.5.7項の(1)，(2)，(3)に示した状況が例示される．(2)の例において，加熱温度(℃)と強度(MPa)の関係を調べたところ，図9.1が得られたとしよう．図において，縦軸だけでなく，横軸の加熱温度の水準値も離散的ではなく連続的である．

これらのように，水準値が連続的である因子を取り上げる場合，強度(特性値y)に加熱温度(要因x)がどのように影響しているかということを実験計画モデルのように離散的に捉えるだけでは，第1章で述べたように水準間での推定ができず，不充足感が残る．このようなとき，直線関係を前提として因子の影響を評価したいと思うのが自然で，本章で述べる回帰分析の適用が有用である．ここでは，以下に述べる事項に注目する．

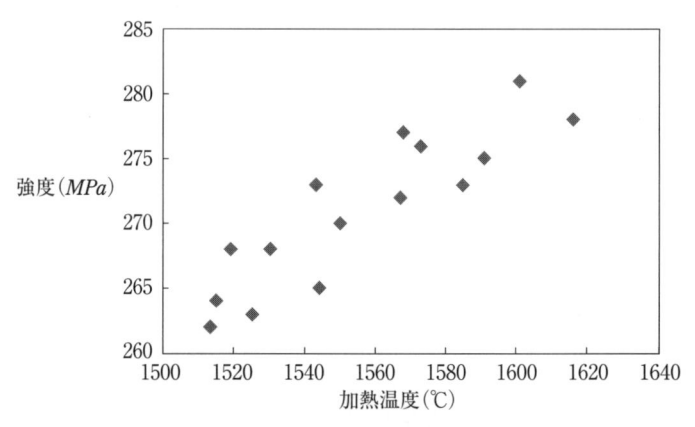

図9.1 強度と加熱温度の散布図

① 水準数や各水準での繰り返し数をどうすればよいか.
② 要因 x により特性 y は直線的に変化すると考えてよいか.
③ 要因 x を単位量増減すると特性 y はどれくらい変化するか.
④ $x=x_0$(任意)のときの母回帰[1](母平均)はいくらか.
⑤ 回帰のほうがモデルが簡単[2]で,結果の見通しも良いのではないか.
⑥ 今後得られるであろう個々のデータの値はどれくらいと予測されるか.
⑦ 要因実験との対応はどうなるのか.

9.1 実験計画法と回帰分析

9.1.1 実験計画モデル(DE モデル)と回帰モデル

1元配置実験,2元配置実験,直交表実験で,取り上げた因子が連続的な数値を取る場合も,A_1 水準,A_2 水準,…というように水準を離散的に捉えて解析した.一方,計量的因子 x の水準を連続量とし,特性 y を直線などの x の連続関数として捉えたときの解析方法として**回帰分析**(regression analysis)がある.連続的であるという特長から,加熱温度をいくらにすれば目的とする強度がいくらになるかという問いに対し,実験点以外の中間的な水準からも解を得ることができる.ただし,要因配置実験や直交表実験と本章で述べる回帰分析に本質的な違いはなく,想定するモデル(データの構造)が異なっているにすぎない.

9.1.2 回帰モデル

実験計画法における回帰分析という立場では,後述の 9.3 節に力点をおく.しかし,回帰分析は,実験計画的にとられたデータだけにしか適用できないものではなく,図 9.1 のようなデータにも適用できる.実験計画モデルと回帰モデルを比較して理解できるよう,まず,繰り返しのない場合から説明する.

因子を離散的に捉えた実験計画では,各水準での繰り返しがない場合,モデルを (9.1.1a) 式のように考えた.これに対して回帰分析では (9.1.1b) 式を考え

---

[1] 回帰のときは,とくに母回帰といい,μ ではなく η (イータ)で表わすことが多い.
[2] 推定すべき母数の数が少ないということ.

る．ε は回帰を当てはめたあとの残差を表わす．(9.1.1c)式は，対応する母回帰 η を示す．

$$y_i = \mu_i + e_i = \mu + \alpha_i + e_i \tag{9.1.1a}$$
$$y_i = \mu_i + e_i = f(x_i) + \varepsilon_i \tag{9.1.1b}$$
$$\eta_i = \mu_i = f(x_i) \tag{9.1.1c}$$

x を説明変数(指定変数，独立変数)，y を目的変数(応答変数，従属変数)という．関数 f は連続的な値に対応している．(9.1.2)式で，β_0 を母切片，β_1 を母回帰係数，合わせて回帰母数という．

以下の単回帰分析の説明においては，基本的に(9.1.2)式を(9.1.3)式と置き換えて考える[3]．(9.1.3)式を用いると，後述するように $\hat{\beta}_0$ と $\hat{\beta}_1$ の共分散がなくなり，各回帰母数を独立に評価できる．また，$x=\bar{x}$ において解析の精度がもっとも高くなる．β_0 は $x=0$ における切片ではなく，$x=\bar{x}$ における切片を意味することに注意しよう．

$$y_i = \beta_0 + \beta_1 x_i + \varepsilon_i \qquad \eta_i = \beta_0 + \beta_1 x_i \tag{9.1.2}$$
$$y_i = \beta_0 + \beta_1 (x_i - \bar{x}) + \varepsilon_i \qquad \eta_i = \beta_0 + \beta_1 (x_i - \bar{x}) \tag{9.1.3}$$

9.2 回帰分析とは

1つの目的変数に対して，(9.1.3)式のように1つの説明変数のみを考える場合を**単回帰分析**といい，複数の説明変数を考える場合を**重回帰分析**という．

9.2.1 最小2乗法による回帰係数の推定

回帰母数を推定する方法を考える．β_0，β_1 は，それぞれ，直線を当てはめたときの切片と傾きである．すべてのデータが直線上にのることは稀れで，得られたデータは，通常，図9.1のように散在している．このとき，当てはめた直線とデータとの外れ具合がもっとも小さくなるように直線を当てはめるのが合理的である．図9.2の ε_1，ε_2，ε_3 が個々のデータと直線とのずれを表わす．これらの和が小さい直線が引ければ，外れ具合がもっとも小さい直線と考えて

---

[3] (9.1.2)式での β_0 は $x=0$ における切片という意味で重要な意味を持つ場合がある．

よい．直線とデータの外れ具合を単純に足してしまうとプラス/マイナスが打ち消し合い不都合なので，2乗してから加える．つまり，$\varepsilon_1^2 + \varepsilon_2^2 + \varepsilon_3^2$ がもっとも小さくなるように直線を引く．このようにして直線を当てはめるやり方を**最小2乗法**という．

y_i のデータの構造は(9.2.1)式であり，当てはめた直線を(9.2.2)式と書く．

$$y_i = \beta_0 + \beta_1(x_i - \bar{x}) + \varepsilon_i \tag{9.2.1}$$

$$\hat{\eta} = \hat{\beta}_0 + \hat{\beta}_1(x - \bar{x}) \tag{9.2.2}$$

図9.2において，点 (x_1, y_1) が直線上にあれば，y_1 はぴったり $y_1 = \hat{\beta}_0 + \hat{\beta}_1(x_1 - \bar{x})$ と表わすことができる．しかし，ε_1 だけ外れているので，$\varepsilon_1 = y_1 - \hat{\beta}_0 - \hat{\beta}_1(x_1 - \bar{x})$ と表わされ，**残差**(residual)と呼ぶ．ここで，$\varepsilon_i = y_i - \hat{\beta}_0 - \hat{\beta}_1(x_i - \bar{x})$ $(i = 1, 2, \cdots, n)$ を2乗して和をとった

$$\sum_{i=1}^{n} \varepsilon_i^2 = \sum \{y_i - \hat{\beta}_0 - \hat{\beta}_1(x_i - \bar{x})\}^2 \tag{9.2.3}$$

が最小となるように $\hat{\beta}_0, \hat{\beta}_1$ を決める．この式を $\hat{\beta}_0$ と $\hat{\beta}_1$ についてそれぞれ偏微分して0とおいた連立方程式を解けばよい．

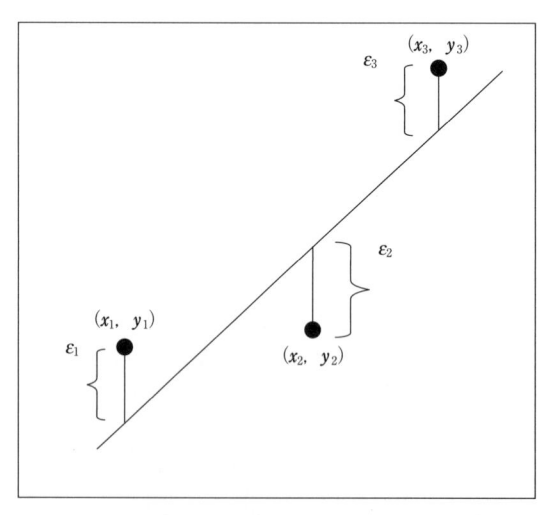

図9.2　回帰直線の当てはめ

$$\frac{\partial}{\partial \hat{\beta}_0} \sum \varepsilon_i^2 = -2 \sum \{y_i - \hat{\beta}_0 - \hat{\beta}_1(x_i - \bar{x})\} = 0$$
$$\frac{\partial}{\partial \hat{\beta}_1} \sum \varepsilon_i^2 = -2 \sum \{y_i - \hat{\beta}_0 - \hat{\beta}_1(x_i - \bar{x})\}(x_i - \bar{x}) = 0 \quad (9.2.4)$$

(9.2.4)式の第1式から,

$$\hat{\beta}_0 n + \hat{\beta}_1 \sum (x_i - \bar{x}) = \sum y_i, \quad \hat{\beta}_0 = \frac{\sum y_i}{n} = \bar{y}, \quad \text{ただし,} \quad \sum (x_i - \bar{x}) = 0 \quad (9.2.5)$$

となる. (9.2.4)式の第2式から, (9.2.5)式の結果を加味して,

$$\sum \{(y_i - \bar{y}) - \hat{\beta}_1(x_i - \bar{x})\}(x_i - \bar{x})$$
$$= \sum \{(y_i - \bar{y})(x_i - \bar{x}) - \hat{\beta}_1(x_i - \bar{x})^2\}$$
$$= \sum (y_i - \bar{y})(x_i - \bar{x}) - \hat{\beta}_1 \sum (x_i - \bar{x})^2 = 0 \quad (9.2.6)$$

となる. ここで, $S_{xx} = \sum (x_i - \bar{x})^2$ を x の平方和, $S_{xy} = \sum (y_i - \bar{y})(x_i - \bar{x})$ を x と y の偏差積和と表わせば,

$$\hat{\beta}_1 = \frac{S_{xy}}{S_{xx}} \quad (9.2.7)$$

となる. $\hat{\beta}_1$ を $\frac{S_{xy}}{S_{xx}}$ で, $\hat{\beta}_0$ を $\bar{y}$ で求めることで, 最小2乗法によって当てはめる直線 $\hat{\eta} = \hat{\beta}_0 + \hat{\beta}_1(x - \bar{x})$ を導くことができる.

[最小2乗法による回帰母数の推定]

母回帰係数　　　$\hat{\beta}_1 = \frac{S_{xy}}{S_{xx}}$ 　　　(9.2.8)

母切片　　　　　$\hat{\beta}_0 = \bar{y}$ 　　　(9.2.9)

母(単)回帰式　　$\hat{\eta} = \hat{\beta}_0 + \hat{\beta}_1(x - \bar{x})$ 　　　(9.2.10)

(9.2.8)式, (9.2.9)式より(9.2.10)式を求めたとき, (9.2.3)式のずれの総和(残

差平方和 S_{res})はもっとも小さくなる．その値は $\hat{\beta}_1$, $\hat{\beta}_0$ を (9.2.3) 式に代入して整理すると，以下となる．

$$S_{res} = \sum_{i=1}^{n} \varepsilon_i^2 = \sum \{y_i - \hat{\beta}_0 - \hat{\beta}_1(x_i - \bar{x})\}^2 = \sum \left\{(y_i - \bar{y}) - \frac{S_{xy}}{S_{xx}}(x_i - \bar{x})\right\}^2$$

$$= S_{yy} - 2 \times \frac{S_{xy}^2}{S_{xx}} + \frac{S_{xy}^2}{S_{xx}} = S_{yy} - \frac{S_{xy}^2}{S_{xx}} \tag{9.2.11}$$

$$\phi_{res} = n - 2 \quad (2\text{を引くのは，}\beta_0\text{と}\beta_1\text{を推定したため}) \tag{9.2.12}$$

[例題 9.1]

図 9.1 のデータを使って，回帰母数を推定してみよう．図 9.1 のデータは，表 9.1 の通りである．当てはめた直線と回帰式を図 9.3 に示す．

（解答）

各統計量を計算する．

$$\sum x_i = 23340, \quad \bar{x} = \frac{\sum x_i}{n} = 1556.0, \quad \sum y_i = 4065, \quad \bar{y} = \frac{\sum y_i}{n} = 271.0$$

$$S_{xx} = \sum_{i=1}^{15}(x_i - \bar{x})^2 = (-41)^2 + (-37)^2 + \cdots + 17^2 = 15130.0$$

$$S_{yy} = \sum_{i=1}^{15}(y_i - \bar{y})^2 = (-7)^2 + (-3)^2 + \cdots + 5^2 = 484.0$$

$$S_{xy} = \sum_{i=1}^{15}(x_i - \bar{x})(y_i - \bar{y}) = (-41) \times (-7) + (-37) \times (-3) + \cdots + 17 \times 5$$

$$= 2399.0$$

$$S_R = \frac{S_{xy}^2}{S_{xx}} = 380.3834 \quad (\text{回帰による平方和 } S_R \text{ については後述する．})$$

$$\hat{\beta}_1 = \frac{S_{xy}}{S_{xx}} = \frac{2399}{15130} = 0.15856 \quad \hat{\beta}_0 = \bar{y} = 271.0$$

$$S_{res} = S_{yy} - S_R = 484.0 - 380.3834 = 103.6166$$

$$V_e = V_{res} = \frac{S_{res}}{n-2} = 7.9705 \quad (\text{分母は自由度で，(9.2.12) 式を参照})$$

表9.1 加熱温度と強度のデータ

No.	加熱温度 (℃) x_i	$x_i - \bar{x}$	強度 (MPa) y_i	$y_i - \bar{y}$	No.	加熱温度 (℃) x_i	$x_i - \bar{x}$	強度 (MPa) y_i	$y_i - \bar{y}$
1	1515	−41	264	−7	9	1543	−13	273	2
2	1519	−37	268	−3	10	1567	11	272	1
3	1568	12	277	6	11	1601	45	281	10
4	1513	−43	262	−9	12	1591	35	275	4
5	1616	60	278	7	13	1530	−26	268	−3
6	1585	29	273	2	14	1525	−31	263	−8
7	1550	−6	270	−1	15	1573	17	276	5
8	1544	−12	265	−6					

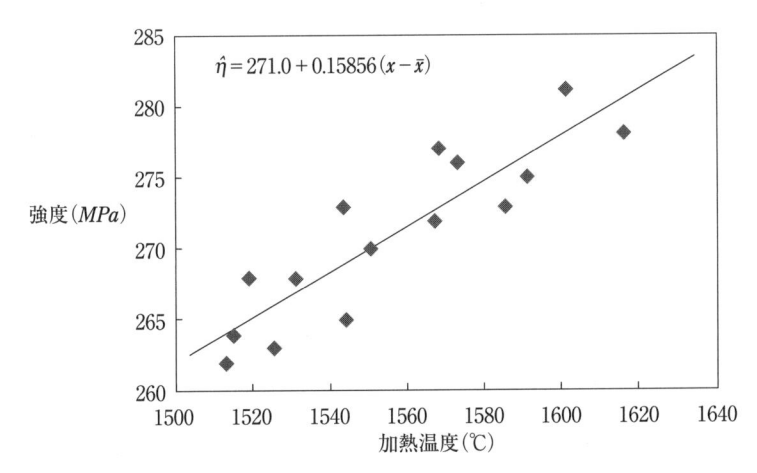

$\hat{\eta} = 271.0 + 0.15856(x - \bar{x})$

図9.3 得られた回帰直線

ここでは残差の不偏分散を V_e とおいているが，本来は V_{res} と書くべきものである．ただし，以下では，このことを混同しない限り，単に V_e と書く．

9.2.2 回帰母数の検定
[基本的な考え方]
前節までの手順に従えば，対になったデータに対して回帰直線を当てはめることができる．しかし，その回帰式自体が統計的に意味のある式であることを

直接示唆するものではない．直線を当てはめたことに意味があったか否かは統計的に判断しなければならない．$\hat{\beta}_0$ や $\hat{\beta}_1$ は確率分布に従う統計量なので，その分布がわかれば，検定により判定できる．また，$\hat{\eta}$ についても同様に判定ができる．各推定値の期待値は，

$$E(\hat{\beta}_0) = E(\bar{y}) = E(\beta_0 + \bar{\varepsilon}) = \beta_0 + E(\bar{\varepsilon}) = \beta_0 \tag{9.2.13}$$

$$\begin{aligned}E(\hat{\beta}_1) &= E\left(\frac{S_{xy}}{S_{xx}}\right) = \frac{1}{S_{xx}} E\left(\sum (x_i - \bar{x})(y_i - \bar{y})\right) \\ &= \frac{1}{S_{xx}} \sum (x_i - \bar{x}) E(y_i - \bar{y}) \quad \left[\because \begin{array}{l} y_i = \beta_0 + \beta_1(x_i - \bar{x}) + \varepsilon_i \\ \bar{y} = \beta_0 + \bar{\varepsilon} \end{array}\right] \\ &= \frac{1}{S_{xx}} \sum (x_i - \bar{x}) \beta_1 (x_i - \bar{x}) \\ &= \beta_1 \end{aligned} \tag{9.2.14}$$

となる．各推定値の分散は，以下のようになる．

$$\begin{aligned} Var(\hat{\beta}_1) &= Var\left(\frac{S_{xy}}{S_{xx}}\right) = \frac{1}{S_{xx}^2} Var(S_{xy}) \\ &= \frac{1}{S_{xx}^2} Var\left\{\sum (x_i - \bar{x})(y_i - \bar{y})\right\} \\ &= \frac{1}{S_{xx}^2} Var\left\{\sum (x_i - \bar{x}) y_i\right\} \\ &= \frac{1}{(S_{xx})^2} \sum (x_i - \bar{x})^2 Var(y_i) \\ &= \frac{S_{xx} \sigma^2}{(S_{xx})^2} = \frac{\sigma^2}{S_{xx}} \end{aligned} \tag{9.2.15}$$

$$\begin{aligned}Var(\hat{\eta}_0) &= Var\{\bar{y} + \hat{\beta}_1(x_0 - \bar{x})\} = Var(\bar{y}) + (x_0 - \bar{x})^2 Var(\hat{\beta}_1) \\ &\quad + 2Cov\{\bar{y}, \hat{\beta}_1(x_0 - \bar{x})\} = \left[\frac{1}{n} + \frac{(x_0 - \bar{x})^2}{S_{xx}}\right] \sigma^2 \end{aligned} \tag{9.2.16}$$

ただし，共分散[4]は，$Cov\{\bar{y}, \hat{\beta}_1(x_0 - \bar{x})\} = (x_0 - \bar{x}) Cov(\bar{y}, \hat{\beta}_1) = 0$ である．

---

[4] 一般に，共分散は，2変量 u, v について，$Cov(u, v) = E[\{u - E(u)\}\{v - E(v)\}] = E(uv) - E(u)E(v)$ と表わされる．共分散は，u, v が $u = v$ であれば u, v の分散を表わし，u, v が互いに独立であれば 0 となる．

$$\because \quad Cov(\bar{y}, \hat{\beta}_1) = Cov\left[\frac{1}{n}\sum y_i, \frac{S_{xy}}{S_{xx}}\right]$$

$$= \frac{1}{nS_{xx}} Cov\left\{\sum y_i, \sum(x_i - \bar{x})(y_i - \bar{y})\right\}$$

$$= \frac{1}{nS_{xx}} Cov\left\{\sum y_i, \sum(x_i - \bar{x})y_i\right\}$$

$$= \frac{1}{nS_{xx}} \sum(x_i - \bar{x})Var(y_i)$$

$$= \frac{\sigma^2}{nS_{xx}} \sum(x_i - \bar{x}) = 0 \tag{9.2.17}$$

また，$Var(\hat{\beta}_0) = Var(\bar{y}) = \dfrac{\sigma^2}{n}$ である．

以上の期待値や分散より，母回帰係数，母切片，母回帰の推定量の分布は以下のようになり，これらに基づいて検定の考え方を説明する．

母回帰係数 $\hat{\beta}_1$ の分布 $\quad N\left[\beta_1, \dfrac{\sigma^2}{S_{xx}}\right]$ \tag{9.2.18}

母切片 $\quad \hat{\beta}_0$ の分布 $\quad N\left[\beta_0, \dfrac{\sigma^2}{n}\right]$ \tag{9.2.19}

母回帰 $\quad \hat{\eta} = \hat{\beta}_0 + \hat{\beta}_1(x - \bar{x})$ の分布

$$N\left[\beta_0 + \beta_1(x - \bar{x}), \left\{\frac{1}{n} + \frac{(x - \bar{x})^2}{S_{xx}}\right\}\sigma^2\right] \tag{9.2.20}$$

$\hat{\beta}_1$ を規準化した $u = \dfrac{\hat{\beta}_1 - \beta_1}{\sqrt{\sigma^2/S_{xx}}}$ は $N(0, 1^2)$ に従う．σ^2 が未知のとき，σ^2 の代わりに V_e を代入した (9.2.21) 式が自由度 $\phi = n - 2$ の t 分布に従うことを利用する．

$$t = \frac{\hat{\beta}_1 - \beta_1}{\sqrt{\dfrac{V_e}{S_{xx}}}} \tag{9.2.21}$$

[解析手順]

$\hat{\beta}_1$ について，ある任意の値 (β_{10}) と異なるか否かを検定したいときの手順を

以下に示す．

① 仮説の設定

  帰無仮説 $H_0 : \beta_1 = \beta_{10}$

  対立仮説 $H_1 : \beta_1 \neq \beta_{10}$

   検定の目的に応じて，H_1 は，$\beta_1 > \beta_{10}$，あるいは，$\beta_1 < \beta_{10}$ となる．

② 有意水準 (α) の設定

  $\alpha = 0.05$

③ 棄却域の設定

  $R : |t_0| \geq t(\phi_{res}, \alpha)$, $\phi_{res} = n - 2$

   対立仮説 H_1 に応じて，$H_1 : \beta_1 > \beta_{10}$ のときは，$t_0 \geq t(\phi_{res}, 2\alpha)$，あるいは，$H_1 : \beta_1 < \beta_{10}$ のときは，$t_0 \leq -t(\phi_{res}, 2\alpha)$

④ 検定統計量の計算

$$t_0 = \frac{\hat{\beta}_1 - \beta_{10}}{\sqrt{\dfrac{V_e}{S_{xx}}}}$$

⑤ 判定

 検定統計量 t_0 が棄却域に入るか否かを判定する．

⑥ 結論

 検定の結論を述べる．

[ゼロ仮説の検定]

 前節の検定において，$\beta_{10} = 0$ とおいて検定した結果は，傾きが 0 か否かであり，目的変数が説明変数によって影響を受けているか否かの検定を意味している．これにより，y が x で説明できるか否かを統計的に判断したことになる．

[母切片や母回帰の検定]

 β_0 の検定では検定統計量を (9.2.22) 式として検定でき，自由度は $\phi_{res} = n - 2$ である．

$$t_0 = \frac{\hat{\beta}_0 - \beta_{00}}{\sqrt{\dfrac{V_e}{n}}} \tag{9.2.22}$$

なお，y 軸切片における母回帰の検定では，(9.2.20)式において，$x=0$ であるから(9.2.23)式を用いることになる．とくに，回帰直線が原点を通るか否かを検定したいときには，(9.2.24)式となる．

$$t_0 = \frac{\hat{\beta}_0 - \bar{x}\hat{\beta}_1 - \beta_{00}}{\sqrt{\left[\dfrac{1}{n} + \dfrac{\bar{x}^2}{S_{xx}}\right] V_e}} \tag{9.2.23}$$

$$t_0 = \frac{\hat{\beta}_0 - \bar{x}\hat{\beta}_1}{\sqrt{\left[\dfrac{1}{n} + \dfrac{\bar{x}^2}{S_{xx}}\right] V_e}} \tag{9.2.24}$$

母回帰式 $\hat{\eta} = \hat{\beta}_0 + \hat{\beta}_1(x - \bar{x})$ の分散は $x = \bar{x}$ において $\dfrac{1}{n}\hat{\sigma}^2$ となり，もっとも小さくなる．よって，$x=0$ での切片に特別の意味がない限り $x = \bar{x}$ で検定するとよい[5]．

[例題 9.2]

表 9.1 のデータから得られた $\hat{\eta} = 271.0 + 0.15856(x - \bar{x})$ を操業条件変更後の回帰直線として，条件変更前の $\hat{\eta} = 35.0 + 0.140x$ と異なるか否かを考えよう．母切片については $x = \bar{x}$ で比較することにする．

(解答)

[母回帰係数 (β_1) の検定]

① 仮説の設定

  帰無仮説 $H_0 : \beta_1 = \beta_{10}$ ($\beta_{10} = 0.140$)
  対立仮説 $H_1 : \beta_1 \neq \beta_{10}$

② 有意水準 (α) の設定

  $\alpha = 0.05$

③ 棄却域の設定

  $R : |t_0| \geq t(13, \ 0.05) = 2.160$

---

[5] $x=0$ での切片が 0 でないとはいえない場合であっても，このことをもって直ちに $y = \beta_1 x$ としてはならない．この形のモデルを採用したい場合は，$y = \beta_1 x$ の形でのモデルに基づいて改めて最小 2 乗法を適用する必要がある．

④ 検定統計量の計算

$$t_0 = \frac{\hat{\beta}_1 - \beta_{10}}{\sqrt{\dfrac{V_e}{S_{xx}}}} = \frac{0.15856 - 0.140}{\sqrt{\dfrac{7.9705}{15130}}} = 0.809$$

⑤ 判定

$t_0 = 0.809 < 2.160$ であり，有意でない[6]．

⑥ 結論

β_1 は $\beta_{10} = 0.140$ と異なるとはいえない．

[母切片(β_0)に関する検定($x = \bar{x}$)]

$\hat{\eta} = 271.0 + 0.15856(x - 1556)$

$\hat{\eta} = 35.0 + 0.140x = 252.84 + 0.140(x - 1556)$ → $\beta_{00} = 252.84$

① 仮説の設定

帰無仮説　$H_0 : \beta_0 = \beta_{00}$　　($\beta_{00} = 252.84$)

対立仮説　$H_1 : \beta_0 \neq \beta_{00}$

② 有意水準(α)の設定

$\alpha = 0.05$

③ 棄却域の設定

$R : |t_0| \geq t(13,\ 0.05) = 2.160$

④ 検定統計量の計算

$$t_0 = \frac{\hat{\beta}_0 - \beta_{00}}{\sqrt{\dfrac{V_e}{n}}} = \frac{271.0 - 252.84}{\sqrt{\dfrac{7.9705}{15}}} = 24.91$$

⑤ 判定

$t_0 = 24.91 > 2.160$ となり，有意である．

⑥ 結論

$x = \bar{x}$ における β_0 は，$\beta_{00} = 252.84$ と異なっているといえる．

---

[6] ゼロ仮説：$\beta_{10} = 0$ とおくと，$t_0 = \dfrac{0.15856}{\sqrt{\dfrac{7.9705}{15130}}} = 6.908$ で有意となる．

[平方和の分解]

　目的変数 y のデータの変動を，母回帰を使って分解してみる．y の平方和 S_{yy} を総平方和と考え，回帰の平方和（S_R）と，残差の平方和（S_{res}）を次のように分解する（図 9.4）．

$$S = S_{yy} = \sum (y_i - \bar{y})^2 = \sum \{y_i - \hat{\beta}_0 - \hat{\beta}_1(x_i - \bar{x}) + \hat{\beta}_0 + \hat{\beta}_1(x_i - \bar{x}) - \bar{y}\}^2$$

$$= \sum [y_i - \{\hat{\beta}_0 + \hat{\beta}_1(x_i - \bar{x})\}]^2 + \sum \{\hat{\beta}_0 + \hat{\beta}_1(x_i - \bar{x}) - \bar{y}\}^2$$

$$+ 2\sum [y_i - \{\hat{\beta}_0 + \hat{\beta}_1(x_i - \bar{x})\}]\{\hat{\beta}_0 + \hat{\beta}_1(x_i - \bar{x}) - \bar{y}\}$$

$$= \underbrace{\sum [y_i - \{\hat{\beta}_0 + \hat{\beta}_1(x_i - \bar{x})\}]^2}_{\text{データと } \hat{\eta} \text{ の距離}} + \underbrace{\sum \{\hat{\beta}_0 + \hat{\beta}_1(x_i - \bar{x}) - \bar{y}\}^2}_{\hat{\eta} \text{ と全体平均の距離}}$$

$$= S_{res}（残差平方和） + S_R（回帰による平方和） \qquad (9.2.25)$$

ここで，$2\sum [y_i - \{\hat{\beta}_0 + \hat{\beta}_1(x_i - \bar{x})\}]\{\hat{\beta}_0 + \hat{\beta}_1(x_i - \bar{x}) - \bar{y}\}$

$$= 2(\hat{\beta}_0 - \bar{y})\sum [y_i - \{\hat{\beta}_0 + \hat{\beta}_1(x_i - \bar{x})\}]$$

$$+ 2\hat{\beta}_1 \sum [y_i - \{\hat{\beta}_0 + \hat{\beta}_1(x_i - \bar{x})\}](x_i - \bar{x}) = 0$$

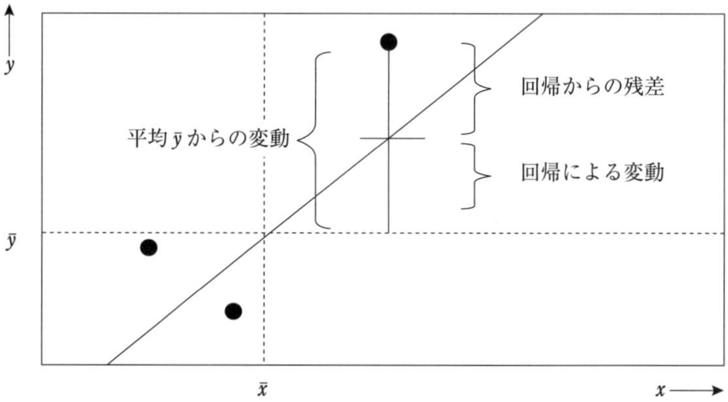

図 9.4　平方和の分解（部分図）

である．なぜなら，(9.2.4)式より，第1項，第2項ともに0となるからである．(9.2.11)式より，$S_{yy} = S_{res} + \dfrac{S_{xy}^2}{S_{xx}}$，$S_R$（回帰による平方和）は，$S_R = \dfrac{S_{xy}^2}{S_{xx}}$ となる．各平方和の自由度は，$\phi = n-1$，$\phi_R = 1$，$\phi_{res} = \phi - \phi_R = n-2$ である．

以上を表9.2の分散分析表にまとめ，回帰直線を当てはめたことに意味があるか否かを検定することができる．分散比 $V_R/V_{res}(=V_R/V_e)$ が $F(\phi_R, \phi_{res}; \alpha)$ $(=F(\phi_R, \phi_e; \alpha))$ よりも大きければ統計的に有意とし，回帰直線を求めたことに意味があったと判定する．表9.1のデータについて分散分析を行った結果を表9.3に示す．$V_R/V_e = 47.72$ であり，有意水準5%における $F(1, 13; 0.05) = 4.667$ と比較して有意（1%でも有意）であることがわかる．これは，前記の β_1 のゼロ仮説の検定（脚注）と同値で，$t_0^2 = F_0$，すなわち，$6.908^2 = 47.72$ となっている．また，$\{t(13, 0.05)\}^2 = F(1, 13; 0.05)$ である．

また，全変動に占める回帰による変動の割合 S_R/S_{yy} は寄与率と呼ばれる．この値は相関係数の2乗となる．

$$\text{寄与率} = \frac{S_R}{S_{yy}} = \frac{1}{S_{yy}} \frac{S_{xy}^2}{S_{xx}} = \left[\frac{S_{xy}}{\sqrt{S_{yy}S_{xx}}} \right]^2 = r^2 \tag{9.2.26}$$

表9.2 回帰に意味があるか否かを判断するための分散分析表

sv	ss	df	ms	F_0
回帰による変動	S_R	ϕ_R	$V_R = S_R/\phi_R$	V_R/V_e
残差	S_{res}	ϕ_{res}	$V_e(V_{res}) = S_{res}/\phi_{res}$	
計	S	ϕ		

表9.3 表9.1のデータ分散分析の結果

sv	ss	df	ms	F_0
回帰による変動	380.3834	1	380.3834	47.72**
残差	103.6166	13	7.9705	
計	484	14		

$F(1, 13; 0.05) = 4.667$, $F(1, 13; 0.01) = 9.074$

9.3 繰り返しのある場合の単回帰分析

図 9.5 に例示するように各実験点(実験した水準)で複数のデータを得た場合の単回帰分析について説明する．前節までの繰り返しのない単回帰分析と異なり，x_i の水準で複数のデータが得られている．したがって，データとしては，要因実験における繰り返しのある 1 元配置と同じである．繰り返しのある 1 元配置では，母平均と取り上げた要因との間に直線関係を想定していない．一方，単回帰モデルでは直線的な関係という仮定をおく．

9.3.1 基本的な考え方

繰り返しがない場合は，図 9.4 で示したように y_i と回帰直線からの差(残差)を誤差として解析に用いた．これは後述する当てはめの悪さを含んでいる．これに対して，図 9.6 に示すように繰り返しのある場合には，各 x_i における分布の中心から個々のデータまでの距離(級内変動)が純粋な誤差であり，各 x_i における分布の中心と母回帰 $\hat{\eta} = \hat{\beta}_0 + \hat{\beta}_1(x - \bar{x})$ との距離を検討することにより，直線関係が当てはまっているか否かを統計的に判断することができる．

DE モデルと回帰モデルとのずれを表わす項 γ を当てはまりの悪さ(lack of fit)と呼び，lof と略称する．lof は回帰モデルに限定されない(直線的でない)項

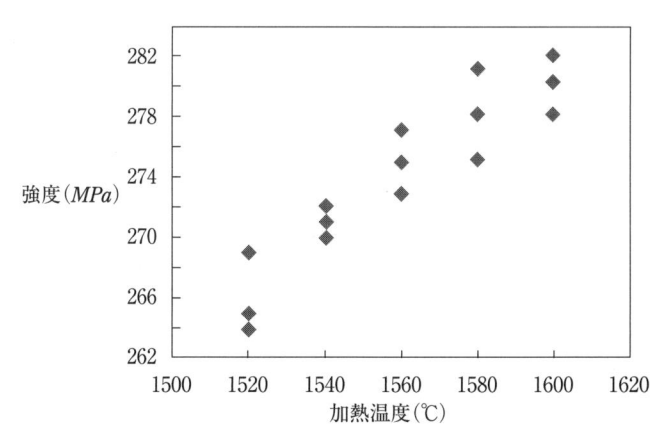

図 9.5 加熱温度と強度の関係

である．繰り返し数 $n \geq 2$ で得られたデータの構造を $y_{ij} = \mu + \alpha_i + e_{ij}$ とすれば，この e_{ij} は繰り返しのある1元配置での純粋な実験誤差を表わす．その平方和は要因配置実験の解析での S_e，すなわち，

$$S_e = \sum\sum (y_{ij} - \bar{y}_{i\cdot})^2, \quad \phi_e = a(n-1) \tag{9.3.1}$$

である．また，単回帰モデルとしてのデータの構造と制約条件は次式となる．

$$y_{ij} = \beta_0 + \beta_1(x_i - \bar{x}) + \gamma_i + e_{ij} \tag{9.3.2}$$

$$\sum_{i=1}^{a} n_i \gamma_i = 0, \quad \sum_{i=1}^{a} n_i \gamma_i \beta_1 (x_i - \bar{x}) = 0 \tag{9.3.3}$$

[例題 9.3]

各実験点で繰り返しがある場合を考える．

データを表 9.4 に，計算補助表を表 9.5，表 9.6 に示す．

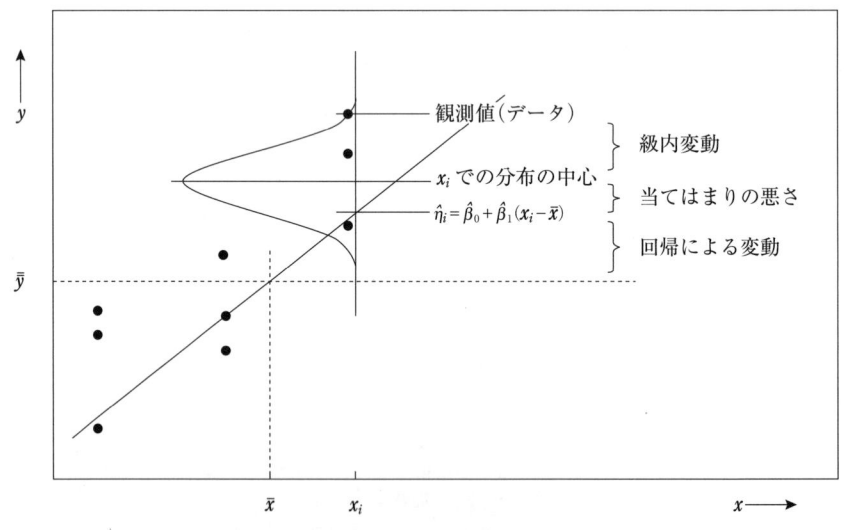

図 9.6　繰り返しのある単回帰分析（部分図）

表9.4 加熱温度と強度のデータ(繰り返しのある場合)

i	加熱温度 $x_i(℃)$	強度 $y_{ij}(MPa)$			$\sum_j y_{ij}$	$\bar{y}_{i\cdot}$
1	1520	264	265	269	798	266
2	1540	270	271	272	813	271
3	1560	277	275	273	825	275
4	1580	275	281	278	834	278
5	1600	280	282	278	840	280
計					$\sum_i \sum_j y_{ij} = 4110$	$\bar{y} = 274$

表9.5 $(y_{ij} - \bar{y})$, $(y_{i\cdot} - \bar{y})$ 表

i	x_i	$x_i - \bar{x}$	$y_{ij} - \bar{y}$			$\sum_j (y_{ij} - \bar{y})$	$\bar{y}_{i\cdot} - \bar{y}$
1	1520	-40	-10	-9	-5	-24	-8
2	1540	-20	-4	-3	-2	-9	-3
3	1560	0	3	1	-1	3	1
4	1580	20	1	7	4	12	4
5	1600	40	6	8	4	18	6
計		0	0			0	0

表9.6 $(x_i - \bar{x})^2$, $(y_{ij} - \bar{y})^2$, $(\bar{y}_{i\cdot} - \bar{y})^2$, $(x_i - \bar{x})(\bar{y}_{i\cdot} - \bar{y})$ 表

i	$x_i - \bar{x}$	$(x_i - \bar{x})^2$	$(y_{ij} - \bar{y})^2$			$\sum_i (\bar{y}_{i\cdot} - \bar{y})^2$	$(x_i - \bar{x})(\bar{y}_{i\cdot} - \bar{y})$
1	-40	1600	100	81	25	64	320
2	-20	400	16	9	4	9	60
3	0	0	9	1	1	1	0
4	20	400	1	49	16	16	80
5	40	1600	36	64	16	36	240
計	0	4000	$\sum_i \sum_j (y_{ij} - \bar{y})^2 = 428$			$\sum_i (\bar{y}_{i\cdot} - \bar{y})^2 = 126$	$\sum_i (x_i - \bar{x})(\bar{y}_{i\cdot} - \bar{y}) = 700$

9.3.2 平方和の分解

x_i での繰り返し数が n_i の a 組のデータ (x_i, y_{ij}) $\Big(i=1, 2, \cdots, a, j=1, 2, \cdots, n_i, N=\sum_{i=1}^{a} n_i\Big)$ において,総平方和 S は,

$$S = \sum_i \sum_j (y_{ij} - \bar{y})^2 = \sum_i \sum_j \{(y_{ij} - \bar{y}_{i\cdot}) + (\bar{y}_{i\cdot} - \bar{y})\}^2$$

$$= \sum_i \sum_j (y_{ij} - \bar{y}_{i\cdot})^2 + \sum_i n_i (\bar{y}_{i\cdot} - \bar{y})^2$$

$$= \sum_i \sum_j (y_{ij} - \bar{y}_{i\cdot})^2$$

$$+ \sum_i n_i [\{\bar{y}_{i\cdot} - \hat{\beta}_0 - \hat{\beta}_1(x_i - \bar{x})\} + \{\hat{\beta}_0 + \hat{\beta}_1(x_i - \bar{x}) - \bar{y}\}]^2$$

$$= \sum_i \sum_j (y_{ij} - \bar{y}_{i\cdot})^2 + \sum_i n_i \{\bar{y}_{i\cdot} - \hat{\beta}_0 - \hat{\beta}_1(x_i - \bar{x})\}^2$$

$$+ \sum_i n_i \{\hat{\beta}_0 + \hat{\beta}_1(x_i - \bar{x}) - \bar{y}\}^2$$

と直交分解でき,級内変動 (S_e),級間変動 (S_A) と,残差平方和 (S_{res}),回帰による平方和 (S_R) を用いて,

繰り返しのある 1 元配置モデルでは, $S = S_e + S_A = S_e + (S_A - S_R) + S_R$

繰り返しのある単回帰モデルでは, $S = S_{res} + S_R = S_e + (S_{res} - S_e) + S_R$

と表現できる.両式の ( ) 内が当てはまりの悪さ $S_{lof} = S_A - S_R = S_{res} - S_e$ を表わしている.

9.3.3 解析手順

解析を進める手順において,説明を補足するために表 9.4 のデータの形式を一般化して表 9.7 のように記す.分散分析表を表 9.8 の形にまとめる.

$$S = S_{yy} = \sum\sum(y_{ij}-\bar{y})^2, \quad S_A = \sum_i n_i(\bar{y}_{i\cdot}-\bar{y})^2, \quad S_e = S - S_A$$

$$S_{xy} = \sum\sum(x_i-\bar{x})(y_{ij}-\bar{y}) = \sum_i n_i(x_i-\bar{x})(\bar{y}_{i\cdot}-\bar{y})$$

$$S_{xx} = \sum n_i(x_i-\bar{x})^2,$$

$$S_R = \frac{S_{xy}^2}{S_{xx}}, \quad S_{lof} = S_A - S_R, \quad N\text{は総データ数}, \quad N = \sum n_i$$

$$\phi = N-1, \quad \phi_A = a-1, \quad \phi_e = \phi - \phi_A = N-a$$

$$\phi_R = 1, \quad \phi_{lof} = \phi_A - \phi_R = a-2$$

当てはまりの悪さが統計的に無視できないときは,固有技術を加味して,変数変換,モデルの改良,高次回帰などを検討する.一方,統計的に無視できれ

表9.7 繰り返しのある場合の単回帰分析のデータ形式

x_i		y_{ij}				計 $T_{i\cdot}$	平均 $\bar{y}_{i\cdot}$
x_1	y_{11}	y_{11}	.	.	y_{1n_a}	$T_{1\cdot}$	$\bar{y}_{1\cdot}$
x_2	y_{21}	y_{22}	.	.	y_{2n_a}	$T_{2\cdot}$	$\bar{y}_{2\cdot}$
.	.	.	.	.	.		
.	.	.	.	.	.		
.	.	.	.	.	.		
x_a	y_{a1}	y_{a2}	.	.	y_{an_a}	$T_{a\cdot}$	$\bar{y}_{a\cdot}$
						総合計 T	全体平均 $\bar{y}$

表9.8 繰り返しのある場合の単回帰分析の分散分析表

sv	ss	df	ms	F_0	F_0
回帰による変動	S_R	ϕ_R	$V_R = S_R/\phi_R$	V_R/V_e	V_R/V_e'
当てはまりの悪さ	S_{lof}	ϕ_{lof}	$V_{lof} = S_{lof}/\phi_{lof}$	V_{lof}/V_e	
級間変動	S_A	ϕ_A	$V_A = S_A/\phi_A$	V_A/V_e	V_A/V_e'
級内変動	S_e	ϕ_e	$V_e = S_e/\phi_e$		
残差	$S_{res}(S_e') = S_e + S_{lof}$	$\phi_e' = \phi_e + \phi_{lof}$	$V_e' = S_e'/\phi_e'$		
計	S	ϕ			

ば，表 9.8 の網掛け部分に示すように，当てはまりの悪さを級内変動にプールして（平方和 S_{lof} と自由度 ϕ_{lof} を級内変動のそれぞれに加える），直線回帰することの意味を検定する．

表 9.5, 表 9.6 から各統計量を計算する．

$$\bar{x} = \frac{\sum n_i x_i}{N} = 1560, \quad \sum\sum y_{ij} = 4110, \quad \bar{y} = \frac{\sum\sum y_{ij}}{N} = 274.0$$

$$S = S_{yy} = \sum\sum (y_{ij} - \bar{y})^2 = 428$$

$$S_A = \sum_i n_i (\bar{y}_{i\cdot} - \bar{y})^2 = 3 \times 126 = 378, \quad S_e = S - S_A = 428 - 378 = 50$$

$$S_{xy} = \sum\sum (x_i - \bar{x})(y_{ij} - \bar{y}) = \sum_i n_i (x_i - \bar{x})(\bar{y}_{i\cdot} - \bar{y}) = 3 \times 700 = 2100$$

$$S_{xx} = \sum n_i (x_i - \bar{x})^2 = 3 \times 4000 = 12000, \quad S_R = \frac{S_{xy}^2}{S_{xx}} = \frac{2100^2}{12000} = 367.5$$

$$\hat{\beta}_1 = \frac{S_{xy}}{S_{xx}} = \frac{2100}{12000} = 0.175, \quad \hat{\beta}_0 = \bar{y} = 274.0$$

$$S_{lof} = S_A - S_R = 378 - 367.5 = 10.5, \quad S'_e = S_{res} = S_e + S_{lof} = 50 + 10.5 = 60.5$$

$$V'_e = \frac{S_{res}}{N-2} = \frac{60.5}{13} = 4.6538$$

図 9.5（表 9.4）のデータを用いて分散分析すると，表 9.9 の網掛けしていない部分となり，当てはまりの悪さは無視できる．したがって，直線モデルを当てはめてもよいと考えられる．当てはまりの悪さを級内変動にプールし，表 9.9 の網掛け部を作成する．その結果，回帰に意味があるという結論が得られる．図 9.7 に示した回帰直線からもその妥当性がわかる．なお，表 9.9 において S'_e は「誤差」と「当てはまりの悪さ」から構成されている残差（$S'_e = S_{res} = S_e + S_{lof}$）となっている．表 9.9 の網掛けしていない部分の検定は，直線モデルを当てはめても無理がないかどうかを確かめるための検定であり，有意にならないことを期待する（消極的な）検定である．一方，網掛け部分の検定は，統計的に直線を当てはめることに意味があるか否かを検定するものであり，有意になる

ことを期待する(積極的な)検定である．[例題 9.1]のように，各実験点で繰り返しのない場合，表 9.9 の形での分散分析はできない(直線モデルが妥当であるか否かに言及できない)．

表 9.9 繰り返しのある場合の単回帰分析の分散分析表

sv	ss	df	ms	F_0	F_0
回帰による変動	367.5	1	367.5		79.0**
当てはまりの悪さ	10.5	3	3.5	0.7	
級間変動	378	4	94.5	18.9**	
級内変動	50	10	5		
残差	60.5	13	4.6538		
計	428	14			

$F(3, 10 ; 0.05) = 3.708,\quad F(4, 10 ; 0.01) = 5.994,\quad F(1, 13 ; 0.01) = 9.074$

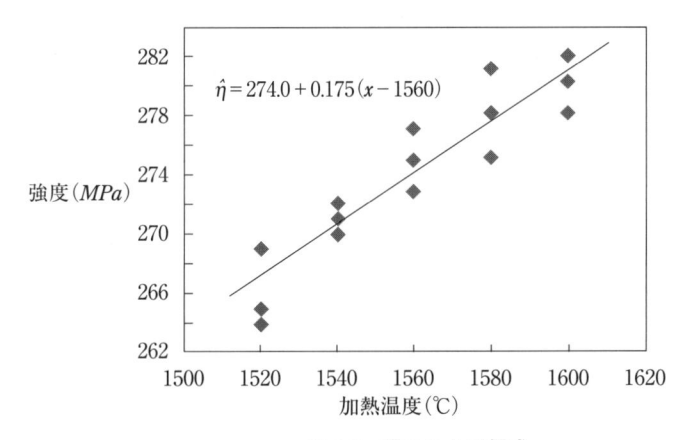

$\hat{\eta} = 274.0 + 0.175(x - 1560)$

図 9.7 得られた回帰式

9.3.4 回帰係数の区間推定

(9.2.21)式から, $\dfrac{\hat{\beta}_1 - \beta_1}{\sqrt{\dfrac{V_e}{S_{xx}}}}$ が自由度 $N-2$ の t 分布に従う. 残差の不偏分散としては, 表9.8の V'_e を用いるので, β_1 の $100(1-\alpha)$ %の信頼区間は(9.3.4)式となる.

$$\hat{\beta}_1 \pm t(N-2, \ \alpha)\sqrt{\dfrac{V'_e}{S_{xx}}} \tag{9.3.4}$$

9.3.5 母回帰の区間推定

ある x_0 に対する母回帰 $\eta_0 = \beta_0 + \beta_1(x_0 - \bar{x})$ の推定値は, $\hat{\eta}_0 = y_0 = \hat{\beta}_0 + \hat{\beta}_1(x_0 - \bar{x})$ で与えられる. ここで, $\hat{\eta}_0$ は次の正規分布に従う.

$$\hat{\eta}_0 \sim N\left[\eta_0, \ \left\{\dfrac{1}{N} + \dfrac{(x_0 - \bar{x})^2}{S_{xx}}\right\}\sigma^2\right]$$

σ^2 を V'_e で置き換えると,

$$\dfrac{\hat{\eta}_0 - \eta_0}{\sqrt{\left\{\dfrac{1}{N} + \dfrac{(x_0 - \bar{x})^2}{S_{xx}}\right\}V'_e}}$$

が自由度 $N-2$ の t 分布に従う. したがって, 区間推定は,

$$\hat{\eta}_0 \pm t(N-2, \ \alpha)\sqrt{\left\{\dfrac{1}{N} + \dfrac{(x_0 - \bar{x})^2}{S_{xx}}\right\}V'_e} \tag{9.3.5}$$

で求められる. (9.3.5)式から, 信頼区間は x_0 の位置によって異なり, $\bar{x}$ から遠ざかるほど大きくなっている. x_0 が $\bar{x}$ のときにもっとも狭くなる.

9.3.6 任意の x_0 での個々の y の予測

個々の値の予測は, 母回帰の推定量にさらに1つの独立な誤差を加えたものであり,

$$y = \hat{\eta}_0 + e = \hat{\beta}_0 + \hat{\beta}_1(x_0 - \bar{x}) + e \tag{9.3.6}$$

と表わされる. $\hat{\beta}_0$, $\hat{\beta}_1$ に変化はなく, また, $e \sim N(0, \ \sigma^2)$ で不変とすると, y の推定値 $\hat{y}$ は $\hat{\eta}$ と同じであるが, 分散には, σ^2 が一つ加わり,

$$\hat{Var}(\hat{y}) = \hat{Var}(\hat{\eta}_0) + \hat{\sigma}^2 = \hat{Var}(\hat{\beta}_0) + \hat{Var}(\hat{\beta}_1)(x_0 - \bar{x})^2 + \hat{\sigma}^2$$

$$= \left\{ 1 + \frac{1}{N} + \frac{(x_0 - \bar{x})^2}{S_{xx}} \right\} V'_e \tag{9.3.7}$$

となる.したがって,予測の幅は,(9.3.8)式である.

$$\hat{y} \pm t(N-2,\ \alpha) \sqrt{\left\{ 1 + \frac{1}{N} + \frac{(x_0 - \bar{x})^2}{S_{xx}} \right\} V'_e} \tag{9.3.8}$$

[例題 9.3] を用いて,母回帰と個々の予測値の推定を行うと表 9.10 となる.

① 母回帰の推定　　　　($x_0 = 1520$ で例示)

$$Q = t(N-2,\ \alpha) \sqrt{\left\{ \frac{1}{N} + \frac{(x_0 - \bar{x})^2}{S_{xx}} \right\} V'_e}$$

$$= t(13,\ 0.05) \times \sqrt{\left\{ \frac{1}{15} + \frac{(1520 - 1560)^2}{12000} \right\} \times 4.6538}$$

$$= 2.160 \times 0.9648 = 2.08$$

② 今後実現するであろう個々のデータの予測　　　($x_0 = 1520$ で例示)

$$Q = t(N-2,\ \alpha) \sqrt{\left\{ 1 + \frac{1}{N} + \frac{(x_0 - \bar{x})^2}{S_{xx}} \right\} V'_e}$$

$$= t(13,\ 0.05) \times \sqrt{\left\{ 1 + \frac{1}{15} + \frac{(1520 - 1560)^2}{12000} \right\} \times 4.6538}$$

$$= 2.160 \times 2.363 = 5.10$$

表 9.10　母回帰の推定と個々のデータの予測

x の水準	点推定	母回帰の推定		個々のデータの予測	
		区間幅	信頼限界	予測の幅	予測限界
1520	267	2.08	[264.92, 269.08]	5.10	[261.90, 272.10]
1540	270.5	1.47	[269.03, 271.97]	4.89	[265.61, 275.39]
1560	274	1.20	[272.80, 275.20]	4.81	[269.19, 278.81]
1580	277.5	1.47	[276.03, 278.97]	4.89	[272.61, 282.39]
1600	281	2.08	[278.92, 283.08]	5.10	[275.90, 286.10]

9.4 回帰分析の目的と分析結果の吟味

[回帰分析の目的]

回帰分析の目的は，①構造解析，②予測，③制御などであるが，適用する手法，計算手順は同一である．しかし，結果の解釈や実務への応用にあたっては，以下の点に注意する．

① 構造解析

因果関係を表わすモデル(関数関係)の推測にあたるので，物理，化学的な法則や蓄積された経験から，また，卓越した固有技術に基づく深い洞察から，モデルを適切に想定することが大切である．モデルは実験データで検証するが，水準のとり方は想定したモデルに合わせて適切に設定しなければならない．応答を表わす関数形を探索する場合には，各水準での繰り返し数が少なくなっても，水準数を多くとって lof を十分に評価できるようにすべきである．そして，説明変数の変更幅はそれほど広くとらず，4〜5水準程度が適当である．

② 予測

すでに①が明らかとなっているときと，①の結果に引き続いて予測に移行するときがある．たとえば，直線関係がすでに明らかなら，独立変数は考えている範囲の両端に2つの水準を設定すると推測の精度はもっとも良くなり，中間の水準はあまり大きな役には立たない．しかし，構造解析に続いて予測を目的とする場合には，このような極端な水準の設定は危険な場合があり，中間にもいくつかの水準を設定する方が無難である．

③ 制御

回帰による逆推定の問題と関連している．逆推定については後述する．また，前記②の注意がここでも当てはまる．当然，寄与率の大きいことは必要であるが，制御に特有の注意点として，必要なレベルまで残差が小さくなっていることや，関数形が複雑になりすぎないことなどにも注意する．

[残差の検討]

残差 ε は正規分布に従うことを前提として解析を行ってきた．この残差を検討することは，その前提を確認するだけでなく，曲線的な構造の有無や周期的

な変化の有無をみる上で重要である.

[残差のプロット]

規準化した規準化残差 ε' を求め,x を横軸にした散布図や,時系列プロットが有効である.なお,残差 ε,規準化残差 ε' は次式で求める.

$$\varepsilon_i = y_i - \hat{\eta}_i \tag{9.4.1}$$

$$\varepsilon'_i = \frac{\varepsilon_i}{\sqrt{V_e}} \tag{9.4.2}$$

冒頭の図 9.1 の例について,加熱温度(x)を横軸にした規準化残差の散布図は図 9.8 となる.異常な点は見当たらず,0 を中心に特別な「くせ」もなく散らばっていることがわかる.

[Anscombe の例]

ここで,Anscombe の有名な例を挙げておこう.図 9.9 の 4 つの例はいずれも,すべての簡約統計量($\bar{x}$,$\bar{y}$,S_{xx},S_{yy},S_{xy})がほとんど等しいデータセットをグラフ化したもので,ほぼ同じ回帰式が得られる.したがって,それぞれのデータセットおのおのに単回帰分析を適用すれば,これまでに述べたどんな検定と推定においても同じ結論が導かれる.しかし,図 9.9 を見れば,少なくとも b),c),d) は単回帰モデルがフィットしているとはいい難い.

このように,寄与率が大きいからといって,あるいは,t 検定の結果が有意

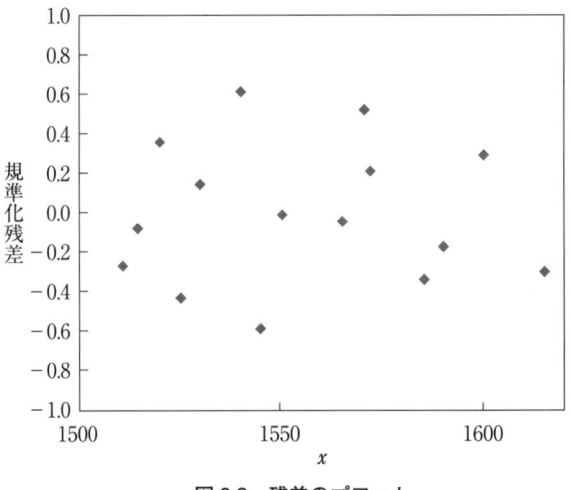

図 9.8 残差のプロット

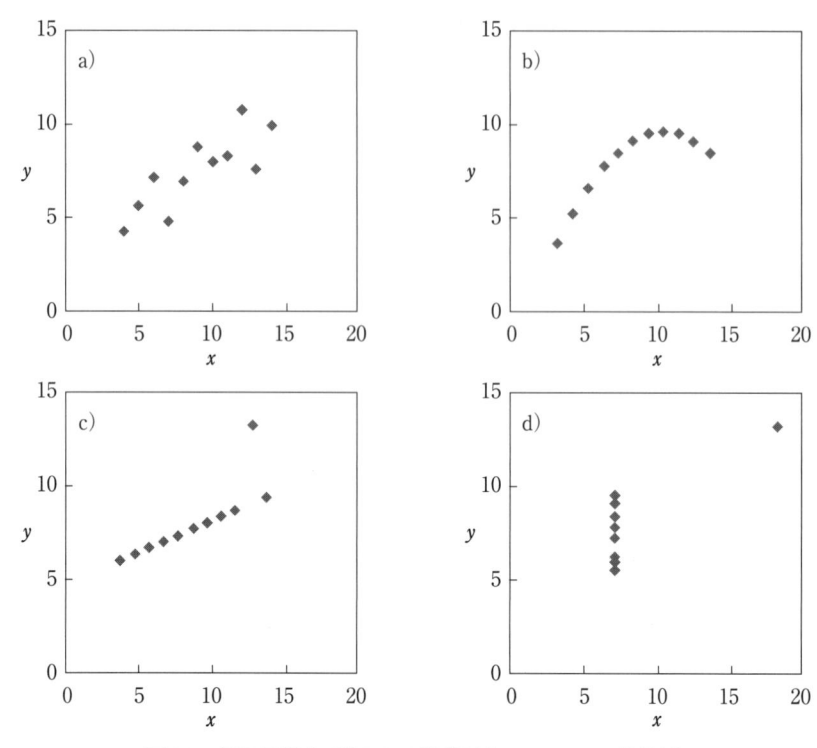

図 9.9 同じ回帰式が得られる数値例（Anscombe の数値例）

であるからといって直線回帰がうまく当てはまっているとは限らないことに十分留意する必要がある．残差の検討は，回帰の有意性や寄与率だけではわからない，仮定しているモデルの欠陥を見つけるために重要な役割を果たす．

　回帰分析では，前提とするモデルの検証が大切であり，それは，表 9.8 における lof に関する検定として行われる．lof が無視できないときにはモデルの再検討を迫られるが，残差は lof と誤差の両方を含む場合がある．しかし，実験データで仮定を吟味することや，各実験点での残差の状況から lof の存在が疑われるなら，より適切なモデルについて考察することが大切である．残差の期待値は 0 であるが，純粋な誤差とは異なり，等分散でも互いに独立でもない．

[単回帰による逆推定]
　指定変数の値を指定して母回帰の推定や個々のデータの予測を行うのが普通

の回帰による推定である．逆に，特定の応答値 y_0 を与える x を推定することを回帰による逆推定という．

［例題9.3］において，今後生産される製品の強度を平均で y_0（たとえば275）に調整したいとして，そのための x を推定することはこの逆推定にあたる．ある物質の既知濃度 $x_i (i=1, 2, \cdots, a)$ で応答 y を測定して得た回帰直線を用い，それと同時，または，別途測定された濃度が未知の試料での応答 y_0 から未知濃度 x を推定する校正問題も逆推定の例である．

得られた回帰式の左辺の η か y を指定された y_0 に，右辺の x_0 を未知の $\hat{x}$ とおき，$\hat{x}$ について解くと，$\hat{x}$ の点推定値が得られる．$\hat{x}$ の区間推定については，複雑になるので省略するが，寄与率が低いときや，誤差が大きいときは，信頼区間の幅がかなり広くなるので注意を要する．

［変数変換による単回帰の適用］

誤差を伴う応答変数 y を指定変数 x の一次式（直線）で表わすのが単回帰モデルであった．この2変数の関係が直線でなくても，適当な変数変換で単回帰分析を適用可能な形にできる場合があり，以下にいくつか例示する．

① $\eta = \beta_0 + \beta_1(1/x)$ や，② $\eta = \beta_0 + \beta_1 \log_e(x)$ では，y と $1/x$ や $\log_e(x)$ を用いた単回帰とすればよい．

③ $\eta = \exp(\beta_0 + \beta_1 x)$，すなわち，$\log_e(\eta) = \beta_0 + \beta_1 x$ や，④ $\eta = \beta_0 x^{\beta_1}$，すなわち，$\log_e(\eta) = \log_e(\beta_0) + \beta_1 \log_e(x)$ では，$\log_e(y)$ と x や $\log_e(x)$ を用いた単回帰とすればよい．⑤ $\eta = x/(\beta_1 + \beta_0 x)$，すなわち，$1/\eta = \beta_0 + \beta_1(1/x)$ では，$1/y$ と $1/x$ を用いた単回帰とすればよい．

数値変換した後の応答変数は，①，②では y のまま，③，④では $\log_e(y)$，⑤では $1/y$ であるが，それらを改めて y と書くとき，y が等分散性をもてばよいが，そうでないときは y に分散の逆数で重みをつけた回帰分析を行うなどの工夫が必要になる．y の分散が y 自身の大きさや x に関係していることもある．変動係数が一定の場合はその例で，分散は期待値の2乗に比例し，$Var(y) \propto \{E(y)\}^2$ である．また，y の分散が x^2 に比例し，$Var(y) \propto x^2$ なら，$Var(y/x) = (1/x)^2 Var(y)$ は一定であり，y/x は等分散となる．

不良率等の計数値に関してはロジット変換 $L(p) = \log_e\left[\dfrac{p}{1-p}\right]$ を用いるとよ

い．10.5 節のロジスティック回帰分析を参考にされたい．

9.5　重回帰分析とは

　目的変数 y に対して1つの説明変数 x を取り上げて両者間の関係を検討する方法が単回帰分析であるのに対して，複数の説明変数を取り上げて関係を明らかにする方法を重回帰分析(analysis of multiple regression)という．たとえば，製品強度 y に対して添加剤の量 x_1，反応時の攪拌速度 x_2，冷却速度 x_3，成形温度 x_4 の影響を検討したい場合などがこれにあたる．実験計画では因子の水準が離散的に定まったのに対して，重回帰分析では，水準が実験した水準だけに限定されない場合を取り上げる．基本となる考え方は単回帰分析と同じであり，個々の説明変数の値が変わったときに強度がどう変化するかを検討したり，目的の強度にするために説明変数群をどのような値にすればよいのかといったことを検討できる．データの形式は表9.11となる．

9.6　重回帰モデルの当てはめ

　目的変数 y の値を説明変数群 $(x_1, x_2, \cdots, x_p)$ で予測するための線形式を考え，一般の重回帰モデルにおけるデータの構造を次式とする．このように，説明変数群 $(x_1, x_2, \cdots, x_p)$ の線形結合で表わされる式は**一般線形モデル(GLM)** と呼んだ(第8章参照)．

$$y_i = \beta_0 + \beta_1(x_{i1} - \bar{x}_1) + \beta_2(x_{i2} - \bar{x}_2) + \cdots + \beta_p(x_{ip} - \bar{x}_p) + e_i \qquad (9.6.1)$$

　この式における $\beta_0, \beta_1, \beta_2, \cdots, \beta_p$ を回帰母数と総称し，β_0 を**定数項**(constant term)，$\beta_1, \beta_2, \cdots, \beta_p$ を**偏回帰係数**(partial regression coefficient)と呼ぶことがある．ここで，i は n 個のデータの i 番目を意味する．これを単回帰分析での(9.1.3)式の形で行列に表わせば(9.6.2)式となる．

表9.11 重回帰分析のためのデータ表

No.	説明変数							目的変数
	x_1	x_2	x_3	$\cdots$	x_j	$\cdots$	x_p	y
1	x_{11}	x_{12}	x_{13}	$\cdots$	x_{1j}	$\cdots$	x_{1p}	y_1
2	x_{21}	x_{22}	x_{23}	$\cdots$	x_{2j}	$\cdots$	x_{2p}	y_2
3	x_{31}	x_{32}	x_{33}	$\cdots$	x_{3j}	$\cdots$	x_{3p}	y_3
.	.	.	.		.		.	.
.	.	.	.		.		.	.
i	x_{i1}	x_{i2}	x_{i3}	$\cdots$	x_{ij}	$\cdots$	x_{ip}	y_i
.	.	.	.		.		.	.
n	x_{n1}	x_{n2}	x_{n3}	$\cdots$	x_{nj}	$\cdots$	x_{np}	y_n

$$\begin{bmatrix} y_1 \\ y_2 \\ \cdot \\ \cdot \\ y_n \end{bmatrix} = \begin{bmatrix} 1 & x_{11}-\bar{x}_1 & x_{12}-\bar{x}_2 & \cdot & \cdot & x_{1p}-\bar{x}_p \\ 1 & x_{21}-\bar{x}_1 & x_{22}-\bar{x}_2 & \cdot & \cdot & x_{2p}-\bar{x}_p \\ \cdot & \cdot & \cdot & \cdot & \cdot & \cdot \\ \cdot & \cdot & \cdot & \cdot & \cdot & \cdot \\ 1 & x_{n1}-\bar{x}_1 & x_{n2}-\bar{x}_2 & \cdot & \cdot & x_{np}-\bar{x}_p \end{bmatrix} \begin{bmatrix} \beta_0 \\ \beta_1 \\ \cdot \\ \cdot \\ \beta_p \end{bmatrix} + \begin{bmatrix} e_1 \\ e_2 \\ \cdot \\ \cdot \\ e_n \end{bmatrix} \quad (9.6.2)$$

この式は,

$$\boldsymbol{y} = X\boldsymbol{\beta} + \boldsymbol{e} \quad (9.6.3)$$

と書き表わすことができ,式中の行列 X はデザイン行列である.(9.6.1)式における未知母数 β_0, β_1, β_2, $\cdots$, β_p の推定値 $\hat{\beta}_0$, $\hat{\beta}_1$, $\hat{\beta}_2$, $\cdots$, $\hat{\beta}_p$ が求められると,任意の説明変数 $(x_1, x_2, \cdots, x_p)$ に対する目的変数の推定値が(9.6.4)式で計算できる.残差は(9.6.5)式で示され,小さいことが望ましい.

$$\hat{y}_i = \hat{\beta}_0 + \hat{\beta}_1(x_{i1}-\bar{x}_1) + \hat{\beta}_2(x_{i2}-\bar{x}_2) + \cdots + \hat{\beta}_p(x_{ip}-\bar{x}_p) \quad (9.6.4)$$

$$e_i = y_i - \hat{y}_i \quad (9.6.5)$$

ここで,(9.6.3)式の形で推定結果を表わすと,

$$\hat{\boldsymbol{y}} = X\hat{\boldsymbol{\beta}} \quad (9.6.6)$$

となり,残差ベクトル e は,

$$\boldsymbol{e} = \boldsymbol{y} - \hat{\boldsymbol{y}} \quad (9.6.7)$$

と表わすことができる.残差平方和 S_e は,

$$S_e = e'e = (y - X\hat{\beta})'(y - X\hat{\beta}) \tag{9.6.8}$$

となる．なお，e' は e の行と列を入れ換えた転置行列を表わす．最小2乗推定量は方程式，

$$\frac{\partial S_e}{\partial \hat{\beta}} = 0 \tag{9.6.9}$$

の解として求められる．偏微分を実行すると，

$$-2X'(y - X\hat{\beta}) = 0 \quad \rightarrow \quad X'X\hat{\beta} = X'y \tag{9.6.10}$$

となる．これを書き下すと，

$$\left.\begin{aligned}
& n\hat{\beta}_0 = \sum y_i \\
& \hat{\beta}_1 \sum (x_{i1} - \bar{x}_1)^2 + \hat{\beta}_2 \sum (x_{i1} - \bar{x}_1)(x_{i2} - \bar{x}_2) \\
& \quad + \cdots + \hat{\beta}_p \sum (x_{i1} - \bar{x}_1)(x_{ip} - \bar{x}_p) = \sum (x_{i1} - \bar{x}_1) y_i \\
& \qquad \vdots \\
& \hat{\beta}_1 \sum (x_{i1} - \bar{x}_1)(x_{ip} - \bar{x}_p) + \hat{\beta}_2 \sum (x_{i2} - \bar{x}_2)(x_{ip} - \bar{x}_p) \\
& \quad + \cdots + \hat{\beta}_p \sum (x_{ip} - \bar{x}_p)^2 = \sum (x_{ip} - \bar{x}_p) y_i
\end{aligned}\right\} \tag{9.6.11}$$

となる．これは第8章での正規方程式であり，(9.6.10)式を $\hat{\beta}$ について解くと，

$$\hat{\beta} = (X'X)^{-1}X'y \quad \rightarrow \quad 単回帰では，\hat{\beta}_1 = \frac{S_{xy}}{S_{xx}} \tag{9.6.12}$$

となる．なお，$(X'X)^{-1}$ は $X'X$ の逆行列である．一般式で具体的に表わすと，回帰係数は，$X'X$ の要素を S_{jh}，$(X'X)^{-1}$ の要素を S^{jh} とすると，

$$\hat{\beta}_j = S^{j1}S_{1y} + S^{j2}S_{2y} + \cdots + S^{jp}S_{py} = \sum_{h=1}^{p} S^{jh} S_{hy} \tag{9.6.13}$$

で求めることができる．(9.6.11)式の第1式から次式が得られ，

$$\hat{\beta}_0 = \bar{y} \tag{9.6.14}$$

推定される回帰式は(9.6.15)式となる．ここで，S_{hy} は $X'y$ の要素である．

$$\hat{\eta} = \hat{\beta}_0 + \hat{\beta}_1(x_1 - \bar{x}_1) + \cdots + \hat{\beta}_p(x_p - \bar{x}_p) \tag{9.6.15}$$

逆行列の計算は一般に複雑である．2×2 行列となる説明変数が 2 つの場合に限っては，(9.6.16) 式～(9.6.19) 式で求めることもできるが，実務的には，Excel の行列関数を用いるか，第 12 章の解析ソフトを用いる．

$$(X'X) = \begin{bmatrix} S_{11} & S_{12} \\ S_{21} & S_{22} \end{bmatrix} \tag{9.6.16}$$

$$(X'X)^{-1} = \frac{1}{S_{11}S_{22} - S_{12}S_{21}} \begin{bmatrix} S_{22} & -S_{12} \\ -S_{21} & S_{11} \end{bmatrix} = \begin{bmatrix} S^{11} & S^{12} \\ S^{21} & S^{22} \end{bmatrix} \tag{9.6.17}$$

$$\hat{\beta}_1 = S^{11}S_{1y} + S^{12}S_{2y} \tag{9.6.18}$$

$$\hat{\beta}_2 = S^{21}S_{1y} + S^{22}S_{2y} \tag{9.6.19}$$

[例題 9.4]

金属製品の強度を高めるために，加熱処理工程における加熱温度と冷却速度の影響を検討することになった．過去 30 日間の作業日報のデータから表 9.12 を得た．β_0, β_1, β_2 を推定し，重回帰式を求めてみよう．なお，基本統計量は次の通りである．

$\bar{y} = 411.4$, $\bar{x}_1 = 351.0$, $\bar{x}_2 = 31.5$

$S_{yy} = 583.2$, $S_{11} = 460.0$, $S_{22} = 1367.5$

$S_{1y} = 381.0$, $S_{2y} = 314.0$, $S_{12} = S_{21} = 533.0$

（解答）

$$(X'X)^{-1} = \begin{bmatrix} S^{11} & S^{12} \\ S^{21} & S^{22} \end{bmatrix} = \frac{1}{S_{11}S_{22} - S_{12}S_{21}} \begin{bmatrix} S_{22} & -S_{12} \\ -S_{21} & S_{11} \end{bmatrix}$$

$$= \frac{1}{460.0 \times 1367.5 - 533.0^2} \begin{bmatrix} 1367.5 & -533.0 \\ -533.0 & 460.0 \end{bmatrix}$$

$$= \begin{bmatrix} 0.0039642 & -0.0015451 \\ -0.0015451 & 0.0013335 \end{bmatrix}$$

$$\begin{bmatrix} \hat{\beta}_1 \\ \hat{\beta}_2 \end{bmatrix} = \begin{bmatrix} S^{11} & S^{12} \\ S^{21} & S^{22} \end{bmatrix} \begin{bmatrix} S_{1y} \\ S_{2y} \end{bmatrix} = \begin{bmatrix} 0.0039642 & -0.0015451 \\ -0.0015451 & 0.0013335 \end{bmatrix} \begin{bmatrix} 381.0 \\ 314.0 \end{bmatrix}$$

$$= \begin{bmatrix} 1.0252 \\ -0.1700 \end{bmatrix}$$

$$\hat{\beta}_0 = \bar{y} = 411.4$$

すなわち，重回帰式は次の通り求まる．

$$\hat{\eta} = 411.400 + 1.0252(x_1 - \bar{x}_1) - 0.1700(x_2 - \bar{x}_2)$$
$$= 56.910 + 1.0252x_1 - 0.1700x_2$$

表9.12 データ表

No.	目的変数 y 強度(MPa)	説明変数 x_1 加熱温度(℃)	説明変数 x_2 冷却速度(℃/min)	No.	目的変数 y 強度(MPa)	説明変数 x_1 加熱温度(℃)	説明変数 x_2 冷却速度(℃/min)
1	410	346	24	16	408	345	22
2	416	352	26	17	413	356	38
3	415	356	40	18	414	352	30
4	401	347	29	19	407	353	44
5	418	352	28	20	413	355	36
6	409	348	19	21	412	352	37
7	409	352	29	22	420	356	34
8	410	350	31	23	409	344	24
9	415	357	39	24	405	345	20
10	416	356	39	25	412	348	27
11	411	352	35	26	418	358	31
12	411	350	30	27	409	351	38
13	404	347	29	28	406	346	31
14	412	348	29	29	412	353	25
15	409	349	34	30	418	354	47

9.7 平方和の分解と重相関係数

(9.6.8)式は(9.7.1)式と変形できる．

$$S_e = (\boldsymbol{y} - X\hat{\boldsymbol{\beta}})'(\boldsymbol{y} - X\hat{\boldsymbol{\beta}}) = \boldsymbol{y}'\boldsymbol{y} - 2\hat{\boldsymbol{\beta}}'X'\boldsymbol{y} + \hat{\boldsymbol{\beta}}'X'X\hat{\boldsymbol{\beta}}$$

$$= \boldsymbol{y}'\boldsymbol{y} - 2\hat{\boldsymbol{\beta}}'X'\boldsymbol{y} + \hat{\boldsymbol{\beta}}'X'\boldsymbol{y} = \boldsymbol{y}'\boldsymbol{y} - \hat{\boldsymbol{\beta}}'X'\boldsymbol{y} \tag{9.7.1}$$

となる．ここで，(9.7.2)式とおくと，

$$X_0 = \begin{bmatrix} x_{11}-\bar{x}_1 & x_{12}-\bar{x}_2 & \cdots & x_{1p}-\bar{x}_p \\ x_{21}-\bar{x}_1 & x_{22}-\bar{x}_2 & \cdots & x_{2p}-\bar{x}_p \\ \cdot & \cdot & & \cdot \\ \cdot & \cdot & & \cdot \\ x_{n1}-\bar{x}_1 & x_{n2}-\bar{x}_2 & \cdots & x_{np}-\bar{x}_p \end{bmatrix}, \quad \boldsymbol{\beta}_1 = \begin{bmatrix} \beta_1 \\ \beta_2 \\ \cdot \\ \cdot \\ \beta_p \end{bmatrix} \tag{9.7.2}$$

$$\hat{\boldsymbol{\beta}}'X'\boldsymbol{y} = n\bar{y}^2 + \hat{\boldsymbol{\beta}}_1'X_0'\boldsymbol{y} \tag{9.7.3}$$

$$S_{yy} = \sum (y_i - \bar{y})^2 = \boldsymbol{y}'\boldsymbol{y} - n\bar{y}^2 \tag{9.7.4}$$

$$S_R = \hat{\boldsymbol{\beta}}_1'X_0'\boldsymbol{y} \tag{9.7.5}$$

(9.7.1)式に，(9.7.3)式，(9.7.4)式，(9.7.5)式を代入して，

$$S_e = S_{yy} + n\bar{y}^2 - (n\bar{y}^2 + \hat{\boldsymbol{\beta}}_1'X_0'\boldsymbol{y}) = S_{yy} - \hat{\boldsymbol{\beta}}_1'X_0'\boldsymbol{y}$$
$$= S_{yy} - S_R \tag{9.7.6}$$

となり，移項すると，

$$S_{yy} = S_R + S_e \tag{9.7.7}$$

となる．なお，具体的には(9.7.5)式の回帰による平方和 S_R は次式で求まる．

$$S_R = \sum_{k=1}^{p} \hat{\beta}_k S_{ky} \tag{9.7.8}$$

それぞれの平方和に対応する自由度は，

$$\phi = \phi_{yy} = n-1, \quad \phi_R = p, \quad \phi_e = n-p-1$$

となり，表9.13の分散分析表によって(9.6.1)式を評価する．$F_0 \geq F(\phi_R, \phi_e; \alpha)$ であれば有意と判定し，回帰に意味があると判断する．

総平方和 S_{yy} の中で回帰による平方和 S_R が占める割合は R^2 で表わし**重寄与率**と呼ぶ．(9.7.9)式の（ ）内，R^2 の平方根 R は，観測値 y_i と推定値 $\hat{y}_i$ の相関関係を表わし，**重相関係数**(multiple correlation coefficient)という．

$$R^2 = \frac{S_R}{S_{yy}} = \frac{S_R^2}{S_{yy}S_R} = \left[\frac{\sum (y_i-\bar{y})(\hat{\eta}_i-\bar{y})}{\sqrt{\sum (y_i-\bar{y})^2 \sum (\hat{\eta}_i-\bar{y})^2}} \right]^2 \tag{9.7.9}$$

表 9.13　分散分析表（$E(ms)$ の誘導は省略）

sv	ss	df	ms	F_0	$E(ms)$
回帰 R	S_R	p	$V_R = S_R/p$	V_R/V_e	$\sigma^2 + 1/p \sum\sum S_{jh}\beta_j\beta_h$
残差 e	S_e	$n-p-1$	$V_e = S_e/(n-p-1)$		σ^2
計	S_{yy}	$n-1$			

ただし，$\hat{\eta}_i - \bar{y} = \sum_k \hat{\beta}_k(x_{ki} - \bar{x}_k)$

$$S_R = \sum_k \hat{\beta}_k S_{ky} = \sum_i (y_i - \bar{y}) \sum_k \hat{\beta}_k (x_{ki} - \bar{x}_k) = \sum_i (y_i - \bar{y})(\hat{\eta}_i - \bar{y}) \quad (9.7.10)$$

一方，

$$\begin{aligned} S_R &= \hat{\boldsymbol{\eta}}'\hat{\boldsymbol{\eta}} - n\bar{y}^2 = (X\hat{\boldsymbol{\beta}})'(X\hat{\boldsymbol{\beta}}) - n\bar{y}^2 = \hat{\boldsymbol{\beta}}'X'X\hat{\boldsymbol{\beta}} - n\bar{y} \\ &= \hat{\boldsymbol{\beta}}'X'\boldsymbol{y} - n\bar{y}^2 = \hat{\boldsymbol{\beta}}_1 X'_0 \boldsymbol{y} \end{aligned} \quad (9.7.11)$$

→　単回帰では，$S_R = \hat{\beta}_1 S_{xy} = \dfrac{S_{xy}^2}{S_{xx}}$

なお，重回帰分析において，説明変数の数が増えれば一般に重寄与率は高くなる．しかし，意味のない説明変数が存在することで寄与率が高くなることは避けるべきであり，自由度を用いて調整した R^{*2} を考慮するほうがよい．この R^{*2} を自由度調整済み寄与率と呼び，その平方根を自由度調整済み重相関係数と呼ぶ．

$$R^{*2} = 1 - \frac{V_e}{V_{yy}} = 1 - \frac{S_e/(n-p-1)}{S_{yy}/(n-1)} \quad (9.7.12)$$

$$R^* = \sqrt{R^{*2}} = \sqrt{1 - \frac{V_e}{V_{yy}}} \quad (9.7.13)$$

[例題 9.5]

[例題 9.4] のデータを用いて，回帰に意味があるか否か，分散分析により検討し，重寄与率，重相関係数を求めてみよう．

$\hat{\beta}_1 = 1.0252$,　　$\hat{\beta}_2 = -0.1700$

$S_{yy} = 583.2$,　　$S_{1y} = 381.0$,　　$S_{2y} = 314.0$

表9.14 分散分析表

sv	ss	df	ms	F_0	$E(ms)$
回帰 R	337.221	2	168.61	18.5**	$\sigma^2 + 1/2 \sum\sum S_{jh}\beta_j\beta_h$
残差 e	245.979	27	9.1103		σ^2
計	583.2	29			

$F(2, 27 ; 0.05) = 3.354, \quad F(2, 27 ; 0.01) = 5.488$

(解答)

$$S_R = \hat{\beta}_1 S_{1y} + \hat{\beta}_2 S_{2y} = 1.0252 \times 381.0 - 0.1700 \times 314.0 = 337.221$$

$$S_e = S_{yy} - S_R = 583.200 - 337.221 = 245.979$$

$$\phi = n - 1 = 29, \quad \phi_R = p = 2, \quad \phi_e = n - p - 1 = 27$$

分散分析(表9.14)の結果,回帰は高度に有意となった.すなわち,回帰式に意味があるといえる.重寄与率,重相関係数は次の通りである.

$$R^2 = \frac{S_R}{S_{yy}} = \frac{337.221}{583.2} = 0.578 \qquad R = \sqrt{R^2} = \sqrt{0.578} = 0.760$$

$$R^{*2} = 1 - \frac{V_e}{V_{yy}} = 1 - \frac{S_e/(n-p-1)}{S_{yy}/(n-1)} = 1 - \frac{245.979/27}{583.2/29} = 0.547$$

$$R^* = 0.740 (= \sqrt{0.547})$$

9.8 個々の回帰係数に関する検定と推定

表9.11でデータが与えられるような一般の重回帰分析では,説明変数間には相関があるのが普通で,$H_0: \beta_j = 0 (j = 1, \cdots, p)$の個々の回帰係数に関する検定は分散分析では行えない.分散分析によって回帰に意味があるか否かは判断することができたが,そのときの帰無仮説は $H_0: \beta_1 = \beta_2 = \cdots = \beta_p = 0$,対立仮説は「$\beta_1, \beta_2, \cdots, \beta_p$ の少なくとも一つは0(ゼロ)ではない」の検定を行ったのであって,個々の偏回帰係数が単独で目的変数に及ぼす影響があるか否かを検定したのではない.多数の説明変数を取り上げて,個々の説明変数が目的変数に影響しているか否かを検討するような場合,個々の回帰係数に関する検討が必要となる.

9.8.1 $\hat{\beta}_j$ の分布

$\hat{\beta}_j (j=1, \cdots, p)$ の期待値と分散は,

$$E(\hat{\beta}_j) = \beta_j \tag{9.8.1}$$

$$Var(\hat{\beta}_j) = S^{jj}\sigma^2 \quad (j=1, \cdots, p) \tag{9.8.2}$$

であり, $\hat{\beta}_j$ と $\hat{\beta}_k$ の共分散は,

$$Cov(\hat{\beta}_j, \hat{\beta}_k) = S^{jk}\sigma^2 \quad (j, k=1, \cdots, p) \tag{9.8.3}$$

である. 何らかの仮説値 β_j^* との比較を行う, $H_0: \beta_j = \beta_j^* \quad (j=1, \cdots, p)$, $H_1: \beta_j \neq \beta_j^*$ の検定では次式を用いる.

$$検定統計量: t_0 = \frac{\hat{\beta}_j - \beta_j^*}{\sqrt{S^{jj}V_e}} \tag{9.8.4}$$

棄却域 (有意水準 α): $|t_0| \geq t(\phi_e, \alpha)$

信頼率 $100(1-\alpha)$ % における信頼区間は,

$$(\beta_j)_L^U = \hat{\beta}_j \pm t(\phi_e, \alpha)\sqrt{S^{jj}V_e} \tag{9.8.5}$$

で求めることができる.

注) (9.8.1)式, (9.8.2)式は次のように示される.

$$E(\hat{\boldsymbol{\beta}}) = E[(X'X)^{-1}X'\boldsymbol{y}] = (X'X)^{-1}X'E(\boldsymbol{y}) = (X'X)^{-1}X'X\boldsymbol{\beta} = \boldsymbol{\beta} \tag{9.8.6}$$

$$Var(\hat{\boldsymbol{\beta}}) = Var[(X'X)^{-1}X'\boldsymbol{y}] = (X'X)^{-1}X'Var(\boldsymbol{y})X(X'X)^{-1}$$

$$= (X'X)^{-1}X'(\sigma^2 I)X(X'X)^{-1} = \sigma^2(X'X)^{-1} \tag{9.8.7}$$

→ 単回帰では, $Var(\hat{\beta}_1) = \dfrac{\sigma^2}{S_{xx}}$

9.8.2 $\hat{\beta}_0$ の分布

(9.6.1)式における $\hat{\beta}_0$ の期待値と分散は,

$$E(\hat{\beta}_0) = \beta_0 \tag{9.8.8}$$

$$Var(\hat{\beta}_0) = \frac{\sigma^2}{n} \tag{9.8.9}$$

であり, $\hat{\beta}_0$ と各 $\hat{\beta}_j$ の共分散は,

$$Cov(\hat{\beta}_0, \hat{\beta}_j) = 0 \quad (j=1, \cdots, p) \tag{9.8.10}$$

である. 一般に重回帰分析では β_0 に関心が高くないことが多い. しかし, 説

明変数群の値が 0 のときに目的変数が 0, すなわち, 原点を通るかどうかに興味がある場合がある. その場合, (9.1.3)式の形から(9.1.2)式の形の β_0 を考え,

$$Var(\hat{\beta}_0) = \left[\frac{1}{n} + \sum\sum \bar{x}_j \bar{x}_k S^{jk}\right]\sigma^2 \qquad (9.8.11)$$

$$Cov(\hat{\beta}_0, \hat{\beta}_j) = -\sum \bar{x}_j S^{0j}\sigma^2 \qquad (j=1, \cdots, p) \qquad (9.8.12)$$

となり, β_0 に関する検定は次式で行うことができる.

$$検定統計量: t_0 = \frac{\hat{\beta}_0 - \beta_{00}}{\sqrt{\left[\frac{1}{n} + \sum\sum \bar{x}_j \bar{x}_k S^{jk}\right]V_e}} \qquad (9.8.13)$$

棄却域(有意水準 α) : $|t_0| \geq t(\phi_e, \alpha)$

信頼率 $100(1-\alpha)$ %における信頼区間は,

$$(\beta_0)_L^U = \hat{\beta}_0 \pm t(\phi_e, \alpha)\sqrt{\left[\frac{1}{n} + \sum\sum \bar{x}_j \bar{x}_k S^{jk}\right]V_e} \qquad (9.8.14)$$

で求めることができる.

注) (9.8.11)~(9.8.12)式は次のように示される.

$$Var(\hat{\beta}_0) = Var[\bar{y} - \bar{\boldsymbol{x}}'\hat{\boldsymbol{\beta}}_1] = Var(\bar{y}) + \bar{\boldsymbol{x}}'Var(\hat{\boldsymbol{\beta}}_1)\bar{\boldsymbol{x}}$$

$$= \sigma^2\left(\frac{1}{n} + \bar{\boldsymbol{x}}'S^{-1}\bar{\boldsymbol{x}}\right) \qquad (9.8.15)$$

ただし,

$$\bar{\boldsymbol{x}} = \begin{bmatrix} \bar{x}_1 \\ \bar{x}_2 \\ \cdot \\ \cdot \\ \bar{x}_p \end{bmatrix} \qquad (9.8.16)$$

[例題 9.6]

[例題 9.4] のデータにおいて, 回帰係数 (β_1, β_2) に関する $H_0: \beta_j = 0$ ($j=1, 2$)の検定を行い, 回帰係数を信頼率 95%で区間推定してみよう.

$\hat{\beta}_1 = 1.0252, \quad \hat{\beta}_2 = -0.1700$

$S^{11} = 0.0039642, \quad S^{22} = 0.0013335$

（解答）

検定統計量は次の通りである．$t(27, 0.05) = 2.052$ であり β_1 が有意水準 5% で有意となった．一方，β_2 は有意水準 5% で有意ではない．

$$\beta_1 : t_0 = \frac{\hat{\beta}_1}{\sqrt{S^{11} V_e}} = \frac{1.0252}{\sqrt{0.0039642 \times 9.1103}} = 5.395 \qquad |t_0| = 5.395^*$$

$$\beta_2 : t_0 = \frac{\hat{\beta}_2}{\sqrt{S^{22} V_e}} = \frac{-0.1700}{\sqrt{0.0013335 \times 9.1103}} = -1.542 \qquad |t_0| = 1.542$$

信頼率 $100(1-\alpha)$% における信頼区間は，以下となる．

$$\beta_1 : \beta_{1L}^{U} = \hat{\beta}_1 \pm t(\phi_e, \alpha) \sqrt{S^{11} V_e} = 1.0252 \pm 2.052 \times 0.19004$$
$$= [0.6352, \ 1.4152]$$

$$\beta_2 : \beta_{2L}^{U} = \hat{\beta}_2 \pm t(\phi_e, \alpha) \sqrt{S^{22} V_e} = -0.1700 \pm 2.052 \times 0.11022$$
$$= [-0.3962, \ 0.0562]$$

9.9　理論回帰式に関する検定

母回帰 y_i を推定する次の式において，

$$\hat{y}_i = \hat{\beta}_0 + \hat{\beta}_1 x_{i1} + \hat{\beta}_2 x_{i2} + \cdots + \hat{\beta}_p x_{ip} \tag{9.9.1}$$

の $\hat{\beta}_j$ に β_j^* を代用した理論値を $y_i^* = \beta_0^* + \sum \beta_j^* x_{ji}$ とすれば，$\hat{y}_i$ との偏差平方和 S^* によって理論回帰式の全体を次のように評価することができる．検定の結果が有意であれば，回帰式は理論式と異なると判断する．

$$\left. \begin{aligned} & S^* = \sum (y_i^* - \hat{y}_i)^2, \quad \phi^* = p+1 \\ & \text{検定統計量} : F_0 = \frac{S^*/\phi^*}{V_e} \\ & \text{棄却域（有意水準 } \alpha): F_0 \geq F(\phi^*, \phi_e ; \alpha) \end{aligned} \right\} \tag{9.9.2}$$

9.10 重回帰による推測

回帰係数の推定値 $\hat{\beta}_0, \hat{\beta}_1, \hat{\beta}_2, \cdots, \hat{\beta}_p$ が求まると回帰式(9.6.15)式を用いて，説明変数の任意の値 $(x_{01}, x_{02}, \cdots, x_{0p})$ における母回帰の推定量を次式により求めることができる．

$$\hat{\eta} = \hat{\beta}_0 + \hat{\beta}_1 x_{01} + \cdots + \hat{\beta}_p x_{0p} \tag{9.10.1}$$

この分散は，

$$Var(\hat{\eta}) = \left\{\frac{1}{n} + \sum\sum (x_{0j} - \bar{x}_j)(x_{0k} - \bar{x}_k) S^{jk}\right\} \sigma^2 \tag{9.10.2}$$

である．ここで

$$D_0^2 = (n-1) \sum\sum (x_{0j} - \bar{x}_j)(x_{0k} - \bar{x}_k) S^{jk} \tag{9.10.3}$$

を点 $(x_{01}, x_{02}, \cdots, x_{0p})$ と平均 $(\bar{x}_1, \bar{x}_2, \cdots, \bar{x}_p)$ のマハラノビス汎距離という．(9.10.2)式から $\hat{\eta}$ の分散は，

$$Var(\hat{\eta}) = \left\{\frac{1}{n} + \frac{D_0^2}{n-1}\right\} \sigma^2 \tag{9.10.4}$$

となる．(9.10.4)式は平均 $(\bar{x}_1, \bar{x}_2, \cdots, \bar{x}_p)$ において，(9.10.5)式のように最小となり，平均から離れるほど予測精度は悪くなる．

$$Var(\hat{\eta}) = \frac{\sigma^2}{n} \tag{9.10.5}$$

η の信頼率 $100(1-\alpha)$ %における信頼区間は，

$$\eta_L^U = \hat{\eta} \pm t(\phi_e, \alpha) \sqrt{\left[\frac{1}{n} + \frac{D_0^2}{n-1}\right] V_e} \tag{9.10.6}$$

となる．将来実現するであろう個々の y_0 の値について，その予測は，(9.10.7)式であり，その分散は(9.10.8)式だから，信頼率 $100(1-\alpha)$ %における信頼区間は(9.10.9)式となる．

$$\hat{y}_0 = \hat{\beta}_0 + \hat{\beta}_1 x_{01} + \cdots + \hat{\beta}_p x_{0p} \tag{9.10.7}$$

$$E(\hat{y}_0 - y_0)^2 = E\left[\{(\hat{y}_0 - \eta) + (\eta - y_0)\}^2\right]$$
$$= E\left[(\hat{y}_0 - \eta)^2\right] + E\left[(\eta - y_0)^2\right]$$

$$= Var(\hat{y}_0) + V_e = \left\{1 + \frac{1}{n} + \frac{D_0^2}{n-1}\right\}\sigma^2 \tag{9.10.8}$$

$$y_{0L}^U = \hat{y}_0 \pm t(\phi_e,\ \alpha)\sqrt{\left[1 + \frac{1}{n} + \frac{D_0^2}{n-1}\right]V_e} \tag{9.10.9}$$

[例題 9.7]

［例題 9.4］のデータにおいて，$x_{01} = 350$，$x_{02} = 30$ のときの母回帰を信頼率 95％で区間推定しよう．

$$\hat{\eta} = 411.400 + 1.0252(x_{01} - \bar{x}_1) - 0.1700(x_{02} - \bar{x}_2)$$
$$= 411.400 + 1.0252 \times (350 - 351) - 0.1700 \times (30 - 31.5)$$
$$= 411.400 - 1.0252 \times 1 + 0.1700 \times 1.5 = 410.630$$

$$\frac{D_0^2}{n-1} = \sum\sum (x_{0j} - \bar{x}_j)(x_{0k} - \bar{x}_k) S^{jk}$$
$$= (350 - 351)^2 \times 0.0039642 + (30 - 31.5)^2 \times 0.0013335$$
$$\quad + 2 \times (350 - 351)(30 - 31.5) \times (-0.0015451) = 0.0023293$$

$$\eta_L^U = \hat{\eta} \pm t(\phi_e,\ \alpha)\sqrt{\left[\frac{1}{n} + \frac{D_0^2}{n-1}\right]V_e}$$
$$= 410.630 \pm 2.052\sqrt{(1/30 + 0.0023293) \times 9.1103}$$
$$= 410.630 \pm 1.170 = [409.5,\ 411.8]$$

9.11 多重共線性

回帰係数を求めるとき(9.6.11)式の連立方程式を解くにあたって逆行列を求めた．しかし，逆行列が求められない場合もある．たとえば，$S_{11}S_{22} - S_{12}^2 = 0$ となった場合である．具体的には $S_{11} = 1$，$S_{22} = 4$，$S_{12} = 2$ の場合が例示できる．このように，逆行列が存在しない状況，またはそれに近い状態を**多重共線性** (multicollinearity)，またはそれに近い状態が存在するという．$S_{11}S_{22} - S_{12}^2 = 0$ の状況は $S_{12}^2/S_{11}S_{22} = 1$，すなわち，

$$r_{x_1 x_2}^2 = \left[\frac{S_{12}}{S_{11}S_{22}}\right]^2 = 1 \quad \Rightarrow \quad r_{x_1 x_2} = \pm 1 \tag{9.11.1}$$

である．つまり，x_1 と x_2 の相関関係が ± 1 のときに多重共線性が存在する．

点 (x_{1i}, x_{2i}) $(i=1, 2, \cdots, n)$ が直線上に並んでいることは通常あり得ないことであるが，ある説明変数 x_k を回帰式に追加するとき他の説明変数との間に強い相関関係があれば，x_k はすでに他の説明変数で説明されており，追加する意義はない．これに気づかず x_k をモデルに組み込むと逆行列を求める計算の中で分母が0に近い割算が発生し，正規方程式の解が不安定(データのちょっとした違いで推定される回帰式が大きく変わってくる状態)となったり，極端な場合では回帰係数に理解に苦しむ符号が付いたりする(固有技術ではプラスと想定したのにマイナスになっている場合など)．**実験計画法によって実施した場合は起こらない**が，そうでない場合，何らかの制御もしくは管理がされているときがあり，知らないうちに多重共線性が発生したりするので，過去のデータを用いて解析する場合などには注意を要する．

9.12 数値の桁数

各変数の桁数が不揃いでは，計算において桁落ちにより計算精度が低下するおそれがある．変数の値 x を定数倍(c 倍)すると，回帰係数は $1/c$ になるが，回帰による平方和に変化はない．平均値を差し引いた，

$$y_i = \beta_0 + \beta_1(x_{1i} - \bar{x}_1) + \beta_2(x_{2i} - \bar{x}_2) + \cdots + \beta_p(x_{pi} - \bar{x}_p) + e_i \tag{9.12.1}$$

を用いるのが好ましく，分散1に規準化するとさらに好ましい．平均0，分散1に規準化した上で得られる回帰係数を**標準回帰係数**と呼び，$\hat{\beta}'_j$ と書くと $\hat{\beta}_j$ との間に

$$\hat{\beta}'_j = \hat{\beta}_j \sqrt{\frac{S_{jj}}{S_{yy}}}, \qquad \hat{\beta}_j = \hat{\beta}'_j \sqrt{\frac{S_{yy}}{S_{jj}}} \tag{9.12.2}$$

という関係がある．データを規準化して解析し，この第2式で $\hat{\beta}_j$ に変換する．

9.13 残差のプロット

重回帰分析の結果，あてはめたモデルが正しければ残差の中身は誤差だけであり，独立性，不偏性，等分散性，正規性が仮定できる．以下のような残差の

プロットは前提条件の確認やモデルの再検討に大変有用なので知っておこう．

9.13.1 残差のヒストグラム

データ数が多いとき，ヒストグラムを作れば，分布の形，異常点の有無に有用である．データの多少に関係なく正規確率プロットは有用であり，正規性を持つかどうかを検討できる．

9.13.2 残差の散布図

横軸に母回帰の推定値や各説明変数をとり，縦軸に残差をとる散布図は曲線モデルを当てはめるべきかなど，モデルの再検討に有用である．図9.10に［例題9.4］のデータを重回帰した場合の残差の散布図を示した．モデルのあてはめがよく，また，異常な値のないこともわかる．

9.13.3 偏回帰プロット

説明変数 x_k を除いた $p-1$ 個の説明変数で，y と x_k を回帰したときの残差 $y-\hat{y}$ と $x_k-\hat{y}_{x_k}$ について，$x_k-\hat{y}_{x_k}$ を横軸に，$y-\hat{y}$ を縦軸にとった散布図を偏回

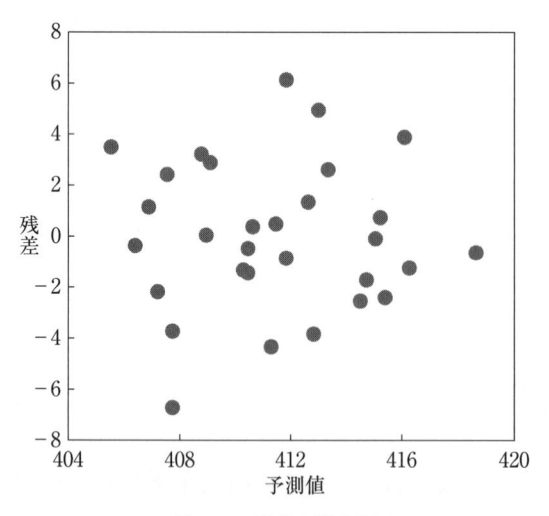

図9.10　残差の散布図

帰プロットと呼ぶ．この散布図は x_k と y の関係を吟味する上で有用である．

9.14 定性的変数の回帰分析

回帰分析にあたって，添加剤の種類や作業者のように定性的な要因が説明変数として有用な場合がある．このような場合，添加剤の種類という変数にある水準を割り当てて解析を行う．この種の変数を**ダミー変数**(dummy variable)，または，**層別変数**という．

ダミー変数のとる値は量的順序ではなく，単にどのカテゴリーや層に属するかを示している．添加剤の種類として2種類がある場合のダミー変数の取り入れを考えてみる．ダミー変数 z と回帰係数 α を導入して，モデルに αz という項を付加する．z の値は添加剤 $A_1 = -1$ と $A_2 = +1$ でもよいし，$A_1 = 0$ と $A_2 = +1$ でもよい．後者の場合，添加剤 A_2 は A_1 に比べ α の効果が加わると解釈できる．3水準の因子をモデルに取り入れる場合，2つのダミー変数 z_1, z_2 を導入し，

$$(z_1, z_2) = (1, 0) \Rightarrow 水準1$$
$$= (0, 1) \Rightarrow 水準2$$
$$= (-1, -1) \Rightarrow 水準3$$

とおいて，モデルに $\alpha_1 z_1 + \alpha_2 z_2$ という項を付加する．一般には水準数 t の定性的変数については，$t-1$ 個のダミー変数が必要となる．2水準系直交表実験で水準を ± 1 と書けばダミー変数による回帰モデルとなる．

定性的因子の水準を単なる分類の「カテゴリー」とみると，回帰係数は各カテゴリーに与えられた「数量」と考えることができ，目的変数との相関を表わすものと解釈できる．水準が計量値ではないが，順序づけられた分類の場合に各カテゴリーに与えられた数量がその順序に従った大小関係を持てば，解釈は容易でその数量が意味を持つ．回帰分析をこのように応用する手法は**数量化**（Ⅰ類）と呼ばれる．

9.15　共分散分析

応答に影響する因子は実験因子だけではない．その他の要因は，何らかの方法で一定値に保つ，あるいは，無作為化によって偶然誤差へ転換することを第1章で述べた．

たとえば，温湿度が実験結果に影響するおそれがあるとき，自然変化に任せて無作為化して実験すると温湿度の影響は誤差を増大させていることになる．影響度がさほど大きくないときはよい．しかし，相応に影響するなら何らかの対応が必要となる．この例の温湿度のように，応答(特性値)には影響するが，**実験因子には影響されず**，かつ，制御できないものを**共変量**という．

共変量の影響が大きいとき，これを無視して実験すると，要因効果を誤判定したり，推定に偏りが入ったり，あるいは，検出力が低下してしまう．このような場合の対処の一方法として共分散分析がある．

共分散分析は，DE モデルに，共変量の項を回帰モデルの形で追加したモデルで解析する．

このときのモデルは，共変量 x_1 が応答 y に直線的な効果を及ぼしていると仮定できるなら，データの構造は以下のようになる．

$$y_{ij} = \mu + \alpha_i + \beta_1(x_{1ij} - \bar{x}_1) + e_{ij}, \qquad \sum_i \alpha_i = 0, \qquad e_{ij} \sim N(0, \sigma^2) \qquad (9.15.1)$$

そうすると，共変量はもはや誤差の一部ではなく，回帰効果として誤差から分離できる．

このように，共分散分析は分散分析と回帰分析の双方の性格を併せ持つ．解析はかなり複雑となるので，第12章の解析ソフトを用いるとよい．詳細は，楠，辻谷，松本，和田の『応用実験計画法』(1995)を参照されたい．

第10章 計数値を応答とする実験

10.1 計数値データの解析

　データを計量的な形(連続量)で得るのか，度数などの計数的な形で得るのかで解析手法は大きく異なってくる．計数的なデータのことを**質的データ**とか**カテゴリカルデータ**と呼ぶ場合もある．もし，計量値としても計数値としてもデータがとれるなら，計量値としてデータを収集したほうがよいことが多い．計量値は，後になって計数値にデータ変換可能だが，一般に逆はできないからである．

　しかし，計数的にしかデータが得られない場合もある．技術的に解明されていないため，良/不良の判定しかできないデータ，あるいは，性別や職業，地域などの場合である．このような場合には計数値データの解析が必要となる．

　本章では，計数値を応答とする実験データの解析法について解説する．

　特性値が計量値(重さ，長さといった連続量)の場合は，正規分布に基づいた解析を行えばよい．しかし，実験目的にふさわしい特性値は計量値ばかりとは限らず，たとえば，工場で製造された製品が良品か不良品かの別(良/不良)，また，病人に薬を投与したときの病状の改善度(著明改善/改善/不変)のような順序を持つ分類など，応答が計数値データとして得られることがある．これらのデータは，母集団に離散型確率分布を想定する必要があるが，近似的な方法を用いることも多く，サンプル数や実現度数などに十分留意する．

10.1.1 二値データの解析（二項検定）

良品に0，不良品に1を対応させる「0/1」をはじめとして，「当たり/はずれ」「好き/嫌い」「賛成/反対」のように2つのカテゴリからなる二値データに対しては，二項分布 $B(n, \pi)$ を利用した**二項検定**（binomial test）が行える．

結果が「0/1」のいずれかである実験を独立に n 回繰り返し，1の生じる確率を π，0の生じる確率を $1-\pi$ とすると，2.1.3節で述べたように，n 回中1の生じる回数 Y（確率変数）が観測値 y となる確率は，(2.1.16)式の再掲，すなわち，(10.1.1)式で与えられ[1]，観測データの比率が母集団に仮定された比率（検定比率）と異なるか否かの検討ができる．

$$Pr\{Y=y\} = \binom{n}{y}\pi^y(1-\pi)^{n-y} \qquad (y=0, 1, \cdots, n) \tag{10.1.1}$$

ここで，どちらのカテゴリに着目するかは任意である．通常，数が少ない方のカテゴリに注目する場合が多いので，その場合を例にとって説明する．

n 回の試行のうち，数が少ないほうのカテゴリ，たとえば「不良品：1」が y 回起こる確率は(10.1.1)式であるから，このカテゴリが m 回以下となる確率は(10.1.2)式，m 回以上となる確率は(10.1.3)式で与えられる．

$$\sum_{y=0}^{m}\binom{n}{y}\pi^y(1-\pi)^{n-y} \tag{10.1.2}$$

$$1-\sum_{y=0}^{m-1}\binom{n}{y}\pi^y(1-\pi)^{n-y} \tag{10.1.3}$$

計算例として，コインを8回投げて，表が2回，裏が6回だったとする．コインの裏表比が1：1でコインは公正であるとしたときに，表が2回以下となる確率を計算してみよう．y は0から2までをとり，$n=8$，$m=2$，$\pi=0.5$ であるから，次式となる．

$$\sum_{y=0}^{2}\binom{8}{y}0.5^y(1-0.5)^{8-y} = 0.1445 \tag{10.1.4}$$

サンプル数が少ない場合は，ここで示した計算式で正確な確率が求まる．しかし，サンプル数が多くなると計算が大変になる．そこで，データが多い場合

---

[1] $\binom{n}{y}$ は n 個の中から y 個抽出するときの組み合せの数で，$_nC_y$ とも書く．

には正規分布への近似を利用した計算式で近似値（漸近有意確率）を求める．

どの程度データが多ければ漸近近似が利用できるかについて厳格な基準はないが，Y が $B(n, \pi)$ に従うとき，$n\pi \geq 5$，かつ，$n(1-\pi) \geq 5$ であれば Y は漸近的に平均 $n\pi$，分散 $n\pi(1-\pi)$ の正規分布に従うことが知られている[2]．

漸近確率を求めるための規準化した統計量 U の計算式は次の通りである．ここで，分子に 0.5 をプラス／マイナスしているのは，離散分布を連続分布に近似したときの精度を上げるための**連続修正**と呼ばれるものである．

$$U_1 = \frac{y + 0.5 - n\pi}{\sqrt{n\pi(1-\pi)}} \quad \text{（数が少ないほうのカテゴリが検定比率以下）}$$

(10.1.5)

$$U_2 = \frac{y - 0.5 - n\pi}{\sqrt{n\pi(1-\pi)}} \quad \text{（数が少ないほうのカテゴリが検定比率以上）}$$

(10.1.6)

$n\pi \geq 5$，かつ，$n(1-\pi) \geq 5$ のとき，U_1 の値，U_2 の値は標準正規分布の値とみなせる．したがって，両側検定で有意水準 5% なら 1.9600，片側検定なら 1.6449 と比較することで検定ができる．漸近確率は，U_1，U_2，すなわち，付表の正規分布表の $u(P_1)$，$u(P_2)$ から対応する P_1，P_2 を求める．

漸近確率 = P_1 （数が少ないほうのカテゴリが検定比率以下） (10.1.7)
漸近確率 = P_2 （数が少ないほうのカテゴリが検定比率以上） (10.1.8)

[例題 10.1]

性別差のない商品 A についてデータをとったところ，購入者の内訳は男性 97 名，女性 126 名だった場合について考えてみよう．購入者の男女比が 1：1 で，性別差はないという両側検定（検定比率 = 0.5）を行う．実際に観測された度数は男性が少ないので，こちらに対して，U_1 の式を用いる．

$$u_1 = \frac{97 + 0.5 - 223 \times 0.5}{\sqrt{223 \times 0.5(1 - 0.5)}} = -1.88$$

(10.1.9)

---

[2] 第 2 章で述べた中心極限定理によると，$Y_i (i=1, 2, \cdots, n)$ が平均 π，分散 $n\pi(1-\pi)$ の二項分布に従うとき，$P = \frac{Y}{n}$ の分布は n が大きくなると正規分布 $N\left(\pi, \frac{\pi(1-\pi)}{n}\right)$ に近づく．

標準正規分布で $u(\pi)$ が -1.88 以下の値をとる確率は 0.0301 となる．この場合，検定比率 0.5 が正しいとの帰無仮説のもとでは，少ないと観測されるのが男性の場合と女性の場合との両方があるので両側検定が適切で，その両側漸近確率は片側確率を 2 倍して $2 \times 0.0301 = 0.0602$ となる．検定結果は，有意水準 5％で有意ではない．一方，購入者の男女比は本来，少なくとも 2：3 以上に男性が多いはずだとする何らかの事前の根拠があった場合なら次のようになる．検定比率は $2/5 = 0.4$ で，男性 97：女性 126 が観測されているので，男女比は検定比率 0.4 を超えているとする片側検定を行う．

$$u_2 = \frac{97 - 0.5 - 223 \times 0.4}{\sqrt{223 \times 0.4(1-0.4)}} = 1.00 \tag{10.1.10}$$

標準正規分布で $u(\pi)$ が 1.00 以上となる確率は 0.1587 なので，有意水準 5％で有意ではない．よって，少なくとも 2：3 以上に男性が多いとはいえない．

10.2 不良率に関する検定

二項検定を利用することで，たとえば，不良率がある値以下に収まっているか否かを検定することができる．

[例題 10.2]

最近，ある工程での不良率が高くなっているように思われる．そこで，それを確認するため，工程から製品 1,200 個をランダムに抜き取って不良品の個数を調べたところ，72 個の不良品があった．不良率は $72/1200 = 0.06$ であるが，従来の工程不良率は 0.05 であったので，今回の調査で不良率が 5％より高くなっているか否か検討してみよう．

$n\pi = 1200 \times 0.05 = 60 > 5$ であるので[3]，正規分布近似が利用できる．

[不良率の検定]

① 仮説の設定

　　　帰無仮説　$H_0: \pi = \pi_0$　π は観測される不良率，π_0 は従来の工程不良率(0.05)

---

[3] π は 0.5 より小さいので，$n\pi \geq 5$ が成り立てば，$n(1-\pi) \geq 5$ は自動的に成り立つ．

対立仮説　$H_1: \pi > \pi_0$

② 有意水準と棄却域の設定

$\alpha = 0.05$ とする．検定統計量を U_2 としたとき，棄却域は $U_2 \geq u(\alpha)$

③ 検定統計量の計算

0.06 という観測値が検定比率である 0.05 より大きいといえるのかどうかの検定になる．検定統計量には正規分布近似の値を利用する．

$$u_2 = \frac{72 - 0.5 - 1200 \times 0.05}{\sqrt{1200 \times 0.05(1-0.05)}} = 1.523 \tag{10.2.1}$$

④ 判定

片側検定に対応した $u(\alpha) = u(0.05)$ の値は付表 I-2 より 1.6449 である．
$1.523 \leq 1.6449$ なので[4]，有意水準 5% で帰無仮説は棄却できない．

⑤ 結論

不良率は，従来の不良率である 0.05 を越えているとはいえない．

[不良率の区間推定]

母不良率の点推定は不良率の観測値であり，[例題 10.2] で点推定値 ($\hat{\pi}$) は 0.06 となる．また，信頼率 95% の区間推定は次の式で求められる．

$$\pi_L^U = \left[\hat{\pi} - 1.9600\sqrt{\frac{\hat{\pi} \times (1-\hat{\pi})}{n}},\ \hat{\pi} + 1.9600\sqrt{\frac{\hat{\pi} \times (1-\hat{\pi})}{n}} \right] \tag{10.2.2}$$

計算すると次のようになる．

$$\pi_L^U = \left[0.06 - 1.9600\sqrt{\frac{0.06 \times (1-0.06)}{1200}},\ 0.06 + 1.9600\sqrt{\frac{0.06 \times (1-0.06)}{1200}} \right]$$

$$= [0.0467,\ 0.0734] \tag{10.2.3}$$

10.3　適合度検定

ある観測度数が，期待される度数と異なっているか否かを検定することを考える．属性 A が互いに排反する b 個のカテゴリ $A_1, A_2, \cdots, A_b$ に分類された

---

[4] u_2 が 1.523 のときの上側確率は，付表 I-1 の値を線形補間(3.3節参照)すると，$P = 0.0639$ となって $\alpha = 0.05$ より大きい．

とする．A_i の起こる確率を $\pi_i\left(ただし，\sum_{i=1}^{b}\pi_i=1\right)$ とする．$A_1, A_2, \cdots, A_b$ の特定の出現確率が $\pi_{10}, \pi_{20}, \cdots, \pi_{b0}$ のとき，帰無仮説 $H_0: \pi_i = \pi_{i0}(i=1, 2, \cdots, b)$ に対して，対立仮説 $H_1: \pi_i \neq \pi_{i0}$ を検定すればよい．例題で確認しよう．

[例題 10.3]

サイコロの出る目を調べ，得られた結果が表 10.1（表 1.2 の再掲）とする．観測度数とは実際にそのサイコロを振ってみて得られた度数を意味する．

サイコロが公正であれば，目が出る確率はすべて同じで 1/6 のはずである．全試行数が 120 回なので各々の目が出る期待値は 20 回である．この期待値を期待度数と呼ぶ．期待度数とは理論から導き出される理論度数と言い換えてもよい．しかし，表 10.1 でわかるように個々の観測度数はすべてが 20 にはなっていない．偶然誤差があるので，ぴったり 20 にならないほうがむしろ自然である．問題は，観測度数と期待度数のズレが偶然の誤差なのか，偶然では片付けられない程度に大きいのかということである．表 10.2 に観測度数，期待度数と両者の差，その差の 2 乗を示す．

サイコロの目の出る確率を π_i とすれば，ここで行う検定における仮説は次のようになる．

$$\text{帰無仮説} \quad H_0: \pi_i = \pi_{i0}\left[=\frac{1}{6}\right] \quad (i=1, 2, \cdots, 6)$$

$$\text{対立仮説} \quad H_1: \pi_i \neq \pi_{i0}\left[=\frac{1}{6}\right] \quad (i=1, 2, \cdots, 6)$$

ここで観測度数と期待度数の差（観測度数 − 期待度数）を 2 乗して期待値で割った値を合計した (10.3.1) 式の χ_0^2 値は χ^2 分布に従うことが知られている．したがって，帰無仮説が正しいと仮定した場合に，得られた観測度数がどの程度妥当か否かを統計的に検討することができる．このような検定を適合度検定と

表 10.1 サイコロの出る目

サイコロの目	1	2	3	4	5	6	計
観測度数 (n_i)	21	20	17	26	14	22	120

表 10.2　サイコロの出る目

サイコロの目 (i)	1	2	3	4	5	6	計
観測度数 (n_i)	21	20	17	26	14	22	120
期待度数 (m_i)	20	20	20	20	20	20	120
観測度数 − 期待度数	1	0	−3	6	−6	2	0
(観測度数 − 期待度数)^2	1	0	9	36	36	4	86

呼び，ここで挙げたサイコロの例のように理論分布がある分布に従っており，期待度数がわかっているときに，観測値がこの分布に従っているか否かを検定することができる．

$$\text{適合度検定における統計量}\quad \chi_0^2 = \sum_{i=1}^{b} \frac{(観測度数 − 期待度数)^2}{期待度数} \quad (10.3.1)$$

(b は表 10.1 の観測度数のセル数，例では 6)

(10.3.1)式が，H_0 の棄却域 $\chi_0^2 \geq \chi^2(b-1, \alpha)$ に落ちたなら，H_0 は棄却されて，このサイコロは理論値に従っていないという結論になる．つまり，それぞれの目が 1/6 の確率で起きているとはいえない．棄却域 $\chi_0^2 \geq \chi^2(b-1, \alpha)$ で $b-1$ は自由度を示し，例では確率の合計 $\sum \pi_i = 1$ という制約があるので $6-1=5$ が自由度になる．また，有意水準 α は通常 0.05（場合により 0.01）に設定する．

$\chi^2(5, 0.05)$ の値が，いくつになるかは付表Ⅲの χ^2 分布表を見ればよい．自由度 5 で確率 0.05 を見てみると 11.070 であることがわかる．

表 10.2 で (観測度数 − 期待度数)^2 は計算済みだが，改めて示しておく．

$$\chi_0^2 = \frac{1+0+9+36+36+4}{20} = \frac{86}{20} = 4.30 \quad (10.3.2)$$

$\chi^2(5, 0.05) = 11.070$ で，4.30 はそれを超えていないので帰無仮説は棄却できない．よって，この観測値からサイコロの目の出る確率は各々 1/6 から外れているとはいえない．すなわち，このサイコロは不公正であるとは言えない．

10.4 クロス集計（分割表）

前節では変数が1つだけの場合を扱った．もし，変数が複数ある場合には変数をクロスさせたクロス表を作成する．クロス表のことを分割表とも呼ぶ．もっとも単純な例として2つの変数が2つのカテゴリのみを持つ場合を想定してみよう．

[独立性の検定]

[例題10.4]

表10.3は，ある会社で160人の健康調査を行ったときの性別と健康状態（「健康」か「不健康：何らかの不健康理由がある」）から得られたクロス表である．以下の仮説のもと，前節で利用したχ^2検定を利用する．

   帰無仮説 $H_0 : \pi_{ij} = \pi_{i\cdot} \times \pi_{\cdot j}$

          （π_{ij}はセル確率，$\pi_{i\cdot}$と$\pi_{\cdot j}$は行と列の周辺確率）

   対立仮説 $H_1 : \pi_{ij} \neq \pi_{i\cdot} \times \pi_{\cdot j}$

すなわち，健康状態と性別との間には何ら関係がないという帰無仮説を立てる．これをクロス表による独立性の検定と呼ぶ．

具体的に考えてみよう．健康状態と性別との間に何ら関係がないなら，ある人が健康である確率は「健康の人数／全人数」で求まり，ある人が健康である確率は(10.4.1)式となる．ここで，性別に関しては考慮する必要はない．

一方，ある人が男性である確率は「男性の人数／全人数」で求まる．ある人が男性である確率は(10.4.2)式である．ここで健康状態については考慮する必要はない．お互い無関係と仮定しているからである．

ある人が健康で，かつ，男性である確率は，これらが互いに独立としているので，単純な掛け算で(10.4.3)式のように求められる．

$$\text{ある人が健康である確率} = \frac{56}{160} = 0.35 \quad (10.4.1)$$

$$\text{ある人が男性である確率} = \frac{32}{160} = 0.20 \quad (10.4.2)$$

ある人が健康で，かつ，男性である確率

$$= \frac{56}{160} \times \frac{32}{160} = 0.35 \times 0.20 = 0.07 \tag{10.4.3}$$

同様にして，すべてのセルについて確率を求めると表 10.4 が得られる．

表 10.4 は確率なので，周辺確率の合計は 1 になっている．確率を度数にするには総度数をかければよい．この例では総度数の 160 をかければ，表 10.5 のように度数の表が構成できる．この表は健康状態と性別が独立であると仮定した場合に期待される度数表である．

観測度数である表 10.3 と期待度数である表 10.5 のズレを評価して，違いが大きければ健康状態と性別に関連がないという帰無仮説が棄却されることになる．逆に，ズレが小さいなら健康状態と性別に関連はないとする帰無仮説は棄却できない．表 10.6 は表 10.3 から表 10.5 を引いたものである．

[一様性の検定]

たとえば，2 つのライン A_1, A_2 によって製造された製品から，それぞれ 56 個，104 個をサンプリングし，色調によって 2 ランク (T_1, T_2) に分類した結果も表 10.7 のようなクロス表として表わすことができる．ここでの関心は，独立性の検定のように，ラインと色調に関連があるか否かではなく，同じライン

表 10.3 健康状態と性別表の観測度数

	男性	女性	合計
健康	5	51	56
不健康	27	77	104
合計	32	128	160

表 10.4 健康状態と性別が独立な場合の確率

	男性	女性	合計
健康	0.07	0.28	0.35
不健康	0.13	0.52	0.65
合計	0.20	0.80	1.00

表 10.5 健康状態と性別が独立な場合の期待度数

	男性	女性	合計
健康	11.2	44.8	56
不健康	20.8	83.2	104
合計	32	128	160

表 10.6 健康状態と性別が独立な場合の [観測度数－期待度数]

	男性	女性	合計
健康	－6.2	6.2	0
不健康	6.2	－6.2	0
合計	0	0	0

表 10.7 ラインと製品の色調

	T_1	T_2	合計
A_1	5	51	56
A_2	27	77	104
合計	32	128	160

であるはずの A_1, A_2 で色調が同じ(一様)なのかどうかにある．したがって，帰無仮説 H_0 は，「2つのライン間で製品の色調の出方が一様である」，対立仮説 H_1 は，「2つのライン間で製品の色調の出方が一様でない」となる．この検定をクロス表による**一様性の検定**という．

表 10.3 では 160 という全度数が定まり，それを 2 つのカテゴリで 4 つに分類した．一方，表 10.7 ではラインに関する周辺度数 56，104 が定まり，それを T_1, T_2 に分類した．例題 10.4 での独立性の検定では，男性か女性か，あるいは，健康か不健康かといったことに確率が想定できたのに対し，一様性の検定では，製法 A_1, A_2 には確率が考えられない点で本質的に異なっている．しかし，解析法として両者を区別する必要はなく，同じ手順で検定ができる．

10.4.1 χ^2 検定

観測度数と期待度数のズレを統計的に評価するため，(10.4.4)式の χ^2 統計量を利用する．

$$\chi_0^2 = \sum_{i=1}^{b}\sum_{j=1}^{c} \frac{(\text{セルの観測度数} - \text{セルの期待度数})^2}{\text{セルの期待度数}} \qquad (10.4.4)$$

(b は行数，c は列数，2×2 のクロス表ならそれぞれ 2)

実際に表 10.3 と表 10.5 について計算してみると次のようになる．

$$\chi_0^2 = \frac{(5-11.2)^2}{11.2} + \frac{(51-44.8)^2}{44.8} + \frac{(27-20.8)^2}{20.8} + \frac{(77-83.2)^2}{83.2}$$

$$= \frac{(-6.2)^2}{11.2} + \frac{(6.2)^2}{44.8} + \frac{(6.2)^2}{20.8} + \frac{(-6.2)^2}{83.2}$$

$$= 3.432 + 0.858 + 1.848 + 0.462 = 6.600 \qquad (10.4.5)$$

自由度が決まれば，χ^2 分布が決まるので，6.600 が有意か否かで統計的判断

ができる．クロス表の自由度は(10.4.6)式で求める(2×2のクロス表なら1)．

$$\text{クロス表の自由度} = (\text{行数}-1) \times (\text{列数}-1) \tag{10.4.6}$$

付表Ⅲを見ると，$\chi^2(1;0.05) = 3.841$ であり，6.600 はこの値より大きい．よって，[例題 10.4] では，健康状態と性別はお互い無関係であるという帰無仮説は棄却され，健康状態と性別には関連があるといえる．

10.4.2 連続性の補正

2×2のクロス表は，χ^2分布への近似があまりよくないとされ，次式のように Yates(イェーツ)の連続性の補正を行うことがある．

$$\chi_0^2 = \sum\sum \frac{(|\text{セルの観測度数} - \text{セルの期待度数}| - 0.5)^2}{\text{セルの期待度数}} \tag{10.4.7}$$

先ほどのデータ例で計算すると修正後の χ_0^2 は 5.579 となるが，結論は変わらない．

10.5 ロジスティック回帰分析

10.5.1 ロジスティック回帰分析とは

ロジスティック回帰分析とは，目的変数が計数データ，たとえば，0 と 1 の間の値をとる不良率や，2 値変数(0 と 1 など)で，説明変数が計量的な場合に利用できる解析手法である．

第 9 章で述べたように，単回帰分析と重回帰分析のモデルは，それぞれ以下のように表わされた．

$$y = \beta_0 + \beta_1 x_1 + e_i \tag{10.5.1}$$

$$y = \beta_0 + \beta_1 x_1 + \beta_2 x_2 + \cdots + \beta_p x_p + e_i \tag{10.5.2}$$

これらに対し，ここで述べるロジスティック回帰分析のモデルは以下のように書く．

$$P(y) = \frac{1}{1 + e^{-z}} \tag{10.5.3}$$

ここで，$z = \beta_0 + \beta_1 x_1 + \beta_2 x_2 + \cdots + \beta_p x_p + e_i$，$e$ は自然対数の底である．

目的変数が 2 値変数の場合には，通常の回帰分析のように直線的な関係を仮定

するには無理がある．また，2値変数にはそもそも正規分布という仮定が当てはまらず，回帰分析においては線形性の仮定をするため，予測値が目的変数の存在可能な範囲を超えてしまうことがあるなどの問題が生じる．

ロジスティック回帰分析では，目的変数 y そのものの値ではなく，y が起きる確率 $P(y)$ に置き換えることで問題を解決する．しかし，単純に直線的な関係を考えると，$P(y)$ は 0 や 1 の範囲を超えてしまう．そこで，確率 $P(y)$ は上限値と下限値を持つ S 字型の曲線，すなわち，ロジスティック曲線に従うとする[5]．

ロジスティック曲線では，確率に対して重み付けがなされているということも利点の一つである．図 10.1 には傾きの異なる 2 つのケースが図示されている．これを見るとわかるように，中間地点では，わずかな横軸の差が縦軸の大きな違いを生み出すが，両極ではそうではない．これはかなり現実と対応していることが多い．たとえば，製品の不良率を 20% から 10% に 10% 下げるのは，さほど難しくはないかもしれないが，同じ 10% 下げるのでも 11% の不良率を 1% にするのは並大抵のことではない．

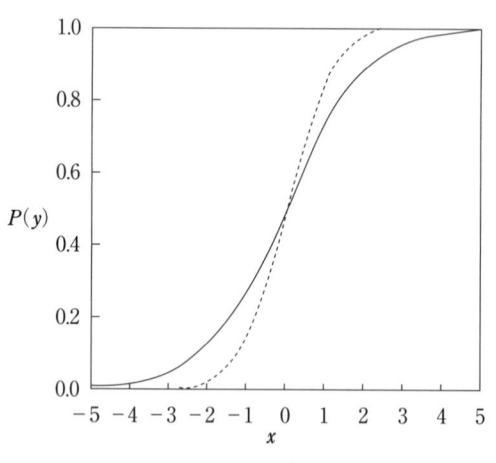

図 10.1　ロジスティック曲線

---

[5] ロジスティック曲線ではなくて，累積正規分布関数を用いたプロビットモデル（probit model）と呼ばれる分析もあるが，扱いはロジスティック回帰分析に比べて難しくなる．なお，プロビットという言葉は probability unit を略したものである．

(10.5.3)式は次の2式に変形できる(計算過程は補遺10.7.3を参照).

$$z = \log_e \frac{P(y)}{1-P(y)} \tag{10.5.4}$$

$$\log_e \frac{P(y)}{1-P(y)} = \beta_0 + \beta_1 x_1 + \beta_2 x_2 + \cdots + \beta_p x_p + e_i \tag{10.5.5}$$

このように変形してみると,(10.5.5)式はyの代わりに$\log_e(P(y)/(1-P(y)))$となっているだけで,右辺は(10.5.2)式の重回帰分析の式に他ならないことがわかる.もちろん,説明変数が1つだけのロジスティック回帰式を考えると(10.5.6)式となり,変形すれば(10.5.7)式の単回帰式となる.よって,ロジスティック回帰分析も見慣れた回帰式に還元できることがわかる.

$$P(y) = \frac{1}{1+e^{-(\beta_0 + \beta_1 x_1 + e_i)}} \tag{10.5.6}$$

$$\log_e \frac{P(y)}{1-P(y)} = \beta_0 + \beta_1 x_1 + e_i \tag{10.5.7}$$

ただし,これまで述べてきた分散分析や回帰分析で利用したのは最小2乗法であったが,ロジスティック回帰分析では第8章で述べた最尤法が利用される.目的変数$P(y)$は,0に近づくならYが生じる確率が小さくなり,1に近づけばYが生じる確率が大きくなると解釈できる.

[オッズと対数オッズ]

(10.5.5)式で,ロジスティック回帰分析は$\log_e[P(y)/\{1-P(y)\}]$を目的変数とした重回帰分析であると述べた.

$$\log_e \frac{P(y)}{1-P(y)} \tag{10.5.8}$$

(10.5.8)式で,$P(y)$は,yが生じる確率,$\{1-P(y)\}$はyが生じない確率であり,yが生じる確率に対するyが生じない確率の比が計算されている.この比のことをオッズと呼ぶ.(10.5.8)式からオッズを取り出せば,(10.5.9)式となる.

$$\frac{P(y)}{1-P(y)} = \exp(\beta_0 + \beta_1 x_1 + \beta_2 x_2 + \cdots + \beta_p x_p + e_i) \tag{10.5.9}$$

ロジスティック回帰分析とはオッズを対数化したものを目的変数にしている[6]ことになる．対数化したものは対数オッズと呼ぶ．
　仮に2値変数で一方が死亡，他方が生存としてみよう．$P(y)$は生存確率，$\{1-P(y.)\}$は死亡確率となる．生存/死亡の確率が半々，すなわち0.5/0.5ならオッズは$0.5/(1-0.5)=1$，生存確率が非常に高く，たとえば0.9ならオッズは$0.9/(1-0.9)=9$となる．一方，生存確率が非常に低く，0.1ならオッズは$0.1/(1-0.1)=0.111$となる．つまり，オッズが1より小さければ小さいほどyが生じる可能性が低く，1より大きければ大きいほどyが生じる可能性が高い．このオッズを対数オッズに変換すると，表10.8でわかるように，確率的に半々$\{P(y)=0.5\}$のときが0で，マイナスなら確率が0.5より小さく，プラスなら0.5より大きい数値に変換されることがわかる．
　こうして，0か1のような2値変数を確率に変換してからオッズに変換し，さらに，対数オッズ化することで中間が0になり理解しやすい連続量$-\infty \sim \infty$に変換できる．2値変数を，ロジスティック関数を利用して連続量にリンクさせて分析しているのがロジスティック回帰分析といえる．

表10.8　オッズと対数オッズ

$P(y)$	オッズ $\left[\dfrac{P(y)}{1-P(y)}\right]$		オッズ $\left[\log \dfrac{P(y)}{1-P(y)}\right]$
0.1	0.111	$\Rightarrow$	-2.207
0.2	0.250	$\Rightarrow$	-1.386
0.3	0.429	$\Rightarrow$	-0.846
0.4	0.667	$\Rightarrow$	-0.405
0.5	1.000	$\Rightarrow$	0.000
0.6	1.500	$\Rightarrow$	0.405
0.7	2.333	$\Rightarrow$	0.847
0.8	4.000	$\Rightarrow$	1.386
0.9	9.000	$\Rightarrow$	2.197

---

[6] これをロジット変換と呼ぶ．

[**オッズ比**($Exp\ \beta$)]

複数の説明変数を投入して，予測を行ったとする．どの変数がどの程度影響を持つのかの判断に利用できるのが $Exp\ \beta$ という統計量である．$Exp\ \beta$ はオッズ同士の比をとった値でオッズ比と呼ばれる．

(10.5.9)式が成立している状態で，最初の説明変数の重み付けが1単位増加したと仮定しよう．

$$\frac{P(y')}{1-P(y')} = exp(\beta_0 + \beta_1(x_1+1) + \beta_2 x_2 + \cdots + \beta_p x_p + e_i) \quad (10.5.10)$$

(10.5.9)式と(10.5.10)式の比をとれば次式でオッズ比($Exp\ \beta$)が求まる．

$$\frac{\dfrac{P(y')}{1-P(y')}}{\dfrac{P(y)}{1-P(y)}} = \frac{exp(\beta_0 + \beta_1(x_1+1) + \beta_2 x_2 + \cdots + \beta_p x_p + e_i)}{exp(\beta_0 + \beta_1 x_1 + \beta_2 x_2 + \cdots + \beta_p x_p + e_i)} = exp\,\beta_1$$

$$(10.5.11)$$

このとき，x_1 以外のところは変化していないと仮定した上で $exp\,\beta_1$ は求められている．

したがって，オッズ比($Exp\ \beta$)とは通常の回帰分析の偏回帰係数[7]のように解釈できる．ただし，解釈されるのは目的変数 y ではなく，オッズの変化になる．オッズ比が1より大きければ，y が生じる確率は高まるし，小さければ確率は低くなると解釈できる．ある説明変数の β が 0.89 なら，オッズ比 $Exp\ \beta$ は $e^{0.89} = 2.71828^{0.89} = 2.435$ となるので，y の生じる確率 $P(y)$ は 2.435 倍に増加したと解釈する．実際の計算では複数の説明変数のオッズ比が同時に計算される．そして，そこで推定されたオッズ比は調整オッズ比と呼ばれ，他の変数の効果を除いたものと解釈できる．

10.6 Kruskal-Wallis 検定

順序を利用して2つ以上のグループの差を検定するために Kruskal-Wallis 検定(クラスカル－ワリス検定：Kruskal-Wallis One-Way Analysis of

---

[7] 他の変数が一定の条件のもとで，その変数が1単位増加したときの従属変数の変化を表わす．

Variance) が利用できる[8]．データは各カテゴリ間に順序のあることが必要で，分布の型や分散が著しく異なっていないことが前提となる．

　複数の母集団の中心位置の差に関する検定であることから，順位による分散分析と呼ばれることもあり，χ^2 分布を利用して検定を行う．帰無仮説は各カテゴリーの母集団の中心位置は等しいというものである．

[例題 10.5]

　開発中の健康食品の効果を確認するため，3種の配合(A, B, C)を用意して各4匹ずつのラットに投与して骨重量の増加を調べたところ，その順位は以下のようであった．配合の種類により骨重量の増加に差があるか否か，「帰無仮説 H_0：差はない」に対し，「対立仮説 H_1：差がある」を有意水準5%で両側検定してみよう．

　　配合群 A　　{1, 2, 3, 9}
　　配合群 B　　{5, 6, 7, 9}
　　配合群 C　　{2, 4, 8, 9}

Kruskal-Wallis 検定の場合には全てのデータを込みにして順位を付ける．同じデータ（タイ・データ）があれば平均順位を与える．表 10.9 ではアルファベットを併記して同じグループのデータであることを示している．

　この例のように同じデータがあった場合，以下の計算式に従って $T_i = t_i^3 - t_i$ を求めておく[9]．ここで，m は同順位データが生じた数，$t_k (k=1, 2, \cdots, m)$ はそのときのケースの個数を表わす．この例では同順位は2つ生じており（$m=2$），2が2つと9が3つ存在する．したがって，$t_1 = 2$, $t_2 = 3$ となる．よっ

表 10.9　データグループと順位

カテゴリー	A	A, C		A	C	B	B	B	C	A, B, C		
順位データ	1	2	2	3	4	5	6	7	8	9	9	9
順位 r_{ij}	1	2.5	2.5	4	5	6	7	8	9	11	11	11

---

[8] Wilcoxon の順位和検定は Kruskal-Wallis 検定において，群の数が2という特別な場合に相当する．

[9] 同順位がなかった場合は T_i を計算せず，(10.6.1)式の分母は考えない．

て，$T_1 = 2^3 - 2 = 6$，$T_2 = 3^3 - 3 = 24$ である．

これら同順位について計算した T_i を加算する．ここでは，$\sum_k T_k = T_1 + T_2 = 6 + 24 = 30$ となる．次に群ごとにデータの順位を求め，表 10.10 に示す $R_i = \sum_j r_{ij}$ $(i = 1, 2, 3)$ を求める．

この例では $R_1 = 18.5$，$R_2 = 32.0$，$R_3 = 27.5$ となる．検定統計量である χ_0^2 は次のように求める．自由度は［群の数 − 1］である．

$N = 12$ は全体のケース数，$n_i (i = 1, 2, \cdots, a : a = 3)$ は各群のケース数である．この場合は，$n_1 = n_2 = n_3 = 4$ である．また，$k = 3$ は群の数である．

$$\chi_0^2 = \frac{\dfrac{12}{N(N+1)} \sum_{i=1}^{k} \dfrac{R_i^2}{n_i} - 3(N+1)}{1 - \dfrac{\sum_{i=1}^{m} T_i}{(N^3 - N)}} \tag{10.6.1}$$

実際に計算すると次のようになる．

$$\chi_0^2 = \frac{\dfrac{12}{12(12+1)} \left[\dfrac{18.5^2}{4} + \dfrac{32^2}{4} + \dfrac{27.5^2}{4} \right] - 3(12+1)}{1 - \dfrac{30}{(12)^3 - 12}} = 1.850$$

自由度は［群の数 − 1］なので，この例では 2 である．$\chi^2(2 ; 0.05) = 5.991$

表 10.10 配合群と順位

順位	配合群 A	配合群 B	配合群 C
r_{ij}	1	6	2.5
	2.5	7	5
	4	8	9
	11	11	11
合計 R_i	18.5	32.0	27.5
平均順位	4.625	8.000	6.875

となり，1.8450は5.991を超えていないので，各配合群の母集団の中心位置は有意水準5%で有意ではなく，配合群間で差があるとはいえない．

10.7 補遺

10.7.1 逆正弦変換法

不良率πに対して$\rho = sin^{-1}\sqrt{\pi}\,(rad)$という逆正弦変換を行うと，正規分布に近似でき，かつ，その分散が母不良率に依存しなくなる利点がある．10.2節と比較してみよう．ρは共通の分散$\dfrac{1}{4n}$をもつ．すなわち，

$$\rho \sim N\left(sin^{-1}\sqrt{\pi},\ \frac{1}{4n}\right)$$

となる．したがって，区間推定は次式となる（radは角度の単位がラジアンであることを示す）．

$$P_L^U = \left[sin^{-1}\sqrt{\hat{\pi}} - u(\alpha)\sqrt{\frac{1}{4n}},\ sin^{-1}\sqrt{\hat{\pi}} + u(\alpha)\sqrt{\frac{1}{4n}}\right]\ (rad) \quad (10.7.1)$$

［例題10.2］では，製品1,200個中に不良品が72個あった．その区間推定を行うと以下のようになる．

$$sin^{-1}\sqrt{\hat{\pi}} = sin^{-1}\sqrt{\frac{72}{1200}} = sin^{-1}\sqrt{0.06} = 0.2475, \quad (10.7.2)$$

$$\sqrt{\frac{1}{4n}} = \sqrt{\frac{1}{4800}} = 0.01443 \quad (10.7.3)$$

であるから，$P_L^U = 0.2475 \pm 1.9600 \times 0.01443 = [0.2192,\ 0.2758]$となる．これらの値を$\pi = sin^2\rho$により，もとの不良率に戻すと，$[0.0473,\ 0.0742]$を得る．これは(10.2.3)式の結果と大差ない．

10.7.2 (0, 1)法

このほか，良品を0，不良品を1とおき，その0や1をあたかも計量値であるかのように扱い分散分析する(0, 1)法と呼ばれる方法もある．

10.7.3 ロジスティック回帰分析での式の計算過程

$$P(y) = \frac{1}{1+e^{-z}} = \frac{e^z}{1+e^z} \qquad ((10.5.3)式の再掲) \tag{10.7.4}$$

(10.7.4)式の分母を払うと，(10.7.5)式となる．移項して整理し，両辺の対数をとると(10.7.6)式となる[10]．

$$P(y) + P(y)e^z = e^z \tag{10.7.5}$$

$$\rightarrow \quad e^z - P(y)e^z = P(y) \quad \rightarrow \quad \log_e(e^z - P(y)e^z) = \log_e P(y)$$

$$\rightarrow \quad \log_e(e^z(1-P(y))) = \log_e P(y)$$

$$\rightarrow \quad \log_e e^z + \log_e(1-P(y)) = \log_e P(y) \tag{10.7.6}$$

対数の性質 $\log A^B = B \times \log A$ より，(10.7.7)式が導かれる．

$$z \times \log_e e + \log_e(1-P(y)) = \log_e P(y) \quad \rightarrow \quad z + \log_e(1-P(y)) = \log_e P(y)$$

$$\rightarrow \quad z = \log_e P(y) - \log_e(1-P(y)) \tag{10.7.7}$$

対数の性質 $\log(A/B) = \log A - \log B$ より，(10.7.8)式が導かれる．

$$z = \log_e \frac{P(y)}{1-P(y)} \tag{10.7.8}$$

$z = \beta_0 + \beta_1 x_1 + \beta_2 x_2 + \cdots + \beta_p x_p + e_i$ であったので，(10.7.9)式が成立する．

$$\log_e \frac{P(y)}{1-P(y)} = \beta_0 + \beta_1 x_1 + \beta_2 x_2 + \cdots + \beta_p x_p + e_i \tag{10.7.9}$$

---

[10] 対数の性質より，$\log AB = \log A + \log B$ である．

第11章 検出力と実験の大きさ

11.1 検出力と必要なサンプルサイズ

　本章では，第3章で述べた検定において，検出力の意味とその求め方を母平均の検定を例に説明し，検定に先立ち，検出したい差を，必要とする検出力で検出するための実験の大きさ，すなわち，必要なサンプルサイズ（データ数）について解説する．

[実際の活用場面]
① 従来の薬品と比較して，新しく開発された薬品の効果を検討したい．有意水準 α を 0.05，検出力 $1-\beta$ を 0.90 としたとき，何個のサンプル（何人の被験者）を集めたらよいか．
② データをとり分析したが，結果が有意にならなかった．それはデータ数が少ないためだったかもしれない．もっと増やしていたらよかったか．
③ 経済的な側面は別として，データ数が増えるほど母集団の真値に近づくのだから，サンプルは多ければ多いほどよいのではないか[1]．

などと思う場面はよく現われる．
　たとえば，鉛筆を製造しているとして，同じ仕様の2つのラインP，Qから生産される鉛筆の長さ（寸法）を考えてみよう．この場合，2つのラインから得られる製品の寸法は概ね同じと考えてよい．しかし，多数の製品の寸法を精密に測定したとしたら，それぞれのラインから生産される鉛筆の寸法にはわずか

---

[1] 第2章で述べた大数の法則を参照されたい．

だが差が見られる．その原因は，たとえば，一方のラインがより空調機に近いために生じるわずかな熱膨張の影響や，床の傾斜がわずかに違うことなどが影響しているのかもしれない．

もちろん，実験者は取るに足らないこのような違いを知りたいわけではないはずで，サンプルが多ければ多いほどよいという考えは通常適切とはいえない．すなわち，データ数が多くなれば検出力が高まり，有意差を検出できる可能性は高くなるが，これが行き過ぎると，ほんの少しの差まで検出してしまうことになり，かえって意味を失う．しかし，データの数が少なすぎると，問題となる程度に寸法が異なっている鉛筆を製造しているのにも関わらず，このことを検出できなくなり，これこそ意味がない．

このように，事前に検出したい差を実験に先立って設定し，それを適切な検出力で検出するために必要なサンプルサイズを求めてから実験を計画することが大切である．

11.2　2種類の過誤と検出力

例として，1つの母平均の検定，すなわち，対象とする母集団の母平均 μ が，ある値 μ_0 に等しいと考えてよいかどうかを検定する場合を例にとって，2種類の過誤と検出力について概要を理解しよう．

まず，$H_0 : \mu = \mu_0$，$H_1 : \mu \neq \mu_0$ という帰無仮説と対立仮説を立てる．本当は帰無仮説が正しくて差がないのに，それを棄却してしまい，結果として正しくないほうの対立仮説（差がある）を採択する危険を第一種の過誤（α）と呼び，その確率を 0.05 や 0.01 といった小さい値に抑えるのが基本となる考え方であった．そして，検定においては，第3章の3.2.1項で述べたように，2種類の誤りがあり，これと検出力の関係を表3.3で説明した．

実験者は，固有技術からくる相応の予断を持っているので，通常，H_1 が正しい（検定結果は有意になる）ことを想定している．よって，技術力のある実験者の実験の解析結果は有意となることが多いので，表3.3にある α のほうをしっかり押さえておけばよい．

一方，技術力があっても効果があるかどうかわからないこともあり，このよ

うなときは，対立仮説が正しい（$\mu \neq \mu_0$）のに帰無仮説を棄却しない誤りβにも配慮しなくてはならない．$1-\beta$は，μとμ_0と異なる（H_1が正しい）ときに，正しく異なると判定する確率なので検出力と呼ばれる．

本来は，検定ではαを小さい値に設定した上で，検出力も高く（βを小さく）したい．しかし，αの方は明確に仮説から設定できるのに対して，β，検出力$1-\beta$は設定できない．帰無仮説は$H_0 : \mu = \mu_0$なので一意に定まるが，対立仮説は$H_1 : \mu \neq \mu_0$というに過ぎない．μとμ_0が違うといってもケースは様々であり，一意的に定まるわけではない．βは，検出したい効果の大きさ（$\delta = \mu - \mu_0$）やサンプルサイズ（n）が大きくなるほど，また，ばらつき（σ^2）が小さくなるほど小さくなる．後述するように，$u(P)$値を変化させるだけでは，αとβを同時に小さくすることはできない．δは固有技術から決まってくるし，σ^2は簡単には小さくできないから，αを設定した後，$1-\beta$をある値以上にするために，サンプルサイズnをいくらにするか，という形で対応する．

[例題 11.1]

[例題 3.1]を再度取り上げて説明しよう．これは，母平均の検定で母分散が既知の場合の例であった．母平均は$\mu = 105$，母分散は$\sigma^2 = 2.5^2$で，$n = 12$個のサンプルから得られた平均値は$\bar{y} = 108$で，帰無仮説$H_0 : \mu = \mu_0$のもとでは$N(105, 2.5^2/12)$に従うので，規準化した統計量は次の式で表わされ，$N(0, 1^2)$に従う．

$$u_0 = \frac{\bar{y} - \mu_0}{\frac{\sigma}{\sqrt{n}}} \tag{11.2.1}$$

$$u_0 = \frac{108 - 105}{\frac{2.5}{\sqrt{12}}} = 4.157 \tag{11.2.2}$$

標準正規分布では両側確率で5%になる$u(P)$の値は± 1.9600である．つまり，得られたu_0の値が1.9600以上，もしくは-1.9600以下なら有意水準5%で母平均μは$\mu_0 = 105$とは異なると判断する．

図11.1は，両裾の面積が5%点より大きいか小さいかを示す$u(P)$値

±1.9600,そして検定統計量の実現値である $u_0 = 4.157$ を示している.この図は帰無仮説が正しいと仮定した場合の図で,サンプルは母平均が105の母集団から抽出されていると仮定している.

有意水準5%で帰無仮説 H_0 を棄却するということは,$|u_0| \geq 1.9600$ という検定統計量が得られたら,H_0 の母集団から得られたサンプルではなく,H_1 の母集団から得られたサンプルと判断することである.

次に,サンプルは同じ母集団ではなく異なる母集団から得られたものだとしよう.図11.2はその様子を示している.2つの分布は完全に分離しているように見えるが,分布は両側に無限に裾を引いているので,重なっている部分はわずかではあるが存在する.

図でわかるように $|u_0| \geq 1.9600$ で,母平均が μ_0 ではないと判断する場合(帰無仮説を棄却),その判断が正しいという確信の度合いはかなり高いといえる.このときの間違いの確率は0とみなしても実務上問題がない.

母平均が μ_0 と異なるのに H_0 と判断してしまう誤りの確率が β だったので,この場合,$\beta \fallingdotseq 0$(検出力 $1 - \beta \fallingdotseq 1$)となる.これを図の面積で考えると,$\beta$ は $u_0 = 1.9600$ 以下の2つの分布が重なっているほとんど面積のない部分である.したがって,網掛けで示された右側の分布の面積すべてが検出力 $1 - \beta$ を表わしていることになる.

図11.2のように分布が十分離れていることを非心度が大きいという.明らかに分布の平均が異なるので,それを同じと見なしてしまう危険(β)は小さい.感覚的にいえば,H_0 の母集団とサンプルの平均値がかなり離れているなら,サンプルが H_0 の分布からとられたとは判断しない.では,もう少し分布

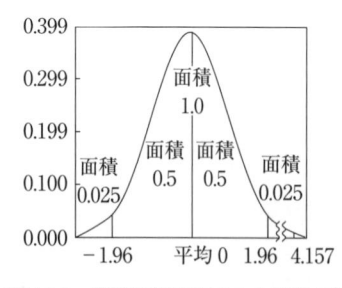

図 11.1 標準正規分布でみた検定の例 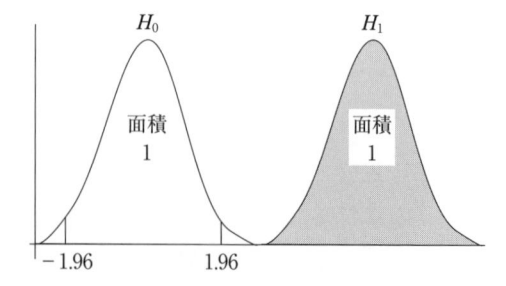　　図 11.2 2つの母集団の分布が十分離れている例

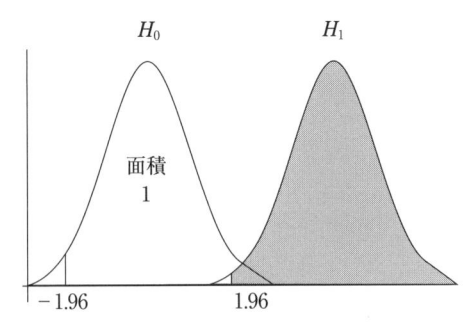

図11.3 2つの母集団の分布が離れている例

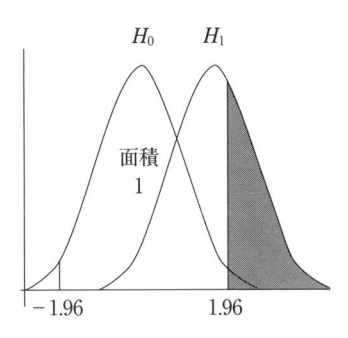

図11.4 2つの母集団の分布がかなり近づいている例

の中心が近いとどうなるだろうか．図11.3はその様子を示したものである．

このケースでは，検定統計量が網掛け部分に落ちると，H_0 ではなく H_1 と判断する．H_1 が正しい場合，この網掛け部分を検出力と見なすことができる．一方，検定統計量が 1.9600 以下に落ちると，H_1 が正しいのに H_0 が正しいと間違ってしまう危険をおかしてしまう．今度は，β は 0 とは見なすことができず，検出力も 1 よりある程度小さくなる．

さらに，2つの分布の中心が近づいた場合はどうなるだろうか．

図11.4でわかるように，$u(P) = 1.9600$ で判断したとき，第一種の過誤 α は 5% に保たれているが，第二種の過誤 β はかなり大きく，H_1 が正しいことを検出できない間違いをおかす確率の高いことがわかる．感覚的にいえば，H_0 の母集団とサンプルの平均値がかなり近い場合には，両者が異なる分布から得られたものであっても，それを見分けるのは難しい．

あとで述べる検出力の計算では，分散や母平均と非心度，サンプルサイズを与えて検出力 $1-\beta$ がどの程度になっているかを算出する．逆に，サンプルサイズの計算では，分散や非心度，検出力 $1-\beta$ を与えて必要なサンプルサイズを求める．実験計画法という観点からみると，後者のほうの利用価値が高い．

11.3　検出力と検出力曲線

前述のように，実験者は対立仮説の正当性を証明したいということが多いの

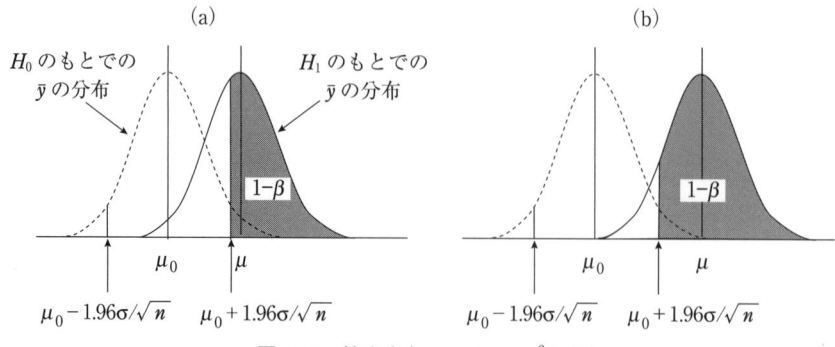

図 11.5　検出力($H_1: \mu \neq \mu_0$, σ^2 既知)

で，検出力は高いことが望ましい．後述するように，検出力は $\alpha \sim 1$ の間で変化するが，もう少し詳しくみてみよう．

検出力を図 11.5 で表わしてみる．(11.2.1)式に示した検定統計量とその棄却域 $R: |u_0| > 1.9600$ から，$\bar{y} < \mu_0 - 1.9600\sigma/\sqrt{n}$，あるいは，$\bar{y} > \mu_0 + 1.9600\sigma/\sqrt{n}$ なら H_0 を棄却することになる．したがって，H_1 が正しいとき H_0 が棄却される確率，すなわち，検出力は図 11.5 の網掛け部で示される．図(a)と(b)の比較から，網掛け部は μ_0 と μ の差が大きいほど広くなることがわかる．つまり，σ^2, n が一定であれば，検出力は μ_0 と μ の差が大きいほど大きい．

一方，μ_0 と μ の差が同じであっても，網掛け部の面積は，$1.9600\sigma/\sqrt{n}$ が μ_0 に近いほど大きくなる．$H_1: \mu \neq \mu_0$ の場合は，左右両側に棄却域があるので $|1.9600\sigma/\sqrt{n}|$ が小さければよい．すなわち，σ が小さいか，n が大きければ，第 2 章の図 2.6 の $\bar{Y}$ のように分布が尖ってくるため，網掛け部の面積が大きくなり，検出力は高くなる．

図 11.5 に示した σ 既知の母平均の検定では，網掛け部は $\mu_0 + 1.9600\sigma/\sqrt{n}$ を規準化して求めることができる．なお，$\mu_0 - 1.9600\sigma/\sqrt{n}$ も同じく規準化し，それ以下となる確率も求める必要があるが，図 11.5 の場合には無視できるほど小さい．

11.4 検出力の計算

ここでは，検定における検出力の計算方法について述べる．検出力の計算では非心分布という分布が登場する．これまで出てきた t 分布，F 分布，χ^2 分布のそれぞれに対応した非心 t 分布，非心 F 分布，非心 χ^2 分布が存在する．t 分布，F 分布，χ^2 分布は，帰無仮説が正しいと仮定したときの分布（中心分布という）であるのに対し，非心分布は対立仮説が正しい場合の分布と考えるとよい．非心分布を取り扱うのは少々厄介なので，ここでは非心分布を直接使わないで説明する．

11.4.1 母平均の検定における検出力

1つの母平均の検定は，得られたデータが想定する母集団から得られたものかどうかが問題とされる．具体的には，新しい原料や製造方法が今までのものと異なるか否かを検定するときに利用できる．

[例題 11.2]

[例題 3.1] を用いて，$\mu = 108$ の場合で検出力を具体的に説明する．検定における H_0, H_1, R および検定統計量を整理すると次のとおりとなる．

帰無仮説　　$H_0 : \mu = \mu_0$　　$(\mu_0 = 105)$
対立仮説　　$H_1 : \mu \neq \mu_0$
有意水準　　$\alpha = 0.05$
棄却域　　　$R : |u_0| > 1.9600$　　$(u_0 < -1.9600, \; u_0 > 1.9600)$
検定統計量　$u_0 = \dfrac{\bar{y} - \mu_0}{\dfrac{\sigma}{\sqrt{n}}}$

① H_0 が棄却される $\bar{y}$ の下限 $(\bar{y}_L)$ と上限 $(\bar{y}_U)$

$$\bar{y}_L = \mu_0 - 1.9600 \frac{\sigma}{\sqrt{n}} = 105 - 1.9600 \frac{2.5}{\sqrt{12}} = 105 - 1.415 = 103.6$$

$$\bar{y}_U = \mu_0 + 1.9600 \frac{\sigma}{\sqrt{n}} = 105 + 1.9600 \frac{2.5}{\sqrt{12}} = 105 + 1.415 = 106.4$$

② それぞれを $N(108, 2.5^2/12)$ で規準化し (k_L, k_U), その値を外れる確率を求める.

$$k_L = \frac{\bar{y}_L - \mu}{\frac{\sigma}{\sqrt{n}}} = \frac{103.6 - 108}{\frac{2.5}{\sqrt{12}}} = -6.10$$

$$k_U = \frac{\bar{y}_U - \mu}{\frac{\sigma}{\sqrt{n}}} = \frac{106.4 - 108}{\frac{2.5}{\sqrt{12}}} = -2.22$$

③ 検出力

$$1 - \beta = Pr\{u < -6.10\} + Pr\{u > -2.22\} = 0 + (1 - 0.0132) = 0.9868$$

$\mu = 108$ の場合, この検定における検出力は 98.68% となり, 高い確率で H_0 を棄却できることになる. 同様にして, 様々な μ に対して検出力を求めた表が表 11.1 であり, 図にしたものが図 11.6(a) の**検出力曲線**と呼ばれる図である. 検出力は $\mu = 105$ でもっとも小さくなり (0.05, すなわち α), $H_1: \mu \neq \mu_0$ の両側検定では, μ が小さくなっても大きくなっても検出力は大きくなり, 最大は 1 となる.

また, $H_1: \mu > \mu_0$, および, $H_1: \mu < \mu_0$ の片側検定における検出力を図 11.6(b) に示した. 両側検定同様に 0.05 から 1 の範囲で変化するが, 傾斜は両側検定に比べて少し急となっている.

非心度, 分散, および, サンプルサイズが同じなら, α を大きくすると β は小さくなる. これは, α を大きくすることは第一種の過誤 (差がないのにあるといってしまう) をおかす危険が高くなることを意味し, 逆に第二種の過誤 (差があるのに見過ごしてしまう) をおかす危険は低下する. 以下の例で確認してみよう.

[例題 11.3]
新しい原料を用いたときに従来の原料に比べて特性値が上がったのかどうかを知りたい (片側検定). 表 11.2 は得られたサンプルのデータである.

表 11.1 様々な μ に対する検出力 ($H_1: \mu \neq \mu_0$, $\sigma = 2.5$, $n = 12$, $\alpha = 0.05$)

μ	$k_L = \dfrac{\bar{y}_L - \mu}{\sigma/\sqrt{n}} = \dfrac{103.6 - \mu}{2.5/\sqrt{12}}$	$k_U = \dfrac{\bar{y}_U - \mu}{\sigma/\sqrt{n}} = \dfrac{106.4 - \mu}{2.5/\sqrt{12}}$	$1 - \beta =$ $Pr\{\mu < k_L\} + Pr\{\mu > k_U\}$
100.0	4.988	8.868	1.000
102.0	2.217	6.097	0.987
103.0	0.831	4.711	0.797
103.5	0.139	4.018	0.555
104.0	−0.554	3.326	0.290
104.5	−1.247	2.633	0.110
105.0	−1.940	1.940	0.052
105.5	−2.633	1.247	0.110
106.0	−3.326	0.554	0.290
106.5	−4.018	−0.139	0.555
107.0	−4.711	−0.831	0.797
108.0	−6.097	−2.217	0.987
110.0	−8.868	−4.988	1.000

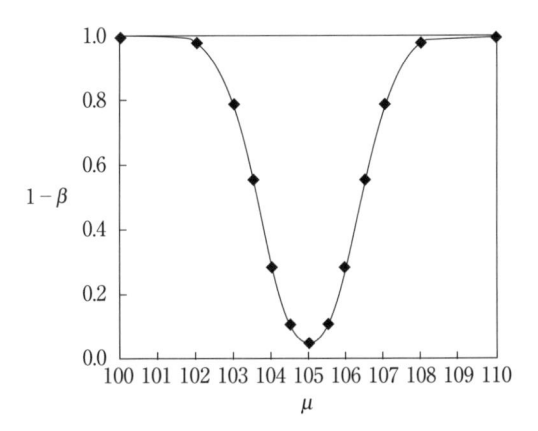

図 11.6(a) 検出力曲線 ($H_1: \mu \neq \mu_0$, $\sigma = 2.5$, $n = 12$, $\alpha = 0.05$)

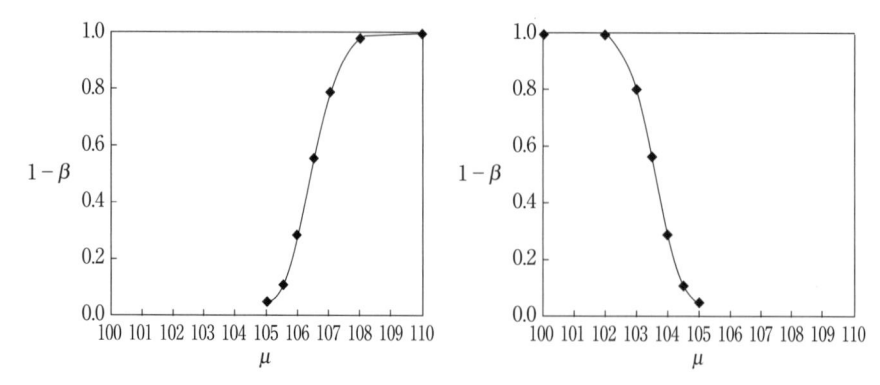

図11.6(b) 検出力曲線($\sigma=2.5$, $n=12$, $\alpha=0.05$)左：$H_1：\mu>\mu_0$, 右：$H_1：\mu<\mu_0$

表11.2 新しい原料を用いたときの特性値

109	105	104	105	106	107	105	106	107	106

従来より，母分散 $\sigma^2 = (2.5)^2$ が既知であり，$N(105, 2.5^2)$ の正規分布に従っていることがわかっているとしよう．サンプルは母集団から得られたものといえるのかどうかが関心の焦点である．サンプルの平均は $\bar{y}=106$，$\bar{y}$ を規準化した検定統計量は(11.2.1)式である．この式は $N(0, 1^2)$ の正規分布に従う．数値を代入すれば，次のようになる．

$$u_0 = \frac{106-105}{\frac{2.5}{\sqrt{10}}} = 1.2649$$

この結果，1.2649 は 1.9600 より小さいので，得られたデータの平均値は従来の母平均と違うとはいえない．もし，ここでサンプルの平均値を一定に保ったままサンプルサイズだけを上げていったらどうなるか．計算した値を表11.3に示す．

明らかにサンプルサイズが大きくなるにつれて，検定統計量 u_0 は増大していく．サンプルサイズ 10 で有意でなかったものが，サンプルサイズ 25 では有意水準 5% で有意になるし，サンプル数が 50 になれば高度に有意になる．

しかし，母集団の平均値は 105 であって，サンプルの平均は 106 である．確かにここには 1 の差がある．問題は，この 1 の差に実務的な意味があるかどう

表 11.3 サンプルサイズと検定統計量 u_0

サンプルサイズ	u_0
5	0.8944
10	1.2649
15	1.5492
20	1.7889
25	2.0000
50	2.8284
100	4.0000

かである[2].(11.2.1)式の構造から明らかなように,サンプルサイズが増大すれば分母が小さくなるので,u_0 の値は必然的に大きくなる.実務的に意味のないわずかな差であってもサンプルを十分にたくさんとれば帰無仮説は棄却できる.つまり,サンプルの平均と母集団の平均がたとえわずかでも,有意差を検出することができてしまう.

11.5 サンプルサイズ

前節では,1つの母平均の検定における検出力の計算方法を述べた.このほか,2つのサンプルの母平均の差の検定(t 検定),2つの対応のあるサンプルの母平均の差の検定(t 検定),要因配置実験や直交表実験における分散分析の検出力(F 検定)などいろいろな検定があるが,ここでは,実務的に有益なサンプルサイズの求め方について説明する.

β は母平均の差の大きさやデータ数,分散に依存することを述べた.母平均の差の大きさが設定され,データ数と分散を仮定すれば β が求まり,検出力が求められる.

逆にいえば,β を決め,検出したい母平均の差を設定し,分散を仮定すれば,必要とするサンプルサイズが求まる.要因効果の有無を知りたいとする実

---

[2] この差に技術的な意味があるかないかには統計手法では答えられない.その実験の目的やその分野の固有技術による判断,ときには経験による判断も必要になってくる.

験計画法の立場では，サンプル数が不足したために効果が見逃されることは避けたいので，サンプル数をあらかじめ設定することが大切である．

11.6 サンプルサイズの設計

ここでは適切なサンプルサイズの計算法について述べる．サンプルサイズの計算においては標準正規分布を利用することが多いので，簡単に数値がわかる表11.4を提示しておく[3]．正規分布は対称形なので，$p=0.20$ に対しては符号が違うだけで $p=0.80$ が同じ値になっている．他も同様である．

有意水準 α の設定は 0.05 か 0.01 がよく利用されるので迷いはあまりないが，β にどのような値を設定すればよいか迷うかもしれない．古川，丹後(1983)では，β は α の約 4～5 倍程度，つまり，$\alpha=0.05$ なら $1-\beta=0.80$，$\alpha=0.01$ なら $1-\beta=0.95$ を1つの目安として紹介しているが，同時にそれに必ずしも従う必要がないことも付け加えている．実際のところ，目にする β としては 0.10 が多いようである．このとき，検出力は 0.90 ということになる．

11.6.1 母平均の検定

母平均の検定において，サンプルサイズを求める方法について述べる．

表 11.4 確率と $u(P)$ 値

P	0.005	0.01	0.025	0.05	0.10	0.20
$u(P)$	2.5758	2.3263	1.9600	1.6449	1.2816	0.8416

P	0.80	0.90	0.95	0.975	0.99	0.995
$u(P)$	−0.8416	−1.2816	−1.6449	−1.9600	−2.3263	−2.5758

---

[3] 付表 I-2 で同じ値を見てとることもできるが，分布表の見方に慣れないと符号の間違いなどをおかしやすい．ここではあえて符号も含めて初心者でも誤解することがないように提示している．付表と見比べれば，正規分布表の見方により理解が深まるはずである．

11.6.1.1 母平均の両側検定（σ既知）

母分散が既知の場合の $H_0: \mu = \mu_0$, $H_1: \mu \neq \mu_0$ の両側検定を考える．検定に用いられる統計量は(11.2.1)式であり，棄却域は $u_0 > u(\alpha)$, $u_0 < -u(\alpha)$ である．したがって，第一種の過誤 α と第二種の過誤 β は図11.7のようになり，σ をスケールとして，$u(\alpha) + u(2\beta)$ が μ と μ_0 の差，すなわち，

$$\mu - \mu_0 = \{u(\alpha) + u(2\beta)\}\frac{\sigma}{\sqrt{n}} \tag{11.6.1}$$

となっている．ここで，

$$k = \frac{\mu - \mu_0}{\sigma} \tag{11.6.2}$$

とおけば，(11.6.1)式は(11.6.3)式となる[4]．

$$n \cong \left(\frac{u(\alpha) + u(2\beta)}{k}\right)^2 \tag{11.6.3}$$

[例題11.4]

$\alpha = 0.05$ の両側検定で $\mu - \mu_0 = \sigma$ であるとき，このことを $1 - \beta = 0.90$ で検出するためのサンプルサイズを求めてみよう．

(解)

(11.6.3)式で $\alpha = 0.05$, $\beta = 0.10$, $k = 1$ とおいて，

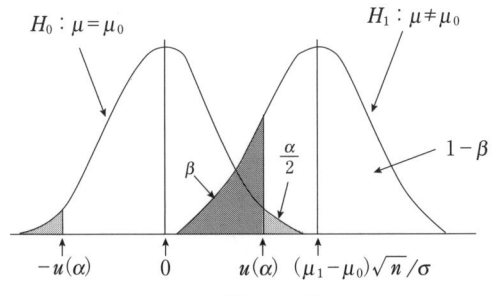

図11.7　両側検定の検出力

---

[4] 等号が＝でなく≅となっているのは，11.3節と同様，分布の左端のほうでの β は無視できるほど小さいが 0 ではないことによる．

$$n \cong \left(\frac{u(\alpha) + u(2\beta)}{k}\right)^2 = \left(\frac{1.9600 + 1.2816}{1}\right)^2 = 10.51 \quad \rightarrow \quad 11 \text{ となる}.$$

11.6.1.2　母平均の片側検定(σ既知)

両側検定と同様にして求められ，(11.6.3)式の $u(\alpha)$ が $u(2\alpha)$ となった (11.6.4)式となる．

$$n \cong \left(\frac{u(2\alpha) + u(2\beta)}{k}\right)^2 \tag{11.6.4}$$

[例題 11.5]

$\alpha = 0.05$ の片側検定で $\mu - \mu_0 = \sigma$ であるとき，このことを $1 - \beta = 0.90$ で検出するためのサンプルサイズを求めてみよう．

(解)

(11.6.4)式で $\alpha = 0.05$, $\beta = 0.10$, $k = 1$ とおいて，

$$n \cong \left(\frac{u(2\alpha) + u(2\beta)}{k}\right)^2 = \left(\frac{1.6449 + 1.2816}{1}\right)^2 = 8.56 \quad \rightarrow \quad 9 \text{ となる}.$$

11.6.1.3　母平均の検定(σ未知)

σ 未知の場合は u 検定ではなく t 検定を用いる．$t_0 = \dfrac{\bar{y} - \mu_0}{\sqrt{\dfrac{V}{n}}}$ であり，t_0 は H_1 が正しいとき，非心度 $\dfrac{\mu - \mu_0}{\sqrt{\dfrac{\sigma^2}{n}}}$，自由度 $n-1$ の非心 t 分布に従い，検出力も非心 t 分布を用いて計算しなければならないが，従来より，$\alpha = 0.05$ の場合，実務上，(11.6.3)式，(11.6.4)式で求められたサンプルサイズに 2 を足せばよいことが知られている．

[例題 11.6]

[例題 11.4] と [例題 11.5] において，σ 未知の場合のサンプルサイズは次

のようになる．

[例題 11.4]　　11 + 2 = 13
[例題 11.5]　　 9 + 2 = 11

11.6.2　要因配置実験

実験計画法において，サンプルサイズを求める方法について述べる．ここでは簡単にサンプルサイズを決めることができる数表を用いる方法について述べる．和田，楠，松本，辻谷(1995)が発表している数表で，1元配置と2元配置に対応している[5]．

11.6.2.1　1元配置実験の場合

表 11.5 を使用する．水準数が 5 なら $a=5$，水準平均で最大の値 μ_{max} と最小の値 μ_{min} の差を δ とする．つまり，$\delta = \mu_{max} - \mu_{min}$ である．また，事前の知識や仮定から想定される誤差分散を σ^2 とする．このとき，非心度のパラメータとなる θ^* は次の式で定義される．

$$\theta^* = \frac{\delta^2}{2(a-1)\sigma^2} \tag{11.6.5}$$

表 11.5 は検出力 $1-\beta$ がちょうど指定した値になる θ を示している．以下の例題で確認しよう．

[例題 11.7]

5 水準を設定した分散分析を考えてみよう．各水準平均の最大値が 16，最小値は 12 とすると，$\delta = 16 - 12 = 4$ である．過去の実験結果から $\sigma^2 = 2^2$ と想定できるとする．$\alpha = 0.05$，$\beta = 0.10$ で，水準数 a は 5 である．

$$\theta^* = \frac{\delta^2}{2(a-1)\sigma^2} = \frac{4^2}{2 \times (5-1) \times 2^2} = 0.5$$

表 11.5 で水準数が 5 の列をみていく．すると θ^* の 0.5 は $\theta = 0.551$(サンプル数 8) と $\theta = 0.482$(サンプル数 9) の間に入ることがわかる．サンプル数の多いほ

---

[5] ここでは母数モデルで $\alpha = 0.05$，$\beta = 0.10$ の場合のみ取り上げる．原論文には $\alpha = 0.01$ の場合と，1 元配置の変量モデルの表も示されている．

表 11.5　1元配置 ($\alpha=0.05$, $\beta=0.10$)

n \ a	2	3	4	5	6	7	8	9	10
2	23.090	10.719	6.817	5.013	3.991	3.336	2.881	2.546	2.289
3	6.441	3.683	2.623	2.066	1.721	1.487	1.316	1.186	1.083
4	3.827	2.265	1.652	1.322	1.114	0.970	0.865	0.783	0.718
5	2.757	1.648	1.213	0.977	0.827	0.723	0.646	0.587	0.539
6	2.165	1.300	0.961	0.776	0.659	0.577	0.517	0.470	0.432
7	1.786	1.075	0.796	0.645	0.548	0.481	0.431	0.392	0.361
8	1.522	0.917	0.680	0.551	0.469	0.412	0.369	0.336	0.310
9	1.327	0.799	0.594	0.482	0.410	0.360	0.323	0.295	0.271
10	1.176	0.709	0.527	0.428	0.365	0.320	0.288	0.262	0.242
11	1.057	0.637	0.474	0.385	0.328	0.288	0.259	0.236	0.218
12	0.959	0.579	0.431	0.350	0.298	0.262	0.236	0.215	0.198
13	0.879	0.530	0.394	0.321	0.274	0.241	0.216	0.197	0.182
14	0.810	0.489	0.364	0.296	0.253	0.222	0.199	0.182	0.168
15	0.752	0.454	0.338	0.275	0.234	0.206	0.185	0.169	0.156
16	0.702	0.423	0.315	0.256	0.219	0.193	0.173	0.158	0.146
17	0.658	0.397	0.295	0.240	0.205	0.181	0.162	0.148	0.137
18	0.619	0.373	0.278	0.226	0.193	0.170	0.153	0.139	0.129
19	0.584	0.352	0.263	0.214	0.182	0.161	0.144	0.132	0.121
20	0.553	0.334	0.249	0.202	0.173	0.152	0.137	0.125	0.115

出典：和田 武夫・楠 正・松本 哲夫・辻谷 将明，『要因実験における検出力と実験の大きさ―実験の繰返し数を求めるための簡便表―』，品質管理，Vol. 46, No. 7, pp. 623－631, 1995.

うを採用して，必要なサンプル数は9と求まる．

　2元配置における表の利用の仕方であるが，1元配置と同じ式でθ^*を求める．このとき，因子が2つあるので，それぞれについてθ^*を求める．なお，サンプル数が1の場合は因子Pと因子Qの交互作用がない，もしくは誤差として無視できる場合に利用する値を示している．

表 11.6　2 元配置（$\alpha = 0.05$, $\beta = 0.10$）

サンプル数	水準数 a	水準数 b				
		2	3	4	5	6
1	2	219.755	15.394	6.285	3.865	2.790
	3	22.513	5.070	2.762	1.902	1.453
	4	10.012	3.138	1.855	1.321	1.028
	5	6.394	2.328	1.431	1.036	0.814
	6	4.741	1.880	1.182	0.865	0.683
2	2	4.831	2.551	1.723	1.299	1.042
	3	2.762	1.510	1.030	0.780	0.627
	4	1.967	1.101	0.758	0.576	0.464
	5	1.549	0.881	0.610	0.466	0.376
	6	1.291	0.742	0.517	0.395	0.320
3	2	2.297	1.389	0.995	0.775	0.635
	3	1.374	0.836	0.600	0.467	0.383
	4	1.011	0.619	0.445	0.348	0.285
	5	0.814	0.501	0.361	0.282	0.232
	6	0.689	0.426	0.308	0.241	0.198
4	2	1.563	0.980	0.714	0.561	0.462
	3	0.940	0.591	0.430	0.338	0.279
	4	0.697	0.439	0.320	0.252	0.208
	5	0.564	0.357	0.261	0.205	0.169
	6	0.479	0.304	0.222	0.175	0.144
5	2	1.194	0.761	0.559	0.442	0.365
	3	0.719	0.459	0.337	0.266	0.220
	4	0.534	0.342	0.251	0.198	0.164
	5	0.434	0.278	0.204	0.162	0.134
	6	0.369	0.237	0.174	0.138	0.114

出典：和田 武夫・楠 正・松本 哲夫・辻谷 将明，『要因実験における検出力と実験の大きさ―実験の繰返し数を求めるための簡便表―』，品質管理，Vol. 46, No. 7, pp. 623-631, 1995.

11.6.2.2 2元配置実験の場合

表 11.6 を使用する．この表の利用方法を以下の例題で確認しよう．

[例題 11.8]

水準数3の因子Pと水準数4の因子Qがあるとしよう．各水準平均の最大値と最小値の差δは，因子Pで$\delta_P = 3$，因子Qで$\delta_Q = 2.5$とする．また，$\sigma^2 = 1$とする．

$$\text{因子 } P \qquad \theta_P^* = \frac{\delta^2}{2(a-1)\sigma^2} = \frac{3^2}{2\times(3-1)\times 1^2} = 2.250$$

$\theta_P^* = 2.250$と求められたので，表 11.6 を参照する．aが3，bが4について見ていくと，2.762(サンプル数1)と1.030(サンプル数2)の間に入ることがわかる．したがって，暫定的なサンプル数は2となる．同様にして因子Qについて求める．

$$\text{因子 } Q \qquad \theta_Q^* = \frac{\delta^2}{2(b-1)\sigma^2} = \frac{2.5^2}{2\times(4-1)\times 1^2} = 1.042$$

今度はaが4，bが3について見ていく．すると，1.101(サンプル数2)と0.619(サンプル数3)の間に入ることがわかる．したがって，暫定的なサンプル数は3となる．因子Pの暫定サンプル数は2，因子Qの暫定サンプル数は3なので，両者を満たすよう大きいほうの暫定サンプル数を採用する．ここではサンプル数は3となる．

第12章 Excel 専用ソフトの活用

　通常の分散分析では，数理統計が導く結論をそのままではなく，その結果を知ったうえで，理解しやすい形で与え，実務に適用してきた．たとえば，2水準系直交表での平方和の求め方では，第1水準のデータの和から，第2水準のデータの和を引いて2乗し，全データ数 N で割るということを学んだ．これを線形推定検定の立場からみると，直交基準対比の結論として，第1水準と第2水準とのデータの平均値の差を2乗して規準化のための係数 $\dfrac{\left[\dfrac{N}{2}\right]^2}{N}=\dfrac{N}{4}$ をかけるという解釈となる．

　第6章までに学んだことは，直交実験，すなわち，定型的な直交表や水準組み合せでの繰り返し数が等しい多元配置実験などに限定される．たとえば，直交表実験で欠測値が生じた場合や繰り返し数が異なる多元配置実験など，直交性が崩れた場合にはそのまま適用できない．

　欠測値の処理方法として，欠測値を埋めるか，あるいはデータを最小繰り返し数に合わせるようにすればよいが，それができないときもある．やむなく，欠測値や繰り返しの不足しているデータの代わりに適当な平均を当てはめるが，数理統計的に厳密性を欠く場合も多い．このような場合に適用できるのが，線形推定・検定論である．

　線形推定・検定論は，前記の場合だけでなく，要因配置実験や直交表実験が定型的か否かに関わらず，どんな実験データの解析にもほぼオールマイティの力を発揮する．

　たとえば，直交表実験における多水準法，擬水準法，擬因子法，組み合せ

法，アソビ列法，そして直和法，あるいは第9章の回帰分析などの実験に対し，直交性という制約条件に関係なく推定・検定が可能となる．詳細は第8章を参照されたい．

12.1 対比の考え方

本節では，次節のために対比という考え方を紹介し，平方和の求め方についての基本を学んでおこう．たとえば，要因Aのある水準A_1での平均収量$\bar{y}_{1\cdot}$を他の2水準A_2とA_3での平均収量$\bar{y}_{2\cdot}$，$\bar{y}_{3\cdot}$と比較するとき，標本平均の1次式$\bar{y}_{1\cdot}-\frac{1}{2}(\bar{y}_{2\cdot}+\bar{y}_{3\cdot})$を考えると，期待値は，$\mu_1-\frac{1}{2}(\mu_2+\mu_3)=\alpha_1-\frac{1}{2}(\alpha_2+\alpha_3)$である．一般に，$t$個のデータ，もしくは標本平均$\bar{y}_{1\cdot}$，$\bar{y}_{2\cdot}$，$\cdots$，$\bar{y}_{t\cdot}$の1次式$L=\sum c_i\bar{y}_{i\cdot}=c_1\bar{y}_{1\cdot}+c_2\bar{y}_{2\cdot}+\cdots+c_t\bar{y}_{t\cdot}$において，$\sum c_i=c_1+c_2+\cdots+c_t=0$が満たされるとき，$L$を線形対比(linear comparison, linear contrast)，または，単に対比と呼ぶ．

$\sum c_i=0$は$\mu_i(i=1, 2, \cdots, t)$に関して実験者の何らかの意図(比較)を意味するものであるが，少なくとも1つは$c_i\neq0$であって，$\sum c_i=0$が成り立つ限り，係数はどのような値であってもよく，解析の意図によって自由に決めてよい．また，1つのデータセットについていくつかの対比を考えてもよい．

たとえば，3水準の比較について，3つの例を考えてみる．①A_1，A_2の平均とA_3とを比較する対比：$c=1/2, 1/2, -1$，大きさの順に並ぶ定量的因子の等間隔の3水準で，②1次直線的効果を表わす対比：$c=-1, 0, 1$と③2次曲線的効果を表わす対比：$c=1, -2, 1$などを例示できる．

$T_{1\cdot}$，$T_{2\cdot}$，$\cdots$，$T_{t\cdot}$がそれぞれn個のデータの合計，$\bar{y}_{1\cdot}$，$\bar{y}_{2\cdot}$，$\cdots$，$\bar{y}_{t\cdot}$がn個のデータの平均であるとして，$S_L=\dfrac{nL^2}{\lambda^2}=\dfrac{n\left(\sum c_i\bar{y}_{i\cdot}\right)^2}{\lambda^2}=\dfrac{\left(\sum c_iT_{i\cdot}\right)^2}{n\lambda^2}$ (ただ

し，$\lambda^2=\sum c_i^2$）を対比 L の平方和と呼ぶが，S_L の自由度は 1 で，$\bar{y}_1.$, $\bar{y}_2.$, ..., $\bar{y}_t.$ 全体の平方和の一成分である．ここで，$\lambda^2=1$ のものを**基準対比**と呼ぶ．

S_L は，たとえば，係数を $c=1/2$, $1/2$, -1 としても，それぞれを 2 倍して $c=1$, 1, -2 としても変わらない．$c_i(i=1, 2, \ldots, t)$ の相対比が S_L を決定し，係数は対比の意味がよく理解できるように設定すればよい．繰り返しがなく，$n=1$ なら，$\bar{y}_i.$ も $T_i.$ も 1 個のデータ y_i を表わす．

2 つの対比 $L_1=\sum a_i \bar{y}_i.$ と $L_2=\sum b_i \bar{y}_i.$ があり，係数の積和が $\sum a_i b_i = 0$ のとき，対比 L_1 と L_2 は**直交する**という．直交している基準対比は**直交基準対比**と呼ぶ．例示した対比①と②，①と③は直交しないが，②と③は直交する．$\bar{y}_1.$, $\bar{y}_2.$, ..., $\bar{y}_t.$ の全平方和が自由度 $t-1$ の S で，$t-1$ 個の対比 L_1, L_2, ..., L_{t-1} が互いに直交するように設定されるとき，S はそれぞれ自由度 1 の平方和成分 $S_{L_j}(j=1, 2, \ldots, t-1)$ の和として，$S=S_{L_1}+S_{L_2}+\cdots+S_{L_{t-1}}$ の形に分解される．これを**対比による平方和の直交分解**（直交対比による平方和の分解）という．

本章の冒頭に，直交基準対比の結論として，2 水準系直交表の平方和は，第 1 水準と第 2 水準とのデータの平均値の差を 2 乗して規準化のための係数 $\dfrac{\left[\dfrac{N}{2}\right]^2}{N}=\dfrac{N}{4}$ をかけることを述べたが，これに当てはめてみよう．対比 L は，一般性を失うことなく，N は偶数，$n=1$ で，

$$L=\frac{y_1+y_2+\cdots+y_{\frac{N}{2}}}{\frac{N}{2}}-\frac{y_{\frac{N}{2}+1}+y_{\frac{N}{2}+2}+\cdots+y_N}{\frac{N}{2}}$$

と書けるので，

$\lambda^2=\dfrac{1}{\left[\dfrac{N}{2}\right]^2}\times N=\dfrac{4}{N}$ であることから，規準化のための係数 $\dfrac{n}{\lambda^2}=\dfrac{N}{4}$ が確認できる．すなわち，

$$S_L = \frac{nL^2}{\lambda^2} = \left[\frac{y_1+y_2+\cdots+y_{\frac{N}{2}}}{\frac{N}{2}} - \frac{y_{\frac{N}{2}+1}+y_{\frac{N}{2}+2}+\cdots+y_N}{\frac{N}{2}}\right]^2 \times \frac{N}{4}$$

$$= \frac{\left\{\left[y_1+y_2+\cdots+y_{\frac{N}{2}}\right] - \left[y_{\frac{N}{2}+1}+y_{\frac{N}{2}+2}+\cdots+y_N\right]\right\}^2}{N}$$

となっている．この最後の式は，第5章の「2水準系直交表の平方和の計算は，第1水準のデータの和から第2水準のデータの和を引き，それを2乗してデータ数Nで割る」という解釈に一致する．

12.2 Excel 使用のための準備

 伝統的な分散分析の方法は，直交計画を基本に組み立てられている．たとえばA，Bの2因子を取り上げ，水準組み合せによって繰り返し数の異なる2元配置実験を行った場合，第4章の分散分析法は適用できない[1]．この場合，非直交計画となるため，たとえば，$S_{AB}=S_A+S_B+S_{A\times B}$が一般的には成り立たないからである．

 第8章の線形推定・検定論では，このようなときにも適用できる手段，すなわち，一般線形モデルに適用可能な手法として，行われた実験の「データの構造」から「デザイン行列」を作り，それから「正規方程式」を導き，「その解」を求めるという汎用手順を紹介した．

 回帰モデルの場合は一般に母数にムダがないが，実験計画モデルの場合には，通常，母数にムダがあるので，データの構造における制約式を使って，事前にこのムダをなくしておくことが好適である．

 因子Aの主効果でいえば，制約条件$\alpha_1+\alpha_2+\cdots+\alpha_a=0$を変形して，$\alpha_a=-\alpha_1-\alpha_2-\cdots-\alpha_{a-1}$とすればよい．制約条件はいくつか考えられる．しかし，その形によって結果は変化せず，一般性を失われない．以下に具体的に例示する．

---

[1] 1元配置では，繰り返し数が異なっても，直交しているため，常法が使用できる．

[因子 A が 3 水準，因子 B が 2 水準の場合の例]

- A の制約条件は $a_1+a_2+a_3=0$ なので，$a_1=a_①$，$a_2=a_②$ とおくと，$a_3=-(a_1+a_2)$ より，$a_3=-a_①-a_②$ と表わされる．A の自由度は $\phi_A=a-1=3-1=2$ なので，自由に決められる母数の数は $a_①$ と $a_②$ の 2 つである．

- B の制約条件は $b_1+b_2=0$ より，$b_1=b_①$ とおくと，$b_2=-b_1$ なので，$b_2=-b_①$ と表わされる．B の自由度は $\phi_B=b-1=2-1=1$ なので，自由に決められる母数の数は $b_①$ の一つである．

- $A\times B$ の制約条件は $(ab)_{11}+(ab)_{12}=0$，$(ab)_{21}+(ab)_{22}=0$，$(ab)_{31}+(ab)_{32}=0$，$(ab)_{11}+(ab)_{21}+(ab)_{31}=0$，$(ab)_{12}+(ab)_{22}+(ab)_{32}=0$ なので，$(ab)_{11}=ab_①$，$(ab)_{21}=ab_②$ とおくと，$(ab)_{12}=-(ab)_{11}=-ab_①$，$(ab)_{22}=-(ab)_{21}=-ab_②$，$(ab)_{31}=-(ab)_{11}-(ab)_{21}=-ab_①-ab_②$，$(ab)_{32}=-(ab)_{12}-(ab)_{22}=ab_①+ab_②$ と表わされる．$A\times B$ の自由度は $\phi_A\times\phi_B=(a-1)(b-1)=2\times1=2$ なので，自由に決められる母数の数は $ab_①$ と $ab_②$ の 2 つである．

12.3 平方和の考え方[2)]

一般線形モデル(GLM)を応用して非直交計画の分散分析を行う方法について述べる．2 つの因子 $A(a$ 水準$)$ と $B(b$ 水準$)$ を取り上げ，A と B の各主効果と $A\times B$ の交互作用について分析するとして，A と B の水準組み合せ ab 個のセルの中には少なくとも 1 個の観測値がある場合について説明する．

繰り返し数が不揃いの多元配置実験など，非直交計画の場合，一般に，A，B，$A\times B$ の各平方和と誤差平方和の合計は総平方和に等しくならない．このとき，平方和の計算の仕方に関しては，Yates をはじめいろいろの方法が提案されている．ここでは，SAS 統計分析(SAS Institute Japan Ltd.)の GLM にならって 4 つのタイプ(Type Ⅰ～Type Ⅳ)を取り上げて説明する．

[2)] V多変量分散分析・線形モデル編，田中豊，垂水共之，脇本和昌 編，『パソコン統計解析ハンドブック』共立出版(1984)

[Type I]

平方和の合計が総平方和になることに力点を置く.すなわち,逐次的に要因効果を導入していき,そのときの残差平方和の逐次的な減少分をそれぞれ要因効果に対応する平方和とする.仮に,A, B の順と仮定すれば,A の主効果は 12.4 節[3]のモデル 3 とモデル 6 から,B の主効果はモデル 1 とモデル 3 から,$A \times B$ の交互作用はモデル 0 とモデル 1 からそれぞれ求める.

この方式は,要因効果を導入する順序が自然に定まる場合,あるいは,技術的に重要度の順がわかっている場合に適する.しかし,普通の分散分析の場合には,主効果のほうは,2つの因子 A と B のうち,A を先に導入するのか B を先に導入すべきかは自明ではなく,その順序によって結果が異なったりするので適しているとはいえない.一方,$A \times B$ に対応する平方和は,関係した主効果がすべて導入された後に導入することにすれば,A と B のどちらが先に導入されたかによって変わらない.

また,水準間で他の因子に関して不釣り合いがあっても,それは無視して取り上げた A または B の効果となるため,仮に有意となっても,他の交絡因子の影響である可能性が残る.

[Type II]

Type I の末尾で述べた欠点を除去するため,各平方和は他のすべての適当な効果をもとに求める.本書に述べる適当な効果とは,当該効果に関係する交互作用以外のすべての主効果と交互作用の意味で,たとえば主効果 A に対応する平方和を考えるときには,$A \times B$, $A \times C$, $A \times B \times C$, … といった A を含む交互作用以外,交互作用 $A \times B$ に対応する平方和を考えるときには,$A \times B \times C$, $A \times B \times D$, … といった $A \times B$ を含む交互作用を除いた残りが適当な効果に相当する.ここでの例では主効果 A に対応する平方和を考えるときには $A \times B$ の交互作用以外の残り,すなわち,B の主効果のみが適当な効果に相当する.各要因効果に対応する平方和については 12.4 節で述べる.

---

[3] 12.4 節で取り上げているモデル
モデル 0 : $y_{ijk} = \mu + \alpha_i + \beta_j + (\alpha\beta)_{ij} + e_{ijk}$
モデル 1 : $y_{ijk} = \mu + \alpha_i + \beta_j \qquad\qquad + e_{ijk}$ 　　モデル 2 : $y_{ijk} = \mu \qquad + \beta_j + \qquad\qquad + e_{ijk}$
モデル 3 : $y_{ijk} = \mu + \alpha_i \qquad\qquad\qquad + e_{ijk}$ 　　モデル 4 : $y_{ijk} = \mu \qquad + \beta_j + (\alpha\beta)_{ij} + e_{ijk}$
モデル 5 : $y_{ijk} = \mu + \alpha_i \qquad + (\alpha\beta)_{ij} + e_{ijk}$ 　　モデル 6 : $y_{ijk} = \mu \qquad\qquad\qquad\qquad + e_{ijk}$

[Type III]

各平方和を当該効果と関係のある交互作用も含めて，他のすべての効果で調整して求める．A の主効果は 12.4 節のモデル 0 とモデル 4 から，B の主効果はモデル 0 とモデル 5 から，$A \times B$ の交互作用はモデル 0 とモデル 1 からそれぞれ求める．

A と B の水準組み合せに空セルがある場合，交互作用 $A \times B$ を含むモデルを用いてこのタイプの分析を行うと，A や B の主効果に対応する平方和が意味のないものになるおそれがある．

[Type IV]

Type I～III による平方和が 1 つの基本モデルと，それから当該効果を除いたモデル（レデュースドモデル：reduced model と呼ぶ）に対応する残差平方和から求めるのに対して，Type IV による平方和は，F 検定のような一般的な検定に基づいて求める．

このタイプの検定の良い点は，A, B の各水準組み合せに空セルがある場合にも，そのセルを避けて解釈のはっきりした意味のある対比をつくることができる点である．この場合，対比のとり方に任意性があり，検定結果も一意的でない．

[まとめ]

以上，Type I～IV の 4 つの方法を紹介した．Type I は自然に順序が決まる場合を除き，あまりすすめられない．これは，主効果だけのモデルを考えるときには Type I を除いてすべて一致するので，Type I 以外のどれを使っても同じになるからである．

交互作用も考慮したモデルの場合，空のセルがなければ Type II か III を選択すればよい．Type I, II では平方和がセル度数に関係するが，Type III では関係しないので，データ数の多い少ないを考慮しないなら Type III，逆に考慮するなら Type II という判断基準も有用であるが，空セルのあるときには，Type III の効果の解釈が困難になる場合がある．また，Type IV では，対比のとり方に任意性があり，検定結果も一意的でないことが上げられる．以上のことから，**本書では，Type II の考え方を基本とする．**

[留意点]

8.6節で触れたことを例題8.1に即していえば，交互作用のある因子Aの主効果に対応する平方和を考えるときは，$A \times B$の交互作用以外の残り，すなわちB, C, Dが適当な効果に相当する．また，交互作用のない因子Cの主効果に対応する平方和を考えるときは，A, B, D, $A \times B$がこの適当な効果に相当する．このことを考慮してExcelのプログラムにおいては，レデュースドモデルでの母数の数を自動的に設定している．

12.4 基本となる手順

本章で述べる適用例では，基本手順が次のようになるので，しっかりと頭に入れて欲しい．以下では，前節までの結果を踏まえ，A, Bの2因子を取り上げ，繰り返しのある2元配置実験を行った場合を例にとって，TypeⅡの考え方で各要因の効果(平方和)を求めていく．

［交互作用のない場合］

① すべての要因(主効果)を考慮したモデル1(基本モデル：フルモデル)における全平方和Sと誤差平方和S_eを求める．

② $H : \sigma_A^2 = 0$，すなわち，要因効果を知りたい因子Aのみをデータの構造から外したモデル2(レデュースドモデル)における誤差平方和S_{H+e}を求める．全平方和Sは不変である．$S_{H+e} \geq S_e$であり，その差は因子Aの主効果を無視したことによって増えた誤差なので，これを因子Aの主効果と考える．

③ $S_A = S_H = S_{H+e} - S_e$で因子$A$の主効果を求める．当然，直交計画の場合は，この方法で求めたものは通常の方法で求めたものと一致する．

④ ついで，$H' : \sigma_B^2 = 0$すなわち，要因効果を知りたい因子Bのみをデータの構造から外したモデル3(レデュースドモデル)における誤差平方和$S_{H'+e}$を求める．全平方和Sは不変である．$S_{H'+e} \geq S_e$であり，その差は因子Bの主効果を無視したことによって増えた誤差なので，これを因子Bの主効果と考える．

⑤ $S_B = S_{H'} = S_{H'+e} - S_e$で因子$B$の主効果を求める．

[交互作用がある場合]
① 交互作用 $A \times B$ の平方和は，モデル 0 (基本モデル：フルモデル) とモデル 1 (レデュースドモデル) から，前記の主効果の場合と同様に求める．
② A と B の主効果 S_A と S_B は，前節の留意点の考察に基づき，それぞれモデル 1 (基本モデル) とモデル 2 (レデュースドモデル)，あるいはモデル 1 (基本モデル) とモデル 3 (レデュースドモデル) から求める．

モデル 0　　$y_{ijk} = \mu + \alpha_i + \beta_j + (\alpha\beta)_{ij} + e_{ijk}$
モデル 1　　$y_{ijk} = \mu + \alpha_i + \beta_j \quad\quad + e_{ijk}$
モデル 2　　$y_{ijk} = \mu \quad\quad + \beta_j \quad\quad + e_{ijk}$
モデル 3　　$y_{ijk} = \mu + \alpha_i \quad\quad\quad + e_{ijk}$
モデル 4　　$y_{ijk} = \mu \quad\quad + \beta_j + (\alpha\beta)_{ij} + e_{ijk}$
モデル 5　　$y_{ijk} = \mu + \alpha_i \quad\quad + (\alpha\beta)_{ij} + e_{ijk}$
モデル 6　　$y_{ijk} = \mu \quad\quad\quad\quad + e_{ijk}$

12.5　専用ソフトの利用法

前節の基本をもとに，本章の代表的な例題を通して手順を理解して欲しい．なお，以下の例題の Excel ブックは Web サイトからダウンロードできる．その他の各例題の解説は本書で取り上げない．ただし，同様の解説と Excel ブックは Web サイトからダウンロードできるので参考にされたい．

実験計画が直交計画であるとき，この専用ソフトを使うことはかえって煩雑となる場合が多い．したがって，直交計画の場合は，一般の市販ソフトを使うとよい．

[非直交計画の例]

非直交計画に相当する［例題 8.3］［例題 8.4］を取り上げ，幅広い場面で使える Excel のマクロ機能を活用した専用ソフトの使用方法を解説する．このソフトは，汎用的な一つの手順で推定・検定などの解析を定型的に行えるようにしてある．以下では，Excel 2003 の画面で例示する．

なお，専用ソフトの活用にあたっては，該当する章の計算過程を再読し，理解を深めてほしい．

[例題 8.3] 欠測値のある 2 元配置実験

まず，通常のファイルの読み込み手順に従って，Excel のプログラムを起動する．マクロ機能の有効/無効を確認するダイアログが出た場合は「有効」を選択し，ファイルを開く．

(1) クリアボタンをクリックし，以前の計算結果をすべてクリアする．
(2) ①スタートボタンをクリックし，網掛けで指定されたセルに要求された数値，今回は『DE モデルの 2 元配置実験』の "2" を入力する．

実験モデル	2

(3) ②実験モデルの入力ボタンをクリックし，網掛けで指定されたセルに要求された数値を入力する．今回は，単純な繰り返し実験であるため，実験方法，実験の繰り返し，または反復数に "0" を入力する．主効果の数と交互作用の数には，それぞれ "2"，"0" を入力する．

データ数	8
実験方法	0
実験の繰り返しまたは反復数	0
主効果の数	2
交互作用の数	0

(4) ③実験パラメータの詳細設定ボタンをクリックし，網掛けで指定されたセルに要求されたものを入力する．なお，主効果の因子名にはアルファベットの R と W は使用しない．反復実験または乱塊法の場合，因子 R がブロック因子として，アソビ列法の場合，因子 W がアソビ列として主効果の因子に自動的に付与される．

	1	2
主効果の因子名	A	B
主効果の水準数	2	3
主効果の自由度	1	2

(5) ④解析モデルの確認ボタンを押して，解析に必要となるモデル数と各モデルの母数の数を確認する．
(6) ⑤デザイン行列の作成ボタンをクリックする．

(7) フルモデルの網掛けで指定されたセルに実験条件とデータを入力する．その際，母数のムダを解消しておく．

もとになるデザイン行列

μ	α_1	α_2	β_1	β_2	β_3	≒	1
1	1		1				73
1	1			1			75
1	1				1		81
1	1				1		84
1	1					1	89
1	1					1	92
1		1				1	103
1		1				1	100

母数のムダを解消

〈制約条件〉

$\alpha_2 = -\alpha_1$

$\beta_3 = -\beta_1 - \beta_2$

入力するデザイン行列

μ	α_1	β_1	β_2	≒	1
1	1	1			73
1	1		1		75
1	1			1	81
1	1			1	84
1	1	−1	−1		89
1	1	−1	−1		92
1	−1	−1	−1		103
1	−1	−1	−1		100

(8) 設定した各レデュースドモデルの網掛けで指定されたセルにフルモデルから必要な部分をコピーする．フルモデルでは因子 A は第 2 列，因子 B は第 3，第 4 列に入力されている．第 1 列と最終列(data)は，各レデュースドモデルすべてにコピーする．

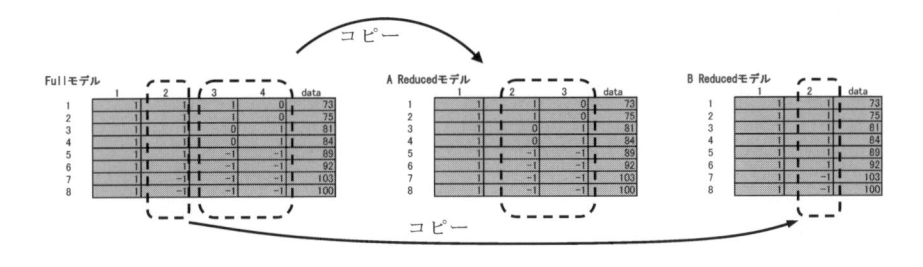

(9) ⑥デザイン行列の転置 ボタンをクリックすると，転置行列が表示される．

Fullモデル

1	1	1	1	1	1	1	1
1	1	1	1	1	1	-1	-1
1	1	0	0	-1	-1	-1	-1
0	0	1	1	-1	-1	-1	-1
73	75	81	84	89	92	103	100

A Reducedモデル

1	1	1	1	1	1	1	1
1	1	0	0	-1	-1	-1	-1
0	0	1	1	-1	-1	-1	-1
73	75	81	84	89	92	103	100

B Reducedモデル

1	1	1	1	1	1	1	1
1	1	1	1	1	1	-1	-1
73	75	81	84	89	92	103	100

(10) ⑦正規方程式 ボタンをクリックすると，正規方程式が表示される．

Fullモデル

8	4	-2	-2	697
4	8	2	2	291
-2	2	6	4	-236
-2	2	4	6	-219

A Reducedモデル

8	-2	-2	697
-2	6	4	-236
-2	4	6	-219

B Reducedモデル

8	4	697
4	8	291

(11) ⑧逆行列 ボタンをクリックすると，逆行列とその右に $\hat{\theta}$ が表示される．フルモデルの場合でいえば，上から順に $\hat{\mu}$, $\hat{\alpha}_1$, $\hat{\beta}_1$, $\hat{\beta}_2$ となっている．制約条件から $\hat{\alpha}_2 = -\hat{\alpha}_1 = 5.5$, $\hat{\beta}_3 = -\hat{\beta}_1 - \hat{\beta}_2 = 8.333333 - 0.166667 = 8.166667$ となる．

Fullモデル

0.25	−0.16667	0.083333	0.083333	87.83333
−0.16667	0.25	−0.08333	−0.08333	−5.5
0.083333	−0.08333	0.333333	−0.16667	−8.33333
0.083333	−0.08333	−0.16667	0.333333	0.166667

A Reducedモデル

0.138889	0.027778	0.027778	84.16667
0.027778	0.305556	−0.19444	−10.1667
0.027778	−0.19444	0.305556	−1.66667

B Reducedモデル

0.166667	−0.08333	91.91667
−0.08333	0.166667	−9.58333

(12) ⑨分散分析 ボタンをクリックすると，分散分析表が表示される．

sv	ss	df	ms	F_0	検定
A	121	1	121	31.22581	**
B	272.33333	2	136.1667	35.13978	**
e	15.5	4	3.875		
計	838.875	7			

(13) 分散分析結果から，プールする主効果がある場合は網掛けで指定されたセルにその数を入力し，⑩プーリングの有無 ボタンを押す．今回はすべての因子が高度に有意であるため，"0"を入力する．

　　　　　　　プールする主効果の数　　　0 変量因子も含む

(14) 分散分析表の下に推定用のフォームが作成されるので，(7)で入力したデザイン行列に基づき，網掛けで指定されたセルに推定したい2条件（条件1と2）を入力する．今回は例題にならい，条件1にはA_2B_3，条件2にはA_2B_2を入力する．

(15) ⑪推定 ボタンをクリックする．条件1と2，および，条件1−2の3通りの推定結果が表示される．

【FULL】

	1	2	3	4	推定値	1/ne	S.E.	±Q
条件1	1	−1	−1	−1	101.5	0.5	1.9375	3.864648
条件2	1	−1	0	1	93.5	1.5	5.8125	6.693767
条件1−2	0	0	−1	−2	8	1	3.875	5.465438

(16) ⑫結果の印刷 ボタンをクリックすると，計算結果が印刷される．

(17) プログラムを保存して，終了する．

[例題 8.4] 欠測値のある L_8 直交表実験
(1) クリア ボタンをクリックし，以前の計算結果をすべてクリアする．
(2) ①スタート ボタンをクリックし，網掛けで指定されたセルに『DE モデルの直交表実験』の"4"を入力する．

実験モデル　　4

(3) ②実験モデルの入力 ボタンをクリックし，網掛けで指定されたセルに要求された数値を入力する．

データ数	7
実験方法	0
実験の繰り返しまたは反復数	0
主効果の数	4
交互作用の数	1

(4) ③実験パラメータの詳細設定 ボタンをクリックし，網掛けで指定されたセルに要求されたものを入力する．

	1	2	3	4
主効果の因子名	A	B	C	D
主効果の水準数	2	2	2	2
主効果の自由度	1	1	1	1

	1
交互作用の因子名	A×B
交互作用の水準数	4
交互作用の自由度	1

(5) ④解析モデルの確認 ボタンを押して，解析に必要となるモデル数と各モデルの母数の数を確認し，次いで ⑤デザイン行列の作成 ボタンをクリックする．
(6) フルモデルの網掛けで指定されたセルにデータを入力する．2 水準系直交表実験のデザイン行列は水準 1 に 1，水準 2 に-1 を割り当て，母数のムダを解消し，μ を追加した形で表わす．この例では，第 1 列に μ を割り当て，第 2 列以降は(4)で入力した因子の順に入力し，デザイン行列を作成

する．すなわち，直交表に割り付けた列番順でないことに注意し，第2列に因子 A，第3列に因子 B，第4列に因子 C，第5列に因子 D，第6列に交互作用 $A \times B$ の各水準を入力する．

Fullモデル

	1	2	3	4	5	6	data
1	1	1	1	1	1	1	76.8
2	1	1	1	-1	-1	1	72.9
3	1	1	-1	1	1	-1	70.2
4	1	1	-1	-1	-1	-1	64.2
5	1	-1	1	1	-1	-1	68.4
6	1	-1	1	-1	1	-1	62.3
7	1	-1	-1	-1	1	1	64

(7) 設定した各レデュースドモデルの網掛けで指定されたセルにフルモデルから必要な部分をコピーする．因子 A のレデュースドモデルを例示する．

A Reducedモデル

	1	2	3	4	data
1	1	1	1	1	76.8
2	1	1	-1	-1	72.9
3	1	-1	1	1	70.2
4	1	-1	-1	-1	64.2
5	1	1	1	-1	68.4
6	1	-1	1	-1	62.3
7	1	-1	-1	1	64

(8) デザイン行列の作成完了後，あとは順に ⑥デザイン行列の転置，⑦正規方程式，⑧逆行列 ボタンをクリックする．逆行列とその右側に $\hat{\mu}$ = 68.6125，$\hat{\alpha}$ = 2.4125，$\hat{\beta}$ = 1.4875，$\hat{\gamma}$ = 2.7625，$\hat{\delta}$ = -0.2875，$\widehat{(\alpha\beta)}$ = 2.3375 が表示される．

Fullモデル

0.1875	-0.0625	-0.0625	0.0625	-0.0625	0.0625	68.6125
-0.0625	0.1875	0.0625	-0.0625	0.0625	-0.0625	2.4125
-0.0625	0.0625	0.1875	-0.0625	-0.0625	-0.0625	1.4875
0.0625	-0.0625	-0.0625	0.1875	-0.0625	0.0625	2.7625
-0.0625	0.0625	-0.0625	-0.0625	0.1875	-0.0625	-0.2875
0.0625	-0.0625	-0.0625	0.0625	-0.0625	0.1875	2.3375

(9) ⑨分散分析 ボタンをクリックすると，分散分析表が表示される．

sv	ss	df	ms	F_0	検定
A	61.120417	1	61.12042	55.43802	
B	30.826667	1	30.82667	27.9607	
C	40.700833	1	40.70083	36.91686	
D	0.4408333	1	0.440833	0.399849	
AB	29.140833	1	29.14083	26.43159	
e	1.1025	1	1.1025		
計	168.26	6			

(10) 分散分析結果から，プールする主効果がある場合は網掛けで指定された
セルにその数を入力し，⑩プーリングの有無ボタンを押す．［例題8.4］
ではフルモデルによる推定を実施しているため，今回は"0"を入力する．

プールする主効果の数	0	変量因子も含む
プールする交互作用の数	0	

(11) 分散分析表の下に推定用のフォームが作成されるので，網掛けで指定さ
れたセルに推定したい2条件（条件1と2）を入力する．条件1は例題にな
らって水準 A_1B_1 を，条件2は水準 A_2B_2 を入力する．

(12) ⑪推定ボタンをクリックすると，条件1と2，および条件1-2の3通
りの推定結果が表示される．

	1	2	3	4	5	6	推定値	1/ne	S.E.	±Q
条件1	1	1	1	0	0	1	74.85	0.5	0.55125	9.433876
条件2	1	-1	-1	0	0	1	67.05	1.5	1.65375	16.33995
条件1-2	0	2	2	0	0	0	7.8	2	2.205	18.86775

条件1の95％信頼区間は $74.85\pm9.43 = [65.42, 84.28]$ となり，テキストで
の計算結果と一致する．

(13) ⑫結果の印刷ボタンをクリックすると，計算結果が印刷される．

(14) プログラムを保存して，終了する．

[プーリングする場合のソフトの使用例]

［例題8.4］を用いてプールする要因のある場合について解説する．

［例題8.4］ 欠測値のある L_8 直交表実験（因子 D のプーリング）

(1) 前述の(1)～(9)の手順で以下の分散分析表（再掲）が表示される．因子 D

は F_0 値が 0.3998 なのでプールする.

sv	ss	df	ms	F_0	検定
A	61.120417	1	61.12042	55.43802	
B	30.826667	1	30.82667	27.9607	
C	40.700833	1	40.70083	36.91686	
D	0.4408333	1	0.440833	0.399849	
A×B	29.140833	1	29.14083	26.43159	
e	1.1025	1	1.1025		
計	168.26	6			

(2) 分散分析結果から,プールする因子がある場合は網掛けで指定されたセルにプールする因子の数を入力し,⑩プーリングの有無ボタンを押す.今回は因子 D をプールするため,網掛け部にはプールする主効果の数に"1"を,プールする交互作用の数に"0"を入力し,⑩プーリングの有無ボタンを押す.

プールする主効果の数　　1　変量因子も含む
プールする交互作用の数　0

(3) プーリングによる各因子の再設定を行う.プールする因子を除き,解析に必要な因子を再入力する.今回は,主効果に A, B, C を,交互作用に $A×B$ を入力し,⑬因子の再設定ボタンを押す.

解析に必要な主効果　A　B　C　アソビ列、変量因子も含む
解析に必要な交互作用　A×B

(4) 「プーリング後の分散分析」シートが,ブックに追加され,プーリング後の解析に必要な情報が自動的に入力される.それを確認し,もとのシートに戻って⑭プーリングの解析準備ボタンを押す.「プーリング後の分散分析」シートに新たに分散分析表のフォームが作成されるため,それを確認し,再度もとのシートに戻って⑮プーリングの開始ボタンを押す.

(5) プーリング前と同様,「プーリング後の分散分析」シートのフルモデルと各レデュースドモデルの網掛け部に必要なデータを入力する.

(6) ⑯プーリング後の分散分析ボタンを押す.

「プーリング後の分散分析」シートに,プーリング後の分散分析結果が計算

され，推定用フォームが作成される．

sv	ss	df	ms	F_0	検定
A	60.27025	1	60.27025	78.104	*
B	29.41225	1	29.41225	38.11523	*
C	42.66667	1	42.66667	55.29158	*
A×B	30.15042	1	30.15042	39.07181	*
e	1.543333	2	0.771667		
計	168.26	6			

(7) 推定の網掛けで指定されたセルに推定したい2条件(条件1と2)を入力する．条件1は例題にならい A_1B_1 を，条件2は A_2B_2 を入力する．

(8) ⑰プーリング後の推定 ボタンをクリックすると，条件1と2，条件1-2の3通りの推定結果が表示される．

	1	2	3	4	5	推定値	1/ne	S.E.	±Q
条件1	1	1	1	0	1	74.85	0.5	0.385833	2.672614
条件2	1	-1	-1	0	1	66.66667	1.166667	0.900278	4.082485
条件1-2	0	2	2	0	0	8.183333	1.666667	1.286111	4.879502

(9) ⑱プーリング後の結果の印刷 ボタンをクリックすると，計算結果が印刷される．

(10) プログラムを保存して，終了する．

付　　録

付表Ⅰ-1　正規分布表(1) $-u(P)$ から上側確率 P を求める表
付表Ⅰ-2　正規分布表(2) $-$ 上側確率 P から $u(P)$ を求める表
付表Ⅱ　　t 分布表 $-$ 自由度 ϕ と両側確率 P から $t(\phi, P)$ を求める表
付表Ⅲ　　χ^2 分布表 $-$ 自由度 ϕ と上側確率 P から $\chi^2(\phi, P)$ を求める表
付表Ⅳ-1　F 分布表 $(P=0.05)$
　　　　　―自由度 ϕ_1, ϕ_2 と上側確率 5% から $F(\phi_1, \phi_2)$ を求める表
付表Ⅳ-2　F 分布表 $(P=0.01)$
　　　　　―自由度 ϕ_1, ϕ_2 と上側確率 1% から $F(\phi_1, \phi_2)$ を求める表
付表Ⅴ　　$L_{32}(2^{31})$ 直交表
付表Ⅵ　　直交表の標準線点図

付表Ⅰ〜Ⅳは SAS(SAS Institute Inc., "SAS/BASE Users Guide" release 6.03 edition, SAS Institute Inc., Cary, NC, 1988) の関数を用いて求めた.
付表Ⅴ〜Ⅵは, 田口玄一, 小西省三：『直交表による実験のわりつけ方』, 日科技連出版社 (1959) より許可を得て引用した.

付表 I-1 　正規分布表(1)

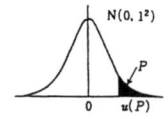

$u(P)$ から上側確率 P を求める表

$N(0, 1^2)$

$u(P)$	0	1	2	3	4	5	6	7	8	9
0.0	0.5000	0.4960	0.4920	0.4880	0.4840	0.4801	0.4761	0.4721	0.4681	0.4641
0.1	0.4602	0.4562	0.4522	0.4483	0.4443	0.4404	0.4364	0.4325	0.4286	0.4247
0.2	0.4207	0.4168	0.4129	0.4090	0.4052	0.4013	0.3974	0.3936	0.3897	0.3859
0.3	0.3821	0.3783	0.3745	0.3707	0.3669	0.3632	0.3594	0.3557	0.3520	0.3483
0.4	0.3446	0.3409	0.3372	0.3336	0.3300	0.3264	0.3228	0.3192	0.3156	0.3121
0.5	0.3085	0.3050	0.3015	0.2981	0.2946	0.2912	0.2877	0.2843	0.2810	0.2776
0.6	0.2743	0.2709	0.2676	0.2643	0.2611	0.2578	0.2546	0.2514	0.2483	0.2451
0.7	0.2420	0.2389	0.2358	0.2327	0.2296	0.2266	0.2236	0.2206	0.2177	0.2148
0.8	0.2119	0.2090	0.2061	0.2033	0.2005	0.1977	0.1949	0.1922	0.1894	0.1867
0.9	0.1841	0.1814	0.1788	0.1762	0.1736	0.1711	0.1685	0.1660	0.1635	0.1611
1.0	0.1587	0.1562	0.1539	0.1515	0.1492	0.1469	0.1446	0.1423	0.1401	0.1379
1.1	0.1357	0.1335	0.1314	0.1292	0.1271	0.1251	0.1230	0.1210	0.1190	0.1170
1.2	0.1151	0.1131	0.1112	0.1093	0.1075	0.1056	0.1038	0.1020	0.1003	0.0985
1.3	0.0968	0.0951	0.0934	0.0918	0.0901	0.0885	0.0869	0.0853	0.0838	0.0823
1.4	0.0808	0.0793	0.0778	0.0764	0.0749	0.0735	0.0721	0.0708	0.0694	0.0681
1.5	0.0668	0.0655	0.0643	0.0630	0.0618	0.0606	0.0594	0.0582	0.0571	0.0559
1.6	0.0548	0.0537	0.0526	0.0516	0.0505	0.0495	0.0485	0.0475	0.0465	0.0455
1.7	0.0446	0.0436	0.0427	0.0418	0.0409	0.0401	0.0392	0.0384	0.0375	0.0367
1.8	0.0359	0.0351	0.0344	0.0336	0.0329	0.0322	0.0314	0.0307	0.0301	0.0294
1.9	0.0287	0.0281	0.0274	0.0268	0.0262	0.0256	0.0250	0.0244	0.0239	0.0233
2.0	0.0228	0.0222	0.0217	0.0212	0.0207	0.0202	0.0197	0.0192	0.0188	0.0183
2.1	0.0179	0.0174	0.0170	0.0166	0.0162	0.0158	0.0154	0.0150	0.0146	0.0143
2.2	0.0139	0.0136	0.0132	0.0129	0.0125	0.0122	0.0119	0.0116	0.0113	0.0110
2.3	0.0107	0.0104	0.0102	0.0099	0.0096	0.0094	0.0091	0.0089	0.0087	0.0084
2.4	0.0082	0.0080	0.0078	0.0075	0.0073	0.0071	0.0069	0.0068	0.0066	0.0064
2.5	0.0062	0.0060	0.0059	0.0057	0.0055	0.0054	0.0052	0.0051	0.0049	0.0048
2.6	0.0047	0.0045	0.0044	0.0043	0.0041	0.0040	0.0039	0.0038	0.0037	0.0036
2.7	0.0035	0.0034	0.0033	0.0032	0.0031	0.0030	0.0029	0.0028	0.0027	0.0026
2.8	0.0026	0.0025	0.0024	0.0023	0.0023	0.0022	0.0021	0.0021	0.0020	0.0019
2.9	0.0019	0.0018	0.0018	0.0017	0.0016	0.0016	0.0015	0.0015	0.0014	0.0014
3.0	0.0013	0.0013	0.0013	0.0012	0.0012	0.0011	0.0011	0.0011	0.0010	0.0010
3.1	0.0010	0.0009	0.0009	0.0009	0.0008	0.0008	0.0008	0.0008	0.0007	0.0007
3.2	0.0007	0.0007	0.0006	0.0006	0.0006	0.0006	0.0006	0.0005	0.0005	0.0005
3.3	0.0005	0.0005	0.0005	0.0004	0.0004	0.0004	0.0004	0.0004	0.0004	0.0003
3.4	0.0003	0.0003	0.0003	0.0003	0.0003	0.0003	0.0003	0.0003	0.0003	0.0002
3.5	0.0002	0.0002	0.0002	0.0002	0.0002	0.0002	0.0002	0.0002	0.0002	0.0002
3.6	0.0002	0.0002	0.0001	0.0001	0.0001	0.0001	0.0001	0.0001	0.0001	0.0001
3.7	0.0001	0.0001	0.0001	0.0001	0.0001	0.0001	0.0001	0.0001	0.0001	0.0001

付表 I-2 正規分布表(2)

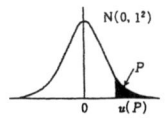

$N(0, 1^2)$

上側確率Pから$u(P)$を求める表

P	0	1	2	3	4	5	6	7	8	9
0.00	∞	3.0902	2.8782	2.7478	2.6521	2.5758	2.5121	2.4573	2.4089	2.3656
0.01	2.3263	2.2904	2.2571	2.2262	2.1973	2.1701	2.1444	2.1201	2.0969	2.0749
0.02	2.0537	2.0335	2.0141	1.9954	1.9774	1.9600	1.9431	1.9268	1.9110	1.8957
0.03	1.8808	1.8663	1.8522	1.8384	1.8250	1.8119	1.7991	1.7866	1.7744	1.7624
0.04	1.7507	1.7392	1.7279	1.7169	1.7060	1.6954	1.6849	1.6747	1.6646	1.6546
0.05	1.6449	1.6352	1.6258	1.6164	1.6072	1.5982	1.5893	1.5805	1.5718	1.5632
0.06	1.5548	1.5464	1.5382	1.5301	1.5220	1.5141	1.5063	1.4985	1.4909	1.4833
0.07	1.4758	1.4684	1.4611	1.4538	1.4466	1.4395	1.4325	1.4255	1.4187	1.4118
0.08	1.4051	1.3984	1.3917	1.3852	1.3787	1.3722	1.3658	1.3595	1.3532	1.3469
0.09	1.3408	1.3346	1.3285	1.3225	1.3165	1.3106	1.3047	1.2988	1.2930	1.2873
0.10	1.2816	1.2759	1.2702	1.2646	1.2591	1.2536	1.2481	1.2426	1.2372	1.2319
0.11	1.2265	1.2212	1.2160	1.2107	1.2055	1.2004	1.1952	1.1901	1.1850	1.1800
0.12	1.175	1.1700	1.1650	1.1601	1.1552	1.1503	1.1455	1.1407	1.1359	1.1311
0.13	1.1264	1.1217	1.1170	1.1123	1.1077	1.1031	1.0985	1.0939	1.0893	1.0848
0.14	1.0803	1.0758	1.0714	1.0669	1.0625	1.0581	1.0537	1.0494	1.0450	1.0407
0.15	1.0364	1.0322	1.0279	1.0237	1.0194	1.0152	1.0110	1.0069	1.0027	0.9986
0.16	0.9945	0.9904	0.9863	0.9822	0.9782	0.9741	0.9701	0.9661	0.9621	0.9581
0.17	0.9542	0.9502	0.9463	0.9424	0.9385	0.9346	0.9307	0.9269	0.9230	0.9192
0.18	0.9154	0.9116	0.9078	0.9040	0.9002	0.8965	0.8927	0.8890	0.8853	0.8816
0.19	0.8779	0.8742	0.8705	0.8669	0.8633	0.8596	0.8560	0.8524	0.8488	0.8452
0.20	0.8416	0.8381	0.8345	0.8310	0.8274	0.8239	0.8204	0.8169	0.8134	0.8099
0.21	0.8064	0.8030	0.7995	0.7961	0.7926	0.7892	0.7858	0.7824	0.7790	0.7756
0.22	0.7722	0.7688	0.7655	0.7621	0.7588	0.7554	0.7521	0.7488	0.7454	0.7421
0.23	0.7388	0.7356	0.7323	0.7290	0.7257	0.7225	0.7192	0.7160	0.7128	0.7095
0.24	0.7063	0.7031	0.6999	0.6967	0.6935	0.6903	0.6871	0.6840	0.6808	0.6776
0.25	0.6745	0.6713	0.6682	0.6651	0.6620	0.6588	0.6557	0.6526	0.6495	0.6464
0.26	0.6433	0.6403	0.6372	0.6341	0.6311	0.6280	0.6250	0.6219	0.6189	0.6158
0.27	0.6128	0.6098	0.6068	0.6038	0.6008	0.5978	0.5948	0.5918	0.5888	0.5858
0.28	0.5828	0.5799	0.5769	0.5740	0.5710	0.5681	0.5651	0.5622	0.5592	0.5563
0.29	0.5534	0.5505	0.5476	0.5446	0.5417	0.5388	0.5359	0.5330	0.5302	0.5273
0.30	0.5244	0.5215	0.5187	0.5158	0.5129	0.5101	0.5072	0.5044	0.5015	0.4987
0.31	0.4959	0.4930	0.4902	0.4874	0.4845	0.4817	0.4789	0.4761	0.4733	0.4705
0.32	0.4677	0.4649	0.4621	0.4593	0.4565	0.4538	0.4510	0.4482	0.4454	0.4427
0.33	0.4399	0.4372	0.4344	0.4316	0.4289	0.4261	0.4234	0.4207	0.4179	0.4152
0.34	0.4125	0.4097	0.4070	0.4043	0.4016	0.3989	0.3961	0.3934	0.3907	0.3880
0.35	0.3853	0.3826	0.3799	0.3772	0.3745	0.3719	0.3692	0.3665	0.3638	0.3611
0.36	0.3585	0.3558	0.3531	0.3505	0.3478	0.3451	0.3425	0.3398	0.3372	0.3345
0.37	0.3319	0.3292	0.3266	0.3239	0.3213	0.3186	0.3160	0.3134	0.3107	0.3081
0.38	0.3055	0.3029	0.3002	0.2976	0.2950	0.2924	0.2898	0.2871	0.2845	0.2819
0.39	0.2793	0.2767	0.2741	0.2715	0.2689	0.2663	0.2637	0.2611	0.2585	0.2559
0.40	0.2533	0.2508	0.2482	0.2456	0.2430	0.2404	0.2378	0.2353	0.2327	0.2301
0.41	0.2275	0.2250	0.2224	0.2198	0.2173	0.2147	0.2121	0.2096	0.2070	0.2045
0.42	0.2019	0.1993	0.1968	0.1942	0.1917	0.1891	0.1866	0.1840	0.1815	0.1789
0.43	0.1764	0.1738	0.1713	0.1687	0.1662	0.1637	0.1611	0.1586	0.1560	0.1535
0.44	0.151	0.1484	0.1459	0.1434	0.1408	0.1383	0.1358	0.1332	0.1307	0.1282
0.45	0.1257	0.1231	0.1206	0.1181	0.1156	0.1130	0.1105	0.1080	0.1055	0.1030
0.46	0.1004	0.0979	0.0954	0.0929	0.0904	0.0878	0.0853	0.0828	0.0803	0.0778
0.47	0.0753	0.0728	0.0702	0.0677	0.0652	0.0627	0.0602	0.0577	0.0552	0.0527
0.48	0.0502	0.0476	0.0451	0.0426	0.0401	0.0376	0.0351	0.0326	0.0301	0.0276
0.49	0.0251	0.0226	0.0201	0.0175	0.0150	0.0125	0.0100	0.0075	0.0050	0.0025

付表Ⅱ　t 分布表

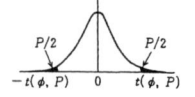

自由度 ϕ と両側確率 P から $t(\phi, P)$ を求める表

ϕ \ P	0.5	0.4	0.3	0.2	0.1	0.05	0.02	0.01	0.001
1	1.000	1.376	1.963	3.078	6.314	12.706	31.821	63.657	636.619
2	0.816	1.061	1.386	1.886	2.920	4.303	6.965	9.925	31.599
3	0.765	0.978	1.250	1.638	2.353	3.182	4.541	5.841	12.924
4	0.741	0.941	1.190	1.533	2.132	2.776	3.747	4.604	8.610
5	0.727	0.920	1.156	1.476	2.015	2.571	3.365	4.032	6.869
6	0.718	0.906	1.134	1.440	1.943	2.447	3.143	3.707	5.959
7	0.711	0.896	1.119	1.415	1.895	2.365	2.998	3.499	5.408
8	0.706	0.889	1.108	1.397	1.860	2.306	2.896	3.355	5.041
9	0.703	0.883	1.100	1.383	1.833	2.262	2.821	3.250	4.781
10	0.700	0.879	1.093	1.372	1.812	2.228	2.764	3.169	4.587
11	0.697	0.876	1.088	1.363	1.796	2.201	2.718	3.106	4.437
12	0.695	0.873	1.083	1.356	1.782	2.179	2.681	3.055	4.318
13	0.694	0.870	1.079	1.350	1.771	2.160	2.650	3.012	4.221
14	0.692	0.868	1.076	1.345	1.761	2.145	2.624	2.977	4.140
15	0.691	0.866	1.074	1.341	1.753	2.131	2.602	2.947	4.073
16	0.690	0.865	1.071	1.337	1.746	2.120	2.583	2.921	4.015
17	0.689	0.863	1.069	1.333	1.740	2.110	2.567	2.898	3.965
18	0.688	0.862	1.067	1.330	1.734	2.101	2.552	2.878	3.922
19	0.688	0.861	1.066	1.328	1.729	2.093	2.539	2.861	3.883
20	0.687	0.860	1.064	1.325	1.725	2.086	2.528	2.845	3.850
21	0.686	0.859	1.063	1.323	1.721	2.080	2.518	2.831	3.819
22	0.686	0.858	1.061	1.321	1.717	2.074	2.508	2.819	3.792
23	0.685	0.858	1.060	1.319	1.714	2.069	2.500	2.807	3.768
24	0.685	0.857	1.059	1.318	1.711	2.064	2.492	2.797	3.745
25	0.684	0.856	1.058	1.316	1.708	2.060	2.485	2.787	3.725
26	0.684	0.856	1.058	1.315	1.706	2.056	2.479	2.779	3.707
27	0.684	0.855	1.057	1.314	1.703	2.052	2.473	2.771	3.690
28	0.683	0.855	1.056	1.313	1.701	2.048	2.467	2.763	3.674
29	0.683	0.854	1.055	1.311	1.699	2.045	2.462	2.756	3.659
30	0.683	0.854	1.055	1.310	1.697	2.042	2.457	2.750	3.646
31	0.682	0.853	1.054	1.309	1.696	2.040	2.453	2.744	3.633
32	0.682	0.853	1.054	1.309	1.694	2.037	2.449	2.738	3.622
33	0.682	0.853	1.053	1.308	1.692	2.035	2.445	2.733	3.611
34	0.682	0.852	1.052	1.307	1.691	2.032	2.441	2.728	3.601
35	0.682	0.852	1.052	1.306	1.690	2.030	2.438	2.724	3.591
36	0.681	0.852	1.052	1.306	1.688	2.028	2.434	2.719	3.582
37	0.681	0.851	1.051	1.305	1.687	2.026	2.431	2.715	3.574
38	0.681	0.851	1.051	1.304	1.686	2.024	2.429	2.712	3.566
39	0.681	0.851	1.050	1.304	1.685	2.023	2.426	2.708	3.558
40	0.681	0.851	1.050	1.303	1.684	2.021	2.423	2.704	3.551
41	0.681	0.850	1.050	1.303	1.683	2.020	2.421	2.701	3.544
42	0.680	0.850	1.049	1.302	1.682	2.018	2.418	2.698	3.538
43	0.680	0.850	1.049	1.302	1.681	2.017	2.416	2.695	3.532
44	0.680	0.850	1.049	1.301	1.680	2.015	2.414	2.692	3.526
45	0.680	0.850	1.049	1.301	1.679	2.014	2.412	2.690	3.520
46	0.680	0.850	1.048	1.300	1.679	2.013	2.410	2.687	3.515
48	0.680	0.849	1.048	1.299	1.677	2.011	2.407	2.682	3.505
50	0.679	0.849	1.047	1.299	1.676	2.009	2.403	2.678	3.496
60	0.679	0.848	1.045	1.296	1.671	2.000	2.390	2.660	3.460
80	0.678	0.846	1.043	1.292	1.664	1.990	2.374	2.639	3.416
120	0.677	0.845	1.041	1.289	1.658	1.980	2.358	2.617	3.373
240	0.676	0.843	1.039	1.285	1.651	1.970	2.342	2.596	3.332
∞	0.674	0.842	1.036	1.282	1.645	1.960	2.326	2.576	3.291

付表III　χ^2 分布表

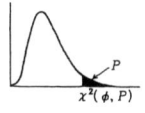

自由度 ϕ と上側確率 P から $\chi^2(\phi, P)$ を求める表

ϕ \ P	0.99	0.975	0.95	0.75	0.5	0.25	0.1	0.05	0.025	0.01	0.005
1	0.000	0.001	0.004	0.102	0.455	1.323	2.706	3.841	5.024	6.635	7.879
2	0.020	0.051	0.103	0.575	1.386	2.773	4.605	5.991	7.378	9.210	10.597
3	0.115	0.216	0.352	1.213	2.366	4.108	6.251	7.815	9.348	11.345	12.838
4	0.297	0.484	0.711	1.923	3.357	5.385	7.779	9.488	11.143	13.277	14.860
5	0.554	0.831	1.145	2.675	4.351	6.626	9.236	11.070	12.833	15.086	16.750
6	0.872	1.237	1.635	3.455	5.348	7.841	10.645	12.592	14.449	16.812	18.548
7	1.239	1.690	2.167	4.255	6.346	9.037	12.017	14.067	16.013	18.475	20.278
8	1.646	2.180	2.733	5.071	7.344	10.219	13.362	15.507	17.535	20.090	21.955
9	2.088	2.700	3.325	5.899	8.343	11.389	14.684	16.919	19.023	21.666	23.589
10	2.558	3.247	3.940	6.737	9.342	12.549	15.987	18.307	20.483	23.209	25.188
11	3.053	3.816	4.575	7.584	10.341	13.701	17.275	19.675	21.920	24.725	26.757
12	3.571	4.404	5.226	8.438	11.340	14.845	18.549	21.026	23.337	26.217	28.300
13	4.107	5.009	5.892	9.299	12.340	15.984	19.812	22.362	24.736	27.688	29.819
14	4.660	5.629	6.571	10.165	13.339	17.117	21.064	23.685	26.119	29.141	31.319
15	5.229	6.262	7.261	11.037	14.339	18.245	22.307	24.996	27.488	30.578	32.801
16	5.812	6.908	7.962	11.912	15.338	19.369	23.542	26.296	28.845	32.000	34.267
17	6.408	7.564	8.672	12.792	16.338	20.489	24.769	27.587	30.191	33.409	35.718
18	7.015	8.231	9.390	13.675	17.338	21.605	25.989	28.869	31.526	34.805	37.156
19	7.633	8.907	10.117	14.562	18.338	22.718	27.204	30.144	32.852	36.191	38.582
20	8.260	9.591	10.851	15.452	19.337	23.828	28.412	31.410	34.170	37.566	39.997
21	8.897	10.283	11.591	16.344	20.337	24.935	29.615	32.671	35.479	38.932	41.401
22	9.542	10.982	12.338	17.240	21.337	26.039	30.813	33.924	36.781	40.289	42.796
23	10.196	11.689	13.091	18.137	22.337	27.141	32.007	35.172	38.076	41.638	44.181
24	10.856	12.401	13.848	19.037	23.337	28.241	33.196	36.415	39.364	42.980	45.559
25	11.524	13.120	14.611	19.939	24.337	29.339	34.382	37.652	40.646	44.314	46.928
26	12.198	13.844	15.379	20.843	25.336	30.435	35.563	38.885	41.923	45.642	48.290
27	12.879	14.573	16.151	21.749	26.336	31.528	36.741	40.113	43.195	46.963	49.645
28	13.565	15.308	16.928	22.657	27.336	32.620	37.916	41.337	44.461	48.278	50.993
29	14.256	16.047	17.708	23.567	28.336	33.711	39.087	42.557	45.722	49.588	52.336
30	14.953	16.791	18.493	24.478	29.336	34.800	40.256	43.773	46.979	50.892	53.672
31	15.655	17.539	19.281	25.390	30.336	35.887	41.422	44.985	48.232	52.191	55.003
32	16.362	18.291	20.072	26.304	31.336	36.973	42.585	46.194	49.480	53.486	56.328
33	17.074	19.047	20.867	27.219	32.336	38.058	43.745	47.400	50.725	54.776	57.648
34	17.789	19.806	21.664	28.136	33.336	39.141	44.903	48.602	51.966	56.061	58.964
35	18.509	20.569	22.465	29.054	34.336	40.223	46.059	49.802	53.203	57.342	60.275
36	19.233	21.336	23.269	29.973	35.336	41.304	47.212	50.998	54.437	58.619	61.581
37	19.960	22.106	24.075	30.893	36.336	42.383	48.363	52.192	55.668	59.893	62.883
38	20.691	22.878	24.884	31.815	37.335	43.462	49.513	53.384	56.896	61.162	64.181
39	21.426	23.654	25.695	32.737	38.335	44.539	50.660	54.572	58.120	62.428	65.476
40	22.164	24.433	26.509	33.660	39.335	45.616	51.805	55.758	59.342	63.691	66.766
41	22.906	25.215	27.326	34.585	40.335	46.692	52.949	56.942	60.561	64.950	68.053
42	23.650	25.999	28.144	35.510	41.335	47.766	54.090	58.124	61.777	66.206	69.336
43	24.398	26.785	28.965	36.436	42.335	48.840	55.230	59.304	62.990	67.459	70.616
44	25.148	27.575	29.787	37.363	43.335	49.913	56.369	60.481	64.201	68.710	71.893
45	25.901	28.366	30.612	38.291	44.335	50.985	57.505	61.656	65.410	69.957	73.166
46	26.657	29.160	31.439	39.220	45.335	52.056	58.641	62.830	66.617	71.201	74.437
48	28.177	30.755	33.098	41.079	47.335	54.196	60.907	65.171	69.023	73.683	76.969
50	29.707	32.357	34.764	42.942	49.335	56.334	63.167	67.505	71.420	76.154	79.490
60	37.485	40.482	43.188	52.294	59.335	66.981	74.397	79.082	83.298	88.379	91.952
80	53.540	57.153	60.391	71.145	79.334	88.130	96.578	101.879	106.629	112.329	116.321
120	86.923	91.573	95.705	109.220	119.334	130.055	140.233	146.567	152.211	158.950	163.648
240	191.990	198.984	205.135	224.882	239.334	254.392	268.471	277.138	284.802	293.888	300.182

付表IV-1　F分

自由度 ϕ_1, ϕ_2 と上側確率5%から $F(\phi_1, \phi_2)$ を求める表

$\phi_2 \backslash \phi_1$	1	2	3	4	5	6	7	8
1	161.45	199.50	215.71	224.58	230.16	233.99	236.77	238.88
2	18.513	19.000	19.164	19.247	19.296	19.330	19.353	19.371
3	10.128	9.552	9.277	9.117	9.013	8.941	8.887	8.845
4	7.709	6.944	6.591	6.388	6.256	6.163	6.094	6.041
5	6.608	5.786	5.409	5.192	5.050	4.950	4.876	4.818
6	5.987	5.143	4.757	4.534	4.387	4.284	4.207	4.147
7	5.591	4.737	4.347	4.120	3.972	3.866	3.787	3.726
8	5.318	4.459	4.066	3.838	3.687	3.581	3.500	3.438
9	5.117	4.256	3.863	3.633	3.482	3.374	3.293	3.230
10	4.965	4.103	3.708	3.478	3.326	3.217	3.135	3.072
11	4.844	3.982	3.587	3.357	3.204	3.095	3.012	2.948
12	4.747	3.885	3.490	3.259	3.106	2.996	2.913	2.849
13	4.667	3.806	3.411	3.179	3.025	2.915	2.832	2.767
14	4.600	3.739	3.344	3.112	2.958	2.848	2.764	2.699
15	4.543	3.682	3.287	3.056	2.901	2.790	2.707	2.641
16	4.494	3.634	3.239	3.007	2.852	2.741	2.657	2.591
17	4.451	3.592	3.197	2.965	2.810	2.699	2.614	2.548
18	4.414	3.555	3.160	2.928	2.773	2.661	2.577	2.510
19	4.381	3.522	3.127	2.895	2.740	2.628	2.544	2.477
20	4.351	3.493	3.098	2.866	2.711	2.599	2.514	2.447
21	4.325	3.467	3.072	2.840	2.685	2.573	2.488	2.420
22	4.301	3.443	3.049	2.817	2.661	2.549	2.464	2.397
23	4.279	3.422	3.028	2.796	2.640	2.528	2.442	2.375
24	4.260	3.403	3.009	2.776	2.621	2.508	2.423	2.355
25	4.242	3.385	2.991	2.759	2.603	2.490	2.405	2.337
26	4.225	3.369	2.975	2.743	2.587	2.474	2.388	2.321
27	4.210	3.354	2.960	2.728	2.572	2.459	2.373	2.305
28	4.196	3.340	2.947	2.714	2.558	2.445	2.359	2.291
29	4.183	3.328	2.934	2.701	2.545	2.432	2.346	2.278
30	4.171	3.316	2.922	2.690	2.534	2.421	2.334	2.266
31	4.160	3.305	2.911	2.679	2.523	2.409	2.323	2.255
32	4.149	3.295	2.901	2.668	2.512	2.399	2.313	2.244
33	4.139	3.285	2.892	2.659	2.503	2.389	2.303	2.235
34	4.130	3.276	2.883	2.650	2.494	2.380	2.294	2.225
35	4.121	3.267	2.874	2.641	2.485	2.372	2.285	2.217
36	4.113	3.259	2.866	2.634	2.477	2.364	2.277	2.209
37	4.105	3.252	2.859	2.626	2.470	2.356	2.270	2.201
38	4.098	3.245	2.852	2.619	2.463	2.349	2.262	2.194
39	4.091	3.238	2.845	2.612	2.456	2.342	2.255	2.187
40	4.085	3.232	2.839	2.606	2.449	2.336	2.249	2.180
41	4.079	3.226	2.833	2.600	2.443	2.330	2.243	2.174
42	4.073	3.220	2.827	2.594	2.438	2.324	2.237	2.168
43	4.067	3.214	2.822	2.589	2.432	2.318	2.232	2.163
44	4.062	3.209	2.816	2.584	2.427	2.313	2.226	2.157
45	4.057	3.204	2.812	2.579	2.422	2.308	2.221	2.152
46	4.052	3.200	2.807	2.574	2.417	2.304	2.216	2.147
48	4.043	3.191	2.798	2.565	2.409	2.295	2.207	2.138
50	4.034	3.183	2.790	2.557	2.400	2.286	2.199	2.130
60	4.001	3.150	2.758	2.525	2.368	2.254	2.167	2.097
80	3.960	3.111	2.719	2.486	2.329	2.214	2.126	2.056
120	3.920	3.072	2.680	2.447	2.290	2.175	2.087	2.016
240	3.880	3.033	2.642	2.409	2.252	2.136	2.048	1.977
∞	3.841	2.996	2.605	2.372	2.214	2.099	2.010	1.938

付　録

布表（$P=0.05$）

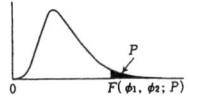

9	10	15	20	30	40	60	120	∞
240.54	241.88	245.95	248.01	250.10	251.14	252.20	253.25	254.31
19.385	19.396	19.429	19.446	19.462	19.471	19.479	19.487	19.496
8.812	8.786	8.703	8.660	8.617	8.594	8.572	8.549	8.526
5.999	5.964	5.858	5.803	5.746	5.717	5.688	5.658	5.628
4.772	4.735	4.619	4.558	4.496	4.464	4.431	4.398	4.365
4.099	4.060	3.938	3.874	3.808	3.774	3.740	3.705	3.669
3.677	3.637	3.511	3.445	3.376	3.340	3.304	3.267	3.230
3.388	3.347	3.218	3.150	3.079	3.043	3.005	2.967	2.928
3.179	3.137	3.006	2.936	2.864	2.826	2.787	2.748	2.707
3.020	2.978	2.845	2.774	2.700	2.661	2.621	2.580	2.538
2.896	2.854	2.719	2.646	2.570	2.531	2.490	2.448	2.404
2.796	2.753	2.617	2.544	2.466	2.426	2.384	2.341	2.296
2.714	2.671	2.533	2.459	2.380	2.339	2.297	2.252	2.206
2.646	2.602	2.463	2.388	2.308	2.266	2.223	2.178	2.131
2.588	2.544	2.403	2.328	2.247	2.204	2.160	2.114	2.066
2.538	2.494	2.352	2.276	2.194	2.151	2.106	2.059	2.010
2.494	2.450	2.308	2.230	2.148	2.104	2.058	2.011	1.960
2.456	2.412	2.269	2.191	2.107	2.063	2.017	1.968	1.917
2.423	2.378	2.234	2.155	2.071	2.026	1.980	1.930	1.878
2.393	2.348	2.203	2.124	2.039	1.994	1.946	1.896	1.843
2.366	2.321	2.176	2.096	2.010	1.965	1.916	1.866	1.812
2.342	2.297	2.151	2.071	1.984	1.938	1.889	1.838	1.783
2.320	2.275	2.128	2.048	1.961	1.914	1.865	1.813	1.757
2.300	2.255	2.108	2.027	1.939	1.892	1.842	1.790	1.733
2.282	2.236	2.089	2.007	1.919	1.872	1.822	1.768	1.711
2.265	2.220	2.072	1.990	1.901	1.853	1.803	1.749	1.691
2.250	2.204	2.056	1.974	1.884	1.836	1.785	1.731	1.672
2.236	2.190	2.041	1.959	1.869	1.820	1.769	1.714	1.654
2.223	2.177	2.027	1.945	1.854	1.806	1.754	1.698	1.638
2.211	2.165	2.015	1.932	1.841	1.792	1.740	1.683	1.622
2.199	2.153	2.003	1.920	1.828	1.779	1.726	1.670	1.608
2.189	2.142	1.992	1.908	1.817	1.767	1.714	1.657	1.594
2.179	2.133	1.982	1.898	1.806	1.756	1.702	1.645	1.581
2.170	2.123	1.972	1.888	1.795	1.745	1.691	1.633	1.569
2.161	2.114	1.963	1.878	1.786	1.735	1.681	1.623	1.558
2.153	2.106	1.954	1.870	1.776	1.726	1.671	1.612	1.547
2.145	2.098	1.946	1.861	1.768	1.717	1.662	1.603	1.537
2.138	2.091	1.939	1.853	1.760	1.708	1.653	1.594	1.527
2.131	2.084	1.931	1.846	1.752	1.700	1.645	1.585	1.518
2.124	2.077	1.924	1.839	1.744	1.693	1.637	1.577	1.509
2.118	2.071	1.918	1.832	1.737	1.686	1.630	1.569	1.500
2.112	2.065	1.912	1.826	1.731	1.679	1.623	1.561	1.492
2.106	2.059	1.906	1.820	1.724	1.672	1.616	1.554	1.485
2.101	2.054	1.900	1.814	1.718	1.666	1.609	1.547	1.477
2.096	2.049	1.895	1.808	1.713	1.660	1.603	1.541	1.470
2.091	2.044	1.890	1.803	1.707	1.654	1.597	1.534	1.463
2.082	2.035	1.880	1.793	1.697	1.644	1.586	1.522	1.450
2.073	2.026	1.871	1.784	1.687	1.634	1.576	1.511	1.438
2.040	1.993	1.836	1.748	1.649	1.594	1.534	1.467	1.389
1.999	1.951	1.793	1.703	1.602	1.545	1.482	1.411	1.325
1.959	1.910	1.750	1.659	1.554	1.495	1.429	1.352	1.254
1.919	1.870	1.708	1.614	1.507	1.445	1.375	1.290	1.170
1.880	1.831	1.666	1.571	1.459	1.394	1.318	1.221	1.000

付表IV-2　F分

自由度 ϕ_1, ϕ_2 と上側確率1%から $F(\phi_1, \phi_2)$ を求める表

ϕ_2 \ ϕ_1	1	2	3	4	5	6	7	8
1	4052.2	4999.5	5403.4	5624.6	5763.6	5859.0	5928.4	5981.1
2	98.503	99.000	99.166	99.249	99.299	99.333	99.356	99.374
3	34.116	30.817	29.457	28.710	28.237	27.911	27.672	27.489
4	21.198	18.000	16.694	15.977	15.522	15.207	14.976	14.799
5	16.258	13.274	12.060	11.392	10.967	10.672	10.456	10.289
6	13.745	10.925	9.780	9.148	8.746	8.466	8.260	8.102
7	12.246	9.547	8.451	7.847	7.460	7.191	6.993	6.840
8	11.259	8.649	7.591	7.006	6.632	6.371	6.178	6.029
9	10.561	8.022	6.992	6.422	6.057	5.802	5.613	5.467
10	10.044	7.559	6.552	5.994	5.636	5.386	5.200	5.057
11	9.646	7.206	6.217	5.668	5.316	5.069	4.886	4.744
12	9.330	6.927	5.953	5.412	5.064	4.821	4.640	4.499
13	9.074	6.701	5.739	5.205	4.862	4.620	4.441	4.302
14	8.862	6.515	5.564	5.035	4.695	4.456	4.278	4.140
15	8.683	6.359	5.417	4.893	4.556	4.318	4.142	4.004
16	8.531	6.226	5.292	4.773	4.437	4.202	4.026	3.890
17	8.400	6.112	5.185	4.669	4.336	4.102	3.927	3.791
18	8.285	6.013	5.092	4.579	4.248	4.015	3.841	3.705
19	8.185	5.926	5.010	4.500	4.171	3.939	3.765	3.631
20	8.096	5.849	4.938	4.431	4.103	3.871	3.699	3.564
21	8.017	5.780	4.874	4.369	4.042	3.812	3.640	3.506
22	7.945	5.719	4.817	4.313	3.988	3.758	3.587	3.453
23	7.881	5.664	4.765	4.264	3.939	3.710	3.539	3.406
24	7.823	5.614	4.718	4.218	3.895	3.667	3.496	3.363
25	7.770	5.568	4.675	4.177	3.855	3.627	3.457	3.324
26	7.721	5.526	4.637	4.140	3.818	3.591	3.421	3.288
27	7.677	5.488	4.601	4.106	3.785	3.558	3.388	3.256
28	7.636	5.453	4.568	4.074	3.754	3.528	3.358	3.226
29	7.598	5.420	4.538	4.045	3.725	3.499	3.330	3.198
30	7.562	5.390	4.510	4.018	3.699	3.473	3.304	3.173
31	7.530	5.362	4.484	3.993	3.675	3.449	3.281	3.149
32	7.499	5.336	4.459	3.969	3.652	3.427	3.258	3.127
33	7.471	5.312	4.437	3.948	3.630	3.406	3.238	3.106
34	7.444	5.289	4.416	3.927	3.611	3.386	3.218	3.087
35	7.419	5.268	4.396	3.908	3.592	3.368	3.200	3.069
36	7.396	5.248	4.377	3.890	3.574	3.351	3.183	3.052
37	7.373	5.229	4.360	3.873	3.558	3.334	3.167	3.036
38	7.353	5.211	4.343	3.858	3.542	3.319	3.152	3.021
39	7.333	5.194	4.327	3.843	3.528	3.305	3.137	3.006
40	7.314	5.179	4.313	3.828	3.514	3.291	3.124	2.993
41	7.296	5.163	4.299	3.815	3.501	3.278	3.111	2.980
42	7.280	5.149	4.285	3.802	3.488	3.266	3.099	2.968
43	7.264	5.136	4.273	3.790	3.476	3.254	3.087	2.957
44	7.248	5.123	4.261	3.778	3.465	3.243	3.076	2.946
45	7.234	5.110	4.249	3.767	3.454	3.232	3.066	2.935
46	7.220	5.099	4.233	3.757	3.444	3.222	3.056	2.925
48	7.194	5.077	4.218	3.737	3.425	3.204	3.037	2.907
50	7.171	5.057	4.199	3.720	3.408	3.186	3.020	2.890
60	7.077	4.977	4.126	3.649	3.339	3.119	2.953	2.823
80	6.963	4.881	4.036	3.563	3.255	3.036	2.871	2.742
120	6.851	4.787	3.949	3.480	3.174	2.956	2.792	2.663
240	6.742	4.695	3.864	3.398	3.094	2.878	2.714	2.586
∞	6.635	4.605	3.782	3.319	3.017	2.802	2.639	2.511

付　録

布表（$P=0.01$）

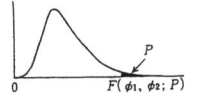

9	10	15	20	30	40	60	120	∞
6022.5	6055.8	6157.3	6208.7	6260.6	6286.8	6313.0	6339.4	6365.9
99.388	99.399	99.433	99.449	99.466	99.474	99.482	99.491	99.499
27.345	27.229	26.872	26.690	26.505	26.411	26.316	26.221	26.125
14.659	14.546	14.198	14.020	13.838	13.745	13.652	13.558	13.463
10.158	10.051	9.722	9.553	9.379	9.291	9.202	9.112	9.020
7.976	7.874	7.559	7.396	7.229	7.143	7.057	6.969	6.880
6.719	6.620	6.314	6.155	5.992	5.908	5.824	5.737	5.650
5.911	5.814	5.515	5.359	5.198	5.116	5.032	4.946	4.859
5.351	5.257	4.962	4.808	4.649	4.567	4.483	4.398	4.311
4.942	4.849	4.558	4.405	4.247	4.165	4.082	3.996	3.909
4.632	4.539	4.251	4.099	3.941	3.860	3.776	3.690	3.602
4.388	4.296	4.010	3.858	3.701	3.619	3.535	3.449	3.361
4.191	4.100	3.815	3.665	3.507	3.425	3.341	3.255	3.165
4.030	3.939	3.656	3.505	3.348	3.266	3.181	3.094	3.004
3.895	3.805	3.522	3.372	3.214	3.132	3.047	2.959	2.868
3.780	3.691	3.409	3.259	3.101	3.018	2.933	2.845	2.753
3.682	3.593	3.312	3.162	3.003	2.920	2.835	2.746	2.653
3.597	3.508	3.227	3.077	2.919	2.835	2.749	2.660	2.566
3.523	3.434	3.153	3.003	2.844	2.761	2.674	2.584	2.489
3.457	3.368	3.088	2.938	2.778	2.695	2.608	2.517	2.421
3.398	3.310	3.030	2.880	2.720	2.636	2.548	2.457	2.360
3.346	3.258	2.978	2.827	2.667	2.583	2.495	2.403	2.305
3.299	3.211	2.931	2.781	2.620	2.535	2.447	2.354	2.256
3.256	3.168	2.889	2.738	2.577	2.492	2.403	2.310	2.211
3.217	3.129	2.850	2.699	2.538	2.453	2.364	2.270	2.169
3.182	3.094	2.815	2.664	2.503	2.417	2.327	2.233	2.131
3.149	3.062	2.783	2.632	2.470	2.384	2.294	2.198	2.097
3.120	3.032	2.753	2.602	2.440	2.354	2.263	2.167	2.064
3.092	3.005	2.726	2.574	2.412	2.325	2.234	2.138	2.034
3.067	2.979	2.700	2.549	2.386	2.299	2.208	2.111	2.006
3.043	2.955	2.677	2.525	2.362	2.275	2.183	2.086	1.980
3.021	2.934	2.655	2.503	2.340	2.252	2.160	2.062	1.956
3.000	2.913	2.634	2.482	2.319	2.231	2.139	2.040	1.933
2.981	2.894	2.615	2.463	2.299	2.211	2.118	2.019	1.911
2.963	2.876	2.597	2.445	2.281	2.193	2.099	2.000	1.891
2.946	2.859	2.580	2.428	2.263	2.175	2.082	1.981	1.872
2.930	2.843	2.564	2.412	2.247	2.159	2.065	1.964	1.854
2.915	2.828	2.549	2.397	2.232	2.143	2.049	1.947	1.837
2.901	2.814	2.535	2.382	2.217	2.128	2.034	1.932	1.820
2.888	2.801	2.522	2.369	2.203	2.114	2.019	1.917	1.805
2.875	2.788	2.509	2.356	2.190	2.101	2.006	1.903	1.790
2.863	2.776	2.497	2.344	2.178	2.088	1.993	1.890	1.776
2.851	2.764	2.485	2.332	2.166	2.076	1.981	1.877	1.762
2.840	2.754	2.475	2.321	2.155	2.065	1.969	1.865	1.750
2.830	2.743	2.464	2.311	2.144	2.054	1.958	1.853	1.737
2.820	2.733	2.454	2.301	2.134	2.044	1.947	1.842	1.726
2.802	2.715	2.436	2.282	2.115	2.024	1.927	1.822	1.704
2.785	2.698	2.419	2.265	2.098	2.007	1.909	1.803	1.683
2.718	2.632	2.352	2.198	2.028	1.936	1.836	1.726	1.601
2.637	2.551	2.271	2.115	1.944	1.849	1.746	1.630	1.494
2.559	2.472	2.192	2.035	1.860	1.763	1.656	1.533	1.381
2.482	2.395	2.114	1.956	1.778	1.677	1.565	1.432	1.250
2.407	2.321	2.039	1.878	1.696	1.592	1.473	1.325	1.000

付表V $L_{32}(2^{31})$ 直交表

列番 No.	(1)	(2)	(3)	(4)	(5)	(6)	(7)	(8)	(9)	(10)	(11)	(12)	(13)	(14)	(15)	(16)	(17)	(18)	(19)	(20)	(21)	(22)	(23)	(24)	(25)	(26)	(27)	(28)	(29)	(30)	(31)
1	1	1	1	1	1	1	1	1	1	1	1	1	1	1	1	1	1	1	1	1	1	1	1	1	1	1	1	1	1	1	1
2	1	1	1	1	1	1	1	1	1	1	1	2	2	2	2	2	2	2	2	2	2	2	2	2	2	2	2	2	2	2	2
3	1	1	1	1	1	2	2	2	2	2	2	1	1	1	1	1	1	1	1	2	2	2	2	2	2	2	2	2	2	2	2
4	1	1	1	1	1	2	2	2	2	2	2	2	2	2	2	2	2	2	2	1	1	1	1	1	1	1	1	1	1	1	1
5	1	1	1	2	2	2	1	1	1	2	2	2	1	1	1	2	2	2	1	1	1	2	2	2	1	1	1	2	2	2	2
6	1	1	1	2	2	2	1	1	1	2	2	2	2	2	2	1	1	1	2	2	2	1	1	1	2	2	2	1	1	1	1
7	1	1	1	2	2	2	2	2	2	1	1	1	1	1	1	2	2	2	2	2	2	2	2	2	2	2	2	1	1	1	1
8	1	1	1	2	2	2	2	2	2	1	1	1	2	2	2	1	1	1	1	1	1	1	1	1	1	1	1	2	2	2	2
9	1	2	2	1	1	2	1	1	2	1	2	1	1	2	1	1	2	1	1	2	1	1	2	1	1	2	1	1	2	1	2
10	1	2	2	1	1	2	1	1	2	1	2	2	2	1	2	2	1	2	2	1	2	2	1	2	2	1	2	2	1	2	1
11	1	2	2	1	1	2	2	2	1	2	1	1	1	2	1	2	1	2	2	1	2	2	1	2	2	2	1	1	2	1	1
12	1	2	2	1	1	2	2	2	1	2	1	1	2	2	1	1	2	1	1	2	1	1	2	1	1	1	2	2	1	2	2
13	1	2	2	2	2	1	1	1	2	2	1	1	1	2	2	1	1	2	2	1	1	2	2	2	2	2	2	2	2	1	1
14	1	2	2	2	2	1	1	1	2	2	1	1	2	2	1	1	2	2	1	1	2	2	2	2	1	1	1	1	1	2	2
15	1	2	2	2	2	1	2	1	1	1	2	2	1	1	2	2	2	1	2	2	1	1	2	1	1	1	1	2	2	2	2
16	1	2	2	2	2	1	2	1	1	1	2	2	2	2	1	1	1	2	2	2	1	1	2	1	2	2	2	2	1	1	
17	2	1	2	1	2	1	2	1	2	1	2	1	2	1	2	1	2	1	2	1	2	1	2	1	2	1	2	1	2	1	2
18	2	1	2	1	2	1	2	1	2	1	2	2	1	2	1	2	2	1	2	2	1	2	1	2	1	2	1	2	1	2	1
19	2	1	2	1	2	2	1	2	1	2	1	2	1	2	1	1	2	1	2	1	2	2	1	2	1	2	2	1	2	1	1
20	2	1	2	1	2	2	1	2	1	2	1	2	2	1	2	1	1	2	1	1	2	1	2	1	2	1	2	1	2	1	2
21	2	1	2	2	1	2	1	1	2	2	1	1	2	1	1	2	2	1	1	2	2	1	1	2	2	1	1	2	2	1	1
22	2	1	2	2	1	2	1	1	2	2	1	1	1	1	2	1	1	2	2	1	1	2	2	1	1	2	2	1	1	2	2
23	2	1	2	2	1	2	1	1	2	2	2	1	1	2	2	1	1	2	2	1	1	2	2	1	1	2	1	1	1	2	2
24	2	1	2	2	1	2	1	1	2	2	1	2	2	1	1	2	1	2	1	2	1	1	2	1	2	1	2	1	2	2	1
25	2	2	1	1	2	1	1	2	2	1	1	2	1	1	2	2	1	2	1	1	2	2	1	1	2	2	1	1	2	2	1
26	2	2	1	1	2	1	1	2	2	1	1	2	2	1	1	2	2	1	1	2	1	1	2	2	1	1	2	2	1	1	2
27	2	2	1	1	2	2	2	1	1	2	2	1	1	2	2	1	2	1	1	2	2	1	1	2	1	1	2	2	1	1	2
28	2	2	1	1	2	2	1	1	2	2	1	2	2	1	1	2	1	1	2	1	1	2	1	2	2	1	1	2	2	1	1
29	2	2	1	2	1	1	2	2	1	2	1	1	2	2	1	1	2	1	1	2	2	1	1	2	2	1	2	2	1	1	2
30	2	2	1	2	1	1	2	2	1	2	1	1	1	2	2	1	1	2	2	1	2	2	1	1	1	2	1	1	2	2	1
31	2	2	1	2	1	1	2	2	1	2	2	1	2	2	1	1	2	1	1	2	2	1	1	2	1	1	1	2	1	2	2
32	2	2	1	2	1	1	2	2	1	2	1	2	1	1	2	2	1	2	2	1	1	2	2	1	1	2	1	2	1	1	2
基本表示	a	b	a	c	a	b	a	d	a	b	a	c	a	b	a	e	a	b	a	c	a	b	a	d	a	b	a	c	a	b	a
		c	c	b		d	d	b	d	c	c	b				e	e	b	e	c	c	b	e	d	d	b	d	c	c	b	
				c			d		d	d	c						e		e	e	c		e	d	d	c					
							d											e					e		e	d					
																								e							
群	1群	2群	3群	4群												5群															

付表Ⅵ 直交表の標準線点図

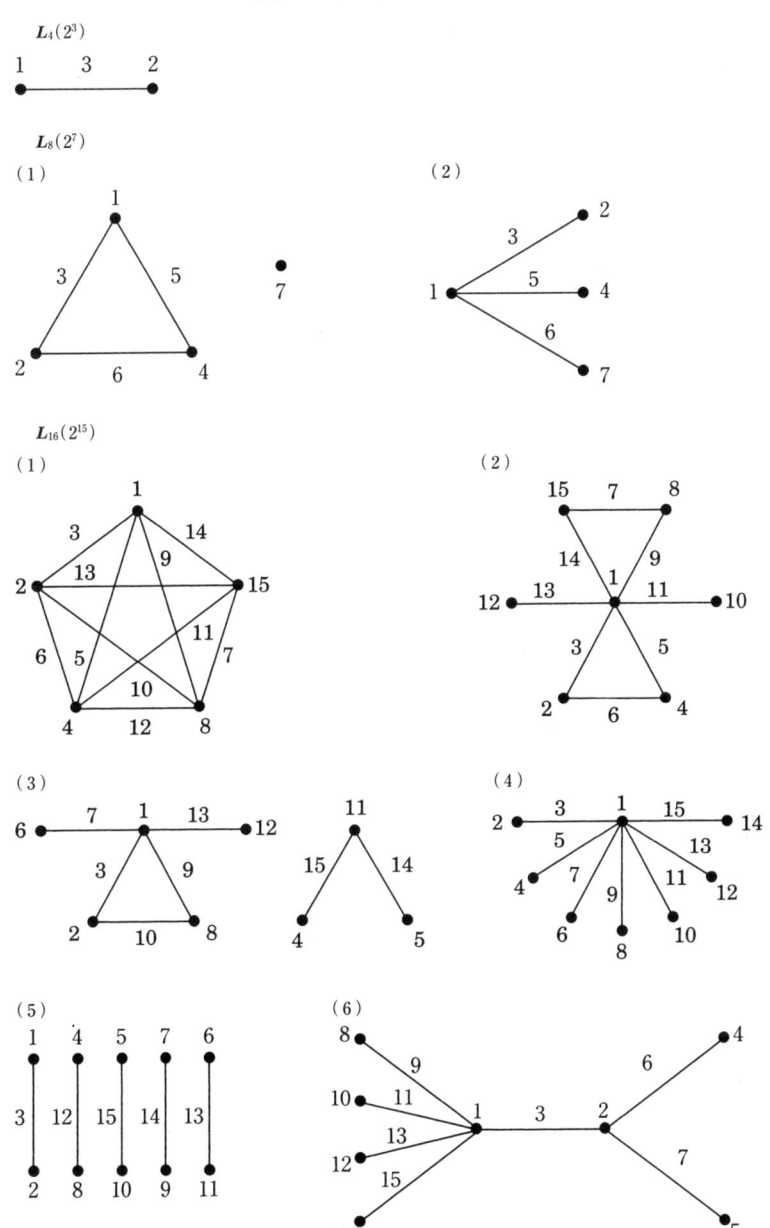

$L_4(2^3)$

$L_8(2^7)$

(1)

(2)

$L_{16}(2^{15})$

(1)

(2)

(3)

(4)

(5)

(6)

$L_{32}(2^{31})$

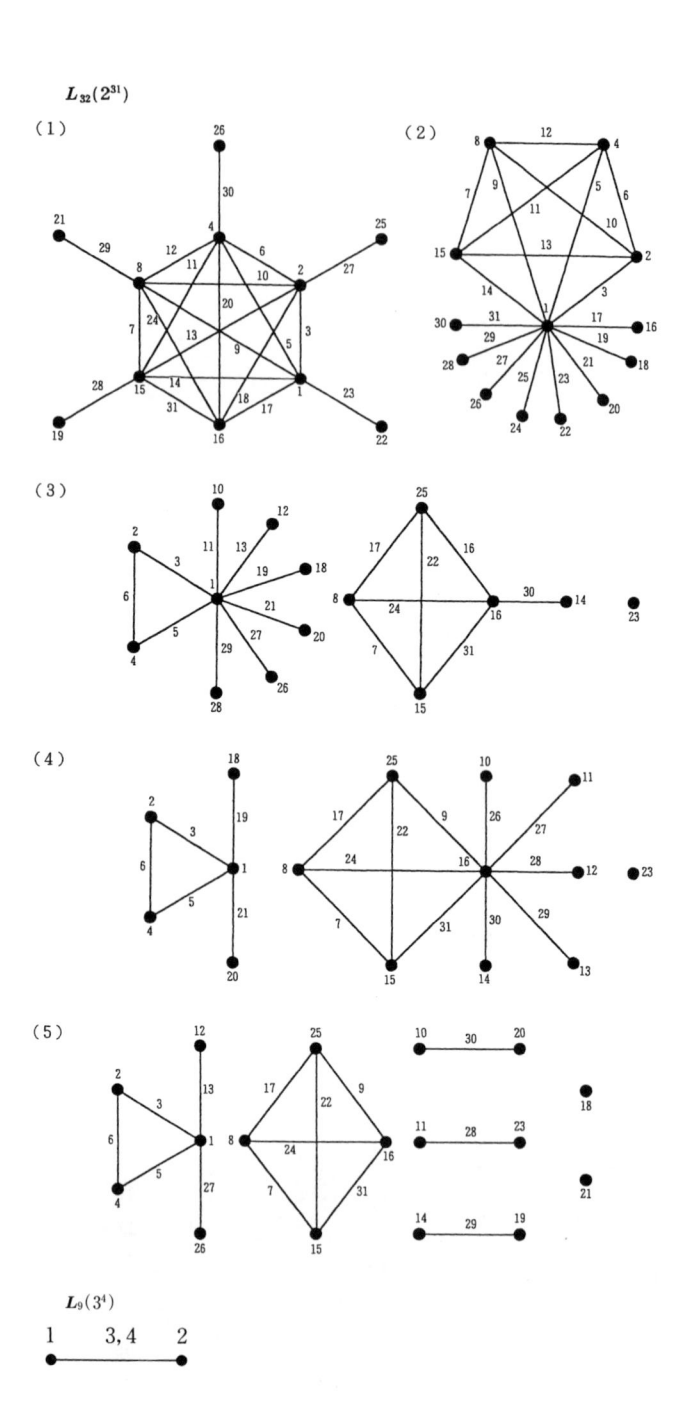

(1)

(2)

(3)

(4)

(5)

$L_9(3^4)$

1   3,4   2

参 考 文 献

1) 楠正，辻谷将明，松本哲夫，和田武夫，『応用実験計画法』，日科技連出版社(1995)
2) 松本哲夫，辻谷將明，和田武夫，『実用実験計画法』，共立出版(2005)
3) 安藤貞一，田坂誠男，『実験計画法入門』，日科技連出版社(1986)
4) 日科技連 DE テキスト No. 2,「完備型計画と分散分析法」, 日本科学技術連盟(1989)
5) 日科技連 DE テキスト T-2「検出力と実験の大きさの決め方」, 日本科学技術連盟(1990)
6) 安藤貞一，朝尾正(編)，『実験計画法演習』，日科技連出版社(1968)
7) 朝木善次郎，『実験計画法』，共立出版(1980)
8) 田口玄一，『第3版 実験計画法 上下』，丸善(1977，1978)
9) 辻谷将明，和田武夫，『パワーアップ確率・統計』，共立出版(1998)
10) 椿広計，河村敏彦，『設計科学におけるタグチメソッド』，日科技連出版社(2008)
11) 小野寺孝義，菱村豊，『文科系の学生のための新統計学』，ナカニシヤ出版(2005)
12) R. A. フィッシャー(遠藤健児，鍋谷清治訳)，『科学者のための統計的方法』，森北出版(1972)
13) 永田靖，『入門実験計画法』，日科技連出版社(2000)
14) 永田靖，『サンプルサイズの決め方』，朝倉書店(2003)
15) 永田靖，『入門統計解析法』，日科技連出版社(1992)
16) 永田靖，『統計的方法のしくみ―正しく理解するための30の急所』，日科技連出版社(1996)
17) 近藤良夫，安藤貞一，『統計的方法百問百答』，日科技連出版社(1967)
18) N. ドレーパー，H. スミス(中村慶一訳)，『応用回帰分析』，森北出版(1967)
19) P. G. ホーエル(朝井亮，村上正康訳)，『入門数理統計学』，培風館(1978)
20) W. G. Cochran, and G. M. Cox, *Experimental Designs* 2nd Ed., John Wiley & Sons Inc. (1957)
21) R. G. Miller Jr., *Beyond Anova*, John Wiley & Sons Inc. (1988)

22) 広津千尋,『実験データの解析』, 共立出版(1992)
23) 奥野忠一,『農業実験計画法小史』, 日科技連出版社(1994)
24) 広津千尋,『離散データ解析』, 教育出版(1982)
25) 丹後俊郎, 山根和枝, 高木晴良,『ロジスティック回帰分析』, 朝倉書店(1996)
26) James, J. Schlesselman(著), 柴田義貞, 玉城英彦(訳),『疫学・臨床医学のための患者対象研究』, ソフトサイエンス社(1985)
27) 古川俊之(監修), 丹後俊郎(著),『医学への統計学』, 朝倉書店(1983)
28) 芳賀敏郎,「Excelによる検出力とサンプルサイズの計算」(2004) http://www.yukms.com/biostat/haga/download/nagata-sample-size.htm
29) D. R. Cox (後藤昌司ら訳),『二値データの解析』, 朝倉書店(1980)
30) 和田武夫, 楠正, 松本哲夫, 辻谷将明,「要因実験における検出力と実験の大きさ―実験の繰返し数を求めるための簡便表」,『品質管理』, Vol. 46, No. 7, pp. 623-631(1995)
31) 松本哲夫,「実験計画法における二値データの解析」, 中部品質管理協会研究発表会要旨集(1982)
32) 松本哲夫,「カイ二乗プロット」, 日本品質管理学会年次大会研究発表会要旨集, Vol. 1, pp. 109-112(1984)
33) Anscombe, F. J., "Graphs in statistical analysis", *American Statistician*, 27, pp. 17-21 (1973)
34) Satterthwaite, F. E., "Approximate distribution of estimates of variance components", *Biometrics*, 2, pp. 110-114 (1946)
35) Forsythe, G. E., and Moler C. B., *Computer Solution of Linear Algebraic Systems*, Prentice-Hall(1967).［邦訳］渋谷政昭, 田辺国士(訳),『計算機のための線形計算の基礎―連立一次方程式のプログラミング―』, 培風館(1969)
36) Westlake J. R., *A Handbook of Numerical Matrix Inversion and Solution of Linear Equations*, John Wiley & Sons Inc. (1968).［邦訳］戸川隼人(訳),『コンピュータのための線形計算ハンドブック』, 培風館(1972)
37) 田中豊, 垂水共之, 脇本和昌(編),『パソコン統計解析ハンドブック Ⅴ多変量分散分析・線形モデル編』, 共立出版(1984)

索　引

[あ　行]

アソビ列法　120, 121
当てはまりの悪さ　228
安定性　137
$E(ms)$ の書き下しのルール　65
1元配置実験　59, 291
1次因子　156
1次誤差　156
一次従属　191
1次単位　156
一次独立　191
一部実施　100
一様性の検定　265
一般線形モデル　190, 240
因子　59
　——の性質　6
Welch の検定　47
内側因子　137
X 表　193
A 表　194
Excel のマクロ機能を活用した専用ソフト　15
F 分布　51
lsd による検定　83
$L_4(2^3)$ 直交表　95
応答変数　215
オッズ　269
　——比　271

[か　行]

回帰係数の区間推定　234
回帰係数の推定　215
回帰分析　13, 215
回帰分析の目的　236
回帰母数　215
　——の検定　219
回帰モデル　214
χ^2 検定　266
カイ2乗分布　24
各分布間の関係　33, 34
確率的変動　5
確率分布　21
確率変数　17, 20
確率密度関数　18
片側検定　37
偏り　5
　——のない推定量　26
カテゴリカルデータ　257
環境要因　6
完全無作為化実験　7
観測値　18
完備型計画　7
幹葉図　17
擬因子法　120, 122
棄却域　37
疑水準法　111, 112
期待値と分散　20
基本表示　97
逆推定　239
逆正弦変換法　274
共分散分析　256
局所管理　141
　——(小分け)の原理　2
帰無仮説　37
寄与率　226

偶然誤差　5
区間推定　27, 41
組み合せ法　134
Kruskal-Wallis 検定　271
繰り返しのある場合の単回帰分析
　　227
繰り返し(反復)の原理　2
繰り返しのない2元配置　85
クロス集計　264
群番号　97
計数値データの解析　257
計数値の取り扱い　14
系統誤差　5
欠測値　189
　　――の処理方法　13
検出力　39, 277
　　――曲線　281, 284
　　――の計算　283
検定　26, 35
　　――における2種類の誤りと検出力
　　39
　　――の手順　52
　　――方式の選択　58
交互作用　9
　　――効果　73
構造解析　236
交絡　85, 100
誤差　5
　　――項へのプーリング　79
　　――に対する仮定　2
　　――列　98

[さ　行]

最尤推定量　200
最尤法　200
最小2乗法　192, 215

最小有意差　71
最良線形不偏推定量　193
最良不偏推定量　41
Satterthwaite の方法　47
3^n 型要因配置実験　129
　　――での交互作用　130
残差　216
　　――の散布図　254
　　――のヒストグラム　254
　　――のプロット　237, 253
3水準系直交表　129
　　――の性質　131, 133
サンプリング　17
サンプルのヒストグラム　18
実験 No.　97
実験因子　5, 6
実験計画の実際例　2
実験計画の分類　7
実験計画の立案　7
実験計画法と回帰分析　214
実験計画法とは　1
実験計画法の3つの基本原理　2
実験計画モデル　214
実験誤差　5
実験順序　97
実験処理と実験の場との対応　6
実現値　18
実験の目的に対する統計的な考え方　8
実際の活用場面　8
質的データ　257
指定変数　215
C 表　194
重回帰による推測　251
重回帰分析　215, 240
重回帰モデルの当てはめ　240
重寄与率　245

索　引

重相関係数　244, 245
従属変数　215
集団因子　6
自由度調整済み寄与率　246
自由度調整済み重相関係数　246
主効果　61
　　――と交互作用効果　73
小標本　4
諸要因の分類　5
処理　5
　　――母平均の推定　80
信頼下限　42
信頼区間　28, 42
信頼限界　28, 42
信頼上限　42
信頼率　42
水準　5, 59
推定　26, 35
数値の桁数　253
数理統計学との関連　4
数量化　255
正規性　2
正規分布　22
　　――の導出　33
正規方程式　193
　　――の解　194
正規母集団に関する推測　26, 57
制御　236
　　――因子　6
成分　97
説明変数　215
(0, 1)法　274
ゼロ仮説の検定　222
線形検定論　200
線形推定・検定論　12, 13
線形推定論　192

線形対比　296
線形補間　47
全自由度　10
相関係数　227
層別変数　255
測定値　18
外側因子　137

[た　行]

第一種の過誤　39
対数オッズ　269
大数の法則　33
対数尤度　200
第二種の過誤　39
対比　197, 296
　　――の考え方　296
大標本　4
対立仮説　37
多元配置実験　87
多項分布　22
多重共線性　252
多水準法　111, 112
多段分割法　171
ダミー変数　255
単一分割法　155
単回帰による逆推定　238
単回帰分析　215
弾力性　137
抽出　17
中心極限定理　33
直積法　137
直和法　136
直交表実験　7, 10
直交表による実験　89
直交表による分割実験　186
直交表の導入と考え方　89

329

直交表分割法　　7
DE モデル　　214
定数項　　240
定性的変数の回帰分析　　255
適合度検定　　261
デザイン行列　　193
データの構造に基づく推定方法　　138
点推定　　26, 41
点推定値　　26
点推定量　　26
等価自由度　　47
統計的推測　　18
　——とは　　35
　——の準備　　26
統計的な考え方と確率分布　　17
統計量　　18
同時推定　　47
等分散性　　2
　——のチェック　　65
特性値に影響する要因　　4
独立性　　2
独立性の検定　　264
独立変数　　215
度数表　　17

[な　行]

2^n 型要因配置実験　　90
2 元配置実験　　72, 294
二項検定　　258
二項分布　　21
2 次因子　　156
2 次誤差　　157
2 種類の過誤　　278
2 水準系の直交表の解析方法　　103
2 水準系の直交表の性質と種類　　97
2 段分割法　　171

二値データの解析　　258
2 方分割法　　7, 178

[は　行]

バイアス　　5
箱ひげ図　　17
ばらつき　　5
　——を示す指標　　19
パラメータ　　4, 18
　——設計　　137
反復　　157
非心度　　280
ヒストグラム　　17
非直交計画　　189
一つの母集団に関する推測　　36
標示因子　　6
標準線点図　　102
標本　　17
　——分散　　20
　——平均　　20
Fisher　　1
不完備型計画　　7
2 つの母集団の比較に関する推測　　45
2 つの母分散の比の分布　　31
不偏推定量　　26
不偏性　　2
不偏分散　　27
ブロック　　141
　——因子　　6, 141
プロット　　141
分割表　　264
分割法　　7, 11, 155
分散分析　　63, 66
　——後の解析　　80
平均平方　　63
　——の期待値　　65

索　引

平方和の考え方　299
平方和の計算　61
平方和の分解　225, 244
平方和の求め方　113
$\hat{\beta}_j$ の分布　248
$\hat{\beta}_0$ の分布　248
偏回帰係数　240
偏回帰プロット　255
変数変換による単回帰の適用　239
変量因子　6
母回帰　214, 215
　　──係数　215
　　──係数 (β_1) の検定　224
　　──の区間推定　234
母集団　17
　　──とサンプルの概念　17
　　──の姿　18
母数　4, 18
　　──因子　6
　　──のムダ　191
母切片　215
　　──(β_0) に関する検定　224
　　──や母回帰の検定　222
母分散　23
　　──σ^2　18
　　──が既知　28, 36, 41
　　──が未知　28, 40, 42
　　──の検定　43
　　──の(区間)推定　30, 44
　　──の比の検定　51
母平均　23
　　──μ　18
　　──の片側検定　290
　　──の区間推定　28
　　──の検定　36, 40, 288, 290
　　──の差の検定　45

　　──の差の推定　48
　　──の推定　41, 42
　　──の両側検定　289

[ま 行]

マハラノビス汎距離　251
無作為　17
　　──化(ランダマイズ)の原理　2
　　──標本　18
目的変数　215
モデル　18

[や 行]

有効反復数　81
尤度関数　200
尤度比検定　201
要因　59
要因配置実験　7, 9, 59, 291
　　──から直交表へ　95
予測　236

[ら 行]

ラテン方格　152
　　──法　7
乱塊法　7, 11, 141
離散型確率分布　21
離散型確率変数　20
両側検定　37
理論回帰式　250
連続型確率分布　22, 24
連続型確率変数　20
連続修正　259
ロジスティック回帰分析　267

[わ 行]

割り付け　133

著者紹介

松本　哲夫	ユニチカ㈱　宇治事業所　所長
植田　敦子	ユニチカ㈱　フィルム事業本部フィルムカスタマー・ソリューション部　グループ長
小野寺孝義	広島国際大学　心理科学部コミュニケーション心理学科　教授
榊　　秀之	千寿製薬㈱　分子毒性研究室　室長
西　　敏明	岡山商科大学　経営学部　教授
平野　智也	ダイキン工業㈱　特機事業部第二製造部在宅医療機器課

実務に使える
実験計画法

2012年 6 月20日　第 1 刷発行
2018年 3 月16日　第 2 刷発行

　　　著　者　松本　哲夫　　植田　敦子
　　　　　　　小野寺孝義　　榊　　秀之
　　　　　　　西　　敏明　　平野　智也
　　　発行人　田中　　健

　　　発行所　株式会社日科技連出版社
　　　〒151-0051　東京都渋谷区千駄ケ谷5-15-5
　　　　　　　　DSビル
　　　　　　　電話　出版　03-5379-1244
　　　　　　　　　　営業　03-5379-1238

検印
省略

Printed in Japan

印刷・製本　㈱シナノパブリッシングプレス

© Tetsuo Matsumoto et al. 2012
ISBN978-4-8171-9438-1
URL http://www.juse-p.co.jp/

本書の全部または一部を無断で複写複製(コピー)することは，著作権法上での例外を除き，禁じられています．